《宁夏林木种质资源名录》编委会

主　编

牛锦凤　李英武

副主编

王洛兵　惠学东

编写人员

朱　强　祝蒙蒙　纪丽萍　李北草　刘　冰　贾国晶　陈家滨　刘　英　周艳蕊
肖梅红　郭海燕　潘小平　沈炼平　韩林芮　施雪霞　张　欢　李维军　杨发忠
王建红　杨文彬　周　娇　王瑞霞　吴韶寰　李亚鑫　程凤芝　王国华　牛有为
王　玉　朱进学　安永平　饶　宁　胡　科　王　红　胡　婷　马志国　赵　琴
丁占胜　周海彬　王双贵　苏　兵　胡永强　王淑英　王　丹　杨奇晓　石宗礼
马　军　曹世军　杨　伟　田海燕　何　丽　周利伟　高凤岗　包树昆　高振春
杨占虎　王贵荣　赵映书　张文华　冯　欢　叶　伟　张　睿　梁　瑛　杨汉国
满忠林　赵　骥　何　燕　周学忠　陈克斌　贾生舜　田国江　赫广林　左荣生
刘晓超　刘　超　田育蓉　任建治　李静尧　朱亚超　李　梅　李　娜　冶东芳
王　俊　缑国林　丁　宁　马　鹏　杨　慧　赵莉霞　张玉蓉　年关保　杨　蕾
牛向雯　岳太柏　王晓莉　李　卓　胡吉鸿　许晓钰　张　杰　朱莉华　佘海燕
李金红　徐秀琴　马　鹏

宁夏林木种质资源名录

牛锦凤　李英武 / 主编

黄河出版传媒集团
阳光出版社

图书在版编目（CIP）数据

宁夏林木种质资源名录 / 牛锦凤，李英武主编. --
银川：阳光出版社，2022.11
ISBN 978-7-5525-6554-6

Ⅰ. ①宁… Ⅱ. ①牛… ②李… Ⅲ. ①林木－种质资源－宁夏－名录 Ⅳ. ①S722-62

中国版本图书馆CIP数据核字（2022）第206511号

宁夏林木种质资源名录　　牛锦凤　李英武　主编

责任编辑　李少敏
封面设计　晨　皓
责任印制　岳建宁

黄河出版传媒集团
阳　光　出　版　社　出版发行

出 版 人　薛文斌
地　　址　宁夏银川市北京东路139号出版大厦（750001）
网　　址　http：//www.ygchbs.com
网上书店　http：//shop129132959.taobao.com
电子信箱　yangguangchubanshe@163.com
邮购电话　0951-5047283
经　　销　全国新华书店
印刷装订　宁夏银报智能印刷科技有限公司
印刷委托书号　（宁）0024771

开　　本　787 mm×1092 mm　1/16
印　　张　32
字　　数　700千字
版　　次　2022年11月第1版
印　　次　2022年11月第1次印刷
书　　号　ISBN 978-7-5525-6554-6
定　　价　168.00元

序

林木种质资源是国家的重要战略资源，是遗传多样性和物种多样性的基础。宁夏位于黄河上游，地处我国地质、地貌“南北中轴”的北段，在华北台块、阿拉善台块与祁连山褶皱之间。尽得黄河之独宠、展现山水之秀丽的宁夏大地，山脉、平原、高原、丘陵、河谷一应俱全，孕育着种类繁多、适应性强的林木种质资源。《宁夏林木种质资源名录》在大量调查研究的基础上，收集了重点乡土树种、珍贵树种、经济林树种、沙生植物等种质资源，全面、翔实地记录了我区林木种质资源现状，是一部开展林木种质资源保护、研究、利用和科普的文献资料。

林木种质资源关系到国家的生态安全和经济社会可持续发展，关乎着民族伟业的永续发展和传承，也关联着千家万户的人间烟火和浓浓乡愁。林木种质资源保护和利用任重道远，加强林木种质资源保护收集和评价利用尤为迫切。开展林木种质资源普查，全面摸清家底，对加强林木种质资源保护和利用、维护生物多样性和生态安全、促进林业生态建设可持续和高质量发展意义重大。历时5年的全区林木种质资源普查结果显示，我区现有木本植物71科184属546种69变种21变型1 015品种（无性系）。这些林木种质资源既是国家重要的战略资源，也是遗传多样性、生物多样性和生态多样性的基石，对提高国家核心竞争力、赢得生物经济时代的主动权均具有重大的战略意义，是选育林木新品种、解决林木品种同质化的重要物质载体。保护好、利用好林木种质资源是我们林草部门，尤其是林木种苗管理者义不容辞的历史使命和责任担当。

志之所趋，无远弗届。多年来，我们始终高度重视林木种质资源收集和保护工作。2018年起，在全区部署开展林木种质资源普查工作，对全区野生、栽培利用、收集保存、珍稀濒危、古树名木等资源进行全面调查。经全区林木种质资源普查单位和调查队员5年的辛勤付出和不懈努力，取得了丰硕的普查成果。宁夏国有林场和林木种苗工作总站主持编纂的《宁夏林木种质资源名录》，是我区林木种质资源普查的重要成果之一，凝聚着全区林木种质资源调查队员的心血和智慧。该书系统介绍了全区林木种质资源现状，阐述了我区现有林木种质资源的生物学习性、生态学特征、分布状况、经济性状、保护利用现状和开发利用前景，展示了我区林木种质资源普查工作业绩和成果。全书资料翔实、收集齐全、图文并茂，体现了广大林木种质资源普查工作者严谨的工作态度和扎实的工作作风。该书具有较强的理论和应用价值，期望能为广大林业科研工作者、生产技术人员和林农朋友的科研生产工作提供有益指导和重要参考。

2022年11月

前言

“一粒种子可以改变一个世界，一个品种可以造福一个民族。”林木种质资源是国家的重要战略资源和提升林业核心竞争力的关键，是遗传多样性、物种多样性和生态多样性的重要载体，也是国家科技体系建设及科技创新的重要保障，更是林业生态建设可持续和高质量发展的重要基础。

2022年3月两会期间，习近平总书记在看望参加全国政协会议的农业界、社会福利和社会保障界委员时，强调“种源安全关系到国家安全，必须下决心把我国种业搞上去，实现种业科技自立自强、种源自主可控”，加强基础性、前沿性研究，加强种质资源收集、保护和开发利用。多年来，宁夏林业和草原局积极贯彻落实习近平总书记关于种业的指示精神，高度重视林木种质资源管理工作，切实加强林木种质资源保护和收集力度，积极开展林木种质资源评价利用研究。

为摸清宁夏林木种质资源家底，有效保护和科学利用林木种质资源，促进宁夏林业可持续发展，我区于2018—2022年首次开展林木种质资源普查，全区5个市、22个县（市、区）和6个国家级自然保护区等33个单位参与了此次普查，重点对全区野生、栽培利用、收集保存、珍稀濒危和古树名木资源进行了普查，并建立了宁夏林木种质资源数据库和数据信息管理系统，拍摄了大量木本植物照片，制作了植物腊叶标本，取得了丰硕成果。宁夏国有林场和林木种苗工作总站组织相关专业技术人员对普查成果进行整理，编纂出版了《宁夏林木种质资源名录》一书，以飨广大读者。

本书是对宁夏林木种质资源普查成果的系统整理和翔实记载，力求图文并茂，方便读者了解宁夏林木种质资源种类和分布状况。依据普查成果，本书共收录宁夏境内野生和栽培木本植物71科184属546种69变种21变型1 015品种（无性系），基本每一种均配有调查原始照片，以展示其形态特征，并对其形态特征、生活习性、生境分布、保护利用现状及开发利用前景等情况予以介绍。另外，本书还收录了本次资源普查中未普查到但在相关文献中有记录的野生林木种质资源，以期进一步补充完善《宁夏林木种质资源名录》，为我区林木种质资源保护和开发利用提供科学依据。本书末尾附有中文名索引和拉丁名索引。

编写本书，一方面是对本次宁夏林木种质资源普查工作进行全面总结；另一方面可使我们对宁夏木本植物的分布状况具备更加清晰的认识，为今后更加系统深入地开展木本植物调查研究及利用工作提供基础数据。本书的编写和出版，是在宁夏林业和草原局的大力支持和指导下完成的，也得到了宁夏科学技术厅组织的宁夏回族自治区重点研发计划项目“宁夏林木种质资源收集保存评价利用技术研究与示范”项目（宁科资配字〔2020〕17号）的资助。本书在编写出版过程中，得到了各普查单位的积极支持和相关工作人员的鼎力帮助，还得到了我区植物分类学专家的悉心指正，本书的责任编辑和装帧设计者也付出了辛勤汗水，在此一并致以诚挚的感谢。

本书的编写出版，历经数载，倾注了编者大量心血和汗水，但由于时间紧、任务重，编者水平有限，如有不足和错误之处，敬请读者朋友批评指正。

目 录

CONTENTS

银　杏 *Ginkgo biloba*　银杏科 Ginkgoaceae　银杏属 *Ginkgo*

银杏又称白果、公孙树、鸭掌树、蒲扇，是裸子植物中最古老的孑遗植物，有"活化石"的美称。

形态特征：乔木，高达40 m，胸径可达4 m。幼树树皮浅纵裂；大树树皮灰褐色，深纵裂，粗糙。1年生长枝淡褐黄色，2年生以上枝变为灰色，并有细纵裂纹。叶扇形，淡绿色，无毛，叶在1年生长枝上螺旋状散生，在短枝上3~8片呈簇生状，秋季落叶前变为黄色。球花雌雄异株，单性。种子具长梗，下垂，常为椭圆形、长倒卵形、卵圆形或近圆球形，外种皮肉质，成熟时黄色或橙黄色，外被白粉，有臭味。花期3—4月，种子9—10月成熟。

生活习性：喜光，深根性，适应性强，不耐盐碱和水湿。播种、分蘖、扦插、嫁接繁殖。

分布：除六盘山外，宁夏各地均有零星栽培，并引进银杏优良品种雄株2号。

保护利用现状：宁夏庭院、公园多栽培。

开发利用前景：庭院和行道优良树种，用材树种，种仁和叶可入药，外种皮可制作农药。

青海云杉 *Picea crassifolia*　松科 Pinaceae　云杉属 *Picea*

我国特有树种，2010年经宁夏林木品种审定委员会审定为罗山青海云杉天然母树林种子。

形态特征：乔木，高达35 m。树皮灰褐色，呈块状脱落。小枝具明显隆起的叶枕，多少被短毛或几无毛。1年生嫩枝淡绿黄色，2年生小枝粉红色或淡褐黄色，稀黄色。叶较粗，四棱状条形，或小枝上面叶向上直伸，下面及两侧叶向上弯伸，长1.2~2.2 cm，宽2~2.5 mm。球果圆柱形或矩圆状圆柱形，长7~11 cm。种子斜倒卵圆形，长约3.5 mm，种翅倒卵形，淡褐色。花期5月，球果9—10月成熟。

生活习性：适应性强，耐寒，耐旱，耐瘠薄，喜中性土壤，忌水涝，浅根性，抗风力差。播种繁殖。

分布：野生资源分布在宁夏贺兰山、罗山、南华山、原州区、彭阳县等地，生于海拔2 400~3 000 m的阴坡及半阳坡，宁夏各地普遍栽培。分布在我国宁夏、内蒙古、甘肃及青海等省（区）。

保护利用现状：部分野生资源得到保护，被广泛用于宁夏生态造林和城乡绿化造林。

开发利用前景：生态造林、园林绿化、用材树种。

宁夏六盘山、原州区有少量紫果云杉引种栽培。

青　杆 *Picea wilsonii*　松科 Pinaceae　云杉属 *Picea*

青杆又称细叶云杉。我国特有树种。

形态特征：乔木，高达50 m，树冠塔形。树皮灰色或暗灰色，裂成不规则的鳞状块片脱落。枝条近平展，1年生枝淡黄绿色或淡黄灰色，无毛，稀疏生短毛；2~3年生枝淡灰色、灰色或淡褐灰色。叶排列较密，在小枝上部向前伸展，小枝下面叶向两侧伸展，四棱状条形，直或微弯，较短，长0.8~1.8 cm，宽1.2~1.7 mm。球果卵状圆柱形或圆柱状长卵圆形，成熟前绿色，成熟时黄褐色或淡褐色，长5~8 cm，径2.5~4 cm。种子倒卵圆形，长3~4 mm，种翅倒宽披针形，淡褐色。花期5月，球果9—10月成熟。

生活习性：耐阴，喜温凉气候及湿润、深厚而排水良好的酸性土壤，适应性较强。播种繁殖。

分布：宁夏兴庆区、大武口区、同心县、原州区、西吉县、隆德县、泾源县、海原县、六盘山有栽培。分布于我国河北、甘肃、陕西、湖北、青海及四川等省。

保护利用现状：宁夏少量引种栽培，用于道路绿化和园林绿化。

开发利用前景：园林绿化、用材树种。

白　杆 *Picea meyeri*　松科 Pinaceae　云杉属 *Picea*

我国特有树种。

形态特征：乔木，高达30 m，树冠塔形。树皮灰褐色，裂成不规则的薄块片脱落。大枝近平展，小枝密生或疏生短毛，或无毛；1年生枝黄褐色，2~3年生枝淡黄褐色、淡褐色或褐色；主枝上的叶常辐射伸展，侧枝上的叶伸展，两侧及下面的叶向上弯伸，四棱状条形，长1.3~3 cm，宽约2 mm。球果成熟前绿色，成熟时褐黄色，矩圆状圆柱形，长6~9 cm，径2.5~3.5 cm。种子倒卵圆形，长约3.5 mm，种翅淡褐色，倒宽披针形。花期5月，球果9月下旬至10月上旬成熟。

生活习性：耐阴、耐寒，浅根性，喜冷凉、湿润的气候和肥沃、深厚、排水良好的微酸性砂质土壤，生长缓慢。播种繁殖。

分布：宁夏西夏区和金凤区有少量引种栽培。产于我国山西、河北、内蒙古等省（区），常见的伴生树种有青杆、华北落叶松等。

保护利用现状：宁夏有零星引种栽培，用于园林绿化。

开发利用前景：园林绿化、生态造林、用材树种。

蓝叶云杉 *Picea pungens* 松科 Pinaceae 云杉属 *Picea*

形态特征：乔木，高达15 m，冠幅3~6 m，树冠柱形至金字塔形，结构紧凑。1年生小枝棕褐色，无毛。针叶4棱，新发的小叶柔软、簇生，后变成或尖或钝的硬针，叶片长达3 cm，蓝色或蓝绿色，在小枝上螺旋状排列。花绿色、橘黄色或紫色，春季开花。

生活习性：喜光，喜凉爽气候，在湿润、肥沃的微酸性土壤上生长良好，耐寒力较强。播种繁殖。

分布：宁夏利通区、泾源县、彭阳县有少量引种栽培。原产于北美洲，我国北京、上海、广州、浙江等地有少量栽培。

保护利用现状：宁夏有零星引种栽培，用于园林绿化。

开发利用前景：彩叶观赏树种，也可盆栽供观赏。

花旗松 *Pseudotsuga menziesii* 松科 Pinaceae 黄杉属 *Pseudotsuga*

花旗松又称北美黄杉。

形态特征：常绿乔木，在原产地高达100 m。幼树树皮平滑，老树树皮厚，深裂呈鳞状。1年生枝淡黄色（干时红褐色），微被毛。叶条形，长1.5~3 cm，宽1~2 mm，先端钝或微尖，无凹缺，上面深绿色，下面色较浅，有2条灰绿色气孔带。球果椭圆状卵圆形，长约8 cm，径3.5~4 cm，褐色，有光泽。种鳞斜方形或近菱形，长宽相等或长大于宽；苞鳞直伸，长于种鳞，显著露出。

生活习性：喜光，喜温暖、湿润气候及排水良好的酸性土壤，能耐冬春季干旱。播种繁殖。

分布：宁夏西夏区有少量栽培。我国庐山、北京等地有栽培。

保护利用现状：宁夏有零星引种栽培。

开发利用前景：园林绿化、用材树种。

落叶松 *Larix gmelinii* 松科 Pinaceae 落叶松属 *Larix*

落叶松又称兴安落叶松。

形态特征：乔木，高达35 m，树冠卵状圆锥形。幼树树皮深褐色，裂成鳞片状块片，老树树皮灰色、暗灰色或灰褐色，纵裂鳞片状剥落，剥落后内皮紫红色。枝斜展或近平展，1年生长枝较细，淡黄褐色或淡褐黄色，2~3年生枝褐色、灰褐色或灰色；短枝直径2~3 mm，顶端叶枕之间有黄白色长柔毛。叶倒披针状条形，长1.5~3 cm，宽0.7~1 mm。球果幼时紫红色，成熟前卵圆形或椭圆形，成熟时上部的种鳞张开，黄褐色、褐色或紫褐色。种子斜卵圆形，灰白色，具淡褐色斑纹。花期5—6月，球果9月成熟。

生活习性：喜光，耐寒，适合在湿润、深厚、肥沃的土壤上生长。播种繁殖。

分布：宁夏原州区、彭阳县有少量引种栽培。分布于我国大兴安岭、小兴安岭海拔300~1 200 m 地带。

保护利用现状：宁夏有零星引种栽培。

开发利用前景：用材树种。

日本落叶松 *Larix kaempferi* 松科 Pinaceae 落叶松属 *Larix*

形态特征：乔木，高达30 m。树皮暗褐色，纵裂，粗糙，鳞片状脱落。幼枝有淡褐色柔毛，后渐脱落，1年生长枝淡黄色或淡红褐色，有白粉，直径约1.5 mm，2~3年生枝灰褐色或黑褐色；短枝上历年叶枕形成的环痕特别明显，顶端叶枕之间疏生柔毛。叶倒披针状条形，长1.5~3.5 cm，宽1~2 mm。雄球花淡褐黄色，卵圆形，雌球花紫红色，苞鳞反曲。球果卵圆形或圆柱状卵形，成熟时黄褐色，长2~3.5 cm，径1.8~2.8 cm。种子倒卵圆形，种翅上部三角形。花期4—5月，球果10月成熟。

生活习性：喜光，耐寒，喜肥沃、湿润、排水良好的砂壤土或壤土，抗风力差。播种繁殖。

分布：宁夏原州区有少量引种栽培。原产于日本，我国河北、河南、江西、陕西以及北京、天津等地均有栽培。

保护利用现状：宁夏有零星引种栽培。

开发利用前景：优良的园林绿化树种，木材可用作建筑材料。

华北落叶松 *Larix principis-rupprechtii*

松科 Pinaceae　落叶松属 *Larix*

华北落叶松又称落叶松、雾灵落叶松，我国特有树种。宁夏20世纪70年代引种栽培，2007年经宁夏林木品种审定委员会审定为六盘山华北落叶松一代种子园种子。

形态特征：乔木，高达30 m。树皮暗灰褐色，不规则纵裂，呈小块片脱落。1年生枝淡褐色或淡黄褐色，幼时有毛，后渐脱落，2~3年生枝灰褐色或暗灰褐色；枝平展，具不规则细齿。叶倒披针形，长2~3 cm。球果卵圆形或长卵圆形，成熟时淡褐色或淡灰褐色。种子斜倒卵状椭圆形，灰白色，具不规则的褐色斑纹，长3~4 mm，径约2 mm，种翅上部三角形。花期4—5月，球果10月成熟。

生活习性：喜光，极耐寒，适应性强，喜酸性或中性土壤，耐湿、耐旱、耐瘠薄，寿命长，抗风力较强。生长在海拔1 400 m以上的地区。播种、嫁接繁殖。

分布：宁夏六盘山、南华山、金凤区、西夏区、大武口区、平罗县、原州区、泾源县、隆德县、西吉县、彭阳县、海原县等地有栽培。分布于我国河北、山西等省。

保护利用现状：宁夏六盘山地区主要造林树种。

开发利用前景：生态造林、用材树种，树皮可提取树脂和栲胶。

红　松 *Pinus koraiensis*

松科 Pinaceae　松属 *Pinus*

形态特征：乔木，高达40 m，树冠圆锥形。幼树树皮灰褐色，近平滑，大树树皮灰褐色或灰色，呈不规则长方鳞片状开裂，裂片脱落后露出红褐色内皮。树干上部常分杈，枝近平展，1年生枝密被黄褐色或红褐色柔毛。雄球花椭圆状圆柱形，红黄色，长7~10 mm，多数密集于新枝下部呈穗状；雌球花绿褐色，圆柱状卵圆形，直立，单生或数个集生于新枝近顶端。球果圆锥状卵圆形、圆锥状长卵圆形或卵状矩圆形，长9~14 cm。种子大，无翅或顶端及上部两侧微具棱脊，暗紫褐色或褐色，倒卵状三角形，微扁。花期6月，球果翌年9—10月成熟。

生活习性：喜光，对土壤水分要求较高，在温寒多雨、相对湿度较高的气候与深厚、肥沃、排水良好的酸性棕色森林土上生长最好。播种繁殖。

分布：宁夏哈巴湖有少量栽培。产于我国东北地区。

保护利用现状：宁夏有零星引种栽培。

开发利用前景：造林、用材树种，种子可食用、药用、榨油，或供制肥皂、油漆等。

白皮松 *Pinus bungeana* 松科 Pinaceae 松属 *Pinus*

白皮松又称三针松、白果松、虎皮松。我国特有树种。

形态特征：乔木，高达30 m。有明显的主干，或从树干近基部分成数干。枝较细长，斜展，形成宽塔形至伞形树冠。幼树树皮光滑，灰绿色，长大后树皮呈不规则的薄块片脱落，脱落后露出淡黄绿色新皮；老树树皮淡褐灰色或灰白色，裂成不规则的鳞状块片脱落，脱落后近光滑，露出粉白色内皮，白褐相间。1年生枝灰绿色，无毛。针叶3针1束，粗硬，长5~10 cm，径1.5~2 mm。球果通常单生，初直立，后下垂，成熟前淡绿色，成熟时淡黄褐色，卵圆形或圆锥状卵圆形。种子灰褐色，近倒卵圆形。花期4—5月，球果翌年10—11月成熟。

生活习性：喜光，耐瘠薄土壤及较干冷的气候，喜温凉气候，在土层深厚、肥沃的钙质土和黄土上生长良好，生于海拔500~1 800 m 地带。播种繁殖。

分布：宁夏兴庆区、金凤区、西夏区、大武口区、利通区、同心县、原州区、彭阳县、隆德县、沙坡头区、中宁县、海原县、六盘山、贺兰山等地有引种栽培。产于我国山西、河南、陕西、甘肃、四川、湖北等省。

保护利用现状：宁夏有引种栽培。

开发利用前景：庭院绿化、用材树种，种子可食用。

华山松 *Pinus armandii* 松科 Pinaceae 松属 *Pinus*

华山松又称五叶松、五须松。2011年经宁夏林木品种审定委员会审定为六盘山种源。

形态特征：乔木，高达35 m。幼树树皮灰绿色或淡灰色，平滑，老树树皮灰褐色。1年生枝绿色或灰绿色。针叶5针1束，较细软，长8~15 cm，灰绿色，叶鞘早落。雄球花黄色，卵状圆柱形，长约1.4 cm。球果圆锥状长卵圆形，长10~20 cm，径5~8 cm，幼时绿色，成熟时黄色或褐黄色，种鳞张开。种子脱落，种子黄褐色、暗褐色或黑色，倒卵圆形，长1~1.5 cm，无翅或两侧及顶端具棱脊，稀具极短的木质翅。花期5月，球果翌年9—10月成熟。

生活习性：喜凉爽、湿润气候，耐寒，不耐炎热，不耐盐碱，耐瘠薄能力不如油松、白皮松。播种繁殖。

分布：野生资源分布在宁夏贺兰山、六盘山、西吉县、原州区等地，多生于石质山崖上。宁夏西夏区、金凤区、大武口区、同心县、原州区、泾源县、彭阳县、西吉县、隆德县、南华山、六盘山、白芨滩、贺兰山等地均有栽培。分布于我国西南地区及甘肃、宁夏、陕西、青海、山西、河南、湖北等省（区）。

保护利用现状：部分野生资源得到保护，在固原地区广泛用于园林绿化和荒山造林。

开发利用前景：水土保持、园林绿化、薪炭、用材树种，种子可食用或榨油。

油　松 *Pinus tabuliformis*

松科 Pinaceae　松属 *Pinus*

我国特有树种。

形态特征：乔木，高达25 m。树皮灰褐色或褐灰色，裂成不规则较厚的鳞状块片，裂缝及上部树皮红褐色。1年生枝淡红褐色或淡灰黄色。针叶2针1束，深绿色，粗硬，长10~15 cm，两面具气孔线。雄球花圆柱形。球果卵形或圆卵形，长4~9 cm，成熟前绿色，成熟时淡黄色或淡褐黄色，常宿存于树上近数年之久。种子卵圆形或长卵圆形，淡褐色，有斑纹，长6~8 mm，径4~5 mm。花期5月，球果翌年10月成熟。

生活习性：喜光，深根性，喜干冷气候，在土层深厚、排水良好的酸性、中性或钙质黄土上均能生长良好。播种繁殖。

分布：野生资源分布在宁夏六盘山、罗山、贺兰山、南华山、须弥山、原州区、西吉县、隆德县、泾源县等地，生于海拔1 900~2 400 m的山地阴坡或半阴坡。宁夏兴庆区、金凤区、西夏区、永宁县、贺兰县、灵武市、大武口区、惠农区、平罗县、利通区、盐池县、同心县、西吉县、隆德县、原州区、泾源县、沙坡头区、海原县、中宁县、六盘山等地均有栽培。分布在我国东北、华北、西北及四川、河南、山东等地。

保护利用现状：宁夏广泛用于园林绿化和生态造林。

开发利用前景：生态造林、园林绿化、用材树种，全株入药。

樟子松 *Pinus sylvestris* var. *mongolica*

松科 Pinaceae　松属 *Pinus*

樟子松又称海拉尔松，2010年被新疆林木品种审定委员会审定为地方林木良种。

形态特征：乔木，高达25 m。下部树皮灰褐色或黑褐色，中上部树皮淡黄色至褐黄色。1年生枝淡黄褐色，2~3年生枝灰褐色。针叶2针1束，刚硬，常扭曲，长4~8 cm，先端尖，两面均有气孔线。雄球花圆柱状卵圆形。球果卵圆形或长卵圆形，长3~6 cm，径2~3 cm，成熟前绿色，成熟时淡褐灰色，成熟后开始脱落。种子黑褐色，长卵圆形或倒卵圆形，微扁。花期5—6月，球果翌年9—10月成熟。

生活习性：喜光，深根性，耐寒性强，旱生，抗逆性强。播种繁殖。

分布：宁夏各地均有栽培，沙地栽培尤多。产于我国黑龙江及内蒙古东部的大兴安岭山地。

保护利用现状：宁夏主要造林树种。

开发利用前景：生态防护、水土保持、速生用材树种，树皮可提取栲胶，种子入药或食用。

赤　松 *Pinus densiflora* 松科 Pinaceae　松属 *Pinus*

形态特征：乔木，高达30 m。树皮橘红色，裂成不规则的鳞状块片脱落。1年生枝淡黄色或红黄色，微被白粉，无毛。针叶2针1束，长5~12 cm，径约1 mm，细软而较短，先端微尖，两面具气孔线。雄球花淡红黄色，圆筒形，聚生于新枝下部呈短穗状；雌球花淡红紫色，单生或2~3个聚生。1年生小球果的种鳞先端有短刺。球果成熟时暗黄褐色或淡褐黄色，种鳞张开，不久即脱落。花期4月，球果翌年9月下旬至10月成熟。

生活习性：深根性，喜光，抗风力强，耐瘠薄，不耐盐碱。寿命长达200年以上。播种繁殖。

分布：宁夏西夏区和西吉县有少量栽培。

保护利用现状：宁夏有零星引种栽培。

开发利用前景：造林、园林绿化、用材树种，可用作庭院树、盆景，提取的树脂可入药，种子可榨油。

北美短叶松 *Pinus banksiana* 松科 Pinaceae　松属 *Pinus*

北美短叶松又称班克松，2010年被辽宁林木品种审定委员会审定为地方林木良种。

形态特征：乔木，在原产地高达25 m，有时呈灌木状。树皮暗褐色，裂成不规则的鳞状薄片脱落。每年生长2~3轮枝条，小枝淡紫褐色或棕褐色。针叶2针1束，粗短，通常扭曲，长2~4 cm，径约2 mm，先端钝尖，两面具气孔线，边缘全缘。球果直立或向下弯垂，近无梗，窄圆锥状椭圆形，不对称，通常向内侧弯曲，长3~5 cm，径2~3 cm，成熟时淡绿黄色或淡褐黄色，宿存于树上多年。种子长3~4 mm，种翅较长，长约为种子的3倍。

生活习性：多生于低海拔、排水良好的砂质及砾质土壤上，耐严寒，喜光，但不耐阴。播种繁殖。

分布：宁夏彭阳县有少量栽培。原产于北美洲东北部。

保护利用现状：宁夏有零星引种栽培。

开发利用前景：绿化、荒山造林树种。

雪　松 *Cedrus deodara* 松科 Pinaceae　雪松属 *Cedrus*

雪松又称香柏。

形态特征：乔木，高达50 m。树皮深灰色，裂成不规则的鳞状块片。枝平展、微斜展或微下垂，1年生长枝淡灰黄色，密生短茸毛，微被白粉，2~3年生枝灰色、淡褐灰色或深灰色。叶在长枝上辐射伸展，在短枝上呈簇生状（每年生出15~20新叶），针形，坚硬，淡绿色或深绿色，长2.5~5 cm，宽1~1.5 mm，上部较宽，先端锐尖，下部渐窄，常三棱形。雄球花长卵圆形或椭圆状卵圆形，长2~3 cm；雌球花卵圆形，长约8 mm。球果成熟前淡绿色，微被白粉，成熟时红褐色，卵圆形或宽椭圆形，长7~12 cm。种子近三角形，种翅宽大。花期10—11月，球果翌年10月成熟。

生活习性：喜光，稍耐阴，喜温和、湿润气候，耐寒，不耐水湿，较耐干旱、瘠薄，抗风力不强。播种、扦插繁殖。

分布：宁夏兴庆区、大武口区、利通区、原州区、泾源县、彭阳县等地有少量栽培。原产于喜马拉雅山脉西部海拔1 000~4 000 m 地带。

保护利用现状：宁夏庭院有零星引种栽培。

开发利用前景：庭院观赏、用材树种，也可做盆景。

侧　柏 *Platycladus orientalis* 柏科 Cupressaceae　侧柏属 *Platycladus*

侧柏又称扁柏。

形态特征：乔木，高达20 m。树皮薄，浅灰褐色，纵裂成条片。小枝细，向上直展或斜展，扁平，排成一个平面。叶鳞形，长1~3 mm，先端微钝，对生，两面均为绿色。雄球花黄色，卵圆形，长约2 mm；雌球花近球形，径约2 mm，蓝绿色，被白粉。球果长卵圆形，成熟前近肉质，蓝绿色，被白粉，成熟后木质，开裂，红褐色。种子卵圆形或近椭圆形，顶端微尖，褐色，长6~8 mm，无翅。花期4月，球果10月成熟。

生活习性：喜光，适应性强，耐干旱、瘠薄，耐强光，耐高温，萌芽力强，浅根性，抗风力较弱。播种、扦插、嫁接繁殖。

分布：宁夏兴庆区、金凤区、西夏区、贺兰县、盐池县、红寺堡区、隆德县、泾源县、彭阳县、西吉县、原州区、中宁县、海原县、罗山等地普遍栽培。全国各地均有栽培。

保护利用现状：宁夏广泛用于园林造景或道路绿化，多用作庭院栽培树种或绿篱。

开发利用前景：道路绿化、荒山造林树种，也可做木材。

千头柏 *Platycladus orientalis* 'Sieboldii'

柏科 Cupressaceae　侧柏属 *Platycladus*

侧柏栽培变种。

形态特征：常绿灌木，高3~5 m，植株丛生状，树冠卵圆形或圆球形。树皮浅褐色，片状剥落。大枝斜出，小枝直展，扁平，排成一个平面。叶鳞形，交互对生，紧贴于小枝，两面均为绿色。球花单生于小枝顶端。球果卵圆形，肉质，蓝绿色，被白粉，成熟时红褐色。种子卵圆形或长卵形。花期3—4月，果期10—11月。

生活习性：喜光，适应性强，对土壤要求不严，需排水良好。播种繁殖。

分布：宁夏大武口区、同心县、原州区等地有栽培。

保护利用现状：宁夏主要用于道路绿化和园林造景。

开发利用前景：用作绿篱或庭院绿化树种。

圆　柏 *Sabina chinensis*

柏科 Cupressaceae　圆柏属 *Sabina*

圆柏又称桧、桧柏。

形态特征：乔木，高达20 m。树皮深灰色，纵裂成条片。幼树的枝条通常向上斜展，小枝通常直或稍弧状弯曲，生鳞叶的小枝近圆柱形或近四棱形。叶二型，即刺叶及鳞叶；刺叶生于幼树之上，老树则全为鳞叶，壮龄树兼有刺叶与鳞叶；生于1年生小枝上的鳞叶3叶轮生，刺叶3叶交互轮生，披针形。雌雄异株，稀同株；雄球花黄色，椭圆形。球果近圆球形，2年成熟，成熟时暗褐色，常具2~3粒种子。种子卵圆形，扁，顶端钝，有棱脊及少数树脂槽。

生活习性：喜光，较耐阴，耐寒，耐热，喜温凉、温暖气候及湿润土壤，深根性，忌积水。播种繁殖。

分布：宁夏各地普遍栽培。产于我国北部及中部，现各地广泛栽培。

保护利用现状：宁夏广泛用于园林造景和庭院美化。

开发利用前景：园林绿化树种，种子可提取润滑油，枝叶可入药。

龙　柏 ***Sabina chinensis* 'Kaizuca'**

柏科 Cupressaceae　圆柏属 *Sabina*

圆柏栽培品种。

形态特征：乔木，高可达8 m，树干挺直，树冠圆柱形或柱状塔形。枝条向上直展，常有扭转上升之势，小枝密。鳞叶排列紧密，幼嫩时淡黄绿色，后翠绿色。球果蓝色，微被白粉。

生活习性：喜光，稍耐阴，喜温暖、湿润气候，抗寒，抗旱，忌积水，较耐盐碱。播种繁殖。

分布：宁夏兴庆区、金凤区、永宁县、灵武市、大武口区、平罗县、红寺堡区、同心县、利通区、青铜峡市、西吉县、泾源县、沙坡头区等地有栽培。产于我国长江流域、淮河流域，我国各地广泛栽培。

保护利用现状：宁夏有少量引种栽培。

开发利用前景：庭院、园林等绿化造景树种。

塔　柏 ***Sabina chinensis* 'Pyramidalis'**

柏科 Cupressaceae　圆柏属 *Sabina*

塔柏又称蜀桧。

形态特征：乔木，树冠圆柱形或圆柱状尖塔形。树皮褐灰色，条裂。枝向上直展，密生。叶多为刺形，稀间有鳞叶，鳞叶在小枝上交互对生，有香气，坚韧致密，紧贴于小枝，偶见3叶轮生，先端锐尖或钝，微内曲，无蜡粉，有腺体，腺体椭圆形，位于叶背基部。雌雄异株，稀同株。球果卵圆形或近球形，成熟后紫黑色或蓝黑色，被白粉。种子1粒，卵圆形。花期4月，球果10月成熟。

生活习性：喜光，喜温凉、温暖气候及湿润土壤。播种繁殖。

分布：宁夏大武口区、同心县、原州区、西吉县等地普遍栽培。

保护利用现状：宁夏大量引种栽培，用于园林绿化。

开发利用前景：园林观赏、用材树种，枝叶可入药。

北京桧柏 *Sabina chinensis* 'Beijingensis'

柏科 Cupressaceae　圆柏属 *Sabina*

形态特征：乔木，高达10 m，树冠尖塔形或圆锥形，老树则呈广卵形。树皮灰褐色，呈纵条剥落，有时呈扭转状。老枝常扭曲；小枝直立，亦有略下垂的。叶二型，鳞叶交互对生，多见于老树或老枝上；刺叶常3叶轮生，长0.6~1.2 cm。雌雄异株。果有1~4粒种子，卵圆形。花期4月下旬，果多翌年10—11月成熟。

生活习性：喜光，喜温凉、温暖气候及湿润土壤。播种繁殖。

分布：宁夏利通区、青铜峡市、灵武市、大武口区、彭阳县、中宁县等地普遍栽培。产于我国东北南部及华北等地。

保护利用现状：宁夏有引种栽培。

开发利用前景：行道树，用作绿篱、盆景材料。

球　柏 *Sabina chinensis* 'Globosa'

柏科 Cupressaceae　圆柏属 *Sabina*

形态特征：矮型丛生圆球形或半球形灌木，高约1.2 m。枝密生，幼树的枝条通常向上斜展，叶通常全为鳞形，偶有刺叶。

生活习性：极耐寒，耐旱，在温凉、稍干燥地区生长较快，耐修剪、易整形。播种、扦插繁殖。

分布：宁夏兴庆区、金凤区、盐池县、平罗县、隆德县、沙坡头区等地普遍栽培。

保护利用现状：宁夏用于园林、庭院绿化。

开发利用前景：优良的园林绿化树种。

垂枝圆柏 *Sabina chinensis* f. *pendula*

柏科 Cupressaceae　圆柏属 *Sabina*

形态特征：乔木，高达10 m。树皮深灰色，纵裂成不规则的薄片脱落。枝长，小枝下垂，枝通常直或稍呈弧状弯曲，生鳞叶的小枝近四棱形，径1~1.2 mm。叶二型，刺叶生于幼树之上，老树全为鳞叶，鳞叶3叶轮生，近披针形，先端微渐尖，长2.5~5 mm；刺叶3叶交互轮生，斜展，疏松，披针形。雌雄异株，稀同株；雄球花黄色，椭圆形，长2.5~3.5 mm。球果近圆球形，2年成熟，成熟时暗褐色，被白粉或白粉脱落，有1~4粒种子。种子卵圆形，顶端钝。

生活习性：喜光，较耐阴，耐寒，耐热，喜温凉、温暖气候及湿润土壤，忌积水。播种、扦插繁殖。

分布：宁夏彭阳县有少量引种栽培。产于我国陕西南部及甘肃东南部。

保护利用现状：宁夏有零星引种栽培。

开发利用前景：园林观赏树种。

金叶桧 *Sabina chinensis* 'Aurea'

柏科 Cupressaceae　圆柏属 *Sabina*

金叶桧又称洒金柏。

形态特征：直立灌木，高可达5.5 m。树皮深灰色，纵裂。幼树的枝条通常向上斜展，形成尖塔形树冠，老树则下部大枝平展，形成广圆形树冠。鳞叶初为深金黄色，后渐变为绿色；刺叶三叶交互轮生，斜展，疏松，披针形，先端渐尖。雄球花黄色，椭圆形。球果近圆球形。种子卵圆形，扁，顶端钝，背面有2条白色气孔带，上面则不明显。花期4月。

生活习性：喜光，对土壤适应性较强，不耐水涝，浅根性，萌蘖力较强，耐修剪。播种、扦插繁殖。

分布：宁夏西夏区、红寺堡区等地有栽培。

保护利用现状：宁夏部分地区有零星引种栽培。

开发利用前景：优良的园林绿化树种，有害气体的指示性树种。

祁连圆柏 *Sabina przewalskii* 柏科 Cupressaceae 圆柏属 *Sabina*

我国特有树种。

形态特征：乔木，高达12 m，稀灌木状。树皮灰色或灰褐色，裂成条片脱落。枝条开展或直伸，小枝不下垂。叶二型，幼树全为刺叶，老树则为鳞叶；鳞叶交互对生，排列较疏或较密，菱状卵形，长1.2~3 mm，背面多少被蜡粉；刺叶3叶交互轮生，多少开展，长4~7 mm，三角状披针形，上面凹，有白粉带，先端锐尖。雌雄同株，雄球花卵圆形。球果卵圆形或近圆球形，长8~13 mm，成熟前绿色，微被白粉，成熟后蓝褐色、蓝黑色或黑色，微有光泽。

生活习性：耐旱性强。播种、扦插繁殖。

分布：宁夏西夏区、红寺堡区、原州区、西吉县、泾源县、彭阳县、隆德县、沙坡头区、南华山等地有栽培。分布于我国青海、甘肃河西走廊及南部、四川北部。

保护利用现状：宁夏有少量引种栽培。

开发利用前景：木材可供建筑及制作家具、农具等。

铺地柏 *Sabina procumbens* 柏科 Cupressaceae 圆柏属 *Sabina*

铺地柏又称爬地柏。

形态特征：小灌木，高达75 cm。枝干贴近地面伸展，褐色，小枝密生。枝梢及小枝向上斜展。叶均为刺叶，先端尖锐，3叶交互轮生，条状披针形，先端渐尖，长6~8 mm；叶基下延生长。果实近球形，被白粉，成熟时黑色，径8~9 mm，有2~3粒种子。种子长约4 mm，有棱脊。

生活习性：喜光，稍耐阴，喜湿润气候，耐寒力、萌蘖力较强。扦插、嫁接、压条繁殖。

分布：宁夏兴庆区、金凤区、西夏区、贺兰县、永宁县、大武口区、平罗县、青铜峡市、沙坡头区、原州区、西吉县、泾源县、彭阳县、哈巴湖、贺兰山等地有栽培。原产于日本，我国黄河流域至长江流域广泛栽培。

保护利用现状：宁夏道路绿化、公园绿化树种。

开发利用前景：园林观赏树种。

香　柏 *Sabina pingii* var. *wilsonii*　柏科 Cupressaceae　圆柏属 *Sabina*

形态特征：灌木，常匍匐生长，高0.3~1 m，有时高达6 m。枝条匍匐状，弯曲，枝皮褐色，有叶小枝密，常呈六棱形，枝梢上部向下弯曲。刺叶3叶轮生，叶下延部分不露出，卵状长圆形或宽披针形。球果卵圆形，长6~8 mm，径5~6 mm，顶端圆，成熟时黑色，有种子1粒。种子卵圆形，长约5 mm，先端钝，基部圆或钝。花期4—6月，球果10—11月成熟。

生活习性：阴性树种，耐寒，喜湿润气候，耐盐碱，生长较慢。播种、扦插繁殖。

分布：宁夏金凤区有引种栽培。产于我国湖北西北部、陕西南部、甘肃南部、四川、云南及西藏等地海拔2 600~4 900 m 的高山地带。

保护利用现状：宁夏有少量引种栽培。

开发利用前景：园林观赏树种，可做盆景，全株入药。

粉　柏 *Sabina squamata* ‘Meyeri’　柏科 Cupressaceae　圆柏属 *Sabina*

渐危种。

形态特征：直立灌木，小枝密。叶排列紧密，上下两面被白粉，条状披针形，长6~10 mm，先端渐尖。球果卵圆形，长约6 mm。

生活习性：喜光，耐湿性、耐寒性差。寿命可达200~300年。扦插、压条、嫁接繁殖。

分布：宁夏西夏区有少量引种栽培。产于我国中部及西部。

保护利用现状：宁夏有零星引种栽培。

开发利用前景：观赏树种。

叉子圆柏 *Sabina vulgaris*

柏科 Cupressaceae　圆柏属 *Sabina*

叉子圆柏又称砂地柏。

形态特征：匍匐灌木，高不及1 m。枝皮灰褐色，呈薄片状脱落。枝密，向上斜展，1年生枝的分枝皆为圆柱形，径约1 mm。叶二型，刺叶常生于幼树上，稀在壮龄树上与鳞叶并存，常交互对生或兼有3叶交互轮生，排列较密，向上斜展；鳞叶交互对生，排列紧密或稍疏，斜方形或菱状卵形。雌雄异株，稀同株；雄球花椭圆形或矩圆形，雌球花曲垂或初期直立而后俯垂。球果生于向下弯曲的小枝顶端，成熟前蓝绿色，成熟时褐色至紫蓝色或黑色，倒三角形或叉状球形。种子常卵圆形，微扁，长4~5 mm，顶端钝或微尖。

生活习性：喜光，耐寒，耐旱，耐瘠薄，不耐涝，根系发达，适应干旱的沙漠环境。扦插繁殖。

分布：野生资源分布于宁夏贺兰山、罗山和香山，多生于山坡、林下或砂石地。宁夏兴庆区、金凤区、西夏区、灵武市、贺兰县、大武口区、惠农区、平罗县、利通区、盐池县、红寺堡区、原州区、西吉县、彭阳县、中宁县、海原县、白芨滩、贺兰山、罗山等地普遍栽培。分布于我国西北和内蒙古等省（区）。

保护利用现状：部分野生资源得到保护，并在宁夏各地普遍栽培。

开发利用前景：水土保持、护坡、固沙及园林观赏树种。

刺　柏 *Juniperus formosana*

柏科 Cupressaceae　刺柏属 *Juniperus*

我国特有树种。

形态特征：乔木，高10 m。树皮暗褐色，纵裂成长条薄片脱落。枝条斜展或直展，小枝柔软、下垂，棕色或带黄色，三棱形。刺叶线形，3叶轮生，长1~2 cm，先端渐尖，具锐尖头，正面稍凹。雄球花圆球形或椭圆形，长4~6 mm。球果近球形或宽卵圆形，长6~10 mm，径6~9 mm，2年成熟，成熟时淡红褐色，被白粉或白粉脱落，间或顶部微张开。种子半月形，具3~4棱脊，顶端尖。

生活习性：耐寒，耐旱，喜温暖、多雨气候及石灰质土壤，主侧根均发达，在干旱沙地及肥沃、通透性好的土壤上生长最好。扦插繁殖。

分布：野生资源分布于宁夏六盘山和贺兰山，生于海拔2 200 m左右的山坡或林中。宁夏原州区、泾源县、西吉县、彭阳县、中宁县、哈巴湖等地普遍栽培。在我国分布极广。

保护利用现状：宁夏广泛用于园林绿化。

开发利用前景：优良的园林绿化和水土保持树种。

河南桧 *Juniperus chinensis* 'Henianensis' 柏科 Cupressaceae 刺柏属 *Juniperus*

圆柏栽培品种。

形态特征：乔木，高达10 m；树冠尖塔形或圆锥形，老树则呈广卵形。树皮灰褐色，呈纵条剥落，有时呈扭转状。老枝常扭曲；小枝直立，亦有略下垂的。冬芽不显著。叶二型，鳞叶交互对生，多见于老树或老枝上；刺叶常3叶轮生，长0.6~1.2 cm。雌雄异株，极少同株；雄球花黄色，雌球花有珠鳞6~8，3年成熟，成熟时暗褐色，被白粉。果有1~4粒种子，卵圆形。花期4月下旬，果多翌年10—11月成熟。

生活习性：喜光，喜温暖，耐旱，耐寒。扦插、播种繁殖。

分布：宁夏大武口区、同心县、沙坡头区等地普遍栽培。

保护利用现状：宁夏大量引种栽培。

开发利用前景：园林绿化和庭院绿化树种，观赏树种，木材可制作器具，果实可榨油。

杜　松 *Juniperus rigida* 柏科 Cupressaceae 刺柏属 *Juniperus*

杜松又称棒儿松、崩松。

形态特征：灌木或小乔木，高10 m。幼树树冠窄塔形，后变圆锥形。枝皮褐灰色，纵裂；小枝下垂，幼枝三棱形，无毛。3叶轮生，刺叶针形，质厚，坚硬，长1.2~1.7 cm，宽约1 mm，上部渐窄，先端锐尖，上面下凹成深槽。雄球花椭圆形或近球形，长2~3 mm。球果圆球形，径6~8 mm，成熟前紫褐色，成熟时淡褐黑色或蓝黑色，常被白粉。种子近卵圆形，长约6 mm，顶端尖，有4不显著的棱。

生活习性：喜光，耐寒，耐旱，耐瘠薄，适应性强，生长较慢。压条、播种、扦插繁殖。

分布：野生资源分布于宁夏贺兰山、罗山、原州区，生于海拔2 000~2 200 m 的干旱石质山或沙坡。宁夏兴庆区、金凤区、西夏区、贺兰县、灵武市、利通区、原州区、西吉县、白芨滩、贺兰山等地广泛栽培。分布于我国东北、华北及陕西、甘肃、宁夏等地。

保护利用现状：宁夏部分地区用于园林绿化。

开发利用前景：庭院绿化、用材树种，果实可酿酒和入药。

日本香柏 *Thuja standishii* 柏科 Cupressaceae 崖柏属 *Thuja*

形态特征：乔木，在原产地高达18 m。树皮红褐色，裂成鳞状薄片脱落。大枝开展，枝端下垂，形成宽塔形树冠；生鳞叶的小枝较厚，扁平。下面的鳞叶无明显的白粉或微有白粉；鳞叶先端钝尖或微钝，中央之叶尖头下方无腺点，平，稀有纵槽，两侧之叶较中央之叶稍短或等长，尖头内弯。球果卵圆形，长10 mm，成熟时暗褐色。种子扁，两侧有窄翅。

生活习性：耐低温，喜湿润环境。

分布：宁夏泾源县有少量引种栽培。原产于日本，我国有引种栽培。

保护利用现状：宁夏有零星引种栽培。

开发利用前景：优良的用材、观赏、水土保持树种。

罗汉松 *Podocarpus macrophyllus* 罗汉松科 Podocarpaceae 罗汉松属 *Podocarpus*

罗汉松又称土杉。

形态特征：乔木，高达20 m。树皮灰色或灰褐色，浅纵裂，呈薄片状脱落。枝开展或斜展，较密。叶螺旋状着生，条状披针形，微弯，长7~12 cm，宽7~10 mm，先端尖，基部楔形，上面深绿色，有光泽，下面带白色、灰绿色或淡绿色，中脉微隆起。雄球花穗状、腋生，常3~5个簇生于极短的总梗上；雌球花单生于叶腋，有梗，基部有少数苞片。种子卵圆形，径约1 cm，先端圆，成熟时肉质，假种皮紫黑色，有白粉。花期4—5月，种子8—9月成熟。

生活习性：喜温暖、湿润气候，耐寒性弱，耐阴性强，喜排水良好、湿润的砂质壤土，抗病虫害能力强。播种、扦插繁殖。

分布：宁夏兴庆区和彭阳县等地有少量引种栽培。产于我国长江以南地区。

保护利用现状：宁夏有零星引种栽培。

开发利用前景：庭院观赏、用材树种，也可制作盆景。

东北红豆杉 *Taxus cuspidata* 红豆杉科 Taxaceae 红豆杉属 *Taxus*

东北红豆杉又称紫杉。植物活化石，世界珍稀濒危植物，我国一级珍稀濒危野生植物。

形态特征： 乔木，高达20 m。树皮红褐色，有浅裂纹。枝条平展或斜上直立，密生；小枝基部有宿存芽鳞，1年生枝绿色，秋后淡红褐色，2~3年生枝红褐色或黄褐色。叶排成不规则的两列，向上斜展，条形，短而密，长1~2.5 cm，宽2.5~3 mm，表面深绿色，有光泽，背面有2条灰绿色气孔带。雄球花具9~14雄蕊。种子紫红色，有光泽，卵圆形。花期5—6月，种子9—10月成熟。

生活习性： 浅根性，耐阴，耐寒性强，喜冷凉、湿润气候，适生于疏松、湿润、排水良好的酸性土壤。播种、扦插繁殖。

分布： 宁夏西夏区、金凤区、永宁县等地有引种栽培。产于我国东北东部海拔500~1 000 m的山地。

保护利用现状： 宁夏有少量引种栽培。

开发利用前景： 造林、用材树种，叶可入药。

水　杉 *Metasequoia glyptostroboides* 杉科 Taxodiaceae 水杉属 *Metasequoia*

稀有种，我国特有树种，世界上珍稀的孑遗植物，有“活化石”之称。

形态特征： 乔木，高达35 m，树干基部常膨大。树皮灰色、灰褐色或暗灰色，幼树裂成薄片脱落，大树裂成长条状脱落，内皮淡紫褐色。枝斜展，小枝下垂，1年生枝光滑无毛，幼时绿色，后渐变成淡褐色；侧生小枝排成羽状，长4~15 cm，冬季凋落。叶条形，上面淡绿色，下面色较淡，叶在侧生小枝上排成2列，羽状，冬季与枝一同脱落。球果下垂，近四棱状球形或矩圆状球形，成熟前绿色，成熟时深褐色。种子扁平，倒卵形，周围有翅。花期2月下旬，球果11月成熟。

生活习性： 喜光，耐寒，抗病，喜温暖气候及湿润、肥沃、排水良好的土壤，在酸性、石灰性及轻盐碱土上均可生长，生长较快，寿命长。播种、扦插繁殖。

分布： 宁夏西夏区、金凤区、兴庆区等地有引种栽培。我国四川、湖北和湖南有少量野生分布。

保护利用现状： 宁夏有零星引种栽培。

开发利用前景： 绿化、用材及观赏树种。

粗　榧 *Cephalotaxus sinensis*

三尖杉科 Cephalotaxaceae　三尖杉属 *Cephalotaxus*

粗榧又称中华粗榧杉。我国特有树种。

形态特征：灌木或小乔木，高达10 m。树皮灰色或灰褐色，裂成薄片脱落。叶扁线形，排成2列，通常直，长2~4 cm，基部近圆形，上面深绿色，中脉明显，下面有2条白色气孔带。雄球花6~7个聚生呈头状，径约6 mm，总梗长约3 mm，基部及总梗上有多数苞片；雄球花卵圆形，雄蕊4~11，花丝短。种子通常2~5粒着生于轴上，卵圆形、椭圆状卵形或近球形，很少倒卵状椭圆形，长1.8~2.5 cm，顶端中央有一小尖头。花期3—4月，种子8—10月成熟。

生活习性：阴性树种，耐寒，喜温凉、湿润气候，抗虫害，生长缓慢，萌芽力较强。播种、扦插繁殖。

分布：宁夏西夏区和金凤区有少量栽培。分布很广，自然分布于长江流域及以南海拔600~2 200 m 的山地。

保护利用现状：宁夏有零星引种栽培。

开发利用前景：种子含油，可制肥皂、润滑油，树皮含单宁，可提取栲胶。

膜果麻黄 *Ephedra przewalskii*

麻黄科 Ephedraceae　麻黄属 *Ephedra*

形态特征：灌木，高40~60 cm。主根木质，棕褐色，粗壮，发达。木质茎明显，茎皮灰黄色或灰白色，细纤维状，纵裂成窄椭圆形网眼；茎上部具多数绿色分枝，老枝黄绿色，纵槽纹不甚明显，小枝绿色，2~3枝生于节上，分枝基部再生小枝，呈假轮生状。叶通常3裂并有少数2裂混生，裂片三角形，先端急尖或具渐尖的尖头。球花通常无梗，常多数密集成团状的复穗花序，对生或轮生于节上；雄球花淡褐色或褐黄色，近圆球形；雌球花淡绿褐色或淡红褐色，近圆球形。种子通常3粒，稀2粒，暗褐红色，长卵圆形。

生活习性：强旱生植物，抗寒，耐热，耐旱，耐盐碱，耐瘠薄。播种繁殖。

分布：野生资源分布于宁夏贺兰山、惠农区、盐池县、沙坡头区等地，常生于干旱山坡、沙地及砂石盐碱地上，沙坡头区有少量栽培。分布于我国内蒙古、甘肃、青海、宁夏及新疆等省（区）。

保护利用现状：部分野生资源得到保护，少量开发利用。

开发利用前景：优良的防风固沙树种，茎、枝可用作燃料。

斑子麻黄 *Ephedra lepidosperma*

麻黄科 Ephedraceae　麻黄属 *Ephedra*

我国特有树种，国家二级保护植物。

形态特征：小灌木，近垫状，高5~20 cm。根与茎高度木质化，茎皮棕褐色或灰白色，具短硬、多瘤节的木质枝，绿色小枝细短，在节上密集、假轮生呈辐射状排列，节间细短，纵槽纹浅或较明显。叶膜质、鞘状，极细小，长约1 mm。雄球花在节上对生，长2~3 mm，雌球花单生，苞片2对，稀3对。种子通常2粒，较苞片长，黄棕色，椭圆状卵圆形、卵圆形，长4~6 mm，径约3 mm。

生活习性：强旱生植物，生长于半荒漠区的山地，多见于石质的低山区或山麓洪积扇上部。播种繁殖。

分布：野生资源分布于宁夏与内蒙古阿拉善盟交界的贺兰山，与腾格里沙漠的剥蚀石质低山、干旱山坡及山前滩地相邻，青铜峡市、中卫市等地，贺兰山、白芨滩、西夏区、贺兰县、永宁县、灵武市、利通区、青铜峡市、沙坡头区等地有少量栽培。

保护利用现状：部分野生资源得到保护，少量开发利用。

开发利用前景：固土、固沙、防风蚀和山洪冲刷树种，饲用、药用、蜜源植物。

中麻黄 *Ephedra intermedia*

麻黄科 Ephedraceae　麻黄属 *Ephedra*

形态特征：灌木，高20~80 cm。茎直立或匍匐斜上，粗壮，基部分枝多。绿色小枝常被白粉呈灰绿色。叶3裂及2裂混见，下部约2/3合生呈鞘状，上部裂片钝三角形或窄三角状披针形。雄球花通常无梗，数个密集于节上呈团状，稀2~3个对生或轮生于节上；雌球花2~3个。种子3粒或2粒。花期5—6月，种子7—8月成熟。

生活习性：极耐旱，生于海拔数百米至2 000 m的干旱荒漠、沙滩及干旱的山坡或草地上。

分布：野生资源分布于宁夏贺兰山、罗山、南华山、青铜峡市、盐池县、同心县、西吉县、海原县等地，生于干旱山坡、荒漠、沙滩。分布于我国华北、西北、辽宁和山东等地。

保护利用现状：部分野生资源得到保护，未开发利用。

开发利用前景：草质茎可药用，肉质多汁的苞片可食，根、茎、枝在产地常用作燃料。

草麻黄 *Ephedra sinica* 麻黄科 Ephedraceae 麻黄属 *Ephedra*

形态特征：小灌木，高20~40 cm。木质茎短或呈匍匐状，小枝直伸或微曲，表面细纵槽纹常不明显，节间长2.5~5.5 cm，多为3~4 cm，径约2 mm。叶2裂，先端急尖。雄球花多呈复穗状，常具总梗；雌球花单生，在幼枝上顶生，在老枝上腋生，卵圆形或矩圆状卵圆形；雌球花成熟时肉质红色，矩圆状卵圆形或近圆球形。种子通常2粒，黑红色或灰褐色，三角状卵圆形或宽卵圆形，长5~6 mm，表面具细皱纹。花期5—6月，种子8—9月成熟。

生活习性：适应性强，喜凉爽、较干燥气候，耐严寒。播种、分株繁殖。

分布：野生资源分布于宁夏白芨滩、贺兰山、同心县、盐池县、彭阳县、沙坡头区等地，生于山坡、荒地及沙地。分布于我国华北、河南、陕西、甘肃、辽宁、吉林、宁夏等地。

保护利用现状：部分野生资源得到保护，未开发利用。

开发利用前景：重要的药用植物，我国提制麻黄碱的主要植物。

木贼麻黄 *Ephedra equisetina* 麻黄科 Ephedraceae 麻黄属 *Ephedra*

形态特征：小灌木，高达1 m，木质茎粗长，直立。小枝细，节间短，长1.5~2.5 cm，纵槽纹不明显，蓝绿色或灰绿色。叶2裂，褐色，大部合生，上部约1/4分离，裂片短三角形，先端钝。雄球花单生或3~4个集生于节上，卵圆形或窄卵圆形，苞片3~4对，基部约1/3合生；雌球花常2个对生于节上，窄卵圆形或窄菱形，苞片3对，雌球花成熟时肉质红色，长卵圆形或卵圆形。种子通常1粒，具明显的点状种脐与种阜。花期6—7月，种子8—9月成熟。

生活习性：喜光，耐寒，畏热，喜生于干旱的山地及沟崖边，忌水湿，深根性，根蘖性强。分株繁殖。

分布：野生资源分布于宁夏贺兰山、西夏区、沙坡头区、盐池县、中宁县等地，生于干旱山坡。分布于我国华北及西北各地。

保护利用现状：部分野生资源得到保护，未开发利用。

开发利用前景：提制麻黄碱的主要原料植物，可用作绿化树种。

玉　兰 *Magnolia denudata* 木兰科 Magnoliaceae　木兰属 *Magnolia*

玉兰又称白玉兰、木兰。

形态特征：乔木，高达15 m。树皮深灰色，粗糙，开裂。小枝稍粗壮，灰褐色。叶纸质，倒卵形、宽倒卵形或倒卵状椭圆形，基部徒长枝上的叶椭圆形，长10~15 cm，宽6~10 cm，叶上面深绿色，下面淡绿色。花蕾卵圆形，花先叶开放，直立，芳香，径10~16 cm；花被片9片，白色，基部常带粉红色，长圆状倒卵形，长6~8 cm，宽2.5~4.5 cm。聚合果圆柱形，褐色，具白色皮孔。种子心形，侧扁。花期2—3月，果期8—9月。

生活习性：喜光，耐寒，耐旱，不耐水涝。嫁接、压条、扦插、播种繁殖。

分布：宁夏兴庆区、金凤区、西夏区、大武口区、平罗县、利通区、彭阳县、隆德县、沙坡头区、中宁县等地有引种栽培。产于我国江西、浙江、湖南、贵州，生于海拔500~1 000 m 的林中。现我国各大城市园林广泛栽培。

保护利用现状：宁夏多用作庭院观赏树种。

开发利用前景：珍贵的庭院观赏树种。

紫玉兰 *Magnolia liliflora* 木兰科 Magnoliaceae　木兰属 *Magnolia*

形态特征：灌木，高达3 m，常丛生。树皮灰褐色。小枝绿紫色或淡褐紫色。叶椭圆状倒卵形或倒卵形，长8~18 cm，宽3~10 cm，先端急尖或渐尖，基部渐狭，上面深绿色，幼嫩时疏生短柔毛，下面灰绿色，沿脉有短柔毛。花蕾卵圆形，被淡黄色绢毛。花与叶同时开放，瓶形，直立于粗壮、被毛的花梗上，稍有香气；花被片9~12片，外轮3片萼片状，紫绿色，内轮肉质，外面紫色或紫红色，里面带白色，花瓣状。聚合果初深紫褐色，后变褐色，圆柱形。花期3—4月，果期8—9月。

生活习性：喜温暖、湿润和阳光充足环境，较耐寒，不耐旱和盐碱。嫁接、压条、扦插、播种繁殖。

分布：宁夏白芨滩、兴庆区、金凤区、西夏区、大武口区、惠农区、利通区、原州区、彭阳县、沙坡头区等地有少量引种栽培。产于我国福建、湖北、四川、云南西北部，生于海拔300~1 600 m 的山坡林缘。

保护利用现状：宁夏有零星引种栽培。

开发利用前景：优良的庭院、街道绿化树种，花蕾可入药。

二乔木兰 *Magnolia soulangeana*

木兰科 Magnoliaceae　木兰属 *Magnolia*

形态特征：小乔木，高6~10 m。小枝无毛。叶纸质，倒卵形，长6~15 cm，宽4~7.5 cm，先端短急尖，2/3以下渐狭呈楔形，上面基部中脉常残留毛，下面多少被柔毛。花蕾卵圆形，花先叶开放，浅红色至深红色，花瓣6，外面多紫色，基部色较深，里面白色；雄蕊长1~1.2 cm，雌蕊群无毛，圆柱形，长约1.5 cm。聚合果长约8 cm，直径约3 cm。种子深褐色，宽倒卵圆形或倒卵圆形，侧扁。花期2—3月，果期9—10月。

生活习性：耐寒，耐旱，喜光，喜温暖、湿润气候。嫁接、压条、扦插、播种繁殖。

分布：宁夏原州区有少量引种栽培。

保护利用现状：宁夏有零星引种栽培。

开发利用前景：庭院观赏树种。

五味子 *Schisandra chinensis*

木兰科 Magnoliaceae　五味子属 *Schisandra*

形态特征：藤本。嫩枝红褐色，老枝灰褐色，薄片状剥落。叶椭圆形或倒卵形，叶柄常带红色，叶长5~9 cm，宽2.5~5 cm，边缘有疏齿。花白色或粉红色，雌雄异株；雄花具5~6雄蕊，花丝极短；雌花具心皮17~40，分离。浆果红色，有光泽。种子肾形。花期5—6月，果熟期8—9月。

生活习性：耐阴，喜冬季寒冷、夏季炎热的气候。

分布：野生资源分布于宁夏六盘山。产于我国东北、华北及西北。

保护利用现状：野生资源得到保护，未开发利用。

开发利用前景：可制成盆景观赏，果实可入药、酿酒，茎可做调味料。

鹅掌楸 *Liriodendron chinense*

木兰科 Magnoliaceae　鹅掌楸属 *Liriodendron*

濒危树种。

形态特征：乔木，高达40 m，胸径1 m以上，干皮灰白色。小枝灰色或灰褐色，具环状托叶痕。单叶互生，有长柄，叶马褂状，长4~12（18）cm，近基部每边具1侧裂片，先端具2浅裂，背面密生白粉状突起；叶柄长4~8 cm。花黄绿色，具黄色纵条纹，杯状。聚合果长7~9 cm，具翅的小坚果长约6 mm，顶端钝或钝尖，具种子1~2粒。花期5月，果期9—10月。

生活习性：喜光及温和、湿润气候，耐寒性不强，喜深厚、肥沃、湿润而排水良好的酸性或微酸性土壤。播种、扦插繁殖。

分布：宁夏金凤区有少量引种栽培。产于我国长江以南各省（区）。

保护利用现状：宁夏有零星引种栽培。

开发利用前景：庭院观赏、用材树种，树皮、叶可入药。

灰叶铁线莲 *Clematis canescens*

毛茛科 Ranunculaceae　铁线莲属 *Clematis*

形态特征：直立小灌木，高达1 m。枝紫褐色，有棱，被柔毛。单叶对生或数叶簇生；叶片灰绿色，革质，狭披针形或长椭圆状披针形，长1~4 cm，宽2~8 mm。花单生或聚伞花序有花3朵，腋生或顶生；雄蕊无毛，花丝狭披针形，长于花药。瘦果密生白色长柔毛。花期7—8月，果期8—9月。

生活习性：生于海拔1 100~1 900 m的山地、沙地及沙丘低洼地带。播种、压条、嫁接、分株、扦插繁殖。

分布：野生资源分布于宁夏白芨滩、哈巴湖、红寺堡区、同心县等地，多生于干旱的向阳山坡。分布于我国甘肃、内蒙古、宁夏等省（区）。

保护利用现状：部分野生资源得到保护，已驯化利用。

开发利用前景：垂直绿化树种。

小叶铁线莲 *Clematis nannophylla*

毛茛科 Ranunculaceae　铁线莲属 *Clematis*

形态特征：小灌木，高30~100 cm。枝灰褐色，有棱，被短柔毛，后脱落。单叶对生或数叶簇生，几无柄或柄长达4 mm；叶片轮廓近卵形，长0.5~1 cm，宽3~8 mm，羽状全裂。花单生或聚伞花序有花3朵；雄蕊无毛，花丝披针形。瘦果椭圆形，长约5 mm，有柔毛，宿存花柱长约2 cm。花期7—9月，果期9—10月。

生活习性：生长在海拔1 200~3 200 m 的干旱干坡上。播种、压条、嫁接、分株、扦插繁殖。

分布：野生资源分布于宁夏贺兰山、罗山、西吉县、海原县、中卫香山、沙坡头区等地，生于干旱山坡、砾石滩地。分布于我国青海、甘肃、宁夏等省（区）。

保护利用现状：部分野生资源得到保护，未开发利用。

开发利用前景：垂直绿化树种。

短尾铁线莲 *Clematis brevicaudata*

毛茛科 Ranunculaceae　铁线莲属 *Clematis*

短尾铁线莲又称石通、林地铁线莲。

形态特征：藤本。枝灰褐色，有棱，疏生短柔毛或近无毛。二回羽状复叶或二回三出复叶，小叶片长卵形、卵形至宽卵状披针形或披针形，长1.5~5 cm，宽1~3 cm，顶端渐尖或长渐尖，基部圆形、截形至浅心形，有时楔形，边缘疏生粗锯齿或牙齿，有时3裂，两面近无毛或疏生短柔毛。圆锥状聚伞花序腋生或顶生，常比叶短，花直径1.5~2 cm；雄蕊无毛，花药长2~2.5 mm。瘦果卵形，长约3 mm，宽约2 mm，密生柔毛，宿存花柱长1.5~2 cm。花期7—8月，果期8—9月。

生活习性：生于山地灌丛或疏林中。播种、压条、嫁接、分株、扦插繁殖。

分布：野生资源分布于宁夏贺兰山、罗山、中卫市、原州区、海原县、西吉县等地，多生于海拔2 100 m 左右的山坡灌丛或林缘。分布于我国东北、华北、陕西、甘肃、青海、宁夏、江苏、江西、浙江、湖南、湖北、四川和贵州等地。

保护利用现状：部分野生资源得到保护，未开发利用。

开发利用前景：垂直绿化树种，茎、根可入药。

灌木铁线莲 *Clematis fruticosa*

毛茛科 Ranunculaceae　铁线莲属 *Clematis*

形态特征：小灌木，高达1.5 m。枝黑色，具纵沟棱，有短柔毛，后变无毛。单叶对生或数叶簇生，叶片绿色，狭三角形或狭披针形、披针形，长1.5~5 cm，宽0.3 cm，顶端锐尖，边缘疏生锯齿状牙齿。花单生，或聚伞花序有花3朵，腋生或顶生，黄色，长椭圆状卵形至椭圆形，长1~2.5 cm，宽3.5~10 mm；雄蕊无毛，花丝披针形，比花药长。瘦果扁，卵形至卵圆形，长约5 mm。花期7—8月，果期8—9月。

生活习性：生于山坡灌丛中或路旁。播种、压条、嫁接、分株、扦插繁殖。

分布：野生资源分布于宁夏贺兰山、哈巴湖、西夏区、平罗县、盐池县、同心县、沙坡头区等地，生于向阳干旱山坡或山麓。分布于我国华北及陕西、甘肃、宁夏等地。

保护利用现状：部分野生资源得到保护，未开发利用。

开发利用前景：垂直绿化树种，茎可入药。

甘青铁线莲 *Clematis tangutica*

毛茛科 Ranunculaceae　铁线莲属 *Clematis*

形态特征：藤本。茎禾秆色，具纵沟棱，被柔毛。一回羽状复叶，有5~7小叶；小叶片基部常浅裂、深裂或全裂，侧裂片小，中裂片较大，卵状长圆形、狭长圆形或披针形，长2~4 cm，宽1~1.8 cm。花单生，有时为单聚伞花序，有花3朵，腋生。瘦果倒卵形，长约4 mm，有长柔毛，宿存花柱长达4 cm。花期6—9月，果期9—10月。

生活习性：生于高原草地或灌丛中。播种、压条、嫁接、分株、扦插繁殖。

分布：野生资源分布于宁夏六盘山、贺兰山、香山、海原县、南华山、原州区、西吉县、泾源县等地，多生于山坡灌丛及河滩草地。分布于我国西北、四川、西藏等省（区）。

保护利用现状：部分野生资源得到保护，未开发利用。

开发利用前景：全草入药。

宁夏贺兰山还分布有长瓣铁线莲（*Clematis macropetala*）、绣球藤（*Clematis montana*）、西伯利亚铁线莲（*Clematis sibirica*）、半钟铁线莲（*Clematis ochotensis*）4个野生种。

牡　丹 *Paeonia suffruticosa*

毛茛科 Ranunculaceae　芍药属 *Paeonia*

形态特征：灌木。高1~1.5 m。分枝多，短而粗。二回三出复叶，小叶倒卵形或宽椭圆形，长4~10 cm，宽2.5~6 cm，3裂至中部，裂片不裂或2~3浅裂，表面绿色，无毛，背面淡绿色，有时具白粉。花单生于枝顶，苞片5，萼片5，绿色，花瓣5，或为重瓣，玫瑰色、红紫色、粉红色至白色；雄蕊长1~1.7 cm，花丝紫红色、粉红色，上部白色，花盘革质，杯状，紫红色。蓇葖果长圆形，密生黄褐色硬毛。花期5月，果期6月。

生活习性：喜光，耐寒，耐旱，耐弱碱。分株、嫁接、播种繁殖。

分布：宁夏兴庆区、金凤区、西夏区、永宁县、贺兰县、平罗县、利通区、青铜峡市、同心县、原州区、西吉县、泾源县、彭阳县、隆德县、沙坡头区、海原县、六盘山等地广泛栽培。全国各地广泛栽培。

保护利用现状：宁夏各地广泛栽培。

开发利用前景：观赏树种，种子可榨油，根皮可入药。

紫斑牡丹 *Paeonia suffruticosa* var. *papaveracea*

毛茛科 Ranunculaceae　芍药属 *Paeonia*

紫斑牡丹又称木芍药、富贵花。

形态特征：与其他牡丹的区别为花瓣内面基部具深紫色斑块。二至三回羽状复叶，小叶不分裂，稀2~4浅裂。花大，花瓣白色。

生活习性：生于海拔1 100~2 800 m的山坡林下灌丛中。播种、分株、嫁接繁殖。

分布：宁夏永宁县、平罗县、利通区、同心县、彭阳县、隆德县等地有引种栽培。分布于我国四川北部、甘肃南部、陕西南部（太白山地区）。我国甘肃、青海等省有栽培。

保护利用现状：宁夏各地多栽培。

开发利用前景：观赏树种，种子可榨油，根皮可入药。

宁夏利通区、贺兰县等地有花王、灰鹤、蓝鹤齐鸣、蓝天王、蓝线女、蓝天梦、陇右二乔、麟凤、魏紫、雪原余晖、燕尾白、紫蝶迎风、紫冠玉珠、紫海银波、紫楼镶金、紫砚、紫云峰、蓝帐彩帏、紫珍珠、凤丹、白绣球、白雪塔、百丈冰、贵夫人、红斑玉蝶、红冠玉带、红线女、洛阳红、紫金冠、红旗漫卷、金玉满堂、锦绣球、锦帐芙蓉、洛粉倾国、牡丹仙子、青心坎、如花似玉、深黑紫、胜葛巾、水芙蓉、乌龙捧盛、五洲红、血海冰心、妖姬艳袭、玉冠金珠、玉楼藏娇、醉酒杨妃等47个品种。

胡　杨 *Populus euphratica* 杨柳科 Salicaceae　杨属 *Populus*

形态特征：乔木，稀灌木。树皮淡灰黄色，基部条裂。小枝淡灰褐色，密被短柔毛，后渐脱落；无顶芽，腋芽被短柔毛，无黏质。叶形多变化，长枝和幼苗、幼树上的叶线状披针形或狭披针形，长5~12 cm，宽2~3 cm，全缘或具不规则疏波状齿牙；短枝和老树上的叶卵圆形、卵圆状披针形、三角状卵圆形或肾形，基部楔形、阔楔形、圆形或截形。雌雄异株；雄花序细圆柱形，雄蕊23~27；雌花序长3~5 cm。蒴果长卵圆形，长15 mm，2~3瓣裂，无毛。花期5月，果期6—7月。

生活习性：喜光，耐热，耐旱，抗盐碱，抗风沙。播种繁殖。

分布：野生资源分布于宁夏中卫市，多生于河滩及黄河沿岸，宁夏兴庆区、西夏区、大武口区、平罗县、原州区、沙坡头区、哈巴湖、白芨滩等地有栽培。分布于我国新疆、甘肃、青海、宁夏及内蒙古等省（区）。

保护利用现状：宁夏有少量引种栽培。

开发利用前景：西北干旱盐碱地带的优良造林、园林绿化、用材树种，造纸原料。

小叶杨 *Populus simonii* 杨柳科 Salicaceae　杨属 *Populus*

形态特征：乔木，高达20 m。树皮幼时灰绿色，老时变粗糙，暗灰色，具沟裂。幼树小枝及萌枝有明显棱脊，常为红褐色，后变黄褐色。叶菱状卵形、菱状椭圆形或菱状倒卵形，长5.5~7.5 cm，宽2~4 cm，先端渐尖或尾尖，基部楔形或宽楔形，边缘具细锯齿，无毛，表面淡绿色，背面灰绿色或微白，无毛。雄花序长2~7 cm，花序轴无毛，雄蕊8~9；雌花序长2.5~6 cm。果序长达15 cm；蒴果小，2瓣裂，无毛。花期3—5月，果期4—6月。

生活习性：喜光，不耐阴，适应性强，耐旱，抗寒，耐瘠薄或弱碱性，根系发达，固土、抗风能力强。播种、扦插繁殖。

分布：野生资源分布于宁夏银川市、灵武市、贺兰山、罗山、白芨滩、贺兰县、盐池县、西吉县、隆德县、彭阳县、中卫市、海原县等地，宁夏兴庆区、金凤区、西夏区、贺兰县、永宁县、灵武市、惠农区、平罗县、盐池县、利通区、同心县、青铜峡市、原州区、西吉县、隆德县、彭阳县、泾源县、沙坡头区、海原县、罗山、哈巴湖、贺兰山、白芨滩、南华山等地普遍栽培。分布于我国东北、华北、华中、西北及西南各地。

保护利用现状：宁夏普遍栽培。

开发利用前景：防风固沙、护堤固土、绿化和用材树种。

青　杨 *Populus cathayana* 杨柳科 Salicaceae　杨属 *Populus*

形态特征：乔木，高达30 m。树皮幼时光滑，灰绿色，老时暗灰色，沟裂。小枝圆柱形，幼时橄榄绿色，后变为橙黄色至灰黄色，无毛。果枝上的叶卵形、椭圆状卵形、椭圆形或狭卵形，长6~10 cm，宽3.5~7 cm，先端渐尖，基部圆形，稀近心形；长枝或萌枝上的叶较大，卵状长圆形，长10~20 cm，基部常微心形。雄花序长5~6 cm，雄蕊30~35；雌花序长4~5 cm。果序长10~15 cm，蒴果卵圆形，长7~9 mm，3~4瓣裂，稀2瓣裂。花期3—5月，果期5—7月。

生活习性：喜光，稍耐阴，喜温凉气候，较耐寒，耐旱，不耐水淹，根系发达。播种繁殖。

分布：野生资源分布于宁夏贺兰山、原州区、泾源县、海原县、南华山等地，宁夏原州区、西吉县、隆德县、泾源县、彭阳县、海原县等地普遍栽培。分布于我国东北、华北、西北及四川等地。

保护利用现状：部分野生资源得到保护，已开发利用。

开发利用前景：绿化、防护、用材树种。

毛白杨 *Populus tomentosa* 杨柳科 Salicaceae　杨属 *Populus*

形态特征：乔木，高达30 m。树皮灰白色，光滑，老树基部灰色，具纵沟裂。长枝和萌条淡绿褐色，上部被灰色茸毛，下部几光滑；短枝上的叶三角状卵形或卵圆形，长7~9 cm，宽5~7 cm；长枝上的叶三角状卵形，长可达15 cm。雄花序长11~17 cm，雌花序长7~14 cm。果序长7~22 cm，蒴果长卵形，2瓣裂。花期3月，果期4—5月。

生活习性：深根性，耐旱力较强，在黏土、壤土、砂壤土或低湿轻度盐碱土上均能生长。播种、扦插、埋条、根蘖、嫁接繁殖。

分布：宁夏兴庆区、金凤区、西夏区、永宁县、贺兰县、灵武市、大武口区、惠农区、平罗县、利通区、红寺堡区、盐池县、同心县、青铜峡市、原州区、彭阳县、中宁县、海原县、沙坡头区、哈巴湖、白芨滩、贺兰山等地有栽培。辽宁、河北、山东、山西、陕西、甘肃、河南、安徽、江苏、浙江等省（区）均有分布。

保护利用现状：宁夏普遍栽培。

开发利用前景：庭院绿化、造林、行道及用材树种。

银白杨 *Populus alba*

杨柳科 Salicaceae　杨属 *Populus*

形态特征：乔木，高15~20 m。树皮灰白色，平滑，老树基部粗糙，具沟裂。幼枝密生白色茸毛，长枝上的叶宽卵形或近圆形，长6~8 cm，宽7~10 cm，掌状，3~5浅裂，裂片全缘或疏具三角形粗齿；短枝上的叶较小，卵形或近圆形，先端钝，基部圆形或近心形，边缘具不规则的粗锯齿。雄花序长3~7.5 cm，雌花序长2~5 cm。果序长10~12 cm，蒴果细圆锥形，长约5 mm，2瓣裂。花期3—4月，果期4月。

生活习性：喜光，耐寒，不耐阴，深根性，抗风力强，耐旱，但不耐湿热。播种、扦插繁殖。

分布：宁夏永宁县、贺兰县、大武口区、同心县、西吉县、中宁县、哈巴湖有栽培。新疆有天然林分布，西北、华北和东北南部有栽培。

保护利用现状：宁夏有少量栽培。

开发利用前景：园林绿化、荒漠造林、用材树种，树皮可提取栲胶。

新疆杨 *Populus alba* var. *pyramidalis*

杨柳科 Salicaceae　杨属 *Populus*

1973年宁夏新华桥种苗场从新疆乌鲁木齐市引入，2007年经宁夏林木品种审定委员会审定为宁夏林木良种。

形态特征：乔木，高达30 m。树皮灰绿色，光滑，老时灰褐色，基部浅裂。小枝灰绿色，密被茸毛，后脱落；芽圆锥形，被茸毛，无黏质。短枝上的叶椭圆形，长3.5~4.5 cm，宽3~4 cm，先端尖，基部近截形或微心形，边缘具粗钝齿，表面绿色，无毛，背面灰绿色，幼时密被灰白色茸毛，后脱落；长枝上的叶较大，长8~15 cm，3~5浅裂；叶柄长2.5~4 cm，侧扁，初被茸毛，后光滑。花期4—5月，果期5月。

生活习性：喜光，抗寒，抗旱，抗风力强。扦插繁殖。

分布：野生资源分布于新疆，宁夏各地普遍栽培，西北各地引种栽培较普遍。

保护利用现状：宁夏主要造林树种，广泛用于生态防护、道路绿化和园林绿化。

开发利用前景：绿化、防护树种，木材可供建筑、制作家具等。

银中杨 *Populus alba× P. berolinensis*

杨柳科 Salicaceae　杨属 *Populus*

银中杨由银白杨与中东杨人工杂交选育而成。

形态特征：乔木，高达20 m，树干通直，树冠圆锥形。树皮灰绿色，被白粉。叶片两色，表面深绿色，背面银白色，密生茸毛。

生活习性：抗旱，耐盐碱，耐寒，抗病虫害，适应性强。扦插、根蘖繁殖。

分布：宁夏惠农区和平罗县有栽培。东北地区广泛栽培。

保护利用现状：宁夏引种栽培多年。

开发利用前景：行道、防护、观赏树种。

河北杨 *Populus hopeiensis*

杨柳科 Salicaceae　杨属 *Populus*

河北杨是山杨与毛白杨的自然杂交种。我国特有树种。

形态特征：乔木，高达30 m，树冠圆大。树皮黄绿色至灰白色，光滑。小枝圆柱形，灰褐色，无毛，幼时黄褐色，有柔毛。叶卵形或近圆形，长3~8 cm，宽2~7 cm，先端急尖或钝尖，基部截形、圆形或广楔形，表面暗绿色，背面淡绿色。雄花序长约5 cm，雌花序长3~5 cm。蒴果长卵形，2瓣裂，有短柄。花期5月，果期6月。

生活习性：耐寒，耐旱，喜湿润，但不抗涝。扦插繁殖。

分布：野生资源分布于宁夏须弥山、西吉县、盐池县等地，宁夏各地普遍栽培。分布于我国华北、甘肃、宁夏、陕西、青海等地。

保护利用现状：行道和造林树种。

开发利用前景：庭院、行道、防风固沙、用材树种。

西吉青皮河北杨 *Populus hopeiensis* ‘Xijiqingpi’

杨柳科 Salicaceae　杨属 *Populus*

2007年经宁夏林木品种审定委员会审定为宁夏林木良种。

形态特征：乔木，高达30 m，树冠椭圆形或广卵形。树皮光滑，灰白色或青灰色。主干较明显，侧枝下垂，二级侧枝较少，小枝圆柱形。叶卵圆形或近圆形，叶长3~8 cm，叶缘具疏波状齿或不规则缺刻，幼叶背面密被茸毛，后渐脱落；叶柄扁，无腺体。冬芽卵形，疏生短茸毛，无黏质。

生活习性：深根性，侧根长而发达，根蘖力强，串根性强，适应性广，抗逆性强。扦插繁殖。

分布：宁夏乡土树种，各地均有栽培。

保护利用现状：宁夏驯化成功并大面积推广。

开发利用前景：绿化造林、园林观赏树种。

山　杨 *Populus davidiana*

杨柳科 Salicaceae　杨属 *Populus*

山杨又称串白杨。

形态特征：乔木，高达20 m，树冠圆形。树皮光滑，灰绿色或灰白色，老树基部黑色，粗糙。小枝圆柱形，光滑，赤褐色，被柔毛。叶三角状卵圆形或近圆形，长宽近等，长3~6 cm。花序轴有疏毛或密毛，雄花序长5~9 cm，雄蕊5~12，花药紫红色；雌花序长4~7 cm。果序长达12 cm，蒴果卵状圆锥形，长约5 mm，有短柄，2瓣裂。花期4—5月，果期5—6月。

生活习性：喜光，耐寒，耐旱，耐瘠薄，根蘖力强。根蘖、播种、扦插繁殖。

分布：野生资源分布于宁夏贺兰山、六盘山、罗山、南华山、原州区、彭阳县、西吉县、隆德县、泾源县、海原县等地，多生于海拔1 800~2 000 m的山地阳坡及山谷中，多与油松、白桦等树种混交，西吉县、原州区、彭阳县、中宁县有栽培。分布于我国东北、华北、西北及西南各地。

保护利用现状：部分野生资源得到保护，宁夏部分地区有栽培。

开发利用前景：园林绿化、水土保持、用材树种，茎皮、嫩枝、叶可入药。

箭杆杨 *Populus nigra* var. *thevestina*

杨柳科 Salicaceae　杨属 *Populus*

形态特征：乔木，高30~40 m。树皮灰白色，光滑，老时基部稍裂。小枝灰白色，初微具棱和短柔毛，后变光滑。叶三角形、三角状卵形或菱状卵形，长4~8 cm，宽3~7 cm，先端渐尖，基部楔形至宽楔形，边缘具细钝锯齿，两面无毛。雄花序长3~4.5 cm，苞片绿色，微被毛，花盘边缘具不规则裂，雄蕊13~17；雌花序长5~6 cm，柱头2裂。果序长3~8 cm，蒴果卵圆形，长4~5 mm，2瓣裂，果柄长0.5 mm。花期4—5月，果期5—6月。

生活习性：喜光，耐寒，抗旱，稍耐盐碱，生长快。扦插繁殖。

分布：宁夏灵武市、盐池县、青铜峡市、沙坡头区、中宁县、哈巴湖、白芨滩、贺兰山等地有栽培。分布于我国东北、华北、西北。

保护利用现状：宁夏各地普遍栽培。

开发利用前景：行道、农田防护、“四旁”绿化、用材树种。

二白杨 *Populus gansuensis*

杨柳科 Salicaceae　杨属 *Populus*

形态特征：乔木，高20 m，树干通直。树皮灰绿色，光滑，老树基部浅纵裂，带红褐色。枝条粗壮，近轮生状，斜上。萌枝或长枝上的叶三角形或三角状卵形，较大，长宽近等，长7~8 cm；短枝上的叶宽卵形或菱状卵形，中部以下最宽，长5~6 cm，宽4~5 cm，表面绿色，背面苍白色。雄花序细长，长6~8 cm，雄蕊8~13；雌花序长5~6 cm。果序长达12 cm，蒴果长卵形，长4~5 mm，2瓣裂，果柄长0.5 mm。花期4月，果期5月。

生活习性：适应性强，病虫害少，生长迅速。扦插繁殖。

分布：宁夏灵武市、原州区、中宁县有少量引种栽培。产于我国甘肃。

保护利用现状：宁夏有零星引种栽培。

开发利用前景：行道、防护、用材树种。

黑　杨 *Populus nigra* 杨柳科 Salicaceae　杨属 *Populus*

黑杨又称欧洲黑杨。

形态特征：乔木，高30 m，树冠阔椭圆形。树皮暗灰色，老时沟裂。小枝圆形，淡黄色，无毛。叶薄革质，菱形、菱状卵圆形或三角形，长5~10 cm，宽4~8 cm，先端长渐尖，基部楔形或阔楔形，稀截形，表面绿色，背面淡绿色。雄花序长5~6 cm，花药紫红色。果序长5~10 cm，蒴果卵圆形，长5~7 mm，2瓣裂。花期4—5月，果期6月。

生活习性：抗寒，喜光，不耐盐碱，不耐旱。播种、扦插、压条繁殖。

分布：宁夏原州区、中宁县有栽培。产于我国新疆。

保护利用现状：宁夏有零星引种栽培。

开发利用前景：行道、防护、用材树种，枝叶可做燃料。

钻天杨 *Populus nigra* var. *italica* 杨柳科 Salicaceae　杨属 *Populus*

形态特征：乔木，高达30 m，树冠圆柱形。树皮暗灰褐色，老时沟裂，黑褐色。小枝圆形，光滑，黄褐色或淡黄褐色，嫩枝有时疏生短柔毛。长枝上的叶扁三角形，通常宽大于长，长约7.5 cm；短枝上的叶菱状三角形或菱状卵圆形，长5~10 cm，宽4~9 cm。雄花序长4~8 cm，雄蕊15~30；雌花序长10~15 cm。蒴果2瓣裂，先端尖，果柄细长。花期4月，果期5月。

生活习性：喜光，耐寒，耐干冷气候，稍耐盐碱和水湿，抗病虫害能力较差。播种、扦插、压条繁殖。

分布：宁夏盐池县和中宁县有栽培。

保护利用现状：宁夏有少量栽培。

开发利用前景：行道、防护树种。木材松软，可供制火柴杆和造纸等。

小胡杨 *Populus simonii × P. Euphratica*

杨柳科 Salicaceae　杨属 *Populus*

小胡杨经过多年的驯化和栽培利用，于2015年经宁夏林木品种审定委员会审定为宁夏林木良种。

形态特征：乔木，高8 m，树干通直，尖削度中等。树皮浅灰色，浅裂，皮孔浅灰色。同一树体上的叶在长短枝和萌枝上有显著差异，以菱形、三角形和扁圆形为多，最宽部近叶基部，叶尖突尖，基部广楔形、截形和心形，苗期叶片明显大于成龄树叶片。

生活习性：生长量大，抗性强，抗旱，耐盐碱，抗病虫害，喜肥沃、排水良好的砂质土壤。扦插繁殖。

分布：宁夏平罗县、利通区、青铜峡市、红寺堡区、原州区、彭阳县等地有栽培。

保护利用现状：宁夏引种驯化成功后大量栽培。

开发利用前景：生态造林和园林绿化树种。

合作杨 *Populus × xiaozhuanica* 'Opera'

杨柳科 Salicaceae　杨属 *Populus*

形态特征：乔木，高达30 m，树冠圆锥形或塔形。幼树树皮光滑，灰绿色、灰白色或绿灰色。老树主干基部浅裂，褐灰色，菱形。幼枝圆筒形，微有棱，灰黄色。萌枝或长枝上的叶较大，菱状三角形，稀倒卵形，先端突尖，基部广楔形至圆形，短枝上的叶菱状三角形、菱状椭圆形或广菱状卵圆形，长3~8 cm，宽2~5 cm，上面绿色，沿脉有疏毛，有时近基部较密，下面淡绿色，无毛。雄花序长5~6 cm，雌花序长4~6 cm。果序长10~16 cm，蒴果较大，卵圆形，2瓣裂。种子倒卵形，红褐色。花期4月，果期5月。

生活习性：耐旱，耐寒，耐盐碱，抗病虫害能力强，生长快，适应性强。扦插、压条、埋根繁殖。

分布：宁夏哈巴湖、永宁县、沙坡头区、彭阳县等地有栽培。

保护利用现状：宁夏早期有引种栽培。

开发利用前景：用材、农田防护树种，也是“四旁”绿化的优良树种。

小钻杨 *Populus × xiaozhuanica* 杨柳科 Salicaceae 杨属 *Populus*

形态特征：乔木，高达20 m。幼树树皮光滑，灰绿色、灰白色或绿灰色；老树主干基部浅裂，褐灰色。幼枝圆筒形，微有棱，灰黄色。萌枝或长枝上的叶较大，菱状三角形，稀倒卵形，先端突尖，基部广楔形至圆形；短枝上的叶菱状三角形、菱状椭圆形或广菱状卵圆形，上面绿色，下面淡绿色。雄花序长5~6 cm，有花75~80朵；雌花序长4~6 cm，有花50~100朵。蒴果较大，卵圆形，2（3）瓣裂。种子倒卵形，红褐色。花期4月，果期5月。

生活习性：喜光，适应性强，耐旱，耐寒，耐盐碱，抗病虫害能力强。扦插繁殖。

分布：宁夏白芨滩、沙坡头区等地有少量栽培。产于我国北京市昌平区八达岭一带。

保护利用现状：宁夏零星引种栽培。

开发利用前景：用材、农田防护、“四旁”绿化的优良树种。

小青杨 *Populus pseudo-simonii* 杨柳科 Salicaceae 杨属 *Populus*

形态特征：乔木，高15~20 m。树皮灰褐色，老时浅沟裂。小枝圆柱形，淡灰色或黄褐色，无毛。叶菱状椭圆形、菱状卵圆形、卵圆形或卵状披针形，长4~9 cm，宽3~5 cm，中部以下最宽，先端渐尖或短渐尖，基部楔形、广楔形或近圆形，上面深绿色，下面淡粉绿色，萌枝上的叶较大，长椭圆形。雄花序长5~8 cm，雌花序长5~11 cm。蒴果近无柄，长圆形，长4~6 mm，2~3瓣裂。花期3—4月，果期4—5月。

生活习性：喜光，喜温凉气候，耐干冷，忌积水，耐旱，不耐盐碱，生长快，耐修剪，适应性强。扦插繁殖。

分布：宁夏哈巴湖有少量栽培，多生于河滩地沟谷中。分布于我国东北、山西、陕西、甘肃、青海、四川等省。

保护利用现状：宁夏零星用于造林。

开发利用前景：防风固沙、护堤固土、绿化树种。

小黑杨 *Populus × xiaohei*

杨柳科 Salicaceae　杨属 *Populus*

形态特征：乔木，高20 m。树皮光滑，灰绿色，皮孔条状，稀疏；老树树干基部浅裂，暗灰褐色。萌枝淡灰绿色；长枝上的叶常广卵形或菱状三角形，先端短渐尖或突尖，基部微心形或广楔形；短枝上的叶菱状椭圆形或菱状卵形，长5~8 cm，宽4~4.5 cm，先端长尾状或长渐尖，基部楔形或阔楔形，边缘具圆锯齿，上面亮绿色，下面淡绿色。雄花序长4.5~5.5 cm，雌花序长5~7 cm。蒴果较大，卵状椭圆形，具柄，2瓣裂。种子5~10粒，倒卵形，红褐色。花期4月，果期5月。

生活习性：喜光，喜湿冷气候，喜生于肥沃、排水良好的砂质壤土上，适应性很强，抗寒，抗旱，耐瘠薄，耐盐碱，生长快。扦插繁殖。

分布：宁夏原州区和彭阳县有栽培。全国各地均有栽培。

保护利用现状：宁夏少量用于造林。

开发利用前景：平原地区绿化和用材树种，木材可造纸、制纤维及火柴杆、用作民用建筑材料等。

中华红叶杨 *Populus* 'Zhonghua Hongye'

杨柳科 Salicaceae　杨属 *Populus*

中华红叶杨是中林2025芽变品种。

形态特征：乔木，雄株无飞絮。单叶互生，叶片大而厚，叶面颜色三季四变，叶片玫瑰红色，可持续到6月下旬，7—9月变为紫绿色，10月变为暗绿色，11月变为杏黄色或金黄色；叶柄、叶脉和新梢始终为红色。树干7月底以前为紫红色。

生活习性：喜光，喜水肥，喜疏松、肥沃土壤，耐盐碱，抗病虫害能力强，耐旱，耐涝，生长迅速。扦插、嫁接繁殖。

分布：宁夏贺兰县、平罗县、利通区、青铜峡市、彭阳县、沙坡头区、海原县等地有栽培。分布于我国山西、福建、广东、四川、新疆、内蒙古、黑龙江和河南等省（区）。

保护利用现状：宁夏有少量引种栽培。

开发利用前景：速生用材、园林观赏树种。

加　杨 *Populus × canadensis*

杨柳科 Salicaceae　杨属 *Populus*

加杨又称加拿大杨，是美洲黑杨和欧洲黑杨的杂交种。

形态特征：乔木，高30 m。树皮粗厚，深沟裂，下部暗灰色，上部褐灰色。萌枝棱角明显，小枝圆柱形，无毛，稀微被短柔毛。单叶互生，叶三角形或三角状卵形，长7~10 cm，长枝、萌枝上的叶较大，长10~20 cm，先端渐尖，基部截形或宽楔形，无或有1~2腺体，上面暗绿色，下面淡绿色。雄花序长7~15 cm，雌花序有花45~50朵。蒴果卵圆形，长约8 mm，2~3瓣裂。雌雄异株，雄株多，雌株少。花期4月，果期5—6月。

生活习性：抗寒，抗病虫害能力强，喜温暖、湿润气候，耐瘠薄及微碱性。扦插、压条繁殖。

分布：宁夏永宁县、青铜峡市、西吉县、中宁县等地有栽培。原产于美洲，我国除广东、云南、西藏外，各省（区）均有引种栽培。

保护利用现状：宁夏有少量引种栽培。

开发利用前景：绿化、用材树种，树皮可提取栲胶及黄色染料。

欧美杨 I-107 号 *Populus × euramericana* 'Neva'

杨柳科 Salicaceae　杨属 *Populus*

欧美杨 I-107号从美洲黑杨与欧洲黑杨无性系中选育而成。

形态特征：乔木，树干高大挺拔，树冠圆锥形，枝叶茂密，整体树形阔大。树皮粗糙，透气孔少而分布均匀。叶片大小中等，呈等多边形。

生活习性：抗病虫害，抗风折。扦插繁殖。

分布：宁夏永宁县、青铜峡市、西吉县、中宁县等地有栽培。我国新疆、内蒙古、陕西、宁夏、甘肃、重庆等地有引种。

保护利用现状：宁夏引黄灌区广泛引种栽培。

开发利用前景：防护、用材树种。

欧美杨 I-108 号 *Populus × euramericana* 'Guariento'

杨柳科 Salicaceae　杨属 *Populus*

欧美杨I-108号是美洲黑杨与欧洲黑杨的人工杂种无性系，历经15年培育而成。

形态特征：乔木，树干高大挺拔，树冠圆锥形，枝叶茂密，整体树形阔大。树皮光滑，透气孔少而大小不均匀。叶片大小中等，呈等多边形。

生活习性：可在砂壤土上生长。扦插繁殖。

分布：宁夏大武口区、灵武市有栽培。

保护利用现状：宁夏引黄灌区广泛引种栽培。

开发利用前景：防护、用材树种。

宁夏仁存渡护岸林场收集保存134个杨树无性系：中林14号、中林34号、中林46号、中林115、北抗1号、南抗2号、欧美杨4号、毛新 × 银灰、截叶毛白杨、毛三96、三倍体山杨、银河1号、银河2号、46、66、67、73、75、80、92、93、96、140、151、229、420、429、430、83-62、84-322、84-411、84-408、84-407、84-310、84-317、84-A、84-325、84-315、84k、84321、5L-25、NL-80108、NL-80213、NL-80105、874-7、8710-10、8858-3、8858-11、8858-17、8859-43、8858-44、8858-45、8858-54、8858-69、8858-84、8859-6、8859-8、8859-13、8859-16、8859-42、8859-91、8859-122、8859-151、281-379、02-34-334、02-36-1、02-36-4、03-04-97、03-04-170、03-04-174、04-03-108、08-04-5、08-04-9、08-04-11、08-04-12、08-04-13、08-04-14、08-04-17、08-04-19、08-04-24、08-04-28、08-04-34、08-04-36、08-04-40、08-04-42、08-04-43、08-04-44、08-04-46、08-04-47、08-04-49、08-04-50、08-04-51、08-04-52、08-04-53、D5-20、D5-21、08-06-3、08-06-4、08-06-12、08-06-15、08-06-20、08-06-21、08-06-29、08-06-37、08-06-44、08-06-62、09-01-24、09-03-4、09-04-9、09-04-14、09-04-16、09-04-23、09-04-24、09-04-28、09-04-30、09-05-48、09-06-12、09-06-52、09-06-43、09-06-49、09-06-57、09-06-60、09-06-65、09-06-66、2 × 1-119、2 × 1-223、2 × 1-250、2 × 1-265、2 × 1-294、2 × 1-466、2 × 1-467、20 × 19-16、20 × 19-63、20 × 19-133。

垂　柳 *Salix babylonica*

杨柳科 Salicaceae　柳属 *Salix*

形态特征：乔木，高达10 m。树皮灰黑色，不规则开裂。枝细长，下垂，淡褐黄色、淡褐色或带紫色。无毛叶狭披针形或线状披针形，长9~16 cm，宽0.5~1.5 cm，上面绿色，下面色较淡。花序先叶开放，或与叶同时开放；雄花序长1.5~2 cm，雌花序长2~3 cm，有梗，基部有3~4小叶，轴有毛。蒴果长3~4 mm，2瓣裂。花期3—4月，果期4—5月。

生活习性：喜光，喜温暖、湿润气候及潮湿、深厚之酸性及中性土壤。较耐寒，耐水湿，萌芽力强，根系发达。扦插、播种繁殖。

分布：宁夏各地普遍栽培。产于我国长江流域与黄河流域。

保护利用现状：宁夏各地广泛栽培。

开发利用前景：宜配植在水边，绿化、用材树种，枝条可编筐。

金丝柳 *Salix alba* ‘Tristis’

杨柳科 Salicaceae　柳属 *Salix*

金丝柳又称金丝垂柳。

形态特征：乔木，高7.5 m，树干和枝条曲折盘旋。枝条下垂，黄色，小枝生长季节呈黄绿色，休眠季节呈金黄色。叶片狭窄，长10 cm，披针形。全部为雄株，春季不飞絮。

生活习性：发芽早，落叶迟，抗病性强，喜光，耐寒。扦插繁殖。

分布：宁夏兴庆区、金凤区、西夏区、永宁县、平罗县、青铜峡市、原州区、同心县、泾源县、彭阳县、西吉县、沙坡头区、中宁县、罗山等地有引种栽培。产于我国东北、华北、西北。

保护利用现状：宁夏部分地区有少量引种栽培。

开发利用前景：城乡绿化、防风固沙、水土保持、园林观赏树种。

金丝垂柳 J1011 *Salix × aureo-pendula* 'J1011'

杨柳科 Salicaceae　柳属 *Salix*

从江苏省林业科学研究院引种到宁夏。

形态特征：乔木，雄株。小枝细长、下垂，黄色，休眠季节呈金黄色。叶阔披针形，长12.9 cm，宽1.6 cm，叶互生，稀对生，有托叶。花单性异株，排成柔荑花序，常于春初先叶开放，很少叶后开放，花单生于苞片的腋内，花被缺。种子极多数，基部围绕有丝质长毛。

生活习性：喜光，耐寒，湿地、旱地皆能生长，在湿润、排水良好的土壤上生长最好。扦插繁殖。

分布：宁夏兴庆区、贺兰县、永宁县、大武口区、利通区、红寺堡区、青铜峡市、原州区、彭阳县、中宁县、罗山有少量引种栽培。

保护利用现状：宁夏少量引种栽培。

开发利用前景：城乡绿化、园林观赏树种。

曲枝垂柳 *Salix babylonica* f. *tortuosa*

杨柳科 Salicaceae　柳属 *Salix*

形态特征：垂柳变型。与原变型的主要区别为枝条卷曲。

生活习性：喜光，较耐寒，耐盐碱，耐水湿，喜温暖、湿润气候及潮湿、深厚之酸性及中性土壤。扦插繁殖。

分布：宁夏青铜峡市、原州区、彭阳县有栽培。产于我国浙江、山东、云南。

保护利用现状：宁夏有少量引种栽培。

开发利用前景：优良的园林观赏树种。

旱　柳 *Salix matsudana* 杨柳科 Salicaceae　柳属 *Salix*

旱柳又称柳树。

形态特征：乔木，高达15 m。枝细长，直立或斜展，浅褐黄色或带绿色，后变棕褐色，无毛，幼枝有毛。叶披针形，长5~8 cm，宽1~1.5 cm，先端长渐尖，基部窄圆形或楔形，表面绿色，幼叶有丝状柔毛，后无毛，背面苍白色或带白色，边缘有细腺锯齿。花序与叶同时开放；雄花序长1~1.5 cm，雌花序长1.5 cm。蒴果2瓣裂。花期3—4月，果期4—5月。

生活习性：喜光，耐寒，湿地、旱地皆能生长，根系发达，抗风力强，生长快。扦插繁殖。

分布：宁夏各地普遍栽培。分布于我国东北、华北、西北、山东、江苏、安徽、四川等地。

保护利用现状：宁夏广泛栽培，用于道路绿化和园林绿化。

开发利用前景：园林观赏、城乡绿化、用材树种。

龙爪柳 *Salix matsudana* f. *tortuosa* 杨柳科 Salicaceae　柳属 *Salix*

形态特征：旱柳变型。与原变型的主要区别为枝条卷曲向上。

生活习性：喜光，耐寒，生长势较弱，寿命短，在湿地、旱地上皆能生长，在湿润而排水良好的土壤上生长最好。扦插繁殖。

分布：宁夏兴庆区、金凤区、永宁县、大武口区、惠农区、平罗县、盐池县、灵武市、利通区、红寺堡区、同心县、原州区、隆德县、西吉县、泾源县、彭阳县、沙坡头区、中宁县、海原县、白芨滩、贺兰山等地有栽培。

保护利用现状：宁夏广泛栽培。

开发利用前景：道路绿化、园林绿化、庭院绿化树种。

馒头柳 *Salix matsudana* f. *umbraculifera* 杨柳科 Salicaceae 柳属 *Salix*

形态特征：旱柳变型。与原变型的主要区别为树冠半圆形，如同馒头。

生活习性：与旱柳一致。

分布：宁夏兴庆区、金凤区、红寺堡区、盐池县、大武口区、同心县、原州区、彭阳县、海原县、沙坡头区、中宁县等地有栽培。

保护利用现状：宁夏有少量引种栽培。

开发利用前景：庭院和行道树种。

黄　柳 *Salix gordejevii* 杨柳科 Salicaceae 柳属 *Salix*

形态特征：灌木，高1~2 m。树皮灰白色，不开裂。小枝黄色，无毛，有光泽。冬芽无毛，长圆形，红黄色。叶线形或线状披针形，长3~5 cm，宽2 mm，先端短渐尖，基部楔形，边缘有腺锯齿，上面淡绿色，下面色较淡，幼叶有短茸毛，后无毛。花先叶开放，花序椭圆形至短圆柱形，长1.5~2.5 cm，粗7~8 mm；雄蕊2，花丝离生，无毛，花柱短。蒴果无毛，淡褐黄色，长约4 mm，宽约2 mm。花期4月，果期5月。

生活习性：耐寒，耐热，抗风沙，易繁殖，生长快，耐沙埋，喜光，喜生于草原地带地下水位较高的固定沙丘、半固定沙丘。扦插繁殖。

分布：野生资源分布于宁夏灵武市白芨滩、沙坡头区、中宁县、盐池县等地，生于沙丘上，原州区、沙坡头区和白芨滩有栽培。分布于我国东北及内蒙古、宁夏等省（区）。

保护利用现状：部分野生资源得到保护，少量驯化利用。

开发利用前景：优良的固沙树种。

筐　柳 *Salix linearistipularis* 杨柳科 Salicaceae　柳属 *Salix*

形态特征：灌木或小乔木，高可达8 m。树皮黄灰色至暗灰色。小枝细长。叶披针形或线状披针形，长8~15 cm，宽5~10 mm，两端渐狭，无毛，幼叶有茸毛，上面绿色，下面苍白色。花先叶开放或与叶近同时开放，无花序梗，基部具2长圆形的全缘鳞片；雄花序长圆柱形，长3~3.5 cm，粗2~3 mm；雌花序长圆柱形，长3.5~4 cm，粗约5 mm。花期5月上旬，果期5月中下旬。

生活习性：常生长在河边、平原低湿地或湖岸边。扦插繁殖。

分布：野生资源分布于宁夏原州区，盐池县、原州区亦有栽培。产于我国河北、山西、陕西、河南、甘肃、宁夏等省（区）。

保护利用现状：宁夏有栽培。

开发利用前景：固沙、护堤树种，枝条可供编织。

北沙柳 *Salix psammophila* 杨柳科 Salicaceae　柳属 *Salix*

形态特征：灌木，高2~2.5 m。枝灰褐色，幼枝黄绿色，当年生枝初被短柔毛，后几无毛。叶线状披针形，长1~3 cm，宽2~3 mm，先端渐尖，基部楔形，边缘具疏锯齿，上面淡绿色，下面带灰白色，幼叶微有茸毛，后脱落无毛。花先叶开放或几与叶同时开放，雌花序长1.5~2 cm。果序长2~3 cm，蒴果长约2.5 mm，被茸毛，2瓣裂。花期3—4月，果期5月。

生活习性：抗旱，抗寒，耐沙埋。扦插繁殖。

分布：野生资源分布于宁夏兴庆区、平罗县、盐池县、原州区、中卫市、白芨滩、哈巴湖等地，生于半固定沙丘低地，兴庆区、永宁县、大武口区、平罗县、盐池县、利通区、沙坡头区、哈巴湖、白芨滩等地有栽培。分布于陕西、内蒙古、宁夏、山西等省（区）。

保护利用现状：宁夏广泛用于固沙造林。

开发利用前景：优良的固沙树种。

盐柳1号 *Salix psammophila* 'Yanliu 1' 杨柳科 Salicaceae 柳属 *Salix*

盐柳1号经过引种驯化和栽培利用，于2015年经宁夏林木品种审定委员会认定为宁夏林木良种。

形态特征：乔木化，生长势强，雄株，无飞絮。树干较直，侧枝错落有致，枝条细长。树干及枝条褐黄色至金黄色，枝条梢部下垂。单叶互生，披针形，表面绿色，背面白色。

生活习性：萌芽力、成枝力强，根系发达，适应性广，抗盐碱。扦插繁殖。

分布：宁夏引黄灌区有引种栽培。

保护利用现状：宁夏已用于绿化造林。

开发利用前景：园林绿化树种。

小叶柳 *Salix hypoleuca* 杨柳科 Salicaceae 柳属 *Salix*

形态特征：小乔木或灌木，高4~6 m。小枝暗棕色，无毛。叶椭圆形、披针形、椭圆状长圆形，稀卵形，长2~4.5 cm，宽6~12 mm，先端急尖，基部宽楔形或渐狭，上面深绿色，无毛或近无毛，下面苍白色，无毛。花序轴无毛或有毛；雄花序长2.5~4.5 cm，雄蕊2，花丝中下部有长柔毛，花药球形，黄色；雌花序长2.5~5 cm。蒴果卵圆形，长约2.5 mm，近无柄。花期4月，果期5月。

生活习性：生长于海拔1 400~2 700 m 的山坡林缘及山沟。扦插繁殖。

分布：野生资源分布于宁夏六盘山、泾源县和隆德县等地，多生于海拔2 000 m 左右的山沟水旁或山坡林缘，原州区有栽培。分布于我国山西、陕西、甘肃、宁夏、湖北、四川等省（区）。

保护利用现状：未开发利用。

丝毛柳 *Salix luctuosa* 杨柳科 Salicaceae 柳属 *Salix*

形态特征：灌木，高2~3 m。枝条黄绿色，直立，无毛或幼枝被长柔毛。叶椭圆形或狭椭圆形，长1.5~4 cm，宽5~13 mm，上面绿色。雄花序长1~3 cm，有花序梗，花密生，雄蕊2，雌花序长3 cm。果序长可达5 cm，蒴果长约3 mm。花期5月，果期6—7月。

生活习性：扦插繁殖。

分布：野生资源分布于宁夏六盘山、泾源县、隆德县、西吉县等地，多生于海拔2 500~2 700 m的山顶灌木林中。分布于我国陕西、宁夏、四川、云南等省（区）。

保护利用现状：未开发利用。

开发利用前景：用材、薪炭等树种，嫩枝叶可做饲料。

中华柳 *Salix cathayana* 杨柳科 Salicaceae 柳属 *Salix*

形态特征：灌木，高0.6~1.5 m，多分枝。小枝褐色或灰褐色，当年生小枝具茸毛。叶长椭圆形或椭圆状披针形，长2.5~6 cm，宽1~3 cm，两端钝或急尖，表面深绿色，有时被茸毛，背面苍白色，无毛，全缘；叶柄长2~5 mm，略有柔毛。蒴果卵状矩圆形，长3~4 mm。花期4月，果期5—7月。

生活习性：耐水湿，也能生于干旱处。扦插繁殖。

分布：野生资源分布于宁夏六盘山、泾源县和隆德县等地，生于1 900~2 800 m的林缘及山坡灌丛中，原州区、隆德县、泾源县有栽培。分布于我国河南、湖北、陕西、四川、云南、宁夏等省（区）。

保护利用现状：野生资源得到保护，驯化成功。

开发利用前景：生态或园林绿化树种。

多毛鹧鸪柳 *Salix zhegushanica* f. *villosa-bracteata*

杨柳科 Salicaceae　柳属 *Salix*

形态特征：灌木，高可达6 m，小枝暗红褐色，幼枝黄色或淡褐色，无毛；芽椭圆形或卵状长椭圆形，上部被短毛。叶披针形或卵状椭圆形，长2.5~5 cm，宽8~18 mm，先端渐尖，基部圆形，全缘，表面绿色，叶脉明显，无毛或沿主脉密被茸毛，背面蓝绿色，幼时密被贴伏的长茸毛，后无毛或仅基部与主脉上有长柔毛。雄花序侧生，花序梗长3~5 mm。果序长7 cm；蒴果具梗，长约5 mm，无毛，2瓣裂。花期3—4月，果期5—7月。

生活习性：扦插繁殖。

分布：野生资源分布于宁夏六盘山，生于海拔2 200~2 700 m 的杂木林中或山顶灌丛中，原州区、彭阳县、中宁县有栽培。

保护利用现状：未开发利用。

密齿柳 *Salix characta*

杨柳科 Salicaceae　柳属 *Salix*

形态特征：灌木，高达5 m。小枝黑褐色，幼时微有柔毛。叶披针形或长圆状披针形，稀长圆形，长2.5~6.5 cm，宽8~18 mm，两端急尖，或先端短渐尖，稀基部近钝形，表面绿色，微被柔毛，背面灰绿色，边缘向背面反卷，具细锯齿。花序长1.5~2 cm，花密生，轴具柔毛，具短梗或无梗；雄花具2雄蕊，花丝无毛，花柱明显，柱头短；苞片椭圆形或卵形，两面被长毛，褐色；腺体1，腹生。蒴果长约4 mm，果序长4 cm，下部稍有毛，有柄，2瓣裂。花期5—6月，果期6—7月。

分布：野生资源分布于宁夏六盘山、贺兰山、平罗县、隆德县、泾源县等地，生长于海拔2 200~3 200 m 的山坡及山谷中。分布在我国内蒙古、河北、陕西、山西、甘肃、青海、宁夏等省（区）。

保护利用现状：未开发利用。

皂　柳 *Salix wallichiana* 杨柳科 Salicaceae　柳属 *Salix*

形态特征：小乔木，高达7 m。小枝红褐色、黑褐色或绿褐色，初有毛，后无毛。叶披针形、长圆状披针形、卵状长圆形、狭椭圆形，长2~7 cm，宽8~15 mm，先端急尖至渐尖，基部楔形至圆形，上面初有丝毛，后无毛，平滑，下面有平伏的绢质短柔毛或无毛，浅绿色至有白霜，萌枝上的叶常有细锯齿，上年落叶灰褐色。花序先叶开放或近同时开放，雄花序长2~4 cm，雌花序圆柱形，或向上部渐狭（下部花先开放），长2~5 cm。蒴果长6~7 mm，有毛或近无毛，开裂后，果瓣向外反卷。花期4—5月，果期5—7月。

生活习性：喜湿。扦插繁殖。

分布：野生资源分布于宁夏贺兰山、六盘山、罗山、西吉县、隆德县等地，多生于海拔2 000 m的山沟溪旁、林缘及阴坡或半阴坡林中，彭阳县有少量栽培。分布于我国西南、西北等地。

保护利用现状：部分野生资源得到保护，未开发利用。

开发利用前景：生态造林树种。

中国黄花柳 *Salix sinica* 杨柳科 Salicaceae　柳属 *Salix*

形态特征：灌木或小乔木。小枝黄绿色至黄红色，有毛或无毛。叶卵状长圆形、宽卵形至倒卵状长圆形，长5~7 cm，宽2.5~4 cm，先端急尖或有小尖，常扭转，基部圆形，表面深绿色，幼叶明显发皱，无毛，背面被白茸毛或柔毛，网脉明显，常稍向背面反卷，叶质稍厚；叶柄长约1 cm；托叶半圆形，先端尖。花先叶开放；雄花序椭圆形或宽椭圆形，无花序梗；苞片披针形，上部黑色，下部色浅，两面密被白长毛；腹腺1；雌花序短圆柱形，有短花序梗。蒴果长可达9 mm。花期4月下旬至5月上旬，果期5月下旬至6月初。

生活习性：喜阴湿，耐寒，适应性强，萌蘖力强。扦插繁殖。

分布：野生资源分布于宁夏六盘山、南华山、隆德县、泾源县、西吉县、海原县等地，生于山坡或林中。我国华北、西北和内蒙古也有分布。

保护利用现状：未开发利用。

开发利用前景：生态造林树种，树干可造纸。

齿叶黄花柳 *Salix sinica* var. *dentata* 杨柳科 Salicaceae 柳属 *Salix*

中国黄花柳变型。

形态特征：小乔木，高达5 m，枝黑褐色。与原变种的主要区别为叶卵形，先端钝或急尖，基部近圆形，边缘有较整齐的牙齿。

分布：野生资源分布于宁夏六盘山、泾源县，生于海拔2 000 m左右的阳坡林中。产于我国河北、陕西、宁夏。

红皮柳 *Salix sinopurpurea* 杨柳科 Salicaceae 柳属 *Salix*

形态特征：灌木，高3~4 m。小枝淡绿色或淡黄色，当年生枝初有短茸毛，后无毛。芽长卵形或长圆形，棕褐色，初有毛，后无毛。叶对生或斜对生，披针形，长5~10 cm，宽1~1.2 cm；先端短渐尖，基部楔形，边缘有腺锯齿，表面淡绿色，背面苍白色。花先叶开放，花序圆柱形，长2~3 cm，粗5~6 mm，对生或互生，无花序梗，基部具2~3背面密被长毛的椭圆形鳞片；雄蕊2，无毛。花期4月，果期5月。

《秦岭植物志》中的红皮柳，即此种。它与欧洲红皮柳的主要区别为：该种为高大灌木，当年生枝被茸毛，叶披针形，较宽大，花序梗的鳞片下面密被长毛，花柱长，花药黄色等。欧洲红皮柳是矮小丛生灌木，枝叶无毛，叶线状倒披针形，花序梗、鳞片无毛，花柱短，花药紫色等。

生活习性：喜湿。扦插繁殖。

分布：野生资源分布于宁夏六盘山、泾源县。产于我国甘肃、陕西、山西、河北、河南、湖北、宁夏等省（区）。

保护利用现状：野生资源得到保护。

开发利用前景：护岸、观赏树种，枝条可用作编筐、绳子的材料。

小红柳 *Salix microstachya* var. *bordensis*

杨柳科 Salicaceae　柳属 *Salix*

形态特征：灌木，高1~3 m。树皮灰褐色。小枝红色或褐色，小枝细长，常弯曲或下垂，幼时被柔毛，后渐脱落。叶线形，长1~5 cm，宽2~4 mm，边缘全缘或有不明显的疏齿，幼时两面密被绢毛，后渐脱落。叶先花开放；花序细圆柱形，长1~2 cm；雄蕊2，花红色，雄花的花药外壁常红色。蒴果长3~4 mm，无毛。花期5月，果期6月。

生活习性：喜光，耐湿，耐寒，抗沙埋，喜生于沙漠地区的河边、沙丘间的低湿地。播种、扦插、根蘖繁殖。

分布：野生资源分布于宁夏贺兰山、灵武市、盐池县等地，生于沙地、水边，大武口区和中宁县有栽培。分布于我国内蒙古、陕西、甘肃、宁夏、青海等省（区）。

保护利用现状：少量驯化栽培。

开发利用前景：固沙树种，枝条可编筐。

乌　柳 *Salix cheilophila*

杨柳科 Salicaceae　柳属 *Salix*

乌柳又称毛柳。

形态特征：灌木或小乔木，高1.5~6 m。枝灰褐色，初被茸毛或柔毛，后无毛。芽具长柔毛。叶线形或线状倒披针形，长2~5 cm，宽3~7 mm，先端渐尖或具短硬尖，基部渐尖，稀钝，上面绿色，疏被柔毛，下面灰白色，密被柔毛。花序与叶同时开放，近无梗，雄蕊2，花药黄色，雌花序长1.5~2 cm，花密生，花序轴具柔毛。蒴果长3 mm，疏被柔毛，2瓣裂。花期4—5月，果期6—7月。

生活习性：扦插繁殖。

分布：野生资源分布于宁夏六盘山、贺兰山、哈巴湖、盐池县、西吉县、泾源县等地，生于海拔1 800~2 200 m 的山坡林缘、河滩及水沟边，原州区、沙坡头区、哈巴湖和白芨滩等地有栽培。分布于我国华北、河南、陕西、甘肃、青海、宁夏、四川、云南等地。

保护利用现状：部分野生资源得到保护，少量驯化栽培。

开发利用前景：根可药用。

漳河柳 *Salix matsudacernegundo*

杨柳科 Salicaceae　柳属 *Salix*

形态特征：乔木。小枝细长，下垂，淡紫绿色或褐绿色，无毛或幼时有毛。叶狭披针形或线状披针形，顶端渐尖，基部楔形，有时歪斜，边缘有细锯齿，无毛或幼时有柔毛，背面带白色。花序轴有短柔毛；雄花序长2~4 cm，雄蕊2，基部微有毛，腺体2；雌花序长1.5~2.5 cm，雌花腺体1，子房无毛，柱头4裂。蒴果黄褐色，长3~4 mm。花期4月，果期5月。

生活习性：喜光，耐水湿，耐旱，喜温暖至高温，要求日照充足，高燥地及石灰质土壤也能适应，不及旱柳耐寒，寿命短。扦插、播种繁殖。

分布：宁夏永宁县、平罗县、大武口区、同心县、原州区、西吉县、隆德县、泾源县、彭阳县、沙坡头区、罗山等地普遍栽培。主要分布在山西省。

保护利用现状：宁夏广泛引种栽培。

开发利用前景：园林绿化和用材树种。

棉花柳 *Salix × leucopithecia*

杨柳科 Salicaceae　柳属 *Salix*

棉花柳又称银芽柳。

形态特征：灌木，高2~3 m。分枝稀疏，小枝绿褐色，具红晕，新枝有绢毛，后脱落。单叶互生，叶长椭圆形或披针形，长9~15 cm，叶缘具细锯齿，冠端渐尖，叶背面密被白毛，近革质。花先叶开放，花芽肥大，芽鳞紫红色，有光泽；柔荑花序，雄花序椭圆柱形，长3~6 cm，早春先叶开放，盛开时花序密被银白色绢毛，故名银芽柳。花期3—4月。

生活习性：喜光，不耐阴，不耐寒，喜温暖、湿润气候，不耐旱，对土壤要求不严，在溪边、湖畔和河岸等邻水处生长良好。扦插繁殖。

分布：宁夏金凤区、彭阳县有栽培。原产于日本，我国东北、华北、华东等地有栽培。

保护利用现状：宁夏有零星引种栽培。

开发利用前景：用作插花花材。

银　柳 *Salix argyracea*

杨柳科 Salicaceae　柳属 *Salix*

形态特征：灌木，高4~5 m。树皮灰色。小枝淡黄色至褐色，无毛，嫩枝有短茸毛。叶倒卵形、长圆状倒卵形，长4~10 cm，宽1.5~3 cm，先端短渐尖，基部楔形，边缘有细腺锯齿，上面绿色，初有灰茸毛，后脱落，下面密被茸毛，有光泽，中脉淡褐色。花先叶开放，雄花序几无梗，长约2 cm；雄蕊2，离生，无毛；腺1；雌花序具短花序梗。花期5—6月，果期7—8月。

生活习性：喜光，喜温，耐湿，喜肥沃、疏松、湿润的土壤。扦插繁殖。

分布：宁夏西吉县有栽培。分布于我国新疆，生于山地云杉林缘或林中空地。

保护利用现状：宁夏有零星栽培。

开发利用前景：优良的观芽植物、切花材料、室内装饰材料。

川滇柳 *Salix rehderiana*

杨柳科 Salicaceae　柳属 *Salix*

形态特征：灌木或小乔木。小枝褐色，无毛或疏被毛。叶披针形至倒披针形，长1.5~4 cm，宽4~13 mm，先端钝或急尖，或短渐尖，基部楔形（稀圆形），上面深绿色，具白柔毛，下面浅绿色，有白柔毛或无毛，托叶半卵状椭圆形。花序先叶开放或近同时开放；雄花序椭圆形至短圆柱形，无梗，长达2.5 cm；雌花序圆柱形，基部有2~3长圆形、全缘的小叶。蒴果淡褐色，有毛或无毛。花期6月，果期7月。

生活习性：喜湿，耐寒。扦插繁殖。

分布：野生资源分布于宁夏贺兰山和六盘山，多生于海拔1 800~2 000 m 的水沟旁或林下，中宁县有零星栽培。分布于我国云南、四川、西藏东部、青海、甘肃、宁夏、陕西等地。

保护利用现状：未开发利用。

开发利用前景：园林绿化和用材树种。

彩叶杞柳 *Salix integra* 'Hakuro Nishiki' 杨柳科 Salicaceae 柳属 *Salix*

彩叶杞柳又称花叶杞柳。

形态特征：灌木，无明显主干，自然状态下呈灌丛状，高1~3 m，树冠广展。树皮灰绿色。嫩枝粉红色，枝条放射状，紧密。芽卵形，尖，黄褐色，无毛。叶对生。花先叶开放，花序长1~2 cm，基部有小叶，雄蕊2，花丝合生，无毛；子房长卵圆形，有柔毛，几无柄，花柱短，柱头小，2~4裂。蒴果长2~3 mm，有毛。花期5月，果期6月。

生活习性：喜光，耐寒，耐湿，生长势强。扦插繁殖。

分布：宁夏西吉县、原州区有引种栽培。分布于我国上海及周边地区。

保护利用现状：宁夏有少量引种栽培。

开发利用前景：园林绿化树种。

宁夏贺兰山还分布有崖柳（*Salix floderusii*）、山生柳（*Salix oritrepha*）、线叶柳（*Salix wilhelmsiana*）3个野生种。

竹 柳 杨柳科 Salicaceae 柳属 *Salix*

竹柳又称美国竹柳、速生竹柳。

形态特征：乔木，高可达20 m，树冠塔形。树皮幼时绿色，光滑。顶端优势明显，腋芽萌发力强，分枝较早。叶披针形，单叶互生，叶片长15~22 cm，宽3.5~6.2 cm，先端长渐尖，基部楔形，边缘有明显的细锯齿，表面绿色，背面灰白色，叶柄微红、较短。

生活习性：喜光，耐寒性强，喜水湿，不耐旱，对土壤要求不严，根系发达。扦插繁殖。

分布：宁夏贺兰县、永宁县、大武口区、平罗县、西吉县等地有栽培。

保护利用现状：宁夏有少量引种栽培。

开发利用前景：绿化树种。

胡　桃 *Juglans regia* 胡桃科 Juglandaceae　胡桃属 *Juglans*

胡桃又称核桃。

形态特征：乔木，高20~25 m，树冠广卵形至扁球形。树皮灰色。新枝无毛。小叶5~9，椭圆状卵形或椭圆形，先端钝圆或微尖，侧脉通常15对以下，全缘，下面脉具簇生淡褐色毛。雄花序长13~15 cm，雌花1~3朵集生于枝顶。核果球形，径3.2~5.4 cm。花期4—5月，果期9—10月。

生活习性：喜光，耐寒。播种、嫁接繁殖。

分布：宁夏各地均有栽培，主要分布于我国西北、华北。

保护利用现状：宁夏普遍栽培。

开发利用前景：优良的木本油料树种。

香　玲 *Juglans regia* 'Xiangling' 胡桃科 Juglandaceae　胡桃属 *Juglans*

形态特征：乔木，树势较旺，树干较直立，树冠半圆形。嫁接后第二年开始结果，3~4年出现雄花，雄先型品种，有大小年。3月下旬发芽，雄花期4月中旬，雌花期4月下旬。8月下旬坚果成熟，坚果圆形，果基较平，果顶微尖。

生活习性：较抗旱，抗黑斑病性较强，适合在土、肥、水条件较好的青石山区栽培。嫁接繁殖。

分布：宁夏隆德县、彭阳县、灵武市有栽培。产于我国山东省。

保护利用现状：宁夏有引种栽培。

开发利用前景：优良的木本油料树种。

美国黑核桃 *Juglans nigra* 胡桃科 Juglandaceae 胡桃属 *Juglans*

形态特征：乔木，树皮灰白色。幼枝有密毛。单数羽状复叶，小叶椭圆形、卵形至长椭圆形，全缘，背面沿侧脉腋内有簇生短柔毛。花单性。果序短，下垂，果实形状、大小及内果皮的厚薄均因品种而异。种子肥厚。花期5月，果期9—10月。

生活习性：对土壤的适应性较强，喜砂壤土或冲积土，要求土层深厚（3~4 m）、中性或微酸性、通气及排水良好。嫁接繁殖。

分布：宁夏灵武市、利通区有栽培。

保护利用现状：宁夏有零星栽培。

开发利用前景：木本油料树种。

清香核桃 *Juglans regia* ‘Qingxiang’ 胡桃科 Juglandaceae 胡桃属 *Juglans*

原产于日本，1983年河北农业大学引入河北省。经多年观察，该品种具有优质、丰产、抗病等特点。1998年开始系统研究和示范推广，2002年通过河北省省级技术成果鉴定，2003年通过河北省林木良种审定委员会良种审定。

形态特征：乔木，树体中等大小，树姿半开张，幼时树势较旺，结果后树势稳定。嫁接苗定植后2~3年即可挂果，7~8年进入盛果期，属中晚实核桃类型，于每年8月中下旬至9月初成熟；结实大小年不明显，稳产性好。坚果近圆锥形，壳皮光滑，淡褐色，外形美观，果较大，平均单果重16.39 g；种仁饱满，内褶壁退化，取仁容易，出仁率52%~53%；种仁含蛋白质16.9%、粗脂肪61.4%，浅黄色，味道香。

生活习性：抗旱，抗病，抗逆，抗寒性一般。嫁接繁殖。

分布：宁夏原州区、灵武市有栽培。普遍分布于河北省。

保护利用现状：宁夏有少量栽培。

开发利用前景：木本油料树种。

辽宁1号核桃 *Juglans regia* 'Liaoning 1'

胡桃科 Juglandaceae　胡桃属 *Juglans*

辽宁1号核桃由河北昌黎大薄皮（晚实）优株10103与新疆纸皮核桃的早实单株11001杂交育成。1995年由河北省林业科学研究院从辽宁省经济林研究所引入河北省，2005年通过河北省林木品种审定委员会良种审定，2007年被北京市林木品种审定委员会审定为地方良种。

形态特征：乔木，树势旺，树姿直立或半开张，分枝力强，枝条粗壮。雄先型品种。坚果圆形，果基平或圆，果顶略呈肩形。壳皮较光滑，色浅，缝合线微隆起。种仁饱满，黄白色，风味佳。坚果8月底9月初成熟。

生活习性：适合在土、肥、水条件较好的平地、缓坡地栽培。嫁接繁殖。

分布：宁夏灵武市、原州区有栽培。

保护利用现状：宁夏有引种栽培。

开发利用前景：种仁营养丰富，可榨油。

宁夏西夏区、灵武市、隆德县、沙坡头区、海原县、彭阳县等地还栽培有新疆薄皮核桃、北京圆核桃、甘肃薄皮核桃、蓝宝石核桃、中林核桃、辽宁5号、尚宋、新疆幸福核桃、温185、新新2号、扎343、冠核1号12个核桃品种。

胡桃楸 *Juglans mandshurica*

胡桃科 Juglandaceae　胡桃属 *Juglans*

胡桃楸又称核桃楸、山核桃、野核桃。宁夏野生资源较少，属于宁夏重点保护植物。

形态特征：乔木，高达20 m，枝条扩展，树冠扁圆形。树皮灰色或暗灰色，浅纵裂。小枝粗壮，幼时被短茸毛，皮孔隆起，叶痕三角形，髓部薄片状。芽被黄褐色茸毛。奇数羽状复叶，长8~15 cm，宽3~7 cm，先端渐尖。果实近球形（长3~4.5 cm，被腺毛）。花期5—6月，果期8—9月。

生活习性：喜光，深根性，耐寒性强，耐旱，抗风力强，不耐阴，以向阳、土层深厚、疏松、肥沃、排水良好的沟谷栽培为好。播种繁殖。

分布：野生资源分布于宁夏六盘山、泾源县、海原县等地。大兴安岭林区东南部及河北、河南、山西、甘肃等地也有少量分布。

保护利用现状：野生资源未保护。

开发利用前景：珍贵用材树种，可用作嫁接核桃的砧木和育种的材料，种仁营养丰富，可榨油，枝叶、皮可制作农药。

枫　杨 *Pterocarya stenoptera* 胡桃科 Juglandaceae　枫杨属 *Pterocarya*

形态特征：乔木，高达30 m，胸径达1 m。幼树树皮平滑，浅灰色，老则深纵裂。小枝灰色至暗褐色，具灰黄色皮孔。芽具柄，密被锈褐色、盾状腺体。叶多为偶数羽状复叶，稀奇数羽状复叶，长8~16 cm，叶柄长2~5 cm，叶轴具翅或翅不甚发达，与叶柄一样被或疏或密的短毛；小叶10~16（稀6~25），无小叶柄，对生或稀近对生，长椭圆形至长椭圆状披针形，长8~12 cm，宽2~3 cm。果实长椭圆形，果翅狭，条形或阔条形，具近平行的脉。花期4—5月，果熟期8—9月。

生活习性：耐阴，喜温凉、湿润气候，耐寒性强，在湿润、肥沃、土层深厚的土壤上生长最好。播种繁殖。

分布：宁夏兴庆区、金凤区、西夏区、大武口区、沙坡头区等地有栽培。广泛分布于我国东北、华北、陕西、四川、湖北、浙江、江西等地。

保护利用现状：宁夏有引种栽培。

开发利用前景：庭荫树、用材、园林绿化树种，树皮、叶可入药，树干可造纸及制造代用棉。

白　桦 *Betula platyphylla* 桦木科 Betulaceae　桦木属 *Betula*

白桦又称粉桦、桦皮树。2011年经宁夏林木品种审定委员会审定为宁夏林木良种白桦六盘山种源。

形态特征：乔木，树皮白色，纸质，分层剥落。小枝红褐色，无毛，外被白色蜡质层。冬芽圆锥形，芽鳞边缘具睫毛。叶片三角状卵形或菱形阔卵形，长3.5~4.5 cm，宽3~7 cm，先端渐尖，基部平截或阔楔形，边缘具不规则重锯齿；叶柄长1~2.5 cm，无毛。果序单生、下垂，圆柱形，长2.5~4.5 cm；果苞裂片三角形，果刺较小。花期5—6月，果熟期9月。

生活习性：耐瘠薄，耐严寒，喜酸性土壤，适应性强，深根性，生长快，易成活，天然更新好。播种繁殖。

分布：野生资源分布于宁夏六盘山、罗山、贺兰山、南华山、金凤区、西吉县、隆德县、原州区、泾源县、彭阳县、海原县等地，南华山、六盘山、西夏区、金凤区、兴庆区、青铜峡市、西吉县、隆德县、原州区、泾源县、彭阳县、海原县等地有栽培。分布于我国东北、华北、河南、陕西、甘肃、宁夏等地。

保护利用现状：野生资源得到保护，主要用于宁夏南部山区生态防护。

开发利用前景：生态防护树种，树汁有药用价值，木材可用作一般建筑材料及制作器具。

糙皮桦 *Betula utilis* 桦木科 Betulaceae 桦木属 *Betula*

形态特征：乔木，高达32 m。树皮光滑，红白色或白色，厚纸质层状剥落，大枝皮橘红色或红褐色。叶卵形、长卵形或长圆形，长4~9 cm，宽3~6 cm。果序单生，或2~4个排成总状，圆柱形，下垂或倾斜。花期5月，果期6—9月。

生活习性：喜光，喜湿，多生在山坡下部或山谷两旁阳光充足的地方。播种繁殖。

分布：野生资源分布于宁夏六盘山和泾源县，生于海拔2 400~2 800 m 的山坡林中，泾源县有栽培。分布于云南、四川、陕西、甘肃、青海、宁夏、河南、河北、山西等省（区）。

保护利用现状：野生资源得到保护，主要用于宁夏南部山区生态修复造林。

开发利用前景：生态防护树种，木材坚韧，断面有光泽，供建筑用，树皮可造纸。

红　桦 *Betula albosinensis* 桦木科 Betulaceae 桦木属 *Betula*

红桦又称纸皮桦。2011年经宁夏林木品种审定委员会审定为宁夏林木良种红桦六盘山种源。

形态特征：乔木，树皮淡红褐色或紫红色，有光泽及白粉，呈薄层状剥落，纸质。小枝紫红色，老枝红褐色，均无毛，有时疏生树脂腺体。叶片卵形或卵状矩圆形，长3~8 cm，宽2~5 cm，顶端渐尖，基部圆形或微心形，边缘具不规则重锯齿，上面深绿色，下面淡绿色，密生腺点；叶柄长5~15 cm，疏被长柔毛或无毛。雄花序圆柱形，长3~8 cm，无梗；苞鳞紫红色，仅边缘具纤毛。果序圆柱形，单生或2~4个排成总状，小坚果卵形，长2~3 mm，上部疏被短柔毛，膜质翅宽为果的1/2。花期6月，果期9—10月。

生活习性：喜光，喜温凉、湿润气候，耐寒，对土壤要求不严，自然更新好，病虫害少，生长速度中等。播种繁殖。

分布：野生资源分布于宁夏六盘山、隆德县、泾源县、西吉县等地，六盘山、泾源县、彭阳县等地有栽培。分布于我国云南、四川东部、湖北西部、河南、河北、山西、陕西、甘肃、青海、宁夏等地，常生于海拔2 200~2 400 m 的山坡杂木林中。

保护利用现状：野生资源得到保护，主要用于宁夏南部山区生态修复造林。

开发利用前景：生态防护树种，木材可制器具或胶合板，树皮可制帽子或包装用。

宁夏六盘山还有坚桦（*Betula chinensis*）野生资源分布。

榛 *Corylus heterophylla*

桦木科 Betulaceae　榛属 *Corylus*

榛又称榛子。宁夏重点保护植物。

形态特征：灌木或小乔木，高1~7 m。树皮灰色。枝条暗灰色，无毛，小枝黄褐色，密被短柔毛，兼被疏生的长柔毛，无或少具刺状腺体。花期5—6月，果期10月。

生活习性：耐寒，喜湿润气候，喜光，对土壤的适应性强，对地势要求不高，低海拔更利于榛子生长。播种繁殖。

分布：野生资源分布于宁夏六盘山、原州区、西吉县、隆德县、泾源县等地，西吉县、隆德县、原州区、六盘山、泾源县等地有栽培。全国22个地区都有榛属植物分布，资源丰富，特别是东北、山西、内蒙古、山东以及河南等省（区）分布有很大面积的榛子林。

保护利用现状：野生资源得到保护。

开发利用前景：优良的油料树种，果实可药用，油粕可用作饲料、肥料。

平欧大果榛子 *Corylus heterophylla × avellana*

桦木科 Betulaceae　榛属 *Corylus*

平榛为母本，欧榛为父本，通过种间远缘杂交所选育的经济林新品种。

形态特征：乔木，高5~7 m。单果重2.4~3.6 g，是野生榛子的2~4倍，栽后2~3年开始结果，随着树龄的增加产量成倍增加，亩产可达225~250 kg，5年生的植株每株可结果5 kg左右。树龄50~100年。

生活习性：抗寒，耐旱，耐瘠薄，在我国北方地区都可栽培。压条繁殖。

分布：宁夏原州区、隆德县、彭阳县、泾源县有栽培。我国山西、陕西、甘肃、青海、四川、新疆、西藏等省（区）都可栽培。

保护利用现状：宁夏固原市部分地区有栽培。

开发利用前景：果实可食用和榨油。

宁夏引种栽培的榛子品种还有达维、玉坠、辽三。

毛　榛 *Corylus mandshurica*　桦木科 Betulaceae　榛属 *Corylus*

毛榛又称毛榛子、火榛子。

形态特征： 灌木，高3.1~4 m，树皮暗灰色或灰褐色。叶宽卵形、矩圆形或倒卵状矩圆形，叶柄细瘦。雄花序2~4个排成总状，苞鳞密被白色短柔毛。果单生或2~6枚簇生，坚果几球形。

生活习性： 喜光，耐寒，耐旱，喜肥沃的中性及微酸性土壤，分布于温带、暖温带的山地森林带。播种繁殖。

分布： 野生资源分布于宁夏六盘山、西吉县、隆德县、泾源县、海原县等地，生长于海拔400~1 500 m 的山坡灌丛中或林下，泾源县有栽培。分布于我国黑龙江、吉林、辽宁、河北、山西、山东、陕西、甘肃东部、宁夏、四川东部和北部等地。

保护利用现状： 部分野生资源得到保护，已驯化利用。

开发利用前景： 果实可食用、药用，树皮可提取栲胶，嫩叶可做饲料，木材可做伞柄、手杖等。

虎榛子 *Ostryopsis davidiana*　桦木科 Betulaceae　虎榛子属 *Ostryopsis*

虎榛子又称胡榛子、棱榆。

形态特征： 灌木，高1~3 m。树皮浅灰色。枝条灰褐色，无毛，密生皮孔；小枝褐色，具条棱。芽卵状，细小。叶卵形或椭圆状卵形；叶柄长3~12 mm，密被短柔毛。雄花序单生于小枝的叶腋，倾斜至下垂，短圆柱形，长1~2 cm，直径约4 mm；花序梗不明显；苞鳞宽卵形，外面疏被短柔毛。果4枚至多枚排成总状，下垂，着生于当年生小枝顶端；小坚果宽卵圆形或几球形。花期5月，果期7—8月。

生活习性： 常见于海拔800~2 400 m 的山坡，为黄土高原的优势灌木，也见于杂木林及油松林下。

分布： 野生资源分布于宁夏贺兰山、罗山、南华山、六盘山、香山、西吉县、隆德县、海原县、原州区、彭阳县等地。分布于我国辽宁、内蒙古、河北、山西、陕西、甘肃、宁夏及四川等省（区）。

保护利用现状： 部分野生资源得到保护，未开发利用。

开发利用前景： 树皮及叶含单宁，可提取栲胶；种子含油，供食用和制肥皂；枝条可编农具。

蒙古栎 *Quercus mongolica* 壳斗科 Fagaceae 栎属 *Quercus*

形态特征：乔木，高达30 m。树皮灰褐色，纵裂。幼枝紫褐色，有棱，无毛。顶芽长卵形，微有棱，芽鳞紫褐色，有缘毛。叶片倒卵形至长倒卵形；叶柄长2~8 mm，无毛。雄花序生于新枝下部，花序轴近无毛；花被6~8裂；雌花序生于新枝上端叶腋，长约1 cm，有花4~5朵，通常只1~2朵发育。花期4—5月，果期9月。

生活习性：喜温暖、湿润气候，也能耐一定寒冷和干旱，对土壤要求不严，耐瘠薄，不耐水湿。播种、扦插繁殖。

分布：宁夏盐池县、利通区、原州区等地有栽培。我国黑龙江、吉林、辽宁、内蒙古、河北、山东等省（区）有分布。

保护利用现状：宁夏少量用于生态造林和园林绿化。

开发利用前景：可用作园林观赏树或行道树，木材可做建筑材料，树叶和种子可做饲料，树皮可药用。

辽东栎 *Quercus wutaishanica* 壳斗科 Fagaceae 栎属 *Quercus*

辽东栎又称杠木。

形态特征：乔木，高达15 m。树皮灰褐色，纵裂。幼枝绿色，无毛，老枝灰绿色，具淡褐色圆形皮孔。叶片倒卵形至长倒卵形，叶缘有5~7对圆齿，表面绿色，背面淡绿色。雌花序生于新枝上端叶腋，长0.5~2 cm，花被通常6裂。坚果卵形至卵状椭圆形，直径1~1.3 cm，高1.5~1.8 cm，顶端有短茸毛；果脐微突起，直径约5 mm。花期4—5月，果期9月。

生活习性：喜光，喜温，耐寒，耐旱，耐瘠薄。播种繁殖。

分布：野生资源分布于宁夏六盘山、罗山、原州区、彭阳县、西吉县、隆德县、泾源县、海原县等地，生于向阳山坡、半阳坡、山脊上，常与油松、白桦、山杨混生，兴庆区、西夏区、金凤区、原州区、隆德县、泾源县、彭阳县等地有栽培。

保护利用现状：部分野生资源得到保护，用于六盘山生态造林，其他地区也有零星引种栽培。

开发利用前景：绿化、观赏树种，孤植、丛植或与其他树混交成林。

沼生栎 *Quercus palustris* 壳斗科 Fagaceae 栎属 *Quercus*

沼生栎又称橡树。

形态特征：乔木，高25~30 m。树皮暗灰褐色，略平滑。小枝褐色，无毛。叶片卵形或椭圆形，叶缘具5~7羽状深裂，裂片具细裂齿，表面深绿色，背面淡绿色。雄花序与叶同时开放，数个簇生；雌花单生或2~3朵生于长约1 cm的总柄上。坚果长椭圆形，直径约1.5cm，高2~2.5cm，淡褐色，被薄茸毛，后渐脱落。花期4—5月，果期翌年9月。

生活习性：抗逆性强，耐干燥、高温和水湿，抗霜冻，抗风性强，喜排水良好的土壤，耐环境污染。播种繁殖。

分布：宁夏平罗县、盐池县有栽培。北京、山东泰安、青岛、河北西部山区、湖北西部山区、河南均有分布。

保护利用现状：宁夏有零星引种栽培。

开发利用前景：绿化、防护树种，橡木可制作酒塞。

夏　栎 *Quercus robur* 壳斗科 Fagaceae 栎属 *Quercus*

夏栎又称夏橡。

形态特征：乔木，高可达40 m。树皮褐灰色，具细裂纹。幼枝棕灰色。叶互生，长倒卵形至椭圆形，长6~20 cm，宽3~8 cm，顶端圆钝，基部为不甚平整的耳形；叶柄长3~5 mm。花雌雄同株。壳斗钟形，直径1.5~2 cm，包着坚果基部约1/5。坚果当年成熟，卵形或椭圆形，果脐内陷。花期3—4月，果期9—10月。

生活习性：耐寒，耐旱，耐盐碱，抗性强。播种繁殖。

分布：宁夏盐池县、利通区、原州区等地有栽培。分布于我国新疆、北京、山东等地。

保护利用现状：宁夏有零星引种栽培。

开发利用前景：木材可做建筑、桥梁、车辆、家具用材，果实含有淀粉、油脂。

春　榆 *Ulmus davidiana* var. *japonica*

榆科 Ulmaceae　榆属 *Ulmus*

春榆又称红榆、山榆。

形态特征：乔木或灌木，高达15 m，胸径30 cm。树皮色较深，纵裂成不规则条状。幼枝被或密或疏的柔毛，当年生枝无毛或多少被毛。叶倒卵形或倒卵状椭圆形，稀卵形或椭圆形。花在上年生枝上排成簇状聚伞花序。翅果倒卵形或近倒卵形，果核无毛，位于翅果中上部或上部，上端接近缺口，宿存花被无毛，裂片4，果梗被毛，长约2 mm。花期4—5月，果熟期5—6月。

生活习性：耐旱，耐瘠薄，对土壤要求不严，在土层深厚、肥沃、湿润、排水良好的砂壤土、轻壤土上长势最好。播种繁殖。

分布：野生资源分布于宁夏六盘山、西吉县、泾源县、海原县、彭阳县等地，西夏区、金凤区、原州区、泾源县、彭阳县有栽培。分布于我国黑龙江、吉林、辽宁、内蒙古、河北、山东、浙江、山西、安徽、河南、湖北、陕西、甘肃、宁夏及青海等省（区）。

保护利用现状：部分野生资源得到保护，少量用于园林绿化和荒山造林。

开发利用前景：园林绿化、用材、荒山造林树种，枝皮可代麻制绳，枝条可编筐。

榆　树 *Ulmus pumila*

榆科 Ulmaceae　榆属 *Ulmus*

榆树又称白榆、家榆、榆。

形态特征：乔木，高达25 m，胸径1 m，在干瘠之地呈灌木状。幼树树皮平滑，灰褐色或浅灰色，大树树皮暗灰色，不规则深纵裂，粗糙。叶椭圆状卵形、长卵形、椭圆状披针形或卵状披针形。花先叶开放，在上年生枝的叶腋呈簇生状。果核位于翅果的中部，上端不接近或接近缺口，成熟前后其色与果翅相同，初淡绿色，后白黄色，宿存花被无毛，4浅裂，裂片边缘有毛，果梗较花被短。花果期3—6月。

生活习性：耐寒，耐旱，适应性很强，生长快，长势旺盛。播种繁殖。

分布：宁夏各地普遍栽培。分布于我国东北、华北、西北及西南各省（区）。

保护利用现状：宁夏广泛用作行道树、庭荫树、防护林和“四旁”绿化树种。

开发利用前景：园林绿化、防护树种。

金叶榆 *Ulmus pumila* 'Jinye'

榆科 Ulmaceae　榆属 *Ulmus*

金叶榆又称中华金叶榆。2016年经宁夏林木品种审定委员会审定为宁夏林木良种。

形态特征：乔木，高可达25 m，树皮暗灰色。叶片金黄色，有自然光泽；叶脉清晰；叶卵圆形，长3~5 cm，宽2~3 cm，比普通榆树叶片稍短，叶缘具锯齿，叶尖渐尖，互生于枝条上。花在叶腋排成簇状花序。翅果近圆形，种子位于翅果中部。花期3—4月，果期4—5月。

生活习性：喜光，耐寒，耐旱，适应干凉气候，耐瘠薄和盐碱，抗风，对烟尘及氟化氢的抗性强。嫁接繁殖。

分布：宁夏各地普遍栽培。河北及河南遂平、安阳引种较多，河南各地均可栽培。

保护利用现状：主要用于园林及小区绿化，用作行道树及绿篱、色带等。

开发利用前景：园林绿化、庭院绿化、用材树种。

龙爪榆 *Ulmus pumila* 'Pendula'

榆科 Ulmaceae　榆属 *Ulmus*

形态特征：小乔木。单叶互生，椭圆状窄卵形或椭圆状披针形，长2~9 cm，基部偏斜，叶缘具单锯齿。枝条柔软、细长、下垂，生长快，自然造型好，树冠丰满。花先叶开放。翅果近圆形。花期3月，果熟期4月。

生活习性：喜光，抗旱，耐盐碱，耐瘠薄，耐寒，不耐水湿，根系发达，对有害气体有较强的抗性。嫁接繁殖。

分布：宁夏西夏区、大武口区、平罗县、原州区、泾源县、彭阳县、西吉县、中宁县等地有栽培。我国西北、华北地区普遍分布。

保护利用现状：宁夏引种用作园林绿化树、行道树。

开发利用前景：园林绿化、行道树种。

大叶垂榆 *Ulmus americana* 'Pendula'

榆科 Ulmaceae　榆属 *Ulmus*

形态特征： 乔木，高达25 m。树干直立，枝多开展，树冠近球形或卵圆形。树皮深灰色，粗糙，不规则纵裂。单叶互生，卵状椭圆形至椭圆状披针形，叶缘具多重锯齿。花两性，早春先叶开放或同时开放，紫褐色，聚伞花序簇生。翅果近圆形，顶端有凹缺。花期3—4月，果熟期4—5月。

生活习性： 喜光，生长快，根系发达，适应性强，能耐干冷气候及中度盐碱，但不耐水湿。嫁接繁殖。

分布： 宁夏金凤区、灵武市、大武口区、平罗县、利通区、红寺堡区、原州区、西吉县、隆德县、彭阳县、沙坡头区、中宁县、哈巴湖等地有栽培。分布于我国东北、华北、西北及西南各省（区）。

保护利用现状： 宁夏广泛用于园林绿化及庭院绿化。

开发利用前景： 道路绿化和园林绿化树种。

金叶垂榆 *Ulmus pumila* 'Chuizhi Jinye'

榆科 Ulmaceae　榆属 *Ulmus*

形态特征： 乔木。枝条柔软、细长、下垂，生长快，自然造型好，树冠丰满。单叶互生，椭圆状窄卵形或椭圆状披针形，长2~9 cm，基部偏斜，叶缘具单锯齿；叶片金黄色，有自然光泽。花先叶开放。翅果近圆形。花果期3—6月。

生活习性： 喜光，抗旱，耐盐碱，耐瘠薄，耐修剪，耐寒，不耐水湿，根系发达，对有害气体有较强的抗性。嫁接繁殖。

分布： 宁夏兴庆区、西夏区、永宁县、灵武市、惠农区、平罗县、利通区、红寺堡区、彭阳县、原州区、西吉县、泾源县、隆德县、沙坡头区、海原县、中宁县等地有栽培。

保护利用现状： 宁夏主要用于园林绿化、庭院绿化及道路绿化。

开发利用前景： 道路绿化和园林绿化树种。

长枝榆 *Ulmus pumila* 'Changzhi'

榆科 Ulmaceae　榆属 *Ulmus*

长枝榆又称凤尾榆。

形态特征：乔木，树干通直，高4~10 m，树冠呈伞状。树皮比其他榆树品种细致光滑，成龄后呈条纹状纵裂。

生活习性：喜光，耐寒，耐旱，抗高温、风沙，对土壤要求不严，适应性强。嫁接繁殖。

分布：宁夏永宁县、大武口区、西吉县、彭阳县等地有栽培。新疆特有树种。

保护利用现状：宁夏广泛用于园林绿化、庭院绿化及道路绿化。

开发利用前景：道路绿化和园林绿化树种。

垂枝榆 *Ulmus pumila* 'Tenue'

榆科 Ulmaceae　榆属 *Ulmus*

形态特征：乔木，高达25 m，胸径1 m，树干上部的主干不明显，分枝较多，树冠伞形。树皮灰白色，较光滑。单叶对生，椭圆状卵形、长卵形、椭圆状披针形或卵状披针形。花先叶开放，在上年生枝的叶腋呈簇生状。果核位于翅果的中部，上端不接近或接近缺口，成熟前后其色与果翅相同，初淡绿色，后白黄色。花果期3—6月。

生活习性：喜光，耐旱，抗逆性强，不耐水湿。嫁接繁殖。

分布：宁夏金凤区、灵武市、利通区、红寺堡区、同心县、隆德县、原州区、泾源县、沙坡头区、中宁县、白芨滩等地有栽培。内蒙古、河南、河北、辽宁及北京等地有栽培。

保护利用现状：宁夏广泛用于园林绿化及庭院绿化。

开发利用前景：道路绿化和园林绿化树种。

旱　榆 *Ulmus glaucescens* 榆科 Ulmaceae　榆属 *Ulmus*

旱榆又称灰榆。

形态特征：乔木或灌木，高可达18 m。树皮浅纵裂。叶卵形、菱状卵形、椭圆形、长卵形或椭圆状披针形，长2.5~5 cm，宽0.1~2.5 cm。花自混合芽抽出，散生于新枝基部或近基部，或自花芽抽出，3~5数在上年生枝上呈簇生状。花果期3—5月。

生活习性：喜光，耐旱，耐寒，耐瘠薄，不择土壤，根系发达，萌芽力强，适应性强。播种繁殖。

分布：野生资源分布于宁夏贺兰山、罗山、南华山、哈巴湖、西夏区、永宁县、贺兰县、惠农区、盐池县、青铜峡市、同心县、西吉县、海原县、原州区、彭阳县、中宁县、沙坡头区等地，罗山、彭阳县、原州区、西吉县、中宁县、沙坡头区、海原县等地有栽培。分布于辽宁、河北、山东、河南、山西、内蒙古、宁夏、陕西、甘肃等省（区）。

保护利用现状：宁夏普遍用于荒山造林及生态防护。

开发利用前景：荒山造林、生态防护、用材树种，木本饲用植物，果实可食用和榨油。

宁夏贺兰山还有旱榆变种毛果旱榆（*Ulmus glaucescens* var. *lasiocarpa*）野生资源分布。

裂叶榆 *Ulmus laciniata* 榆科 Ulmaceae　榆属 *Ulmus*

形态特征：乔木。树皮淡灰褐色或灰色，浅纵裂，裂片较短，常翘起，表面常呈薄片状剥落。叶倒卵形、倒三角形、倒三角状椭圆形或倒卵状长圆形，表面密生硬毛，背面被柔毛，叶柄极短。花排成簇状聚伞花序。翅果椭圆形或长圆状椭圆形，除顶端凹缺柱头面被毛外，余无毛。花果期4—5月。

生活习性：适应性强，耐盐碱，耐寒，喜光，稍耐阴，较耐干旱、瘠薄。播种、嫁接繁殖。

分布：宁夏金凤区、贺兰县、平罗县、灵武市、海原县、彭阳县、西吉县等地有栽培。分布于黑龙江、吉林、辽宁、内蒙古、河北、陕西、山西及河南等省（区）。

保护利用现状：宁夏广泛用于园林绿化及庭院绿化。

开发利用前景：绿化、用材树种，可孤植或丛植，做庭荫树。

宁夏灵武市还引种栽培有裂叶垂榆品种。

圆冠榆 *Ulmus densa* 榆科 Ulmaceae 榆属 *Ulmus*

形态特征：乔木，高达20 m，树冠球形。树皮灰色，纵裂。2~3年生枝常被蜡粉。叶卵形，先端渐尖，基部楔形或稍圆，稍偏斜；嫩叶上面被硬毛，或沿脉被毛，下面脉腋有簇生毛，具重锯齿，或兼有单锯齿。簇状聚伞花序，花被无毛。翅果倒卵状椭圆形或椭圆形。花期4月，果期5—6月。

生活习性：喜光，耐寒，抗高温，适合在盐碱土中生长，在土层深厚、湿润、疏松的砂质土壤中生长迅速。嫁接繁殖。

分布：宁夏兴庆区、金凤区、西夏区、永宁县、贺兰县、大武口区、惠农区、平罗县、灵武市、利通区、盐池县、红寺堡区、青铜峡市、原州区、西吉县、彭阳县、海原县、沙坡头区、哈巴湖、白芨滩等地有栽培。原产于苏联，我国新疆、内蒙古及北京引种栽培。

保护利用现状：宁夏广泛用于园林绿化、庭院绿化及道路绿化。

开发利用前景：城市绿化树种，可孤植或丛植，做庭荫树。

黑　榆 *Ulmus davidiana* 榆科 Ulmaceae 榆属 *Ulmus*

形态特征：乔木或灌木，高达15 m，胸径30 cm。树皮浅灰色或灰色，纵裂成不规则条状。叶倒卵形或倒卵状椭圆形，稀卵形或椭圆形，长4~12 cm，宽15~55 cm，先端尾状渐尖或渐尖，基部歪斜，一边楔形或圆形，一边近圆形至耳状；叶缘具重锯齿；侧脉每边12~22条；叶柄长5~17 mm，全被毛或仅上面有毛。花在前年生枝上排成簇状聚伞花序。花期4月，果期5月。

生活习性：适应性强，喜光，耐寒，耐旱，深根性，萌蘖力强。播种、根插繁殖。

分布：野生资源分布于宁夏六盘山和西吉县，彭阳县有少量栽培。分布于我国黑龙江、吉林、辽宁、内蒙古、河北、山东、浙江、山西、安徽、河南、湖北、陕西、甘肃、宁夏及青海等省（区）。

保护利用现状：野生资源未保护，宁夏零星用于荒山造林及生态防护。

开发利用前景：防风林、庭荫树，或列植作为行道树，用材树种，果实可食用。

欧洲白榆 *Ulmus laevis* 榆科 Ulmaceae 榆属 *Ulmus*

欧洲白榆又称大叶榆。

形态特征：乔木，在原产地高达30 m。树皮淡褐色，幼时平滑，后呈鳞状，老则不规则纵裂。当年生枝被毛或几无毛。冬芽纺锤形。叶倒卵状宽椭圆形或椭圆形，长8~15 cm，中上部较宽，先端凸尖，基部明显偏斜，一边楔形，一边半心脏形，叶缘具重锯齿，齿端内曲，表面无毛或叶脉凹陷处有疏毛，背面有毛或近基部的主脉及侧脉上有疏毛。花果期4—5月。

生活习性：喜光，耐寒，抗高温，深根性，对土壤要求不严，喜生于土层深厚、湿润、疏松的砂壤土或壤土。嫁接繁殖。

分布：宁夏海原县有栽培。原产于欧洲，我国东北、新疆、北京、山东、江苏及安徽引种栽培。

保护利用现状：宁夏少量用于园林绿化及庭院绿化。

开发利用前景：园林绿化、生态防护和用材树种。

大叶榉树 *Zelkova schneideriana* 榆科 Ulmaceae 榉属 *Zelkova*

形态特征：乔木，高达35 m，胸径达80 cm。树皮灰褐色至深灰色，呈不规则的片状剥落。当年生枝灰绿色或褐灰色，密生伸展的灰色柔毛。叶厚纸质，卵形至椭圆状披针形，长3~10 cm，宽1.5~4 cm，先端渐尖、尾状渐尖或锐尖。雄花1~3朵簇生于叶腋，雌花或两性花常单生于小枝上部叶腋。花期4月，果期9—11月。

生活习性：适生于气候温暖、轻盐碱、石灰岩山地、中性和酸性土壤中。播种、扦插、嫁接繁殖。

分布：宁夏兴庆区、金凤区、西夏区、贺兰县、盐池县、青铜峡市、原州区、泾源县、中宁县、罗山、哈巴湖等地有栽培。分布于我国陕西南部、甘肃南部、江苏等地。

保护利用现状：宁夏少量用于城市绿化、公园绿化及庭院绿化。

开发利用前景：园林绿化树种，木材可供制人造棉、绳索和纸，树皮可药用。

宁夏引种栽培有榉树（又称光叶榉，*Zelkova serrata*）。

黑弹树 *Celtis bungeana* 榆科 Ulmaceae 朴属 *Celtis*

黑弹树又称小叶朴，属于宁夏重点保护植物。

形态特征：乔木，高达15 m。树皮灰色或暗灰色。叶厚纸质，狭卵形、长圆形、卵状椭圆形至卵形，基部宽楔形至近圆形，稍偏斜至几乎不偏斜，先端尖至渐尖，中部以上疏具不规则浅齿；叶柄淡黄色；萌发枝上的叶形状变异较大，先端可具尾尖且有糙毛。果单生于叶腋（在极少数情况下，一总梗上可具2枚果），果柄较细软，无毛，果成熟时紫黑色，近球形。花期5月，果期6—9月。

生活习性：喜光，耐阴，喜肥厚、湿润、疏松的土壤，也耐干旱瘠薄，耐轻度盐碱，耐水湿，生长慢，寿命长。播种、扦插、嫁接、压条繁殖。

分布：宁夏贺兰山、须弥山、西夏区、原州区有栽培。分布于我国辽宁、河北、山东、山西、内蒙古、甘肃、青海、陕西等省（区），多生长于海拔150~2 300 m 的路旁、山坡、灌丛或林边。

保护利用现状：野生资源得到保护，宁夏有零星栽培。

开发利用前景：厂区绿化树、庭荫树、行道树，木材可造纸和用作人造棉原料，树干可药用。

宁夏引种栽培有紫弹树（*Celtis biondii*）。

刺　榆 *Hemiptelea davidii* 榆科 Ulmaceae 刺榆属 *Hemiptelea*

形态特征：小乔木，高可达10 m。树皮深灰色，条裂。幼枝灰褐色，被毛，具坚硬粗刺。叶椭圆形或椭圆状矩圆形，稀倒卵状椭圆形，先端急尖或钝圆，基部浅心形或圆形，边缘有整齐的粗锯齿；表面绿色，幼时被毛，后脱落，残留有稍隆起的圆点；背面淡绿色，光滑无毛，或在脉上有稀疏的柔毛。小坚果黄绿色，斜卵圆形，两侧扁，长5~7 mm。花期4—5月，果期9—10月。

生活习性：耐瘠薄、干旱，抗低温、风沙，在各种土质上均能生长，适应性强，萌蘖力强。播种繁殖。

分布：宁夏西吉县和金凤区有栽培。分布于我国吉林、辽宁、内蒙古、河北、山西、陕西、甘肃、山东、江苏、安徽、浙江、江西、河南、湖北、湖南等省（区），常生于海拔2 000 m 以下的坡地次生林中。

保护利用现状：宁夏少量驯化利用。

开发利用前景：绿化、用材树种，嫩叶可制作饮料，种子可榨油。

无花果 *Ficus carica* 桑科 Moraceae 榕属 *Ficus*

形态特征：灌木或小乔木，高达3~10 m，全株具乳汁，多分枝。树皮灰褐色，皮孔明显。小枝直立，粗壮。叶互生，厚纸质，广卵圆形，长宽近相等，10~20 cm，通常3~5裂，小裂片卵形，边缘具不规则钝齿，表面粗糙，背面密生细小钟乳体及灰色短柔毛，基部浅心形，粗壮；托叶卵状披针形，红色。果期8—9月。

生活习性：喜光，耐旱，耐瘠薄，不耐寒，不耐涝。扦插、分株、压条繁殖。

分布：宁夏兴庆区、大武口区等地有栽培。原产于地中海沿岸，我国各地均有栽培，新疆南部居多。

保护利用现状：宁夏有零星引种栽培。

开发利用前景：庭院观赏树种，新鲜幼果及鲜叶可入药，果实可食或制蜜饯。

桑 *Morus alba* 桑科 Moraceae 桑属 *Morus*

桑又称家桑、桑树。

形态特征：乔木或灌木，高可达15 m。叶卵形或广卵形，先端急尖、渐尖或圆钝；叶柄长1.5~5.5 cm，具柔毛。雄花序下垂，长2~3.5 cm，密被白色柔毛，花被片宽椭圆形，淡绿色；雌花序长1~2 cm，被毛，雌花无梗，花被片倒卵形，顶端圆钝，外面和边缘被毛，两侧紧抱子房，无花柱，柱头2裂，内面有乳头状突起。聚花果卵状椭圆形，成熟时红色或暗紫色。花期4—5月，果期5—8月。

生活习性：喜光，稍耐阴，耐旱，不耐涝，耐瘠薄，对土壤的适应性强。播种、扦插、分株繁殖。

分布：宁夏普遍栽培。产于我国中部和北部，现全国各地均有栽培。

保护利用现状：宁夏广泛用于园林绿化、城市绿化等，部分作为经济林树种。

开发利用前景：绿化及经济林树种，果实可酿酒，树干用作木材，叶为养蚕的饲料，叶、果和根皮可入药。

宁夏兴庆区、贺兰县、沙坡头区引种栽培有红果桑品种。

龙爪桑 *Morus alba* 'Tortuosa' 桑科 Moraceae 桑属 *Morus*

1964年由河北引种到宁夏。

形态特征：乔木。树皮黄褐色，浅裂。枝条呈龙游状扭曲；幼枝有毛或光滑。叶片心脏形、卵圆形，有光泽，先端尖或钝，基部圆形或心脏形，边缘具粗锯齿或有时不规则分裂；表面无毛，背面脉上或脉腋有毛。花单生，雌雄异株，穗状花序腋生。果实黑紫色或白色。花期4月，果期5—6月。

生活习性：喜光，幼树稍耐阴，耐寒，耐旱，喜温暖、湿润气候，抗性强，对土壤要求不严。播种、分株、压条、嫁接繁殖。

分布：宁夏各地均有栽培。我国南方和华北均有栽培。

保护利用现状：宁夏用于园林绿化、城市绿化。

开发利用前景：绿化树种，树干用作木材，根皮、果实及枝条可入药，叶为养蚕的主要饲料，果实可酿酒。

蒙　桑 *Morus mongolica* 桑科 Moraceae 桑属 *Morus*

形态特征：小乔木或灌木。树皮灰褐色，纵裂。叶长椭圆状卵形，先端尾尖，基部心形。雄花花被暗黄色，外面及边缘被长柔毛，花药2室，纵裂；雌花序短圆柱形，总花梗纤细，雌花花被片外面上部疏被柔毛，或近无毛；花柱长，柱头2裂，内面密生乳头状突起。聚花果长1.5 cm，成熟时红色至紫黑色。花期3—4月，果期4—5月。

生活习性：喜光，幼树稍耐阴，耐寒，耐旱，喜温暖、湿润气候，抗性强。播种、压条、嫁接繁殖。

分布：宁夏大武口区、彭阳县、中宁县等地有栽培，分布于黑龙江、吉林、辽宁、内蒙古、新疆、青海、河北、山西、河南、山东、陕西、安徽、江苏、湖北、四川、贵州、云南等省（区），多生于海拔800~1 500 m 的山地或林中。

保护利用现状：宁夏有少量引种栽培。

开发利用前景：造纸原料、纺织原料，根皮可入药，果实可酿酒。

华　桑 *Morus cathayana*

桑科 Moraceae　桑属 *Morus*

形态特征：小乔木或灌木，分枝多。树皮纵裂，灰褐色。小枝初有褐色茸毛。叶互生，纸质。花单性，雌雄同株或异株；花被片4片，黄绿色，有短毛；雄花具4雄蕊，有不育雌蕊；雌蕊花柱短，柱头2裂，柱头、花柱和花序梗有毛。聚花果窄圆柱形，长2~3 cm，白色、红色或黑色。花期4—5月，果期5—6月。

生活习性：喜光，耐旱，耐寒，耐瘠薄，根系发达，适应性强，耐盐碱，喜温暖、湿润气候，抗风，抗有毒气体，抗烟尘。播种、压条、嫁接繁殖。

分布：宁夏兴庆区有栽培。分布于我国河北、山东、河南、江苏、陕西、湖北、安徽、浙江、湖南、四川等省，常生于海拔900~1 300 m 的向阳山坡或沟谷。

保护利用现状：宁夏用于园林绿化，经济林树种。

开发利用前景：城市绿化和经济林树种。

宁夏引种栽培有垂枝桑（*Morus alba* var. ‘Pendula’）。

构　树 *Broussonetia papyrifera*

桑科 Moraceae　构属 *Broussonetia*

构树又称楮桃。

形态特征：乔木。叶螺旋状排列，广卵形至长椭圆状卵形，长6~18 cm，宽5~9 cm，先端渐尖，基部心形，两侧常不相等，边缘具粗锯齿，不分裂或3~5裂。花雌雄异株；雄花序为柔荑花序，粗壮，长3~8 cm；雌花序球形头状，苞片棍棒状，顶端被毛，花被管状，顶端与花柱紧贴，子房卵圆形，柱头线形，被毛。花期4—5月，果期6—7月。

生活习性：喜光，适应性强，耐干旱、瘠薄，也能生于水边，多生于石灰岩山地，也能在酸性土及中性土上生长，抗烟尘，抗大气污染力强。播种、扦插、分蘖繁殖。

分布：宁夏兴庆区、金凤区、西夏区、平罗县、青铜峡市、原州区、彭阳县、沙坡头区、中宁县等地有栽培。分布于我国黄河、长江和珠江流域，常野生或栽于村庄附近的荒地、田园及沟旁。

保护利用现状：宁夏有少量栽培，主要用于公园绿化及荒山绿化。

开发利用前景：城乡、矿区及荒山坡地绿化树种，树叶可做饲料，根、种子可入药。

沙拐枣 *Calligonum mongolicum*

蓼科 Polygonaceae　沙拐枣属 *Calligonum*

宁夏野生资源较少，属于国家二级保护植物、宁夏重点保护植物。

形态特征：灌木，高可达1.5 m。老枝开展，拐曲；当年生枝灰绿色，有关节。叶片线形。花白色或淡红色，簇生于叶腋；花梗细弱，花被片卵圆形。瘦果果肋突起或突起不明显，沟槽稍宽。花期4—5月。果期5—9月。

生活习性：抗风蚀，耐沙埋，抗旱，耐瘠薄，枝条茂密，萌蘖力强，根系发达，能适应条件极端严酷的干旱荒漠区。播种、扦插繁殖。

分布：野生资源分布于宁夏白芨滩、灵武市、兴庆区、红寺堡区、沙坡头区等地，白芨滩、灵武市、沙坡头区、中宁县有栽培。分布于我国内蒙古中部及西部、甘肃西部、宁夏、新疆东部，多生于流动沙丘、半固定沙丘、固定沙丘、沙地、沙砾质荒漠和砾质荒漠。

保护利用现状：部分野生资源得到保护，宁夏用于荒漠造林。

开发利用前景：水土保持、固沙、观赏树种。

锐枝木蓼 *Atraphaxis pungens*

蓼科 Polygonaceae　木蓼属 *Atraphaxis*

形态特征：小灌木。树皮呈条状剥落。多分枝，小枝灰白色或淡灰黑色，顶端刺状，老枝灰褐色。叶互生，椭圆形、卵状椭圆形或卵状披针形。总状花序侧生，短而密集，花被片5片，淡红色。小坚果卵形，具3棱。花期5—6月，果期6—7月。

生活习性：抗风蚀，耐沙埋，抗旱，耐瘠薄，能适应条件极端严酷的干旱荒漠区。

分布：野生资源分布于宁夏贺兰山、白芨滩、兴庆区、惠农区、灵武市、利通区、青铜峡市、沙坡头区等地。我国新疆、甘肃、内蒙古等省（区）也有分布，多生于石质山坡、荒漠及半荒漠干草原。

保护利用现状：部分野生资源得到保护。

开发利用前景：水土保持、固沙、观赏树种。

沙木蓼 *Atraphaxis bracteata*

蓼科 Polygonaceae　木蓼属 *Atraphaxis*

形态特征：灌木，高可达1.5 m。主干直立、粗壮，淡褐色，无毛。肋棱多分枝；枝斜升或成钝角叉开，顶端具叶或花。托叶鞘圆筒形，膜质；叶革质，叶片长圆形或椭圆形，边缘微波状，下卷，两面均无毛；叶柄无毛。总状花序顶生，苞片披针形，膜质，花梗关节位于上部；花被片绿白色或粉红色，网脉明显。瘦果卵形，具3棱，黑褐色，光亮。花期5月，果期6—8月。

生活习性：旱生植物，常见于半固定沙丘及半荒漠地带具薄层浮沙的山麓、丘陵坡地、沙质河谷冲积地或干河床，也见于草原化荒漠带的砂砾质戈壁地带。播种、扦插繁殖。

分布：野生资源分布于宁夏白芨滩、平罗县、盐池县、沙坡头区等地，灵武市、金凤区、大武口区、沙坡头区、哈巴湖、白芨滩等地有栽培。分布于我国内蒙古、甘肃、宁夏、青海及陕西，多生长在海拔1 000~1 500 m 的流动沙丘低地及半固定沙丘。

保护利用现状：部分野生资源得到保护，宁夏用于山地、荒漠造林。

开发利用前景：水土保持、固沙、观赏树种，蜜源植物。

宽叶沙木蓼 *Atraphaxis bracteata* var. *latifolia*

蓼科 Polygonaceae　木蓼属 *Atraphaxis*

沙木蓼的变种。

形态特征：灌木，高1~2 m。枝条下垂。叶互生，宽卵形或宽椭圆形，黄绿色，长2~4 cm，宽 1.5~2 cm，叶片略皱，叶缘褶皱，有波状细齿。花深粉色。瘦果卵形，具3棱，灰褐色，无光泽。花期5—7月，果期7—10月。

生活习性：耐旱，耐寒，抗风蚀。播种、扦插繁殖。

分布：宁夏中宁县、哈巴湖有栽培。分布于我国内蒙古流动沙丘低地及半固定沙丘。

保护利用现状：野生资源未保护，宁夏少量用于山地、荒漠造林。

开发利用前景：水土保持、固沙、观赏树种。

东北木蓼 *Atraphaxis manshurica*

蓼科 Polygonaceae　木蓼属 *Atraphaxis*

形态特征：灌木，高约100 cm。树皮淡褐色，纵裂。主干粗壮，上部多分枝，枝皮灰褐色，呈条状剥离；木质枝向上直伸，不分枝或上部分枝。托叶鞘圆筒形，基部褐色，具2条纤细的脉纹；叶绿色，革质，近无柄，倒披针状长圆形或线形，长1.5~3 cm，宽2~12 mm，全缘或稍具波状牙齿，两面无毛，具明显的网脉。花2~4朵生于一苞片内，总状花序生于当年生枝顶端，花被片5片，粉红色。瘦果狭卵形，长4~6 mm，具3棱，暗褐色，光亮，无毛，密被颗粒状小点。花果期7—9月。

生活习性：耐旱，耐沙埋，耐寒，耐高温，抗性强，适生于砂质土壤和粗骨土。扦插繁殖。

分布：野生资源分布于宁夏贺兰山、银川市、石嘴山市、平罗县、吴忠市、青铜峡市、同心县、中卫市、中宁县等地，生长在海拔1 200~1 350 m 的沙丘、干旱砂质山坡及沙漠地带。产于我国辽宁、河北、内蒙古、宁夏及陕西。

保护利用现状：部分野生资源得到保护，未开发利用。

开发利用前景：优良的饲用灌木和固沙植物。

圆叶蓼 *Polygonum intramongolicum*

蓼科 Polygonaceae　蓼属 *Polygonum*

圆叶蓼又称圆叶萹蓄。

形态特征：小灌木，高40~50 cm。树皮灰褐色，开裂。多分枝，枝弯曲，小枝密被小突起。叶圆形或宽椭圆形，近革质，顶端圆钝，基部宽楔形或近圆形，边缘皱波状；叶柄短，基部具关节。花序总状，顶生，稀疏，长3~5 cm；苞片漏斗状，膜质，褐色，每一苞片内具花2~3朵；花梗长3~4 mm；花被5深裂，淡红色或白色，花被片倒卵形，顶端圆钝，长约4 mm，背部具绿色脉纹；雄蕊8，花柱3。瘦果宽卵形，具3锐棱，长3.5~4 mm，黑褐色，密被颗粒状小点，微有光泽，包于宿存花被内。花期5—6月，果期6—7月。

生活习性：主要生长于海拔1 000~2 300 m 的干旱山坡、低山丘陵。

分布：野生资源分布于宁夏贺兰山东麓、西夏区和惠农区，生于洪积扇的砾石滩地。产于我国内蒙古和宁夏。

保护利用现状：部分野生资源得到保护，未开发利用。

开发利用前景：干旱地区造林树种。

木藤蓼 *Fallopia aubertii*

蓼科 Polygonaceae　何首乌属 *Fallopia*

形态特征：多年生草本或半灌木，长达3 m。茎缠绕，近木质，具纵沟纹，无毛。叶在花序下互生；叶片长卵形或卵形，长2~40 cm，宽1.5~3 cm，先端急尖，基部浅心形，两面无毛；叶柄长1~3 cm，托叶鞘膜质，浅褐色，顶端截形，易破裂。圆锥花序顶生。小坚果卵形，具3棱，黑褐色，包藏于宿存花被内；翅倒卵形，基部下延。花期7月，果期8—9月。

生活习性：喜光，稍耐阴，在庇荫下小枝生长快，深根性，耐寒，稍耐高温，稍耐瘠薄、干旱。播种繁殖。

分布：野生资源分布于宁夏贺兰山、罗山、六盘山、南华山、兴庆区、金凤区、贺兰县、原州区、彭阳县等地，生于山坡、路旁、沟旁，兴庆区、大武口区、利通区、青铜峡市、原州区、贺兰山等地有栽培。分布于我国内蒙古（贺兰山）、山西、河南、陕西、甘肃、宁夏、青海、湖北、四川、贵州、云南及西藏等省（区）。

保护利用现状：部分野生资源得到保护，少量开发利用。

开发利用前景：药用或观赏树种。

四翅滨藜 *Atriplex canescens*

藜科 Chenopodiaceae　滨藜属 *Atriplex*

形态特征：灌木，高1~2 m。枝条密集，树干灰黄色，嫩枝灰绿色。叶互生，条形和披针形，长1.5~6.8 cm；叶表面绿色，稍有白色粉粒，背面灰绿色，粉粒较多。无明显主茎，分枝较多，当年生嫩枝绿色或绿红色，木质化枝白色或灰白色，表面有裂纹。花单性或两性，雌雄同株或异株。胞果有2~4不规则的果翅，果翅膜质。种子卵形。花期5—7月，果期7—9月。

生活习性：耐盐碱，耐寒，耐旱，喜光，不耐阴，不耐潮湿。扦插繁殖。

分布：宁夏灵武市、盐池县、哈巴湖等地有栽培。原产于美国中西部高原。

保护利用现状：宁夏有少量栽培，用于干旱、半干旱荒地造林。

开发利用前景：生态造林树种，嫩枝叶可用作饲料。

梭梭 *Haloxylon ammodendron*

藜科 Chenopodiaceae　梭梭属 *Haloxylon*

形态特征：小乔木或灌木，高1~5 m。树皮灰白色。老枝灰褐色，通常具环状裂隙；幼枝细长，节间长4~12 mm，径约1.5 mm。叶鳞片状宽三角形，稍开展，先端钝，叶腋具棉毛。花着生于2年生枝条的侧生短枝上。胞果黄褐色，果皮不与种子贴生。花期6—7月，果期8—9月。

生活习性：抗旱、抗热、抗寒，耐盐碱性很强，喜光，不耐阴，适应性强，生长迅速，枝条稠密，根系发达，防风固沙能力强。播种繁殖。

分布：野生资源分布于宁夏贺兰山、哈巴湖、灵武市、永宁县、平罗县、中宁县、沙坡头区等地，平罗县、永宁县、沙坡头区、中宁县、哈巴湖等地有栽培。分布于我国新疆、青海、甘肃、宁夏及内蒙古等省（区）。

保护利用现状：宁夏广泛用于沙地造林。

开发利用前景：优良的固沙和薪柴树种，根部寄生有肉苁蓉，具有较高的经济价值。

驼绒藜 *Ceratoides latens*

藜科 Chenopodiaceae　驼绒藜属 *Ceratoides*

驼绒藜又称优若藜。

形态特征：灌木，高20~50 cm。分枝多集中在下部，老枝灰黄色，幼枝锈黄色，密生星状毛。叶宽线形、线状披针形至披针形，长1~2 cm，宽2~3 mm，先端钝或急尖，基部圆形或楔形，全缘，边缘反卷，主脉1条，显著，表面绿色，背面黄绿色，两面密被星状毛。胞果直立。花期5月，果期6—7月。

生活习性：喜光，抗旱，耐瘠薄，喜棕钙土及漠钙土。播种繁殖。

分布：野生资源分布于宁夏贺兰山、白芨滩、西夏区、永宁县、灵武市、盐池县、哈巴湖、惠农区、红寺堡区、同心县、青铜峡市、彭阳县、西吉县、沙坡头区等地。分布于我国新疆、青海、甘肃、宁夏及内蒙古等省（区）。

保护利用现状：部分野生资源得到保护，未开发利用。

开发利用前景：优良的水土保持树种，优良牧草。

华北驼绒藜 *Ceratoides arborescens* 藜科 Chenopodiaceae 驼绒藜属 *Ceratoides*

形态特征：灌木，高20~50 cm。分枝多集中在上部。叶披针形或矩圆状披针形，长1.5~5 cm，宽3~8 mm，先端钝或急尖，基部圆形或楔形，全缘，反卷，叶脉羽状，两面密被星状毛。花期8—9月，果期9—10月。

生活习性：抗旱，耐寒，耐瘠薄，适应各类土壤，喜土壤表层浅覆沙的地块。播种、扦插繁殖。

分布：野生资源分布于宁夏贺兰山、罗山、南华山、西吉县、彭阳县、海原县、沙坡头区等地。分布于我国华北、吉林、山西、陕西、甘肃、宁夏、四川等地。

保护利用现状：部分野生资源得到保护，未开发利用。

开发利用前景：优良的水土保持、薪柴树种，优良牧草。

珍珠猪毛菜 *Salsola passerina* 藜科 Chenopodiaceae 猪毛菜属 *Salsola*

珍珠猪毛菜又称珍珠柴。

形态特征：小灌木，高15~30 cm，植株密生丁字毛。根粗壮，木质，常弯曲。老枝灰黄色，木质；嫩枝草质，黄绿色，短枝缩成球形。叶片锥形或三角形，先端渐尖，基部扩展，背面隆起，密被丁字毛，通常早落。穗状花序顶生。胞果扁球形，种子横生。花果期6—10月。

生活习性：耐寒，耐旱，耐盐碱，抗风沙，生于砾石质、沙砾质戈壁或黏壤土，盐碱湖盆地。播种、扦插繁殖。

分布：野生资源分布于宁夏贺兰山、白芨滩、西夏区、金凤区、兴庆区、永宁县、灵武市、惠农区、平罗县、利通区、同心县、青铜峡市、盐池县、红寺堡区、沙坡头区、中宁县、海原县等地。分布于我国内蒙古、甘肃、青海、宁夏等省（区）。

保护利用现状：部分野生资源得到保护，未开发利用。

开发利用前景：园林绿化树种。

木本猪毛菜 *Salsola arbuscula*

藜科 Chenopodiaceae　猪毛菜属 *Salsola*

形态特征：小灌木，高40~100 cm，茎直立。枝条平展，老枝灰褐色，粗糙，具纵裂纹；幼枝乳白色，有光泽，无毛或被短硬毛。叶互生，老枝上的叶簇生于短枝顶端，狭线形或半圆柱形，长0.5~3 cm，宽1~2 mm，先端尖，基部扩展，扩展处的上部缢缩呈柄状，叶片自缢缩处脱落。穗状花序，花单生于苞腋。胞果倒圆锥形。花期7—8月，果期9—10月。

生活习性：耐寒。播种繁殖。

分布：野生资源分布于宁夏贺兰山、贺兰县、沙坡头区、盐池县、中宁县等地。分布于我国新疆、内蒙古、甘肃、宁夏等省（区）。

保护利用现状：野生资源得到保护，未开发利用。

开发利用前景：沙地造林树种，茎、叶可入药。

松叶猪毛菜 *Salsola laricifolia*

藜科 Chenopodiaceae　猪毛菜属 *Salsola*

松叶猪毛菜又称松针猪毛菜。

形态特征：小灌木，高40~90 cm。多分枝；老枝黑褐色或棕褐色，有浅裂纹；嫩枝乳白色，有光泽。叶互生，老枝上的叶簇生于短枝顶端，线形或半圆柱形，长1~2 cm，宽1~2 mm，肥厚，黄绿色，先端具小尖，基部扩展，扩展处上部缢缩呈柄状，叶片自缢缩处脱落。穗状花序，花单生于苞腋。花果期5—9月。

生活习性：生长于山坡、沙丘、砾质荒漠。播种繁殖。

分布：野生资源分布于宁夏贺兰山、白芨滩、兴庆区、西夏区、永宁县、贺兰县、灵武市、平罗县、大武口区、惠农区、利通区、青铜峡市、盐池县、红寺堡区、沙坡头区、中宁县、海原县等地。分布于我国新疆、内蒙古、甘肃、宁夏等省（区）。

保护利用现状：部分野生资源得到保护，未开发利用。

开发利用前景：荒漠造林树种和牧草。

合头草 *Sympegma regelii*

藜科 Chenopodiaceae　合头草属 *Sympegma*

形态特征：小灌木，高10~40 cm，茎直立。老枝多分枝，灰褐色，常条状剥裂，当年生枝灰绿色。叶互生，圆柱形，肉质，长4~10 mm，径约1 mm。花两性，通常1~3朵簇生于具单节间的小枝顶端。胞果侧扁圆球形，果皮淡黄色。花果期6—8月。

生活习性：根系较发达，主根粗壮，入土深20~25 cm，主根上分生有许多侧根。喜生于石质残丘、碎石坡地和丘顶，也见于碱化的土壤上。播种繁殖。

分布：野生资源分布于宁夏贺兰山、白芨滩、兴庆区、灵武市、永宁县、惠农区、平罗县、利通区、盐池县、红寺堡区、青铜峡市、沙坡头区、海原县、中宁县等地。分布于我国内蒙古、宁夏、甘肃、青海、新疆等省（区）。

保护利用现状：部分野生资源得到保护，未开发利用。

开发利用前景：荒漠造林树种和牧草。

细枝盐爪爪 *Kalidium gracile*

藜科 Chenopodiaceae　盐爪爪属 *Kalidium*

形态特征：小灌木，高20~40 cm，茎直立。多分枝，老枝灰黄色，无毛，幼枝灰黄绿色。叶互生，不发达，肉质，先端钝，紧贴于枝上。穗状花序顶生，长1~3 cm，径约1.5 mm。胞果卵形。种子卵圆形，淡红褐色。花果期7—8月。

生活习性：耐盐土或盐渍化土壤，生长缓慢，再生能力强，根系发达。播种繁殖。

分布：野生资源分布于宁夏贺兰山、哈巴湖、白芨滩、灵武市、惠农区、平罗县、利通区、青铜峡市、红寺堡区、盐池县、中宁县、沙坡头区等地。分布在我国内蒙古、陕西、宁夏、甘肃、青海、新疆等省（区）。

保护利用现状：部分野生资源得到保护，未开发利用。

开发利用前景：盐碱地、荒漠化地造林树种。

盐爪爪 *Kalidium foliatum*

藜科 Chenopodiaceae　盐爪爪属 *Kalidium*

盐爪爪又称灰碱柴。

形态特征：小灌木，高20~50 cm。茎直立或平卧，多分枝，枝互生，浅棕褐色，无毛。叶圆柱形，长4~6 mm，径0.7~1.5 mm，斜升或平展，顶端钝，基部下延，半抱茎。穗状花序顶生，长0.8~2 cm，径2~3 mm。每一鳞状苞片内着生3朵花。胞果圆形，红褐色。种子直立，圆形。花果期7—8月。

生活习性：耐盐碱，生长在盐碱滩、盐湖边。播种繁殖。

分布：野生资源分布于宁夏哈巴湖、白芨滩、大武口区、惠农区、平罗县、盐池县、青铜峡市、西吉县、海原县、中宁县等引黄灌区的低洼盐碱地、沟旁及池沼旁。分布于我国黑龙江、内蒙古、河北北部、甘肃北部、宁夏、青海、新疆。

保护利用现状：部分野生资源得到保护，未开发利用。

开发利用前景：盐碱地饲草。

尖叶盐爪爪 *Kalidium cuspidatum*

藜科 Chenopodiaceae　盐爪爪属 *Kalidium*

形态特征：小灌木，20~40 cm。茎自基部分枝，斜升，老枝浅灰黄色，小枝黄绿色。叶互生，肉质，卵形，长1.5~3 mm，宽1~1.5 mm，先端锐尖，稍内弯，基部半抱茎，下延。穗状花序顶生，肉质，长5~15 mm，花无梗，每3朵花生于一鳞状苞片内。胞果圆形，果皮膜质。花果期7—8月。

生活习性：耐旱，耐盐碱，生长缓慢，再生能力强，根系发达。播种繁殖。

分布：野生资源分布于宁夏贺兰山、西夏区、灵武市、红寺堡区、利通区、青铜峡市、盐池县、中宁县、西吉县等地。分布于我国内蒙古、河北、陕西、新疆、甘肃、宁夏等省（区）。

保护利用现状：部分野生资源得到保护，未开发利用。

开发利用前景：盐碱地饲草。

裸果木 *Gymnocarpos przewalskii*

石竹科 Caryophyllaceae　裸果木属 *Gymnocarpos*

列入《世界自然保护联盟濒危物种红色名录》，无危（LC）保护植物。

形态特征：小灌木，高30~50 cm。树皮灰黄色，具不规则纵裂。分枝多而曲折，嫩枝红赭色，节部膨大。叶线状扁圆柱形，长0.5~1 cm，宽1~1.5 mm，稍肉质，先端锐尖，具小尖头，基部微收缩。聚伞花序腋生。瘦果包藏于宿存花萼中。花期5—6月，果期6—7月。

生活习性：喜光，耐干旱、寒冷和瘠薄，抗风能力强。

分布：野生资源分布于宁夏贺兰山、西夏区、青铜峡市、沙坡头区等地。我国主要分布在新疆南部山区、甘肃河西走廊、青海西部、内蒙古西部、宁夏东南部。

保护利用现状：部分野生资源得到保护，未开发利用。

秦岭小檗 *Berberis circumserrata*

小檗科 Berberidaceae　小檗属 *Berberis*

秦岭小檗又称黄柏刺、酸刺果。

形态特征：灌木，高达2 m。枝繁密，小枝有条棱，黄色或黄褐色；刺3分叉，粗壮，黄色，背面具沟槽，长1.5~3 cm。叶倒卵状长圆形至倒卵形，长1.5~5.5 cm，宽1~2 cm，先端圆形，基部渐狭成短柄，柄长0.3~1 cm，边缘具纤毛状细锯齿，表面绿色，背面灰白色，两面网脉极为明显，无毛。花2~5朵簇生，黄色。浆果椭圆球形，红色。花期7月，果期8—9月。

生活习性：生于山坡、林缘、灌丛中、沟边。播种繁殖。

分布：野生资源分布于宁夏六盘山、贺兰山、隆德县、泾源县、西吉县等地。分布于我国湖北、陕西、河南、甘肃、青海、宁夏等省（区）。

保护利用现状：部分野生资源得到保护，未开发利用。

开发利用前景：根皮含小檗碱，供药用。

康定小檗 *Berberis kangdingensis*

小檗科 Berberidaceae　小檗属 *Berberis*

形态特征： 灌木，高2~3 m。小枝灰色，具条棱及疣状突起；刺3分叉，淡黄色，背面具沟槽，长1~2 cm。叶长椭圆形至倒卵状长椭圆形，长2~5.5 cm（包括叶柄在内），宽1~1.8 cm，先端圆钝或急尖，基部渐狭成短柄，边缘具纤毛状锯齿，上面绿色，下面灰绿色，无毛，两面网脉隆起；叶柄长0.3~1 cm。花3~5朵排成近总状；花梗长0.5~1 cm，上部稍增粗，光滑无毛；花鲜黄色，径约1.2 cm。浆果卵状长圆柱形，长约1 cm，红色，柱头宿存。花期5—6月，果期7—8月。

生活习性： 耐寒，耐旱，耐瘠薄，喜阴湿环境，生于海拔2 000 m 左右的山谷阴湿处或阴坡林下。

分布： 野生资源分布于宁夏六盘山。分布于我国陕西、甘肃、四川、云南、宁夏等省（区）。

保护利用现状： 部分野生资源得到保护，未开发利用。

陕西小檗 *Berberis shensiana*

小檗科 Berberidaceae　小檗属 *Berberis*

形态特征： 灌木，高1.5~2 m。幼枝黄色，老枝灰褐色，具纵棱；刺3分叉，细弱，长约5 mm。叶卵形、狭卵形或椭圆形，长1~5 cm，宽0.8~2.5 cm，先端圆或急尖，基部楔形或下延成柄，边缘具纤毛状锯齿，无毛，两面网脉明显；叶柄长0.3~1 cm。伞房状总状花序，长2~3 cm，具花3~5朵；花梗长0.5~1 cm。浆果长圆柱形，长约1 cm，径约5 mm，柱头宿存。花期5月，果期7月。

生活习性： 主要生长于海拔1 250~3 000 m 的山坡、路边、林地、灌丛中。

分布： 野生资源分布于宁夏六盘山、罗山、隆德县、泾源县等地。分布于我国陕西、甘肃、宁夏等省（区）。

保护利用现状： 部分野生资源得到保护，未开发利用。

开发利用前景： 固沙植物，根、茎皮可入药。

松潘小檗 ***Berberis dictyoneura*** 小檗科 Berberidaceae 小檗属 *Berberis*

形态特征：灌木，高达2 m。2年生枝灰黄色，具纵棱；刺单一或3分叉，背面具沟槽，与枝同色，长0.8~2 cm。叶长椭圆形或卵状长圆形，长2.5~5 cm，宽1~2.5 cm，先端圆，基部下延成柄，边缘具纤毛状细锯齿，表面绿色，背面灰绿色，网脉稍明显，两面无毛；叶柄长0.3~1 cm。伞房状总状花序，长2~3 cm，下垂，具花4~7朵；总花梗长约1 cm，花梗长约1 cm，无毛。花期5月，果期5—6月。

生活习性：主要生长于林缘及河滩地。

分布：野生资源分布于宁夏六盘山和原州区。我国陕西、四川、宁夏等省（区）有分布。

保护利用现状：部分野生资源得到保护，未开发利用。

置疑小檗 ***Berberis dubia*** 小檗科 Berberidaceae 小檗属 *Berberis*

形态特征：灌木，高达1.5 m。老枝灰黑色，稍具棱槽和黑色疣点，幼枝紫红色，具纵条棱；刺单一或3分叉，长1~1.5 cm，与枝同色。叶狭倒卵形或倒卵状披针形，长1.5~2.5 cm，宽6~12 mm，先端钝，具小刺尖，基部渐狭，全缘或具少数刺状细锯齿，两面网脉明显，无毛；叶柄长2~5 mm。总状花序长2~3 cm，具花15~25朵，密集，总花梗长约1 cm，花梗长2~4 mm。花期5—6月，果期8—9月。

生活习性：生于海拔2 000~2 200 m 的山坡灌丛中、石质山坡、岩石上或林下及山谷河滩地。播种繁殖。

分布：野生资源分布于宁夏贺兰山、南华山、罗山、西吉县、沙坡头区、海原县等地。分布于我国甘肃、宁夏、青海、内蒙古等省（区）。

保护利用现状：部分野生资源得到保护，未开发利用。

开发利用前景：园林绿化树种。

鄂尔多斯小檗 *Berberis caroli*

小檗科 Berberidaceae　小檗属 *Berberis*

形态特征： 灌木，高1 m。幼枝黄褐色或带红色，具明显的纵条棱，老枝灰褐色，被黑色疣点；刺单一或3分叉，长约1 cm，与枝同色。叶质厚，倒卵形或倒卵状长椭圆形，长1~2 cm，宽0.5~1 cm，先端圆，具小尖头，基部渐狭，边缘疏生刺状细锯齿或全缘，表面深绿色，背面黄绿色，两面网脉明显，无毛；近无柄。短总状花序，长1~2.5 cm，具花10~15朵。花期5—6月，果期8—9月。

生活习性： 喜光，喜砂质壤土，耐干旱、瘠薄。播种繁殖。

分布： 野生资源分布于宁夏贺兰山、罗山和同心县。分布于我国宁夏及内蒙古呼和浩特市、包头市、阿拉善盟等地。

保护利用现状： 部分野生资源得到保护，未开发利用。

开发利用前景： 园林绿化树种。

甘肃小檗 *Berberis kansuensis*

小檗科 Berberidaceae　小檗属 *Berberis*

形态特征： 灌木，高2 m。幼枝紫红色，老枝暗褐色；刺单一或3分叉，长1~3 cm，较粗壮，棕褐色，背面具沟槽。叶椭圆形、矩圆状椭圆形或卵状椭圆形，长2~7 cm（包括叶柄），宽1~3 cm，先端圆或急尖，具小尖头，基部渐狭成柄，边缘具前伸的纤毛状细密锯齿，网脉明显，两面无毛；叶柄长0.3~1.5 mm。总状花序长达8 cm，具20~30朵花；花淡黄色，径约7 mm。花期6月，果期7—8月。

生活习性： 耐寒，耐旱，耐瘠薄，生于海拔2 000~2 500 m的沟底林缘或山坡灌丛中。播种、扦插、压条繁殖。

分布： 野生资源分布于宁夏六盘山和原州区。分布于我国陕西、甘肃、宁夏、青海、四川等省（区）。

保护利用现状： 部分野生资源得到保护，未开发利用。

开发利用前景： 绿化树种，根皮和茎皮可入药。

首阳小檗 *Berberis dielsiana*

小檗科 Berberidaceae　小檗属 *Berberis*

形态特征：灌木，高1 m。小枝细瘦，具纵条棱，棕黄色；刺细瘦，单一或3分叉，长0.8~1.2 cm，背面无沟槽，与枝同色。叶狭长椭圆形、长椭圆形、倒卵状长椭圆形或倒卵状披针形，长1.5~5.5 cm，宽0.5~2 cm，先端急尖或钝圆，基部渐狭成短柄，边缘密生纤毛状细锯齿，表面灰绿色，背面网脉明显，两面无毛；叶柄长约1 cm。短总状花序，长约2 cm，具花5~10朵。花期4—5月，果期7—8月。

生活习性：生于海拔600~2 300 m的山坡、山谷灌丛、山沟溪旁或林中。

分布：野生资源分布于宁夏六盘山和隆德县。分布于我国陕西、河南、河北、甘肃、山西、山东、湖北、宁夏等省（区）。

保护利用现状：部分野生资源得到保护，未开发利用。

开发利用前景：绿化树种，根皮和茎皮可入药。

直穗小檗 *Berberis dasystachya*

小檗科 Berberidaceae　小檗属 *Berberis*

直穗小檗也称密穗小檗。

形态特征：灌木，高4 m。幼枝暗棕色，老枝黑褐色；刺单一，长10~12 mm。叶宽卵形至近圆形，长2~6 cm，宽1.5~4 cm，先端圆或微凹，基部突狭成柄，边缘具疏锯齿，上面绿色，下面灰绿色，两面无毛；叶柄长1~2 cm。总状花序直立或斜升，长4~8 cm，具花20~50朵。花期4—6月，果期6—9月。

生活习性：生于海拔2 200 m左右的向阳山地灌丛中、山谷溪旁、林缘、林下、草丛中。

分布：野生资源分布于宁夏六盘山。泾源县、西吉县、金凤区等地有栽培。分布于我国湖北、河南、陕西、甘肃、青海、宁夏等省（区）。

保护利用现状：部分野生资源得到保护，零星开发利用。

开发利用前景：根皮和树皮含小檗碱，供药用。

黄芦木 *Berberis amurensis*　小檗科 Berberidaceae　小檗属 *Berberis*

黄芦木又称阿穆尔小檗。

形态特征：灌木，高1.5~3 m。枝灰褐色，具纵条棱；刺单一或3分叉，粗壮，长1~4 cm，与枝同色。叶倒卵形、倒卵状椭圆形或椭圆形，长2~8 cm，宽1~4 cm，先端急尖或钝，基部下延成柄，边缘具前伸的纤毛状细密锯齿，表面深绿色，背面灰绿色，背面网脉较明显，两面无毛；叶柄长0.5~1.5 cm。总状花序下垂，长7 cm，具花40~50朵；总花梗长1~1.5 cm，花梗长1~5 cm。花期5月，果期7—8月。

生活习性：生于海拔1 100~2 850 m 的山地灌丛中、沟谷、林缘、疏林中、溪旁或岩石旁。

分布：野生资源分布于宁夏六盘山、南华山、西吉县、原州区、隆德县、泾源县等地，西夏区、原州区有少量栽培。分布于我国东北、华北、山东、陕西、甘肃、宁夏等地。

保护利用现状：部分野生资源得到保护，宁夏零星开发利用。

开发利用前景：根皮和树皮供药用。

短柄小檗 *Berberis brachypoda*　小檗科 Berberidaceae　小檗属 *Berberis*

形态特征：灌木，高1~2 m。枝灰黄色，具纵条棱，散生黑色疣点；刺3分叉，粗壮，长1~2.5 cm，黄绿色或与枝同色，背面具沟槽。叶质厚，长椭圆形或椭圆状披针形，长3~7 cm，宽1~2.5 cm，先端急尖或钝，基部下延成短柄，边缘具刺状密钢齿，明显反卷，表面绿色，叶脉凹下、明显褶皱，被短柔毛，背面灰绿色，沿脉密生长禾毛；叶柄长0.5~1.5 cm。总状花序长57 cm，弯曲或下垂，具花20~40朵，密集；总花梗长2~4 cm，花梗长约2 mm。花期6—7月，果期7—9月。

生活习性：生于海拔2 000 m 左右的山坡灌木林中。播种、扦插繁殖。

分布：野生资源分布于宁夏六盘山、南华山、西吉县、泾源县、海原县等地，西夏区有少量引种栽培。分布于我国湖北、山西、陕西、甘肃、宁夏、青海、四川等省（区）。

保护利用现状：部分野生资源得到保护，宁夏零星开发利用。

开发利用前景：根皮和树皮供药用。

紫叶小檗 *Berberis thunbergii* var. *atropurpurea*

小檗科 Berberidaceae　小檗属 *Berberis*

形态特征：灌木。幼枝淡红色带绿色，无毛，老枝暗红色，具条棱。叶菱状卵形，先端钝，基部下延成短柄，全缘，表面黄绿色，背面带灰白色，具细乳突，两面均无毛。花2~5朵组成具短总梗并近簇生的伞形花序，或无总梗而呈簇生状，花瓣长圆状倒卵形。浆果红色，椭圆形，含种子1~2粒。花期4—6月，果期7—10月。

生活习性：喜凉爽、湿润环境，适应性强，耐寒，耐旱，不耐水涝，喜光，也耐阴，萌蘖性强，耐修剪，对各种土壤都能适应，在肥沃、土层深厚、排水良好的土壤上生长更佳。播种繁殖。

分布：宁夏普遍栽培。产于我国浙江、安徽、江苏、河南、河北等省。

保护利用现状：用作绿篱。

开发利用前景：观叶、观果的优良园林绿化树种。

西伯利亚小檗 *Berberis sibirica*

小檗科 Berberidaceae　小檗属 *Berberis*

西伯利亚小檗又称刺叶小檗。

形态特征：灌木，高0.5~1 m。老枝暗灰色，无毛；茎刺3~5（7）分叉，细弱。叶纸质，倒卵形、倒披针形或倒卵状长圆形，长1~2.5 cm，宽5~8 mm，先端圆钝，具刺尖，基部楔形，表面深绿色，背面淡黄绿色，不被白粉，叶缘有时略呈波状，每边具4~7硬直刺状牙齿。花单生，花瓣倒卵形，长约4.5 mm，宽约2.5 mm。浆果倒卵形，红色，不被白粉。花期5—7月，果期8—9月。

生活习性：生于海拔1 450~3 000 m的高山碎石坡、陡峭山坡、荒漠、林下。播种繁殖。

分布：野生资源分布于宁夏贺兰山、原州区和盐池县。产于我国内蒙古、东北、新疆、河北、山西、宁夏。

保护利用现状：部分野生资源得到保护，未开发利用。

开发利用前景：根皮和茎皮入药。

鲜黄小檗 *Berberis diaphana*

小檗科 Berberidaceae　小檗属 *Berberis*

鲜黄小檗又称黄花刺、三颗针。

形态特征：灌木，高1~3 m。幼枝绿色，老枝灰色，具条棱和疣点；茎刺3分叉，粗壮，长1~2 cm，淡黄色。叶坚纸质，长圆形或倒卵状长圆形，长1.5~4 cm，宽5~16 mm，先端微钝，基部楔形，边缘具2~12刺齿，偶全缘，表面暗绿色，侧脉和网脉突起，背面淡绿色，有时微被白粉；具短柄。花2~5朵簇生，偶单生，黄色；花梗长12~22 mm。浆果红色，卵状长圆形。花期5—6月，果期7—9月。

生活习性：生于海拔1 620~3 600 m 的灌丛、草甸、林缘、坡地或云杉林中。播种繁殖。

分布：野生资源分布于宁夏六盘山和西吉县。分布于我国陕西、甘肃、青海、宁夏等省（区）。

保护利用现状：部分野生资源得到保护，未开发利用。

开发利用前景：观叶、观果的优良园林绿化树种。

木姜子 *Litsea pungens*

樟科 Lauraceae　木姜子属 *Litsea*

木姜子又称山胡椒、滑叶树、山姜子。

形态特征：灌木，高达3 m。树皮平滑，具黑斑。枝条黄褐色，具黑色疣点。单叶互生或在短枝上簇生，倒卵形、倒卵状椭圆形或椭圆形，长5~10 cm，宽3~5 cm，先端渐尖，基部楔形，全缘，表面绿色，无毛，背面淡绿色，脉腋具簇毛；叶柄长0.6~2 cm，无毛。伞形花序，总花梗长约6 mm，具花3~6朵；花梗长约1 cm，疏被白色长柔毛。果实球形或椭圆形，长约8 mm，黑色。花期3—4月，果期8—9月。

生活习性：喜湿润气候，喜光，生于海拔500~3 200 m 的向阳山地、灌丛、疏林或林中路旁、水边，适生于土层深厚、排水良好的酸性红壤土、黄壤土以及山地棕壤土，在光照不足的条件下生长发育不良，在低洼积水处则不宜栽种。

分布：野生资源分布于宁夏六盘山和泾源县。分布于我国西南及陕西、甘肃、青海、宁夏、河南、山东、湖北、浙江、广东、广西等省（区）。

保护利用现状：部分野生资源得到保护，未开发利用。

开发利用前景：根、茎、叶和果实均可入药。

双刺茶藨子 *Ribes diacanthum*

虎耳草科 Saxifragaceae　茶藨子属 *Ribes*

双刺茶藨子又称二刺茶藨子。

形态特征：灌木，高1~2 m。小枝淡褐色，无毛，老枝灰褐色，稍剥裂，节上有1对刺，刺长约4 mm。叶卵圆形至倒卵形，长2~3.5 mm，宽1.5~3 mm，3浅裂，稍钝，基部宽楔形，有时近圆形，边缘具粗齿，被短毛，背面沿脉有疏柔毛或无毛；叶柄长约1 cm，疏被腺毛。花单性，雌雄异株，总状花序直立。花期6月，果期8月。

生活习性：喜光，耐寒，耐瘠薄，生长于海拔1 500 m 的沙丘、沙质草原及河岸边，在沙滩地最常见。

分布：野生资源分布于宁夏六盘山、罗山、贺兰山、沙坡头区等地。分布于我国东北及内蒙古、宁夏等省（区）。

保护利用现状：部分野生资源得到保护，未开发利用。

开发利用前景：果实可食用，种子含油脂，观赏植物。

美丽茶藨子 *Ribes pulchellum*

虎耳草科 Saxifragaceae　茶藨子属 *Ribes*

形态特征：灌木，高1~2 m。小枝褐色，被短柔毛；老枝灰褐色，稍剥裂，节上有1对刺，刺长约6 mm。叶近圆形或宽卵形，3深裂，裂片先端尖，基部圆形、截形或微心形，边缘具锯齿，表面被贴伏粗毛和柔毛，背面脉腋有簇毛；叶柄长约1 cm，被腺毛。花单性，雌雄异株，总状花序生于短枝上。花期6月，果期8月。

生活习性：生长于海拔300~2 800 m 的石砾山坡、沟谷、黄土丘陵或阳坡灌丛中。喜光，也耐阴，耐寒力强，有一定耐旱能力，耐瘠薄，忌涝。

分布：野生资源分布于宁夏贺兰山、罗山和西吉县等地。分布于我国青海、内蒙古、宁夏、甘肃、山西、河北等省（区）。

保护利用现状：部分野生资源得到保护，未开发利用。

开发利用前景：观赏植物，果实可食用。

冰川茶藨子 *Ribes glaciale*

虎耳草科 Saxifragaceae　茶藨子属 *Ribes*

形态特征： 灌木，高2 m。小枝灰褐色，无毛。叶长卵形或近圆形，长2.5~3.5 cm，宽2~3.5 cm，3裂，中裂片较长，先端渐尖，基部截形或微心形，边缘具不规则锯齿，表面疏被腺毛，背面无毛或脉上有极稀疏的刺毛；叶柄长1~1.5 cm，疏被腺毛。花单性，雌雄异株，花序总状；雄花序长1.5~4.5 cm，具腺毛。果实球形，无毛，径5~6 mm。花期5月，果期6—7月。

生活习性： 生于海拔900~3 000 m的山坡或山谷丛林及林缘或岩石上。播种、扦插繁殖。

分布： 野生资源分布于宁夏六盘山、西吉县等地，生于海拔2 100 m左右的山地灌丛中。分布于我国山西、陕西、甘肃、宁夏、四川、云南、西藏等省（区）。

保护利用现状： 部分野生资源得到保护，未开发利用。

开发利用前景： 叶、茎皮、果实可入药，果实可食用。

尖叶茶藨子 *Ribes maximowiczianum*

虎耳草科 Saxifragaceae　茶藨子属 *Ribes*

形态特征： 灌木，高2 m。小枝紫褐色，无毛，老枝灰褐色。叶宽卵圆形至近圆形，长2~3.5 cm，宽1.5~3 cm，通常3裂，中裂片较长，先端渐尖，基部心形或截形，边缘具钝圆浅锯齿，表面无毛或疏被粗伏毛，背面脉上疏被短粗毛；叶柄长0.5~1 cm，疏被腺毛。花单性，雌雄异株。浆果球形，无毛，径7~8 mm。花期6—7月，果期7—8月。

生活习性： 主要生长于海拔900~2 700 m的山坡或山谷林下及灌丛中。

分布： 野生资源分布于宁夏六盘山和泾源县，西吉县、泾源县、彭阳县有栽培。分布于我国吉林、辽宁、河北、陕西、山西、甘肃、宁夏等省（区）。

保护利用现状： 部分野生资源得到保护，宁夏少量用于园林绿化。

开发利用前景： 园林绿化树种。

糖茶藨子 ***Ribes himalense***

虎耳草科 Saxifragaceae　茶藨子属 *Ribes*

形态特征：灌木，高达2 m。幼枝紫褐色，无毛，老枝灰黑色。叶肾形，长4~6 cm。宽4.5~6.5 cm，通常5裂，裂片先端短渐尖，基部深心形，边缘具不规则重锯齿，表面被贴伏短腺毛，背面无毛或基部脉腋有柔毛，边缘具缘毛；叶柄长2~4 cm，被腺毛。总状花序长3~5 cm。浆果球形，无毛，径约4 mm。花期5—6月，果期6—7月。

生活习性：生长于海拔1 200~4 000 m 的山谷、河边灌丛及针叶林下和林缘。

分布：野生资源分布于宁夏贺兰山、六盘山、南华山、西吉县等地。分布于我国内蒙古、宁夏、陕西、青海、四川、湖北、云南及西藏等省（区）。

保护利用现状：部分野生资源得到保护，未开发利用。

开发利用前景：茎内皮和果实入药。

瘤糖茶藨子 ***Ribes himalense* var. *verruculosum***

虎耳草科 Saxifragaceae　茶藨子属 *Ribes*

形态特征：与糖茶藨子的区别是叶背脉上及叶柄上具骨质瘤状物。

生活习性：生长于海拔1 200~4 000 m 的山谷、河边灌丛及针叶林下和林缘。

分布：野生资源分布于宁夏六盘山、贺兰山、海原县、西吉县等地。

保护利用现状：未开发利用。

长果茶藨子 *Ribes stenocarpum*

虎耳草科 Saxifragaceae　茶藨子属 *Ribes*

形态特征：灌木，高1.5 m。枝有刺，3分叉，长达2 cm。小枝棕褐色，密生短毛，老枝黑褐色，剥落，有时节间密生细刺。叶片近圆形，长宽均1.5~2 cm，5裂，裂片先端圆钝，基部浅心形，稀截形，边缘具圆钝锯齿，表面被粗毛，背面被乳头状突起及腺毛，边缘具长毛和腺毛；叶柄长1~2 cm，密被柔毛及伏毛。花1~2朵生于叶腋。花期6月，果期7—8月。

生活习性：生于海拔1 900~2 200 m 的阴坡灌丛及山谷溪旁。

分布：野生资源分布于宁夏六盘山、贺兰山、罗山、南华山、隆德县、泾源县等地。分布于我国甘肃、青海、宁夏等省（区）。

保护利用现状：部分野生资源得到保护，未开发利用。

开发利用前景：果实有药用价值。

香茶藨子 *Ribes odoratum*

虎耳草科 Saxifragaceae　茶藨子属 *Ribes*

形态特征：灌木，高1~2 m。小枝圆柱形，灰褐色，枝皮稍条状纵裂或不剥裂，嫩枝灰褐色或灰棕色，具短柔毛，老时毛脱落。叶圆肾形至倒卵圆形，长2~5 cm，宽几与长相等，掌状3~5深裂，裂片形状不规则，先端稍钝。花两性，芳香；总状花序长2~5 cm，常下垂，具花5~10朵。果实球形或宽椭圆形，长8~10 mm，宽几与长相等，成熟时黑色，无毛。花期5月，果期7—8月。

生活习性：喜光，较耐阴，怕湿热，喜湿润土壤，有一定耐旱能力，不耐积水，喜肥，较耐瘠薄，对土壤要求不严，耐盐碱。压条、分株繁殖。

分布：宁夏彭阳县有栽培。分布于我国辽宁、黑龙江、北京等地。

保护利用现状：宁夏少量引种栽培。

开发利用前景：花果兼赏的灌木，盐碱地优良庭院绿化树种。

大刺茶藨子 *Ribes alpestre* var. *gigantem*

虎耳草科 Saxifragaceae　茶藨子属 *Ribes*

形态特征：灌木，高1~3 m。老枝灰黑色，无毛，枝皮呈条状或片状剥落，小枝灰黑色至灰棕色，幼时被细柔毛，在叶下部的节上着生3粗壮的刺，刺长1~2 cm。叶宽卵圆形，长1.5~3 cm，宽2~4 cm，基部近截形至心脏形，两面被细柔毛，3~5裂。果实近球形或椭圆形，长12~15 mm，直径10~12 mm，紫红色，无柔毛，具腺毛，味酸。花期4—6月，果期6—9月。

生活习性：生于林下及河岸灌丛中。

分布：野生资源分布于宁夏六盘山。分布于我国四川、云南、西藏、宁夏等省（区）。

保护利用现状：野生资源得到保护，未开发利用。

开发利用前景：观赏灌木，果实入药或制作果茶。

华蔓茶藨子 *Ribes fasciculatum* var. *chinense*

虎耳草科 Saxifragaceae　茶藨子属 *Ribes*

形态特征：灌木，高达1.5 m。小枝灰褐色，枝皮稍剥裂，嫩枝开展，无毛或疏生柔毛，老时脱落，无刺。叶近圆形，基部截形至浅心形，两面无毛或疏生柔毛，叶缘掌状3~5裂，裂片宽卵圆形。花簇生，单性，雌雄异株，雄花4~9朵，雌花2~4朵，生于叶腋，花黄绿色，花瓣极小，花丝极短。果实近球形，直径7~10 mm，红褐色，无毛，味欠佳。花期4—5月，果期8—9月。

生活习性：生长于海拔700~1 300 m 的山坡林下、林缘或石质坡地。

分布：野生资源分布于宁夏六盘山。分布于我国陕西、甘肃、宁夏、山东、江苏、安徽、浙江、江西、河南、湖北等省（区）。

保护利用现状：野生资源得到保护，未开发利用。

开发利用前景：观果植物，果实可鲜食。

三裂茶藨子 *Ribes moupinense* var. *tripartitum*

虎耳草科 Saxifragaceae　茶藨子属 *Ribes*

我国特有树种。宝兴茶藨子的变种。

形态特征：本变种与原变种的区别在于，叶基部深心形，边缘3深裂，裂片狭长，狭卵状披针形或狭三角状长卵圆形，顶生裂片与侧生裂片近等长，先端长渐尖。

生活习性：生于海拔1 500~2 900 m的岩石坡地、山谷针叶林下、杂木林缘或灌丛中。

分布：野生资源分布于宁夏六盘山。产于我国甘肃、宁夏、湖北、四川、云南等省（区）。

保护利用现状：野生资源得到保护，未开发利用。

开发利用前景：观果植物，果实可鲜食。

宁夏六盘山还分布有宝兴茶藨子（*Ribes moupinense*）野生种。

挂苦绣球 *Hydrangea xanthoneura*

虎耳草科 Saxifragaceae　绣球属 *Hydrangea*

挂苦绣球又称黄脉八仙花。

形态特征：灌木，稀小乔木，高约2 m。枝粗壮，疏被毛，老枝褐色，无毛。叶倒卵状长圆形、椭圆形至长椭圆形，长8~18 cm，宽3~10 cm，先端急尖，基部宽楔形或近圆形，边缘具锐锯齿，表面近无毛，背面沿脉被短柔毛，脉腋有簇毛；叶柄长15~4 cm，无毛。大型伞房状聚伞花序顶生。蒴果果近卵形，长约3 mm。

生活习性：生于海拔2 000~2 300 m的山坡杂木林中、林缘或山谷灌丛中。播种、扦插繁殖。

分布：野生资源分布于宁夏六盘山、泾源县和隆德县等地，西吉县有栽培。分布于我国河南、湖北、陕西、甘肃、宁夏、四川、云南等省（区）。

保护利用现状：部分野生资源得到保护，少量栽培利用。

开发利用前景：园林绿化、观花树种。

绢毛山梅花 *Philadelphus sericanthus*

虎耳草科 Saxifragaceae　山梅花属 *Philadelphus*

绢毛山梅花又称建德山梅花。

形态特征：灌木，高1.5~2 m。1年生枝棕色，无毛，老枝黑褐色，环状剥落。叶对生，叶片长椭圆形、卵形或卵状披针形，长3.5~9 cm，宽1~4 cm，先端渐尖或长渐尖，基部楔形或圆形，全缘或具疏锯齿，表面疏被伏毛，背面无毛或基部脉腋有簇毛，边缘具缘毛；叶柄长0.5~1 cm，疏被毛。总状花序顶生，花序轴无毛；花梗长约1 cm，疏被毛。花期6月，果期7—8月。

生活习性：生于海拔2 000~2 300 m的山坡灌丛中。

分布：野生资源分布于宁夏六盘山、西吉县、泾源县等地，西吉县有少量栽培。分布于我国浙江、江西、湖北、四川、贵州、云南、宁夏等省（区）。

保护利用现状：部分野生资源得到保护，宁夏少量栽培利用。

开发利用前景：园林绿化、观花树种。

太平花 *Philadelphus pekinensis*

虎耳草科 Saxifragaceae　山梅花属 *Philadelphus*

形态特征：灌木，高1~2 m。幼枝棕色，无毛，老枝灰色，枝皮片状剥落。叶对生，叶片卵形、矩圆状卵形或卵状披针形，长1.5~7 cm，宽1.3~4 cm，先端渐尖，基部宽楔形或圆形，边缘疏具细锯齿，表面无毛，背面脉上疏具柔毛，基部脉腋有簇毛，边缘疏具毛；叶柄长0.5~1 cm，疏被长柔毛。总状花序顶生，花序轴及花梗均无毛。花期6月，果期7—8月。

生活习性：喜光，稍耐阴，较耐寒，耐旱，忌水湿。播种、扦插、分株繁殖。

分布：野生资源分布于六盘山、南华山、隆德县、泾源县等地，生长于海拔1 500 m以下的山坡、林地、沟谷或溪边向阳处。分布于我国内蒙古、辽宁、河北、河南、山西、陕西、湖北、宁夏等省（区）。

保护利用现状：部分野生资源得到保护，未开发利用。

开发利用前景：优良的观赏树种。

毛萼山梅花 *Philadelphus dasycalyx*

虎耳草科 Saxifragaceae　山梅花属 *Philadelphus*

形态特征：灌木，高1~2 m。1年生枝浅褐色至褐色，2年生枝灰褐色。叶卵形或卵状椭圆形，长3~8 cm，宽1.5~5 cm，先端急尖或短渐尖，基部宽楔形或圆形，边缘具锯齿，花枝上的叶无毛或有时上面疏被糙伏毛，下面无毛；叶柄长5~10 mm。总状花序具花5~6朵，花序轴疏被长柔毛或无毛，花梗密被长柔毛。蒴果倒卵形，长约6 mm。花期5—6月，果期7—9月。

生活习性：生于山坡灌丛、林缘或山地路边。

分布：野生资源分布于宁夏六盘山。

保护利用现状：野生资源得到保护，未开发利用。

开发利用前景：优良的观赏树种。

甘肃山梅花 *Philadelphus kansuensis*

虎耳草科 Saxifragaceae　山梅花属 *Philadelphus*

形态特征：灌木，高2~7 m。2年生小枝灰棕色，表皮片状脱落，当年生小枝暗紫色，疏被微柔毛或无毛。叶卵形或卵状椭圆形，长5~10 cm，宽3~6.5 cm，花枝上的叶较小，长3~5 cm，宽1~2 cm，先端渐尖，稀急尖，基部圆形或阔楔形，边缘近全缘或具疏齿，两面均无毛或上面被糙伏毛，下面仅叶脉被长柔毛；叶柄长2~8 mm。总状花序有花5~7朵；花序轴长2~8 cm，紫红色，疏被糙伏毛；花梗长4~8 mm。蒴果倒卵形，长6~8 mm，直径4~5 mm。花期6—7月，果期10—11月。

生活习性：生长于海拔2 400~3 500 m的灌丛中。

分布：野生资源分布于宁夏六盘山和原州区。分布于我国甘肃和宁夏。

保护利用现状：部分野生资源得到保护，未开发利用。

开发利用前景：观赏树种，也可盆栽。

大花溲疏 *Deutzia grandiflora*　虎耳草科 Saxifragaceae　溲疏属 *Deutzia*

形态特征：灌木，高约2 m。树皮常灰褐色。小枝淡灰褐色。叶卵形至卵状椭圆形，长2~5 cm，顶端渐尖，基部圆形，具不整齐细密锯齿。表面稍粗糙，疏被星状毛，辐射枝3~6，背面密被灰白色星状毛，辐射枝6~9；叶柄长2~3 mm。花1~3朵，生于侧枝顶端，白色，直径2.5~3.7 cm；花萼被星状毛；花瓣在花蕾期镊合状排列。蒴果半球形，径4~5 mm，花柱宿存。花期4—5月，果期6—7月。

生活习性：喜光，稍耐阴，耐寒，耐旱，对土壤要求不严。

分布：宁夏西吉县有栽培。

保护利用现状：宁夏有零星引种栽培。

开发利用前景：园林观赏树种，可植于草坪、路边及山坡，也可用作花篱或岩石园种植材料。

中华绣线梅 *Neillia sinensis*　蔷薇科 Rosaceae　绣线梅属 *Neillia*

中华绣线梅又称华南梨。

形态特征：灌木，高1~2 m。树皮灰褐色，片状剥落。小枝细长，紫褐色，幼时疏被柔毛或无毛。叶片卵形或狭卵形，长4~7 cm，宽2~3.5 cm，先端长渐尖或尾尖，基部截形或微心形，边缘具不规则浅裂，裂片边缘具重锯齿，上面绿色，无毛或近无毛；叶柄细，长8~12 mm，无毛或疏被柔毛；托叶长椭圆形，长5~8 mm，全缘。总状花序顶生，具花7~15朵；花梗长3~7 mm，雄蕊20，着生于萼筒边缘及内壁上。蓇葖果长椭圆形，宿存萼筒被长腺毛。花期6—8月，果期8—9月。

生活习性：喜光，耐干旱、瘠薄，适应性强，萌蘖力强，耐修剪。播种、扦插繁殖。

分布：野生资源分布于宁夏六盘山、罗山、泾源县等地，多生于山坡灌丛中，西吉县有栽培。分布于我国河南、陕西、甘肃、宁夏、湖北、湖南、江西、广东、广西、四川、贵州等省（区）。

保护利用现状：部分野生资源得到保护，宁夏零星栽培利用。

开发利用前景：优良园林绿化、美化树种。

毛叶绣线梅 *Neillia ribesioides* 蔷薇科 Rosaceae 绣线梅属 *Neillia*

形态特征：灌木，高1~2 m。树皮灰褐色，片状剥落。小枝暗紫褐色，密被短柔毛。叶卵形或狭卵形，长4~7 cm，宽3~4 cm，先端长渐尖或尾尖，基部圆形、宽楔形或近心形，边缘具不规则的羽状浅裂，基部2裂片通常较长，边缘具重锯齿；叶柄长约8 mm，密被短柔毛，混生有腺毛；托叶长椭圆形，长约7 mm，边缘被柔毛。总状花序顶生，长4~8 cm，疏被长柔毛，具花10~20朵；雄蕊20。蓇葖果椭圆形，宿存萼筒疏被腺毛及长柔毛。花期5—6月，果期8—9月。

本种与中华绣线梅相似，唯本种小枝、叶柄和叶片下面都具有密毛，叶缘分裂较深，花梗、萼筒较短，易区别。

生活习性：喜光，耐旱，耐瘠薄，适应性强。扦插繁殖。

分布：野生资源分布于宁夏六盘山和罗山，多生于山坡灌丛中。分布于我国陕西、甘肃、宁夏、四川、湖北及云南等省（区）。

保护利用现状：野生资源得到保护，未开发利用。

开发利用前景：园林绿化树种。

乌拉绣线菊 *Spiraea uratensis* 蔷薇科 Rosaceae 绣线菊属 *Spiraea*

形态特征：灌木，高1.5 m。小枝圆柱形或稍有棱角，灰黄色或带紫红色，无毛或幼时被短柔毛，老枝灰褐色；冬芽长卵形，先端长渐尖，无毛，具2外露鳞片。叶长椭圆形或倒卵状长椭圆形，长0.6~1 cm，宽3~8 mm，先端圆钝，基部楔形，全缘，两面无毛；叶柄长1~3 mm，无毛。复伞房花序着生于侧生小枝顶端，无毛；花梗长4~7 mm，无毛；雄蕊约20，与花瓣等长或稍长。子房无毛，未见果实。花期6月。

生活习性：耐寒，耐旱，耐瘠薄。播种、扦插繁殖。

分布：野生资源分布于宁夏贺兰山，多生于向阳山坡灌丛中。分布于我国内蒙古、宁夏、甘肃、陕西等省（区）。

保护利用现状：野生资源得到保护，未开发利用。

开发利用前景：园林绿化树种。

南川绣线菊 *Spiraea rosthornii*

蔷薇科 Rosaceae　绣线菊属 *Spiraea*

南川绣线菊又称罗氏绣线菊。

形态特征：灌木，高2 m。小枝开展，稍具棱角，黄褐色，疏被短柔毛，老枝灰褐色；冬芽长卵形，先端渐尖，无毛，与叶柄等长或稍短，具2外露鳞片。叶长椭圆形至卵状披针形，长3.5~5 cm，宽1.2~1.8 cm，先端渐尖，基部楔形，边缘具缺刻状重锯齿和单锯齿，表面疏被平贴柔毛，背面被柔毛，沿叶脉较密；叶柄长3~5 mm，被柔毛。复伞房花序着生于侧枝顶端，密被短柔毛，花瓣卵圆形至近圆形，长2~3 mm；雄蕊20，子房被柔毛。花期5—7月，果期7—8月。

生活习性：耐寒，耐旱，耐瘠薄。播种、扦插繁殖。

分布：野生资源分布于宁夏六盘山、西吉县、隆德县、泾源县等地，多生于沟底林缘及杂木林中。分布于我国河南、陕西、甘肃、宁夏、青海、四川及云南等省（区）。

保护利用现状：野生资源得到保护，未开发利用。

开发利用前景：园林绿化树种，亦可用作绿篱等。

蒙古绣线菊 *Spiraea mongolica*

蔷薇科 Rosaceae　绣线菊属 *Spiraea*

形态特征：灌木，高2.5 m。小枝细，有棱角，红褐色或黄褐色，无毛，老枝暗褐色；冬芽长卵形，先端长渐尖，较叶柄稍长，无毛，具2外露鳞片。叶片长椭圆形或卵状长椭圆形，长1~2 cm，宽5~8 mm，先端圆钝，具小尖头，基部楔形，两面无毛，全缘；叶柄长约2 mm，无毛。伞形总状花序着生于侧枝顶端，花序具总梗，无毛，花梗长5~15 mm。蓇葖果被柔毛。花期5—7月，果期7—9月。

生活习性：耐寒，耐旱，耐瘠薄，生长力很强。播种、扦插繁殖。

分布：野生资源分布于宁夏贺兰山、罗山、南华山、六盘山、西夏区、同心县、西吉县、隆德县、彭阳县、海原县、沙坡头区等地，多生于向阳山坡灌丛中。分布于我国华北及河南、陕西、甘肃、青海、宁夏、四川、西藏等地。

保护利用现状：部分野生资源得到保护，未开发利用。

开发利用前景：园林绿化树种，花可供药用。

毛枝蒙古绣线菊 *Spiraea mongolica* var. *tomentulosa*

蔷薇科 Rosaceae　绣线菊属 *Spiraea*

蒙古绣线菊毛枝变种。

形态特征：本变种与原变种蒙古绣线菊的区别在于小枝、叶柄及冬芽多少密被短茸毛。

生活习性：耐寒，耐旱，耐瘠薄，生长力很强。播种、扦插繁殖。

分布：野生资源分布于宁夏贺兰山和沙坡头区，生长于海拔1 500~1 700 m 的阳坡岩石上。产于我国内蒙古、甘肃、宁夏、新疆等省（区）。

保护利用现状：野生资源得到保护，未开发利用。

开发利用前景：园林绿化树种，花可供药用。

三裂绣线菊 *Spiraea trilobata*

蔷薇科 Rosaceae　绣线菊属 *Spiraea*

形态特征：灌木，高2 m。枝细，开展，褐色，无毛。芽小，卵形，具外露鳞片，无毛。叶片倒卵形、矩圆状椭圆形或近圆形，长1~4 cm，宽0.8~4.5 cm，先端钝，常3裂或具圆钝锯齿，基部圆形、楔形或近心形，两面无毛；叶柄长2~7 mm，无毛。伞形花序着生于侧生小枝的顶端，具花6~15朵；花梗细，长1~1.5 cm；花瓣白色，雄蕊18~20。蓇葖果无毛或微具短毛。花期5—6月，果期6—9月。

生活习性：耐寒，耐旱，耐瘠薄。播种、扦插繁殖。

分布：野生资源分布于宁夏贺兰山、罗山、六盘山、西吉县、原州区等地，生于山坡灌丛中，大武口有少量栽培。分布于我国东北、华北、陕西、甘肃、宁夏、新疆、河南、安徽等地。

保护利用现状：部分野生资源得到保护，宁夏零星栽培利用。

开发利用前景：叶含单宁，可提取栲胶，亦可庭院栽培供观赏。

绣球绣线菊 *Spiraea blumei*

蔷薇科 Rosaceae　绣线菊属 *Spiraea*

形态特征：灌木，高2~3 m。枝细，幼时棕褐色，老时灰黑褐色，无毛。叶倒卵形、宽倒卵形至菱状椭圆形，长1~2.5 cm，宽0.8~1.5 cm，先端钝，基部宽楔形或近圆形，边缘中部以上具缺刻状圆钝锯齿，或3~5浅裂，两面无毛；叶柄长2~5 mm，无毛。伞形花序着生于侧生小枝的顶端，具总花梗，具花20~50朵，花梗细，长0.8~1.2 cm，无毛；雄蕊约20，较花瓣短或近等长。蓇葖果无毛，花柱顶生于背部。花期5—6月，果期 7—8月。

生活习性：喜光，稍耐阴，耐寒，耐旱，耐盐碱，不耐涝，耐瘠薄，对土壤要求不严，但在土层深厚、富含腐殖质的土壤上生长良好。播种、扦插繁殖。

分布：野生资源分布于宁夏六盘山、原州区、隆德县、泾源县等地，生于海拔1 800~2 200 m的山坡灌丛或林缘，白芨滩、隆德县有栽培。分布于我国辽宁、河北、山东、山西、河南、安徽、江苏、湖北、陕西、甘肃、四川、广西、宁夏等省（区）。

保护利用现状：部分野生资源得到保护，宁夏少量用于城市绿化。

开发利用前景：园林绿化中优良的观花、观叶树种，根及果实可供药用。

小叶绣球绣线菊 *Spiraea blumei* var. *microphylla*

蔷薇科 Rosaceae　绣线菊属 *Spiraea*

绣球绣线菊小叶变种。

形态特征：本变种与正种绣球绣线菊的主要区别在于，叶片小，倒卵状矩圆形，长1~1.5 cm，宽0.4~0.6 m。

生活习性：稍耐阴，耐寒，耐旱，耐盐碱，不耐涝，耐瘠薄，对土壤要求不严，但在土层深厚、富含腐殖质的土壤上生长良好，分蘖性强，耐修剪，栽培容易，易管理。

分布：野生资源分布于宁夏六盘山、原州区、彭阳县等地，哈巴湖有栽培。分布于我国甘肃和宁夏。

保护利用现状：部分野生资源得到保护，未开发利用。

开发利用前景：园林绿化树种。

土庄绣线菊 *Spiraea pubescens* 蔷薇科 Rosaceae 绣线菊属 *Spiraea*

土庄绣线菊又称柔毛绣线菊、石蒡子。

形态特征：灌木，高2~3 m。幼枝淡褐色，密被短柔毛，老枝黑褐色，无毛。芽小，卵形，具外露鳞片，被柔毛。叶片菱状倒卵形至菱状椭圆形，先端急尖或圆钝，基部楔形，边缘中部以上或 1/3 以上具缺刻状牙齿，表面深绿色，无毛或被疏短毛，背面淡绿色，密被短柔毛，沿叶脉尤密；叶柄长1~3 mm，被柔毛。伞形花序着生于侧生小枝的顶端，具总花梗，具花 15~20朵，雄蕊25~30，与花瓣等长或稍长。蓇葖果开展，无毛，花柱顶生，宿存萼片直立。花期5—6月，果期7—9月。

生活习性：喜光，耐寒，喜水肥，对土壤要求不高，生长快，分枝力强。播种、分蘖、扦插繁殖。

分布：野生资源分布于六盘山、贺兰山、罗山、南华山、盐池县、同心县、海原县、西吉县、原州区、隆德县、泾源县等地，多生于海拔1 800~2 200 m 的山地灌丛、林缘及向阳山坡上，泾源县有栽培。分布于我国东北、华北、河南、山东、陕西、甘肃、宁夏、湖北等地。

保护利用现状：部分野生资源得到保护，宁夏少量用于城市绿化。

开发利用前景：园林绿化树种。

疏毛绣线菊 *Spiraea hirsuta* 蔷薇科 Rosaceae 绣线菊属 *Spiraea*

形态特征：灌木，高1~2 m。幼枝黄褐色，密被短柔毛，老枝暗褐色，无毛。芽小，卵形，具数枚鳞片。叶片倒卵形或椭圆形，稀狭卵形，长2~4 cm，宽1~2 cm，先端急尖或钝，基部楔形，边缘中部以上具粗锐锯齿，上面深绿色，无毛或被极稀的短柔毛，下面淡绿色，疏被柔毛，沿叶脉稍密。伞形花序着生于侧枝顶端，具花20~40朵，较紧密，花梗细，长1~1.8 cm，雄蕊约20，短于花瓣；花柱短于雄蕊。蓇葖果稍开展，被稀疏短柔毛。花期 5—6月，果期7—9月。该种与中华绣线菊很相似，唯后者叶片下面密被黄色茸毛，叶缘锯齿较密而尖锐，可以区别。

生活习性：耐寒，耐旱，耐瘠薄，生长力很强。播种、扦插繁殖。

分布：野生资源分布于宁夏六盘山、南华山、罗山、西吉县、隆德县、泾源县、海原县等地，多生于海拔1 800~2 200 m 的山坡灌丛中，隆德县、泾源县、彭阳县等地有栽培。分布于我国河北、河南、山西、陕西、甘肃、宁夏、湖北、湖南、江西、浙江、四川等省（区）。

保护利用现状：部分野生资源得到保护，宁夏少量用于城市绿化。

开发利用前景：园林绿化树种。

回折绣线菊 *Spiraea tomentulosa*

蔷薇科 Rosaceae　绣线菊属 *Spiraea*

形态特征：灌木，高2~2.5 m。幼枝黄褐色，疏被短柔毛或无毛；小枝暗红褐色，呈明显的“之”字形弯曲，疏被短柔毛。冬芽小，卵形，具数枚鳞片，密被短柔毛。叶片宽卵形、宽椭圆形、椭圆形至倒卵状椭圆形，长5~14 mm，宽3~8 mm，先端圆，基部楔形、宽楔形至近圆形，全缘，两面无毛；叶柄长1~2 mm，无毛。伞形总状花序生于侧枝顶端，具花8~15朵，花梗长5~8 mm，与总花梗均无毛；雄蕊约20，长约1.5 mm；花柱较雄蕊短。蓇葖果无毛或仅腹缝线上被短柔毛，宿存萼片直立。花期5—6月，果期6—7月。

生活习性：耐寒，耐旱，耐瘠薄。播种、扦插繁殖。

分布：野生资源分布于宁夏贺兰山，生于海拔1 700~2 000 m的山坡灌丛中。分布于我国内蒙古、宁夏等省（区）。

保护利用现状：野生资源得到保护，未开发利用。

开发利用前景：园林绿化树种。

耧斗菜叶绣线菊 *Spiraea aquilegifolia*

蔷薇科 Rosaceae　绣线菊属 *Spiraea*

形态特征：灌木，高40~80 cm。小枝多而细瘦，圆柱形，淡褐色，密被短柔毛。芽小，卵形，具数枚鳞片，被短柔毛。花枝上的叶通常为倒卵形或狭倒三角形，长5~12 mm，宽3~8 mm，先端3~5浅圆裂，基部楔形；不育枝上的叶通常为扇形，长8~15 mm，宽6~15 mm，先端3~5浅圆裂，基部楔形，上面绿色，无毛或疏生短柔毛，下面灰绿色，密被短柔毛；叶柄长2~5 mm，密被短柔毛。伞形花序无总梗，具花3~6 朵，花梗长5~7 mm；雄蕊 20。蓇葖果开展，上部及腹缝线被柔毛，宿存萼片直立。花期5—6月，果期7—8 月。

生活习性：耐寒，耐旱，耐瘠薄，生长力强。播种、扦插繁殖。

分布：野生资源分布于宁夏贺兰山、南华山、罗山、盐池县、西吉县、沙坡头区、海原县等地，生于石质山坡及干旱荒滩。分布于我国内蒙古、宁夏、黑龙江、陕西、山西、甘肃等省（区）。

保护利用现状：部分野生资源得到保护，未开发利用。

开发利用前景：园林绿化树种。

金丝桃叶绣线菊 *Spiraea hypericifolia*

蔷薇科 Rosaceae　绣线菊属 *Spiraea*

形态特征：灌木，高1~1.5 m。枝条直立，棕褐色，无毛。冬芽小，卵形，具数枚鳞片，无毛。叶片倒卵状椭圆形、倒卵状披针形至狭楔形，长5~12 mm，宽2~5 mm，先端圆钝，或先端具3圆钝齿，基部渐狭，两面无毛或背面疏被短柔毛；叶柄极短或无，无毛。伞形花序无总梗，具花7~11 朵，基部具小型倒卵状披针形叶；花瓣近圆形或倒卵形，长约2.5 mm，宽约2 mm，先端圆，基部具短爪，白色；雄蕊20，与花瓣几等长；花盘10裂；子房被柔毛或近无毛，花柱与雄蕊近等长或稍短。蓇葖果无毛，宿存萼片直立。花期5月，果期6—8月。

生活习性：喜光，稍耐阴，耐寒，耐旱，耐盐碱，不耐涝，耐瘠薄，对土壤要求不严。播种、扦插繁殖。

分布：野生资源分布于宁夏贺兰山及香山，生于向阳干旱山坡及灌丛中，金凤区有栽培。分布于我国黑龙江、山西、内蒙古、陕西、甘肃、宁夏、新疆等省（区）。

保护利用现状：部分野生资源得到保护，宁夏少量开发利用。

开发利用前景：园林绿化树种，亦可饲用。

麻叶绣线菊 *Spiraea cantoniensis*

蔷薇科 Rosaceae　绣线菊属 *Spiraea*

形态特征：灌木，高可达1.5 m。小枝细瘦，冬芽小，卵形。叶片菱状披针形至菱状长圆形，上面深绿色，下面灰蓝色，两面无毛，叶柄无毛。伞形花序具多数花朵；苞片线形，萼筒钟状，萼片三角形或卵状三角形，花瓣近圆形或倒卵形，白色；花盘由大小不等的近圆形裂片组成，子房近无毛。蓇葖果直立开张，花柱顶生。花期4—5月，果期7—9月。

生活习性：喜温暖和阳光充足的环境，稍耐寒，耐阴，较耐旱，忌湿涝，分蘖力强。播种、扦插繁殖。

分布：宁夏泾源县有引种栽培。分布于我国广东、广西、福建、浙江、江西。

保护利用现状：宁夏少量引种用于城市绿化。

开发利用前景：园林绿化树种，也可盆栽、做切花。药用价值高。

粉花绣线菊 *Spiraea japonica* 蔷薇科 Rosaceae 绣线菊属 *Spiraea*

形态特征： 灌木，高可达1.5 m。枝条开展，细长，圆柱形；冬芽卵形。叶片卵形至卵状椭圆形，上面暗绿色，下面色浅或有白霜，通常沿叶脉有短柔毛。复伞房花序，花朵密集，密被短柔毛；苞片披针形至线状披针形，萼筒钟状，萼片三角形；花瓣卵形至圆形，粉红色；花盘圆环形。蓇葖果半开张，花柱顶生。花期6—7月，果期8—9月。有时开花2次。

生活习性： 适应性强，耐寒，耐旱，耐瘠薄，抗病虫害，但不耐积水。分株、扦插、播种繁殖。

分布： 宁夏金凤区有少量栽培。产于我国。

保护利用现状： 宁夏少量用于城市绿化。

开发利用前景： 地被观花植物、花篱等。

宁夏利通区引种栽培有金叶粉花绣线菊（*Spiraea* × *bumalda* 'Gold mound'）。

宁夏贺兰山分布有石蚕叶绣线菊（*Spiraea chamaedryfolia*）野生种，宁夏六盘山分布有高山绣线菊（*Spiraea alpina*）野生种。

金山绣线菊 *Spiraea* × *bumalda* 'Gold Mound'

蔷薇科 Rosaceae 绣线菊属 *Spiraea*

形态特征： 灌木，植株较矮小，高仅25~35 cm，冠幅40~50 cm。枝叶紧密，树冠球形；枝细长而有棱角。冬芽小，有鳞片。单叶互生，菱状披针形，长1~3 cm，叶缘具深锯齿，叶面稍感粗糙；新生小叶金黄色，夏叶浅绿色，秋叶金黄色。花两性，伞房花序，花浅粉红色，花序直径4~8 cm。蓇荚果5，沿腹缝线开裂，内具数粒细小种子。种子长圆形，种皮膜质。花期6月中旬至8月上旬。

生活习性： 适应性强，对土壤要求不严，喜光，不耐阴，较耐旱，不耐水湿，抗高温，耐寒。扦插繁殖。

分布： 宁夏大武口区、西吉县、彭阳县等地有栽培。我国多地有分布。原产于北美洲，1995年引种到山东济南。

保护利用现状： 宁夏引种用于城市绿化。

开发利用前景： 地被观花植物。

金焰绣线菊 *Spiraea × bumalda* ‘Gold Flame’

蔷薇科 Rosaceae　绣线菊属 *Spiraea*

形态特征：小灌木，高60~110 cm，冠幅90~120 cm。老枝黑褐色，新枝黄褐色，枝条折线状，不通直，柔软。冬芽小，有鳞片。单叶互生，边缘具尖锐重锯齿，羽状脉。花两性，稀杂性；花序伞形、伞形总状、伞房状或圆锥状；萼筒钟状，萼片5；花瓣5，常圆形；雄蕊15~60，着生在花盘外缘；心皮5（3~8），离生。蓇葖果5，常沿腹缝线开裂。种子数粒、细小。

生活习性：萌蘖力强，较耐修剪，耐干燥，耐盐碱，喜中性及微碱性土壤，耐瘠薄。播种、扦插、分株等繁殖。

分布：宁夏金凤区和泾源县有引种栽培。我国各地均有种植。

保护利用现状：宁夏引种用于城市绿化。

开发利用前景：园林绿化树种。

华北珍珠梅 *Sorbaria kirilowii*

蔷薇科 Rosaceae　珍珠梅属 *Sorbaria*

形态特征：灌木，高达3 m。枝条开展，小枝圆柱形，稍弯曲，光滑无毛，幼时绿色，老时红褐色。冬芽卵形，先端急尖，无毛或近无毛，红褐色。羽状复叶，具小叶片13~21；小叶片对生，相距1.5~2 cm，披针形至长圆状披针形，长4~7 cm，宽1.5~2 cm，先端渐尖，稀尾尖，基部圆形至宽楔形，边缘有尖锐重锯齿。顶生大型密集的圆锥花序，花梗长3~4 mm；雄蕊20，与花瓣等长或稍短于花瓣，着生在花盘边缘；花柱稍短于雄蕊。蓇葖果长圆柱形，无毛，长约3 mm。花期6—7月，果期9—10月。

生活习性：喜光，稍耐阴，抗寒力强，较耐干旱、瘠薄，抗污染，抗逆性强。分蘖、扦插、播种繁殖。

分布：野生资源分布于宁夏六盘山、贺兰山、罗山、隆德县、泾源县、原州区等地，生于海拔1 500~2 200 m的山坡阳处、杂木林中，宁夏各地均有栽培。产于我国河北、河南、山东、山西、陕西、甘肃、青海、内蒙古、宁夏等省（区）。

保护利用现状：部分野生资源得到保护，宁夏广泛用于城市绿化。

开发利用前景：美化、净化环境的优良观花树种。

光叶珍珠梅 *Sorbaria arborea* var. *glabrata*

蔷薇科 Rosaceae　珍珠梅属 *Sorbaria*

形态特征：灌木，高3~4 m。幼枝黄绿色，无毛。羽状复叶，小叶9~17，卵状椭圆形至卵状披针形，先端渐尖或尾尖，基部圆形，边缘具不规则重锯齿，两面无毛。圆锥花序顶生，花序轴及花梗均无毛；萼筒浅钟状，裂片卵形或长圆形，无毛；花瓣近圆形，长3~4 mm，先端圆形；雄蕊长于花瓣；心皮5，无毛。蓇葖果圆柱形，直立，无毛，果梗弯曲，果实下垂。花期6—9月，果期9—10月。

生活习性：耐寒，耐半阴。分株、扦插繁殖。

分布：野生资源分布于宁夏六盘山和原州区，生于海拔1 900 m左右的山坡林缘、山谷沟边，原州区有栽培。分布于我国陕西、甘肃、宁夏、四川、云南等省（区）。

保护利用现状：部分野生资源得到保护，宁夏少量用于城市绿化。

开发利用前景：园林绿化树种。

匍匐栒子 *Cotoneaster adpressus*

蔷薇科 Rosaceae　栒子属 *Cotoneaster*

匍匐栒子又称匍匐灰栒子。

形态特征：灌木，茎平铺。具不规则分枝，枝细瘦，红褐色至暗褐色，幼时被伏毛，后渐脱落。叶片宽卵形或倒卵形，长5~15 mm，宽4~10 mm，先端圆钝或稍急尖，基部楔形，边缘全缘，呈波状，表面无毛，背面疏被柔毛或无毛；叶柄长1~2 mm，无毛。花1~2 朵，几无梗，直径7~8 mm，花瓣开花时直立，倒卵形，长约4.5 mm，长宽几相等，先端微凹或圆钝，粉红色；花柱 2，离生，子房顶端具短柔毛。梨果近球形，鲜红色，无毛，具2小核，稀3小核。花期5—6月，果期8—9月。

生活习性：喜光，稍耐阴，耐寒，耐干旱、瘠薄，不耐水湿。播种、扦插繁殖。

分布：野生资源分布于宁夏六盘山、罗山、原州区、西吉县、隆德县等地，生于山坡灌丛、林缘及石质山坡。分布于我国西南、湖北、陕西、甘肃、青海、宁夏等地。

保护利用现状：部分野生资源得到保护，未开发利用。

开发利用前景：园林观赏树种。

水栒子 *Cotoneaster multiflorus*

蔷薇科 Rosaceae　栒子属 *Cotoneaster*

水栒子又称多花荀子、多花灰栒子。

形态特征：灌木，高3 m。幼枝红褐色，具短柔毛，老枝暗灰褐色，无毛。叶片卵形、宽卵形至卵状椭圆形，长2~4.5 cm，宽1.5~2.5 cm，先端急尖或钝圆，基部宽楔形，上面绿色，叶脉稍凹陷，被稀疏柔毛或无毛，下面淡绿色，脉明显，幼时稍有柔毛；叶柄长3~8 mm，被柔毛。聚伞花序具花5~10 朵，总花梗与花梗无毛，花梗长约5 mm；花瓣开展，近圆形，长宽均约4 mm；雄蕊18，稍短于花瓣。果实红色，近球形或倒卵形，径约8 mm，具1小核。花期6月，果期7—8月。

生活习性：耐寒，喜光，稍耐阴，抗逆性强，耐干旱、瘠薄，耐修剪，不耐水淹。播种、扦插繁殖。

分布：野生资源分布于宁夏贺兰山、罗山、六盘山、南华山、同心县、原州区、西吉县、隆德县、泾源县、彭阳县、海原县等地，多生于林缘及灌木丛中，金凤区、西夏区、灵武市、平罗县、原州区、隆德县、西吉县、泾源县、彭阳县、海原县等地有栽培。分布于我国东北、华北、西北及西南各地。

保护利用现状：部分野生资源得到保护，宁夏广泛用于园林绿化。

开发利用前景：观花、观果树种，可作为观赏灌木或剪成绿篱，还可用作苹果品种矮化砧木，枝、叶及果实均可入药。

大果水栒子 *Cotoneaster multiflorus* var. *calocarpus*

蔷薇科 Rosaceae　栒子属 *Cotoneaster*

形态特征：与正种水栒子的主要区别在于叶片大而稍狭，长2.5~4.5 cm，宽1.5~2.5 cm。果实较大，径1~1.2 cm。

生活习性：产地、生境与水栒子相同。播种、扦插繁殖。

分布：野生资源分布于宁夏贺兰山、罗山、六盘山、南华山和原州区，原州区也有栽培。分布于我国陕西、甘肃、宁夏、四川等省（区）。

保护利用现状：部分野生资源得到保护，宁夏少量用于园林绿化。

开发利用前景：观赏灌木或剪成绿篱。

毛叶水栒子 *Cotoneaster submultiflorus*

蔷薇科 Rosaceae　栒子属 *Cotoneaster*

形态特征：灌木，高1.5~5 m。幼枝紫褐色，被短柔毛，老枝暗灰褐色，无毛。叶片菱状卵形或卵形，长2~4 cm，宽1.5~2.5 cm，先端圆钝或急尖，基部宽。上面无毛或被极稀的柔毛，下面被短柔毛，沿脉稍密；叶柄长3~8 mm，疏被短柔毛；托叶线状披针形，长约2 mm，紫红色，早落。聚伞花序具花3~8朵，花梗长3~6 mm，花梗及总花梗具长柔毛；花瓣开展，近圆形，长、宽3~4 mm；雄蕊20，短于花瓣。果实红色，球形，径约6 mm，具1小核。花期6月，果期6—7月。

生活习性：耐寒、耐旱。播种、扦插繁殖。

分布：野生资源分布于宁夏六盘山、贺兰山、罗山、西吉县、隆德县、泾源县等地，生于海拔2 000~2 200 m的林缘、河边、沟底及山坡灌丛中，隆德县、泾源县有栽培。分布于我国内蒙古、山西及西北各省（区）。

保护利用现状：部分野生资源得到保护，已驯化栽培。

开发利用前景：园林绿化树种。

准噶尔栒子 *Cotoneaster soongoricus*

蔷薇科 Rosaceae　栒子属 *Cotoneaster*

形态特征：灌木，高1~2 m。小枝暗褐色，幼时密被柔毛，后逐渐脱落。叶片卵形至椭圆形，长1~2 cm，宽0.8~1.5 cm，先端圆钝，具小突尖，基部圆形至宽楔形，老面绿色，无毛或具稀疏柔毛，叶脉稍下陷，背面灰绿色，密被白色茸毛；叶柄长2~5 mm，被白色茸毛。聚伞花序具花3~5朵，花梗长2~5 mm，花梗及总花梗均被茸毛，花瓣近圆形至宽卵形，长宽均约4 mm；雄蕊18，短于花瓣。果实卵形至椭圆形，红色，被稀疏柔毛，具1~2小核。花期6月，果期7月。

生活习性：耐寒，耐旱。播种、扦插繁殖。

分布：野生资源分布于宁夏贺兰山、罗山、南华山、原州区、西吉县、沙坡头区、海原县等地，多生于海拔2 000~2 300 m的干旱山坡及山谷林缘。分布于我国内蒙古、甘肃、宁夏、新疆、四川、西藏等省（区）。

保护利用现状：部分野生资源得到保护，未开发利用。

开发利用前景：观赏树种。

灰栒子 *Cotoneaster acutifolius*

蔷薇科 Rosaceae　栒子属 *Cotoneaster*

灰栒子又称北京栒子、河北栒子。

形态特征：灌木，高约2 m。幼枝红褐色，被黄色糙伏毛，老枝暗褐色，无毛。叶片椭圆形、卵状椭圆形或倒卵状椭圆形，长2~6.5 cm，宽1.5~3.5 cm，先端渐尖或急尖，基部宽楔形至近圆形，上面深绿色，叶脉稍下凹；叶柄长2~3 mm，被柔毛。聚伞花序具花2~7朵，总花梗与花梗均被柔毛，花梗长约3 mm，花瓣倒卵形，长约4 mm，宽约3 mm；雄蕊 17~20，比花瓣短。果实倒卵形，径约6 mm，黑色，具2小核。花期5月，果期6月。

生活习性：抗性强，耐寒，耐旱。播种、扦插繁殖。

分布：野生资源分布于宁夏六盘山、贺兰山、南华山、罗山、海原县、原州区、西吉县、隆德县、泾源县、彭阳县等地，多生于海拔2 200~2 400 m 的灌木丛中，隆德县、泾源县有驯化栽培。分布于我国华北、河南、湖北、陕西、甘肃、青海、宁夏、西藏等地。

保护利用现状：部分野生资源得到保护，已开发利用。

开发利用前景：观赏树种。

密毛灰栒子 *Cotoneaster acutifolius* var. *villosulus*

蔷薇科 Rosaceae　栒子属 *Cotoneaster*

形态特征：本种与正种灰栒子的区别在于叶片较大，下面密被长柔毛；花萼外面密被长柔毛；果实疏被短柔毛。

生活习性：生长于海拔1 000~2 200 m 的山坡和草坡丛林中。播种、扦插繁殖。

分布：野生资源分布于宁夏六盘山。产于我国河北、陕西、甘肃、宁夏、湖北、四川等省（区）。

保护利用现状：野生资源得到保护，未开发利用。

开发利用前景：观赏灌木。

黑果栒子 *Cotoneaster melanocarpus* 蔷薇科 Rosaceae 栒子属 *Cotoneaster*

黑果栒子又称黑果灰栒子。

形态特征：灌木，高1~2 m。幼枝褐色，被短柔毛，老枝略褐色，无毛。叶片卵状椭圆形至宽卵形，长2~4 cm，宽1~2.5 cm，先端圆钝或微凹，具小尖头，基部圆形，上面绿色，疏被长柔毛或老时无毛，下面灰绿色，密被白色茸毛；叶柄长3~5 mm，密被茸毛。聚伞花序具花3~15 朵，花梗长3~10 mm，总花梗及花梗均疏被柔毛；花瓣近圆形，雄蕊20。果实近球形或宽倒卵形，径约5 mm，黑色，具2小核。花期 6—7月，果期 7—9 月。

生活习性：喜光，稍耐阴，耐干旱、瘠薄，较耐寒，不耐湿涝。播种、扦插繁殖。

分布：野生资源分布于宁夏贺兰山、罗山、原州区等地，生于海拔2 200~3 000 m 的灌木丛中。分布于我国内蒙古、黑龙江、吉林、河北、甘肃、宁夏及新疆等省（区）。

保护利用现状：部分野生资源得到保护，未开发利用。

开发利用前景：庭院绿化树种。

全缘栒子 *Cotoneaster integerrimus* 蔷薇科 Rosaceae 栒子属 *Cotoneaster*

形态特征：灌木，高达2 m。小枝圆柱形，棕褐色，幼时密被灰白色茸毛，老枝暗褐色，无毛。叶片宽椭圆形或卵形，稀近圆形，长2~3.5 cm，宽1.5~3 cm，先端圆钝或微凹，基部圆形，上面绿色，无毛或微被柔毛，叶脉稍下凹，下面灰绿色，密被白色茸毛；叶柄长2~5 mm，密被茸毛；托叶卵状披针形，长约2 mm，褐色，被茸毛。聚伞花序具花2~8朵，花梗长3~5 mm，花梗及总花梗微具柔毛；雄蕊20，与花瓣近等长。果实红色，无毛，具2小核。花期6月，果期 7—8月。

生活习性：喜光，也稍耐阴，喜湿润环境，耐干旱、瘠薄，较耐寒，但不耐湿涝。播种、扦插繁殖。

分布：野生资源分布于宁夏贺兰山、罗山、原州区等地，生于海拔2 200~2 500 m 的向阳山坡及林缘灌丛中。分布于我国华东、华北及宁夏、新疆等地。

保护利用现状：部分野生资源得到保护，未开发利用。

开发利用前景：观赏灌木。

细弱栒子 *Cotoneaster gracilis* 蔷薇科 Rosaceae 栒子属 *Cotoneaster*

细弱栒子又称细弱灰栒子。

形态特征：灌木，高1~3 m。小枝细瘦，暗紫红色，幼时密被平铺柔毛，老枝暗褐色，无毛。叶片卵形至长卵形，长1.5~2.5 cm，宽0.8~1.5 cm，先端急尖或圆钝，具小尖头，基部圆形至宽楔形，上面绿色，叶脉稍下陷，疏被柔毛，下面淡绿色，被棕色柔毛，沿叶脉较密；叶柄长约2 mm，疏被柔毛。聚伞花序具花2~6朵，花梗长3~8 mm，总花梗及花梗均疏被柔毛；花瓣近圆形，径约3 mm，粉红色，直伸；雄蕊20，较花瓣短。果实红色，具2小核。花期6—7月。果期8—9月。

生活习性：喜光，也稍耐阴，喜湿润环境，耐干旱、瘠薄，较耐寒。播种、扦插繁殖。

分布：野生资源分布于宁夏六盘山、贺兰山、罗山、西吉县等地，生于山坡灌丛中。分布于我国陕西、甘肃、湖北、四川、宁夏等省（区）。

保护利用现状：部分野生资源得到保护，未开发利用。

开发利用前景：观赏灌木或剪成绿篱。

西北栒子 *Cotoneaster zabelii* 蔷薇科 Rosaceae 栒子属 *Cotoneaster*

西北栒子又称杂氏灰栒子、札氏栒子。

形态特征：灌木，高达2 m。小枝红褐色，幼时密被黄白色柔毛，老枝黑褐色，无毛。叶片椭圆形，稀卵形，长1~2 cm，宽0.8~1.5 cm，先端圆钝，稀微凹，基部圆形，上面绿色，稀具平铺长柔毛，下面灰白色，密被白色茸毛；叶柄长1~2 mm，被茸毛。聚伞花序具花3~7朵，花梗长2~4 mm，总花梗及花梗均被柔毛；花瓣近圆形，径约2.5 mm；雄蕊18，较花瓣短。果实鲜红色，具2小核。花期6月，果期7—8月。

生活习性：喜光，也稍耐阴，喜湿润环境，耐干旱、瘠薄，较耐寒。播种、扦插繁殖。

分布：野生资源分布于宁夏贺兰山、罗山、香山、六盘山、南华山、原州区、西吉县、隆德县、泾源县等地，多生于半阴坡灌丛中，泾源县有栽培。分布于我国河北、山西、山东、河南、陕西、甘肃、青海、宁夏、湖南、湖北等省（区）。

保护利用现状：部分野生资源得到保护，宁夏零星栽培利用。

开发利用前景：观赏灌木。

细枝栒子 *Cotoneaster tenuipes* 蔷薇科 Rosaceae 栒子属 *Cotoneaster*

细枝栒子又称细梗栒子。

形态特征：灌木，高1~2 m。小枝细瘦，暗褐色，密被长柔毛。叶片狭卵状椭圆形或卵形，长2~3 cm，宽1.5~2.5 cm，先端急尖或稍钝，基部宽楔形至近圆形，上面无毛或疏被平铺茸毛；叶柄长3~5 mm，被柔毛。聚伞花序具花2~4朵，总花梗及花梗均密被平铺柔毛，花梗长1~3 mm；花瓣近圆形，长宽均3~4 mm；雄蕊15，比花瓣短。果实黑色，具1~2小核。花期6月，果期7—9月。

生活习性：喜光，稍耐阴，喜湿润环境，耐干旱、瘠薄，较耐寒。播种、扦插繁殖。

分布：野生资源分布于宁夏贺兰山、六盘山、西吉县、隆德县、原州区等地，生于海拔2 200 m左右的向阳山坡或灌木丛中。分布于我国甘肃、青海、宁夏、四川、云南等省（区）。

保护利用现状：部分野生资源得到保护，未开发利用。

开发利用前景：观赏灌木。

川康栒子 *Cotoneaster ambiguus* 蔷薇科 Rosaceae 栒子属 *Cotoneaster*

川康栒子又称四川栒子。

形态特征：灌木，高达2 m。枝条弯曲，小枝细瘦，灰褐色，幼时被糙伏毛，不久即脱落或近无毛。叶片椭圆状卵形至菱状卵形，长2.5~6 cm，宽1.5~3 cm，先端渐尖至急尖，基部宽楔形，全缘，上面幼时具疏柔毛，不久脱落，下面具柔毛，老时具疏柔毛。聚伞花序有花5~10朵，花瓣直立，宽卵形或近圆形，长与宽各3~4 mm，白色带粉红色。果实卵形或近球形，长8~10 mm，直径6~7 mm，黑色，先端微具柔毛，常具2~3小核。花期5—6月，果期9—10月。

生活习性：生于山地、半阳坡及疏林中。播种繁殖。

分布：野生资源分布于宁夏六盘山和西吉县，西吉县有栽培。

保护利用现状：部分野生资源得到保护，并开发利用。

开发利用前景：水土保持和观赏树种。

麻核栒子 *Cotoneaster foveolatus* 蔷薇科 Rosaceae 栒子属 *Cotoneaster*

麻核栒子又称网脉灰栒子。

形态特征：灌木，高达3 m。枝条开张，小枝圆柱形，暗红褐色，幼时密被黄色毛，后脱落无毛。叶片椭圆形、椭圆状卵形或椭圆状倒卵形，长3.5~8 cm，宽1.5~3 cm，先端渐尖或急尖，基部宽楔形或近圆形，全缘，上面被稀疏短柔毛，老时脱落；叶柄长2~4 mm，常具短柔毛。聚伞花序有花3~7朵，总花梗和花梗被柔毛；苞片线形，有柔毛；花直径约7 mm，花瓣直立，倒卵形或近圆形，长约4 mm，宽3 mm，先端圆钝，粉红色，雄蕊15~17。果实近球形，直径8~9 mm，黑色，具3~4小核，背部有槽和浅凹点。花期6月，果期9—10月。

生活习性：耐旱，耐寒。播种繁殖。

分布：野生资源分布于宁夏六盘山和西吉县，生于灌木丛中。

保护利用现状：部分野生资源得到保护。

开发利用前景：水土保持和观赏树种。

宁夏贺兰山还分布有蒙古栒子（*Cotoneaster mongolicus*）野生种。

山　楂 *Crataegus pinnatifida* 蔷薇科 Rosaceae 山楂属 *Crataegus*

山楂又称山里红、红果、棠棣、绿梨、酸楂。

形态特征：小乔木，高2~3 m。树皮粗糙，暗灰色。枝条灰褐色，幼时被白色柔毛，老时无毛，具细刺，刺长1~1.5 cm。叶片三角状宽卵形，长2~5 cm，宽1.8~4.5 cm，先端短渐尖或稍钝，基部截形至宽楔形，5~9羽状深裂，裂片菱状倒卵形至菱形，边缘具不规则的细尖锯齿，齿端具腺体；叶柄长1~3 cm，叶片下延在叶柄上成狭翅，具腺体。伞房花序着生于侧生小枝的顶端，具花12~20朵，花瓣近圆形或倒卵形；雄蕊20，较花瓣短。果实近球形，红色。花期6月，果期9—10月。

生活习性：有较强的抗旱性和耐寒性，耐瘠薄，喜光，稍耐阴。播种、扦插、嫁接繁殖。

分布：野生资源分布于宁夏六盘山、罗山、南华山、西吉县、原州区、泾源县等地，多生于山坡灌丛或林缘，宁夏各地均有栽培。分布于我国东北、华北及宁夏、山东、河南、江苏等地。

保护利用现状：部分野生资源得到保护，宁夏广泛用于城市绿化。

开发利用前景：园林绿化树种，还可用作苹果品种砧木，果实可食，亦可酿酒，干果可入药。

毛山楂 *Crataegus maximowiczii*

蔷薇科 Rosaceae　山楂属 *Crataegus*

毛山楂又称野山楂。

形态特征：灌木，高2~2.5 m。枝灰褐色或紫褐色，小枝幼时被柔毛；刺长1 cm。叶片宽卵形，长1~4 cm，宽1.5~4 cm，先端渐尖，基部楔形或宽楔形，边缘具5羽状浅裂，裂片具重锯齿，上下两面疏被白色长柔毛，下面沿脉毛较密，脉腋具髯毛；叶柄长1~2 cm，被白色柔毛。具多花，花瓣近圆形，径约5 mm，白色；雄蕊20，较花瓣短。果实近球形，径约8 mm，红色，幼时被柔毛，果梗被长柔毛，具3~5小核。花期5—6月，果期7—9月。

生活习性：抗旱，耐寒，耐瘠薄，喜光，稍耐阴。播种、扦插、嫁接繁殖。

分布：野生资源分布于宁夏六盘山、罗山、贺兰山、西吉县、隆德县、原州区、泾源县等地，多生于向阳山坡灌木丛中或路边，隆德县、泾源县、彭阳县、中宁县等地有栽培。分布于我国东北及内蒙古、宁夏等省（区）。

保护利用现状：部分野生资源得到保护，宁夏用于城市绿化。

开发利用前景：园林绿化树种，木材可制家具、文具等，果实可食。

甘肃山楂 *Crataegus kansuensis*

蔷薇科 Rosaceae　山楂属 *Crataegus*

甘肃山楂又称面旦子、面梨子。

形态特征：灌木，高2~2.5 m。小枝红褐色，幼时疏被柔毛和白粉，老枝灰白色；刺锥形，长约1.5 cm。叶片宽卵形，长1~6 cm，宽0.7~4 cm，边缘具尖锐重锯齿和5~7不规则的羽状浅裂，裂片三角状卵形；叶柄长1~3 cm，无毛；托叶镰状，边缘具长短不等的腺齿，早落。伞房花序生于侧枝顶端，具花8~20朵，花梗与总花梗均无毛；花瓣近圆形，径约4 mm，白色；雄蕊约20，较花瓣稍短。果实近球形，红色，具2~3小核，内侧两面具凹痕。花期5—6月，果期8—10月。

生活习性：抗旱性和耐寒性较强，喜砂壤土，耐瘠薄，喜光，稍耐阴。嫁接繁殖。

分布：野生资源分布于宁夏六盘山、罗山、南华山、西吉县、隆德县、原州区、泾源县、海原县等地，多生于海拔2 200 m左右的山坡灌丛中或林缘，西夏区、隆德县、原州区、泾源县、彭阳县等地有栽培。分布于我国山西、陕西、甘肃、宁夏、四川、贵州等省（区）。

保护利用现状：部分野生资源得到保护，宁夏用于城市绿化。

开发利用前景：园林观赏树种，果实可药用、鲜食、加工等。

陕甘花楸 *Sorbus koehneana* 蔷薇科 Rosaceae 花楸属 *Sorbus*

陕甘花楸又称昆氏花楸。

形态特征：灌木或小乔木，高2~4 m。小枝红褐色或黑褐色，无毛。冬芽长卵形，外具数枚红褐色鳞片，被短柔毛。奇数羽状复叶，连叶柄长8~15 cm，具小叶17~29，叶片长椭圆形或长椭圆状披针形，长1.5~3 cm，宽0.4~1 cm，先端急尖或圆钝，基部通常圆形，稀宽楔形，偏斜，边缘具细锐锯齿，基部全缘，小叶无柄。复伞房花序着生于侧生短枝的顶端，具多数花；花瓣卵形，雄蕊20，长为花瓣的1/3。果实球形，直径6~8 mm，白色。花期6—7月，果期8—9月。

生活习性：温带树种，喜湿润、肥沃土壤。播种繁殖。

分布：野生资源分布于宁夏六盘山、西吉县、隆德县、泾源县、原州区等地，生于海拔2 000~2 700 m 的林中，六盘山、西吉县、隆德县、泾源县等地有栽培。分布于我国山西、河南、陕西、甘肃、宁夏、青海、湖北及四川等省（区）。

保护利用现状：部分野生资源得到保护，宁夏用于城市绿化。

开发利用前景：园林观赏树种。

湖北花楸 *Sorbus hupehensis* 蔷薇科 Rosaceae 花楸属 *Sorbus*

形态特征：乔木，高4~10 m。小枝圆柱形，暗褐色，无毛。冬芽长卵形，具数枚褐色鳞片，无毛或先端微具柔毛。奇数羽状复叶，长10~20 cm，叶轴上面具槽，无毛，具小叶5~6对，小叶片长椭圆形，长4~6 cm，宽1~1.8 cm，先端急尖，基部近圆形至宽楔形，偏斜，边缘1/3以上具尖锐锯齿。复伞房花序着生于侧生短枝的顶端，具多花，花梗长3~7 mm，与总花梗均无毛或被极稀疏的柔毛；花瓣卵形，先端圆，白色；雄蕊20，长约为花瓣的1/3。果实近球形，白色。花期5—6月，果期7—9月。

生活习性：温带树种，喜湿润、肥沃土壤。播种繁殖。

分布：野生资源分布于宁夏六盘山，生于海拔2 000~2 200 m 的阴坡杂木林中，泾源县有栽培。分布于我国河南、陕西、甘肃、青海、山东、江西、安徽、湖北、四川、贵州、宁夏等省（区）。

保护利用现状：部分野生资源得到保护，宁夏少量用于城市绿化。

开发利用前景：优良的园林观赏树种，树皮含单宁，可提取栲胶。

北京花楸 *Sorbus discolor*　蔷薇科 Rosaceae　花楸属 *Sorbus*

北京花楸又称红叶花楸、白果花楸。

形态特征：乔木，高达10 m。小枝圆柱形，灰黑色，无毛。冬芽卵形，具数枚棕褐色鳞片，无毛或疏被短毛。奇数羽状复叶，长15~20 cm，叶轴上面具槽，微被柔毛或无毛，具9~13小叶，小叶片长椭圆形至长椭圆状倒披针形，长2.5~6.5 cm，宽1.2~2 cm，基部1对小叶片较小。复伞形花序着生于侧生短枝的顶端，具多花；花瓣卵形或长圆卵形，雄蕊15~20，长为花瓣的一半。果实卵圆形，乳白色或淡黄色。花期5月，果期7—9月。

生活习性：喜光，稍耐阴，抗寒力强，对土壤要求不严，以湿润、肥沃的砂质壤土为好。播种繁殖。

分布：野生资源分布于宁夏六盘山，生于海拔2 000 m左右的山坡杂木林中，西吉县和彭阳县有栽培。分布于我国华北及山东、河南、陕西、甘肃、宁夏等地。

保护利用现状：部分野生资源得到保护，宁夏用于城市绿化。

开发利用前景：优良的观叶、观花、观果树种。

北欧花楸 *Sorbus aucuparia*　蔷薇科 Rosaceae　花楸属 *Sorbus*

北欧花楸又称欧亚花楸。

形态特征：乔木或小乔木，高9 m，冠幅4~8 m。奇数羽状复叶互生，小叶11~15，长椭圆形，叶片春夏季为深绿色，秋季为红色。花朵春季为白色。果实红色。花期5月，果期8—9月。

生活习性：喜光，稍耐阴，耐寒，适合种植在凉爽、潮湿、排水良好的酸性或微酸性土壤上。播种繁殖。

分布：宁夏原州区、泾源县、彭阳县等地有栽培。分布于我国河北南部、山东北部、山西中部、陕西中部、甘肃中部、青海中部、新疆南部。

保护利用现状：已应用于城市绿化。

开发利用前景：优良的观叶、观花、观果树种。

宁夏泾源县引种栽培有黑果腺肋花楸（*Aronia melanocarpa*）。

皱皮木瓜 *Chaenomeles speciosa*

蔷薇科 Rosaceae　木瓜属 *Chaenomeles*

皱皮木瓜又称贴梗海棠、贴梗木瓜。

形态特征：灌木，高达2 m，具枝刺。小枝圆柱形，粗壮，紫褐色或暗褐色，无毛。叶片卵形至椭圆形，稀长椭圆形，长3~10 cm，宽1.5~5 cm，先端急尖或圆钝，基部楔形至宽楔形，边缘具尖锐细锯齿，齿尖开展；叶柄长1~1.5 cm，无毛；托叶卵圆形或肾形，较大，边缘具尖锐重锯齿，无毛。花2~6朵簇生于2年生枝上，先叶或与叶同时开放；花梗短粗，花瓣近圆形或倒卵形，雄蕊35~50。梨果球形至卵形，黄色或黄绿色。花期4月下旬，果期10月。

生活习性：喜光，有一定耐寒力，喜排水良好的肥厚土壤，不宜在低洼积水处栽培。分株、扦插、压条、播种繁殖。

分布：宁夏兴庆区、金凤区、西夏区、灵武市、大武口区、惠农区、平罗县、利通区、青铜峡市、原州区、西吉县、泾源县、彭阳县、隆德县、中宁县、海原县、沙坡头区、六盘山等地有栽培。分布于我国陕西、甘肃、宁夏、四川、贵州、云南、广东等省（区）。

保护利用现状：宁夏广泛用于城市绿化。

开发利用前景：良好的观花、观果、庭院美化树种，果实可食用、药用。

毛叶木瓜 *Chaenomeles cathayensis*

蔷薇科 Rosaceae　木瓜属 *Chaenomeles*

毛叶木瓜又称木瓜海棠。

形态特征：灌木或小乔木，高2~6 m。枝条直立，具短枝刺；小枝圆柱形，微屈曲，无毛，紫褐色，疏生浅褐色皮孔。叶片椭圆形、披针形至倒卵状披针形，长5~11 cm，宽2~4 cm。花先叶开放，2~3朵簇生于2年生枝上；花瓣倒卵形或近圆形，淡红色或白色。果实卵球形或近圆柱形，先端有突起，长8~12 cm，宽6~7 cm，黄色，有红晕，味芳香。花期3—5月，果期9—10月。

生活习性：耐寒，抗旱，忌水涝，对土壤要求不严。播种、分株、扦插、压条繁殖。

分布：宁夏泾源县和中宁县有引种栽培，生于海拔900~2 500 m的山坡、林边、道旁。

保护利用现状：宁夏部分地区有栽培。

开发利用前景：观赏树种，果实可入药。

秋子梨 *Pyrus ussuriensis*

蔷薇科 Rosaceae　梨属 *Pyrus*

秋子梨又称酸梨、沙果梨、野梨、青梨。

形态特征：乔木，高10~15 m。树皮粗糙，暗灰色。枝黄灰白色或褐色，常具刺，无毛。芽宽卵形，具数枚鳞片，鳞片褐色，边缘稍被毛。叶片近圆形至卵形，长3~7 cm，宽2.5~5 cm，先端长尾状渐尖或锐尖，基部圆形或近心形，边缘具带刺芒的尖锐锯齿；叶柄长2~5 cm，被稀疏柔毛。伞房花序具花5~7朵，花梗长1~2 cm，近无毛；花瓣倒卵形，长约1.8 cm，雄蕊20，短于花瓣，花药紫色。果实近球形，直径3~5 cm，黄色或黄绿色，具褐色斑点。花期5月，果期9—10月。

生活习性：喜光，耐旱，抗寒力强，耐低温，适生于海拔100~2 000 m 的寒冷而干燥的山区。播种繁殖。

分布：宁夏西吉县、原州区、同心县、中宁县等地有栽培，常见品种如软儿梨、海原香水梨以及隆德的雁过红梨均属此种。

保护利用现状：宁夏用于城市绿化。

开发利用前景：园林绿化和庭荫树，果实可食用，实生苗可做栽培梨品种的抗寒砧木。

新疆梨 *Pyrus sinkiangensis*

蔷薇科 Rosaceae　梨属 *Pyrus*

1975年宁夏灵武园艺试验场从新疆引进栽培。

形态特征：乔木，高达6~9 m，树冠半圆形。枝条密集，开展。叶片卵形、椭圆形至宽卵形。伞形总状花序。果实卵形至倒卵形，黄绿色，果心大，石细胞多；果肉白色，肉质细脆多汁，口感软绵，味浓甜。花期4月，果期9—10月。

生活习性：适应性强，抗旱，耐瘠薄，丰产，耐贮藏。嫁接繁殖。

分布：宁夏原州区、中宁县、海原县有栽培。产自我国新疆、青海、甘肃、陕西等省（区）。

保护利用现状：宁夏有少量栽培。

开发利用前景：果实可鲜食，制作梨汁、雪梨膏和梨罐头。

砂　梨 *Pyrus pyrifolia* 蔷薇科 Rosaceae　梨属 *Pyrus*

砂梨又称石梨。

形态特征：乔木，高7~15 m。叶卵状椭圆形。果近球形，浅褐色，黄中透亮，外皮较厚。果肉沙糯爽口，味道甘甜，口感脆嫩，含可溶性固形物17.6%、可溶性糖11.06%。花期4月，果熟期8月。

生活习性：喜光，抗旱，抗寒，耐瘠薄，耐贮藏，耐运输，丰产。播种、嫁接繁殖。

分布：宁夏同心县、彭阳县、中宁县有栽培。产于我国陕西、安徽、江苏、浙江、江西、湖北、湖南、贵州、四川、云南、广东、广西、福建等省（区）。

保护利用现状：宁夏有少量栽培。

开发利用前景：观赏树种，果实可鲜食，制作梨汁、雪梨膏，果实、果皮均可入药，也可做各种栽培梨品种的砧木。

宁夏利通区、彭阳县、兴庆区引种栽培有啤梨、一面红梨、韩国荣山。

洋　梨 *Pyrus communis* var. *sativa* 蔷薇科 Rosaceae　梨属 *Pyrus*

西洋梨栽培变种。

形态特征：乔木，高达15 m。树枝直立性强，形成圆锥状树冠。叶片边缘有圆钝锯齿。果梗粗短，单果重250 g，果形指数1.2左右。成熟果实皮鲜黄色。果肉白色，质地细腻，多汁无渣，甘甜可口，略带微酸，果香浓郁，含可溶性固形物16.5%。花期4月，果期7—9月。

生活习性：喜光，抗旱，较耐湿涝和盐碱，不耐病虫害。嫁接繁殖。

分布：宁夏兴庆区、同心县、西吉县、沙坡头区、原州区等地有栽培。

保护利用现状：宁夏有少量引种栽培。

开发利用前景：果实可鲜食，制作梨汁、雪梨膏和梨罐头，也可做授粉树。

木　梨 *Pyrus xerophila* 蔷薇科 Rosaceae　梨属 *Pyrus*

木梨又称酸梨。

形态特征：乔木，高8~10 m。小枝粗壮，2年生枝条褐灰色。果实卵形或椭圆形，单果重约200 g。果实成熟时比较酸，经过几个月的储存，果实变软，酸味降低，口感变好，但颜色较差，好像变烂。花期4月，果期8—9月。

生活习性：喜光，抗旱，果实耐储运。播种、嫁接繁殖。

分布：野生资源分布于宁夏南华山、六盘山、隆德县、泾源县等地，永宁县、原州区、隆德县、泾源县、彭阳县、西吉县、中宁县、海原县等地有栽培。

保护利用现状：部分野生资源得到保护，并广泛栽培。

开发利用前景：果实可鲜食，制作醋、梨汁、雪梨膏、酿酒，也可做栽培梨品种的砧木。

白　梨 *Pyrus bretschneideri* 蔷薇科 Rosaceae　梨属 *Pyrus*

形态特征：乔木，高5~8 m。树冠开展，小枝粗壮，圆柱形，微屈曲。果实黄色，卵形或近球形，有细密斑点，具蜡质光泽。果皮薄，果肉厚，果核小，肉质细腻，酥脆多汁，甘甜爽口，含多种营养成分。花期4月，果期8—9月。

生活习性：耐寒，耐旱，耐涝，耐盐碱，果实耐储运。嫁接繁殖。

分布：宁夏同心县和哈巴湖有栽培。

保护利用现状：宁夏普遍栽培。

开发利用前景：果实可鲜食，制作醋、梨汁、雪梨膏和梨罐头，根、枝叶、花、果实、果皮均可入药。

鸭　梨 *Pyrus bretschneideri* 'Yali'

蔷薇科 Rosaceae　梨属 *Pyrus*

鸭梨是从白梨中选育的品种。

形态特征：乔木，树势强健。树皮暗灰褐色。果实倒卵圆形，近梗处有鸭头状突起，果面黄绿色，近梗处有锈斑。肉质细腻酥脆，清香多汁，味甜微酸，贮藏后有香气，果实口味稍淡。花期4月，果期9—10月。

生活习性：成枝率低，耐寒，耐旱，结果早，丰产性好，果实耐储运。嫁接繁殖。

分布：宁夏彭阳县和中宁县有栽培。

保护利用现状：宁夏有少量栽培。

开发利用前景：果实可鲜食，制作梨汁、雪梨膏和梨罐头，果实、果皮均可入药。

香蕉梨 *Pyrus communis* × *P. bretschneideri*

蔷薇科 Rosaceae　梨属 *Pyrus*

洋梨系统品种，又称油瓶梨、五九香，是巴梨和鸭梨杂交的品种，宁夏灵武园艺试验场1993年从中国农业科学院果树研究所引进栽培。

形态特征：果实粗颈葫芦形，单果重150~250 g。适口性很好，硬肉、软肉均可食。刚采摘的果实硬脆多汁，经过7~10 d的后熟，果肉变得非常松软，汁极多。味浓香甜，无石细胞，品质极佳。花期4—5月，果实9月下旬成熟。

生活习性：喜光，耐旱，结果早，丰产性好。嫁接繁殖。

分布：宁夏灵武市、西吉县、利通区、同心县、青铜峡市、隆德县、彭阳县、中宁县等地有栽培。我国北京郊区、甘肃兰州、河南洛阳、云南、河北和辽宁等地有栽培。

保护利用现状：宁夏广泛栽培。

开发利用前景：果实可鲜食，制作梨汁、雪梨膏和梨罐头，果实、果皮均可入药。

秋月梨 *Pyrus pyrifolia* 'Qiu Yue' 蔷薇科 Rosaceae 梨属 *Pyrus*

秋月梨是日韩系砂梨的一个品种，2002年引入中国。

形态特征：树冠圆锥形，树干直立。果实椭圆形，个大，平均单果重235 g，最大单果重360 g。果实纵径7.5 cm，横径6.9 cm。果皮黄色，果面光洁，果点小、中密，果心小。果肉洁白，肉质细腻、松脆，石细胞及残渣少。酸甜适口并具浓郁香味，平均可溶性固形物含量为11.4%。花期4月，果实9月中下旬成熟。

生活习性：适应性强，坐果率高，结果早，丰产稳产，萌芽率高，成枝力中等，抗黑星病能力强。嫁接繁殖。

分布：宁夏西夏区、隆德县、贺兰县、西吉县、沙坡头区、彭阳县等地有栽培。

保护利用现状：宁夏广泛栽培。

开发利用前景：果实可鲜食，制作梨汁、雪梨膏和梨罐头，果实、果皮均可入药。

苹果梨 *Pyrus bretschneideri* 'Pingguo' 蔷薇科 Rosaceae 梨属 *Pyrus*

苹果梨属于白梨系统品种，为朝鲜品种，1940年前后传入吉林延边，1964年宁夏灵武园艺试验场自辽宁省果树科学研究所引进。

形态特征：树势强健。果实大，扁圆形。单果重180~250 g，果皮黄绿色，向阳面具淡红色晕。果肉雪白，肉质细嫩，石细胞少。汁液多，味甜酸可口，品质上等。 花期5月，果实9月中下旬成熟。

生活习性：抗寒，抗旱，结果早，丰产稳产，耐贮存，果实易受食心虫危害，抗黑星病。嫁接繁殖。

分布：宁夏兴庆区、灵武市、西吉县、彭阳县、中宁县、哈巴湖等地有栽培。

保护利用现状：宁夏广泛栽培。

开发利用前景：果实可鲜食，制作梨汁、雪梨膏和梨罐头，果实、果皮均可入药。

早酥梨 *Pyrus pyrifolia* 'Zaosu' 蔷薇科 Rosaceae 梨属 *Pyrus*

早酥梨是砂梨系统品种，中国农业科学院果树研究所1956年用苹果梨与身不知梨人工杂交育成，宁夏灵武园艺试验场于1975年引进栽培。

形态特征：树势强健，树姿开张。枝条较稀疏，骨干枝灰褐色，新梢紫红色。果实中大，单果重150~180 g。果实卵圆形，底色绿黄，并具棱状突起，果皮薄、果点小。果肉白色，肉质细嫩，酥脆爽口，石细胞少。汁特多，味甜稍淡，含可溶性固形物11%~14%、可溶性糖7.23%、可滴定酸0.28%，品质上。花期5月，果实8月上中旬成熟。

生活习性：抗寒，结果能力强，丰产稳产，不耐贮存。嫁接繁殖。

分布：宁夏各地均有栽培。

保护利用现状：宁夏广泛栽培。

开发利用前景：果实可鲜食，制作梨汁、雪梨膏和梨罐头，果实、果皮均可入药。

宁夏利通区引种栽培有韩国酥梨。宁夏大武口区、彭阳县、海原县引种栽培有晚酥梨。

红香酥梨 *Pyrus pyrifolia* 'Hongxiangsu' 蔷薇科 Rosaceae 梨属 *Pyrus*

红香酥梨是中国农业科学院郑州果树研究所以库尔勒香梨为母本、鹅梨为父本杂交选育而成的品种。

形态特征：树冠中大，圆头形，树势中庸，较开张。果实纺锤形或长卵圆形，单果重170~200 g。果面光滑，果皮绿黄色。果肉白色，肉质致密细脆，石细胞较少。汁多、味甜、香气浓，品质上。花期4月，果实9月上中旬成熟。

生活习性：萌芽率高，成枝率中等，以短果枝结果为主，适应性、抗逆性较强，耐贮藏。嫁接繁殖。

分布：宁夏西吉县、原州区、彭阳县、利通区等地有栽培。

保护利用现状：宁夏有零星栽培。

开发利用前景：果实可鲜食，制作梨汁、雪梨膏，果实、果皮均可入药。

长把梨 *Pyrus bretschneideri* 'Changba'

蔷薇科 Rosaceae　梨属 *Pyrus*

长把梨是白梨系统品种，产于甘肃天水一带。引入宁夏历史悠久，成为灵武地方特色品种，栽培历史较长。

形态特征：长势强健，树冠开张。果个中等，单果重80~100 g，倒卵圆形或椭圆形，果柄特长，故称"长把梨"。果皮黄绿色，贮藏后变黄色。果肉白色，质地较粗，味酸甜，品质中。花期4月，果实9月中旬成熟。

生活习性：抗旱、抗寒、抗风能力强，结果晚，丰产性好，耐贮存。嫁接繁殖。

分布：宁夏灵武市、沙坡头区、海原县、利通区等地有栽培。

保护利用现状：宁夏有少量栽培。

开发利用前景：果实可鲜食，制作梨汁、雪梨膏和梨罐头，果实、果皮均可入药。

香水梨 *Pyrus ussuriensis* 'Xiangshui'

蔷薇科 Rosaceae　梨属 *Pyrus*

香水梨又称老香水、软儿梨、消梨。

形态特征：树体高大，树冠开张，圆头形，枝条较密。果实圆形，直径4~6 cm，单果重130 g左右。果面绿黄色，向阳面有红色晕，果皮薄、光滑。果肉白色，石细胞中、少，质地脆，汁液丰富。固形物含量高，平均含糖量12.7%，最高达15.1%，可食率85%以上。果味微酸，成熟后摘下冻藏，肉质变成褐色，解冻后汁液较多，营养丰富，食如甘蜜。花期4月，果实9月中旬成熟。

生活习性：适应性和抗逆性较强，耐热，耐旱，耐瘠薄，寿命长，对褐腐病、心腐病有较强的抗性，抗黑星病能力中等。嫁接繁殖。

分布：宁夏彭阳县、沙坡头区、海原县、中宁县等地有栽培。

保护利用现状：宁夏中卫市广泛栽培。

开发利用前景：果实可鲜食，制作梨汁、雪梨膏和冻梨，果实、果皮均可入药。

雪花梨 *Pyrus bretschneideri* 'Xuehua' 蔷薇科 Rosaceae 梨属 *Pyrus*

雪花梨至今已有2 000多年的栽培历史。

形态特征：果皮粗糙、较硬，深绿色。果肉洁白如玉，细脆而嫩，汁多，味甜，一般单果重300 g，含糖量11%~15%，还含有大量的蛋白质、脂肪、果酸、矿物质及多种维生素等营养成分。花期4—5月，果实9月中旬成熟。

生活习性：适应性强，耐旱，耐瘠薄，丰产性好。嫁接繁殖。

分布：宁夏西夏区有栽培。主要分布在我国河北中南部。

保护利用现状：宁夏有零星栽培。

开发利用前景：果实可鲜食，制作梨汁、雪梨膏，果实、果皮均可入药。

砀山梨 *Pyrus bretschneideri* 'Tangshansu' 蔷薇科 Rosaceae 梨属 *Pyrus*

砀山梨属于白梨系统品种，产于安徽砀山一带，是优良的地方品种。宁夏灵武园艺试验场于1963年自砀山县园艺场引进栽培。

形态特征：树势中庸，树冠圆头形。新梢黄褐色，皮孔明显。叶片中大，卵圆形，叶缘细锯齿状。果实大，单果重180~200 g，长圆形。成熟后果皮绿黄色，果肉白色，质地酥脆，汁多，味甜，果心较小，品质极上。花期3月，果实8月下旬至9月上中旬成熟。

生活习性：结果早，有腋花芽结果能力，适应性、抗寒性一般，耐贮藏。嫁接繁殖。

分布：宁夏灵武市有栽培。

保护利用现状：宁夏有零星栽培。

开发利用前景：果实可鲜食，制作梨汁、雪梨膏，果实、果皮均可入药。

黄金梨 *Pyrus pyrifolia* 'Whangkeumbae' 蔷薇科 Rosaceae 梨属 *Pyrus*

韩国品种，为丰水梨与晚三吉梨杂交育成的新品种。宁夏灵武园艺试验场于2002年自河北省农林科学院昌黎果树研究所引进。

形态特征：乔木。树势中庸，腋花芽结果能力强。果实近圆形或稍扁，平均单果重250 g，大果重500 g。果面深黄褐色，果肉乳白色，石细胞极少，果心小，可食率高。肉质细，味甘甜，具香气，品质上，含糖量可达14.7%。花期4—5月，果实9月上中旬成熟。

生活习性：结果早，适应性强，抗黑斑病、黑星病，耐贮藏。嫁接繁殖。

分布：宁夏灵武市、利通区、西吉县、海原县等地有栽培。

保护利用现状：宁夏有少量栽培。

开发利用前景：果实可鲜食，制作梨汁、雪梨膏，果实、果皮均可入药。

红巴梨 Bartlett - Max Red 蔷薇科 Rosaceae 梨属 *Pyrus*

美国品种，系巴梨的红色芽变品种，山东省果树研究所于1987年自澳大利亚引入我国。

形态特征：树势中庸，平均单果重208 g，大果重374 g。果实粗颈葫芦形，果梗粗短，萼片宿存，果面凹凸不平。果皮自幼果期即为褐红色，成熟时果面大部褐红色，果点小而密。果肉白色，可溶性固形物含量12.5 %，总糖含量9.63 %，酸含量0.39 %。味浓甜，品质上。花期3—4月，果实8月下旬成熟。果实后熟后可食。

生活习性：适应性强，丰产，不耐贮藏。嫁接繁殖。

分布：宁夏西夏区、贺兰县、青铜峡市、原州区、海原县等地有栽培。

保护利用现状：宁夏广泛栽培。

开发利用前景：果实可鲜食，制作梨汁、雪梨膏，果实、果皮均可入药。

宁夏平罗县、利通区、海原县栽培有黄巴梨。

新高梨 Niitaka 蔷薇科 Rosaceae　梨属 *Pyrus*

新高梨为日本神奈川农业试验场菊池秋雄1915年用天之川与今村秋杂交育成的日本优良品种。

形态特征：树势强健。枝条粗壮，较直立。果实近圆形，略尖，果个大，单果重450~500 g，大果重1 000 g 。果皮褐色，果面较光滑。果肉乳白色，致密多汁，无残渣，味甜，含可溶性固形物13%~15%。花期3—4月，果实9月下旬成熟。

生活习性：适应性强，丰产，抗病虫害能力较强，耐贮运。嫁接繁殖。

分布：宁夏利通区和中宁县有栽培。原产于日本，20世纪90年代初引入我国。

保护利用现状：宁夏有零星栽培。

开发利用前景：果实可鲜食，制作梨汁、雪梨膏，果实、果皮均可入药。

大果水晶梨 *Pyrus pyrifolia* 'Daguoshuijing' 蔷薇科 Rosaceae　梨属 *Pyrus*

大果水晶梨为韩国于1991年由新高梨芽变选育而成的黄色梨新品种。

形态特征：树势强健，树姿直立。果实圆形或扁圆形，平均单果重300 g，大果重850 g，大小较整齐。果实生长前期深绿色，近成熟时逐渐转为乳黄色，果皮薄，外观晶莹光亮。果肉白色，肉质细嫩，石细胞极少，汁液多，含可溶性固形物14% 左右，含酸量低，味甘甜，品质优。果实9月中旬成熟。

生活习性：适应性强，耐寒，耐旱，耐涝，耐盐碱，耐贮运，丰产性和早产性好。嫁接繁殖。

分布：宁夏利通区和中宁县有栽培。

保护利用现状：宁夏有零星栽培。

开发利用前景：果实可鲜食，制作梨汁、雪梨膏，果实、果皮均可入药。

冬果梨 *Pyrus bretschneideri* 'Dongguo'

蔷薇科 Rosaceae　梨属 *Pyrus*

冬果梨是白梨系统品种，产于甘肃兰州等地。

形态特征：树势强健，树冠开张。果实大，单果重150~180 g，倒卵圆形。果面黄绿色，成熟后金黄色，皮厚且粗糙。果肉白色，肉质较粗，石细胞多，甜酸味浓，品质中。花期3—4月，果实9月下旬成熟。

生活习性：适应性强，耐贮藏，结果晚，丰产性、抗寒力差。嫁接繁殖。

分布：宁夏贺兰山、灵武市、彭阳县、沙坡头区、海原县、中宁县等地有栽培。

保护利用现状：宁夏有零星栽培。

开发利用前景：果实可鲜食，制作梨汁、雪梨膏，果实、果皮均可入药。

南果梨 *Pyrus ussuriensis* 'Nanguo'

蔷薇科 Rosaceae　梨属 *Pyrus*

南果梨是秋子梨系统品种，产于辽宁鞍山，为自然杂交实生苗，1930年发现。宁夏灵武园艺试验场于1970由中国农业科学院果树研究所引进栽培。

形态特征：树势强健，树姿直立。以短果枝结果为主，果实较小，平均单果重45 g，近圆形。果皮黄绿色，向阳面具红晕。采后果肉粗硬，不宜食用，后熟半个月后，果肉变软，质细汁多。味酸甜，品质上等。花期3—4月，果实9月中旬成熟。

生活习性：适应性强，丰产性好，易遭晚霜冻害。嫁接繁殖。

分布：宁夏灵武市有栽培。

保护利用现状：宁夏有零星栽培。

开发利用前景：果实可鲜食，制作梨汁、雪梨膏，果实、果皮均可入药。

日面红梨 **Flemish Beauty** 蔷薇科 Rosaceae　梨属 *Pyrus*

日面红梨是洋梨系统品种，比利时品种，1930年前后引入我国，宁夏灵武园艺试验场于1965年自辽宁省果树科学研究所引进栽培。

形态特征：树姿开张。果实大，单果重170~200 g，短瓢形或倒卵圆形。果皮黄绿色，向阳面有红晕。果肉乳白色，刚采时果肉脆，后熟后变软、汁多，石细胞少。味香甜，果心小，品质上。后熟期15~20 d。花期3—4月，果实8月下旬成熟。

生活习性：适应性强。嫁接繁殖。

分布：宁夏灵武市有栽培。

保护利用现状：宁夏有零星栽培。

开发利用前景：果实可鲜食，制作梨汁、雪梨膏，果实、果皮均可入药。

鞍山南果梨 ***Pyrus ussuriensis* 'Anshannanguo'** 蔷薇科 Rosaceae　梨属 *Pyrus*

鞍山南果梨是秋子梨系统品种，是辽宁省鞍山市乡土品种，也是辽宁省鞍山市地域保护产品。

形态特征：平均单果重70 g，最大单果重200 g。果皮薄，绿色或黄绿色，向阳面带有红晕，色泽鲜艳。果梗粗短，并保留完整，果心小，石细胞少。果肉乳白色，充分成熟后果皮变成金黄色，果肉变黄白色，肉质细腻、柔软，汁多，酸甜适口，芳香浓郁，风味极佳。花期3—4月，果实9月中上旬成熟。

生活习性：适应性强，寿命长，丰产性好。嫁接繁殖。

分布：宁夏兴庆区有栽培。

保护利用现状：宁夏有零星栽培。

开发利用前景：果实可鲜食，制作梨汁、雪梨膏，果实、果皮均可入药。

甘泉梨　蔷薇科 Rosaceae　梨属 *Pyrus*

甘泉梨是韩国于1970年用晚三吉梨与甜梨杂交育成的品种，属砂梨系统品种。

形态特征：树势较强，树姿开张。叶片椭圆形，叶缘锯齿大，叶片深绿色。每个花序有花7~9朵。果实大，圆形，较端正。果皮鲜褐色，套袋后浅褐黄色。肉质雪白，细嫩、酥脆，含可溶性固形物14%，果心小，可食率高。花期4月，果实9月中上旬成熟。

生活习性：易形成短果枝、腋花芽，适应性强，抗逆性强，耐贮藏，丰产性好，抗黑星病和黑斑病。嫁接繁殖。

分布：宁夏兴庆区有栽培。

保护利用现状：宁夏有零星栽培。

开发利用前景：果实可鲜食，制作梨汁、雪梨膏，果实、果皮均可入药。

绿宝石梨 *Pyrus pyrifolia* 'Lübaoshi'　蔷薇科 Rosaceae　梨属 *Pyrus*

绿宝石梨是砂梨系统品种，中国农业科学院郑州果树研究所用新世纪梨与早酥梨人工杂交培育而成。

形态特征：树势较强。果实近扁圆形，果皮黄绿色，果面光洁，果点中大，外形美观，平均单果重296 g，最大单果重约485 g。采后贮藏15 d 果皮鲜黄色。果肉乳白色，肉质细脆，汁液多，石细胞极少。酸甜可口，具香味，果心小。果实8月上旬成熟。

生活习性：萌芽率高，成枝力中等，适应性强，结果早，不耐贮藏，抗病，耐盐碱，丰产稳产。嫁接繁殖。

分布：宁夏兴庆区、贺兰县、灵武市有栽培。

保护利用现状：宁夏有少量栽培。

开发利用前景：果实可鲜食，制作梨汁、雪梨膏，果实、果皮均可入药。

锦丰梨 *Pyrus bretschneideri* 'Jinfeng'

蔷薇科 Rosaceae　梨属 *Pyrus*

锦丰梨是白梨系统品种，中国农业科学院果树研究所1956年用苹果梨与茌梨杂交育成。1969年定名。

形态特征：树势强，树体高大。果实大，平均单果重200 g，扁圆形或圆球形。果皮黄绿色，向阳面具红晕，果点较大、明显。肉质细脆，汁液多。酸甜适口，品质上等。花期4—5月，果实9月下旬成熟。

生活习性：适应性强，结果早，丰产，抗寒力较强，耐贮藏。嫁接繁殖。

分布：宁夏西夏区、利通区、灵武市有栽培。

保护利用现状：宁夏广泛栽培。

开发利用前景：果实可鲜食，制作梨汁、雪梨膏，果实、果皮均可入药。

圆黄梨 *Pyrus pyrifolia* 'Wonhuwang'

蔷薇科 Rosaceae　梨属 *Pyrus*

圆黄梨是韩国品种，为早生赤与晚三吉梨杂交育成的一个早熟梨品种。

形态特征：树势中庸。果实大，平均单果重250 g，扁圆形，果面光滑平整，果点小而稀，无水锈、黑斑。成熟后果皮金黄色，不套袋果暗红色。果肉为透明的纯白色，可溶性固形物含量12.5%~14.8%，肉质细腻多汁，几无石细胞。酥甜可口，并有奇特的香味，品质极上。果实9月中上旬成熟。

生活习性：适应性强，抗旱，抗寒，较耐盐碱，结果早，丰产性好，不耐贮藏，抗黑星病能力强。嫁接繁殖。

分布：宁夏兴庆区和灵武市有栽培。

保护利用现状：宁夏有少量栽培。

开发利用前景：果实可鲜食，制作梨汁、雪梨膏，果实、果皮均可入药。

秋黄梨 *Pyrus pyrifolia* 'Soowhangbae'

蔷薇科 Rosaceae　梨属 *Pyrus*

秋黄梨是韩国品种，是1967年韩国用今村秋梨与二十世纪梨杂交育成的砂梨新品种，1985年正式定名。

形态特征：树势较强，树姿半开张。果实扁圆形，平均单果重400 g，最大单果重800 g。果皮深褐色，套袋果浅黄色。果点小、均匀，白色，外观极其漂亮。果肉乳白色，果核极小。甜脆可口，汁液多，石细胞较少，品质好，含可溶性固形物16%。花期4月，果实9月下旬成熟。

生活习性：适应性强，抗逆性强，耐贮藏，坐果率高，丰产稳产，高抗黑星病、黑斑病。嫁接繁殖。

分布：宁夏兴庆区有栽培。

保护利用现状：宁夏有零星栽培。

开发利用前景：果实可鲜食，制作梨汁、雪梨膏，果实、果皮均可入药，也可作为其他梨品种的授粉树。

红考蜜斯梨 Red Du Comice

蔷薇科 Rosaceae　梨属 *Pyrus*

山东省于1997年从美国引入，是一个优良的红色西洋梨品种，宁夏灵武园艺试验场于1993年引进栽培。

形态特征：树势强。果实中等，细颈葫芦形。果实底色黄绿，向阳面具红晕。果肉乳白色，肉质细嫩、口感甜，汁液多，品质中上。花期4月，果实8月中下旬成熟。

生活习性：适应性强，丰产性好，抗黑星病。嫁接繁殖。

分布：宁夏灵武市有栽培。

保护利用现状：宁夏有零星栽培。

开发利用前景：果实可鲜食，制作梨汁、雪梨膏，果实、果皮均可入药。

美人酥 蔷薇科 Rosaceae 梨属 *Pyrus*

美人酥是1998年我国从新西兰引进的优系。

形态特征：树势中庸。果个中等，平均单果重386 g，果面鲜红、晶莹光亮，果形端正，果肉细腻、酥脆多汁，酸甜可口或浓甜，石细胞没有或极少，有香味或香味浓，果心小并可食用，可溶性固形物含量达19%~20%。花期3—4月，果期9月。

生活习性：适应性强，耐贮藏，抗黑星病能力强。嫁接繁殖。

分布：宁夏利通区有栽培。

保护利用现状：宁夏有零星栽培。

开发利用前景：果实可鲜食，制作梨汁、雪梨膏，果实、果皮均可入药。

玉露香梨 蔷薇科 Rosaceae 梨属 *Pyrus*

玉露香梨是山西省农业科学院果树研究所以库尔勒香梨为母本、雪花梨为父本杂交育成的优质中熟梨新品种。

形态特征：树势中庸。平均单果重237 g，最大单果重450 g。果实近球形，果面光洁，具蜡质，保水性强。向阳面着红晕或暗红色纵向条纹，采收时果皮黄绿色，贮后黄色，色泽更鲜艳。果皮薄，果心小。果肉白色，酥脆，无渣，石细胞极少，汁液特多，味甜，具清香，口感极佳，可溶性固形物含量12.5%~16.1%。半熟梨品种，花期4月，果期8月中旬。

生活习性：适应性强，耐贮藏，坐果率高，丰产稳产。嫁接繁殖。

分布：宁夏利通区、青铜峡市、同心县、西吉县、海原县等地有栽培。

保护利用现状：宁夏有少量栽培。

开发利用前景：果实可鲜食，制作梨汁、雪梨膏，果实、果皮均可入药。

杜　梨 *Pyrus betulifolia* 蔷薇科 Rosaceae　梨属 *Pyrus*

形态特征：乔木，高10 m。枝具刺，2年生枝紫褐色。叶片菱状卵形至长卵圆形，幼叶上下两面均密被灰白色茸毛；叶柄被灰白色茸毛；托叶早落。伞形总状花序，有花10~15朵，花梗被灰白色茸毛，苞片膜质，线形；花瓣白色，雄蕊花药紫色，花柱具毛。果实近球形，褐色，有淡色斑点。花期4月，果期8—9月。

生活习性：喜光，抗旱，抗寒，耐瘠薄。播种繁殖。

分布：野生资源分布于宁夏贺兰山、原州区、彭阳县、西吉县等地，宁夏各地均有栽培。

保护利用现状：部分野生资源得到保护，宁夏广泛用于生态防护、道路绿化和城市绿化。

开发利用前景：用材、绿化和防护树种，也可做栽培梨品种的砧木，树皮可提取栲胶并入药。

褐　梨 *Pyrus phaeocarpa* 蔷薇科 Rosaceae　梨属 *Pyrus*

形态特征：乔木，高5~8 m。小枝幼时具白色茸毛，2年生枝紫褐色，无毛。冬芽长卵形，先端圆钝，鳞片边缘具茸毛。叶片椭圆状卵形至长卵形，长6~10 cm，宽3.5~5.5 cm，先端具长渐尖头，基部宽楔形，边缘有尖锐锯齿，齿尖向外，幼时有稀疏茸毛。伞形总状花序，有花5~8朵；花瓣卵形，白色。果实球形或卵形，直径2~2.5 cm，褐色，有斑点，萼片脱落。花期5月，果期8—9月。

生活习性：喜光，抗旱，抗寒，耐瘠薄。播种繁殖。

分布：野生资源分布于宁夏隆德县和彭阳县，中宁县有栽培。

保护利用现状：宁夏少量用于生态防护和城市绿化。

开发利用前景：用材、绿化和防护树种，也可做栽培梨品种的砧木，果实可入药。

新疆野苹果 *Malus sieversii* 蔷薇科 Rosaceae 苹果属 *Malus*

形态特征：小乔木，高达15 m。树冠开阔，树皮暗灰色。嫩枝有短茸毛。叶片阔披针形或长圆状椭圆形，边缘具钝锯齿。伞房花序，花瓣粉白色。果实变异类型较多，有绿球果、黄球果、红球果、绿长果、黄长果和红长果等80多个野生类型。果肉也有红色、黄绿色或白色等多种类型，味涩、甜，一般不宜鲜食。花期5月，果期7—9月。

生活习性：适应性强，耐寒力中等，耐旱力强，丰产。播种繁殖。

分布：宁夏惠农区和中宁县有栽培。

保护利用现状：宁夏广泛用作苹果品种的砧木，用于园林绿化。

开发利用前景：主要用作苹果品种的砧木和育种材料。

山荆子 *Malus baccata* 蔷薇科 Rosaceae 苹果属 *Malus*

形态特征：乔木，高4~5 m，最高10 m 以上。树皮灰褐色，光滑，不易开裂。新梢黄褐色，无毛；嫩梢绿色，微带红褐色。叶片椭圆形，先端渐尖，基部楔形，叶缘锯齿细锐。伞形总状花序，花白色。果近球形，红色或黄色，萼片脱落，萼洼有圆形锈斑。花期4—6月，果期9—10月。

生活习性：喜光，抗旱，抗寒，耐瘠薄。播种繁殖。

分布：野生资源分布于宁夏六盘山和南华山，兴庆区、隆德县、泾源县、西吉县、原州区、泾源县等地有栽培。分布于我国辽宁、吉林、黑龙江、内蒙古、宁夏、河北、山西、山东、陕西、甘肃等省（区）。

保护利用现状：宁夏用作苹果品种的砧木。

开发利用前景：用材、绿化树种，还可用作苹果品种的砧木，嫩叶可代茶，还可用作家畜饲料。

毛山荆子 *Malus mandshurica* 蔷薇科 Rosaceae 苹果属 *Malus*

形态特征：乔木。单叶互生，具疏短柔毛，叶片卵形、椭圆形至倒卵形，先端急尖或渐尖，基部楔形或近圆形，边缘有细锯齿，基部锯齿浅钝，近全缘。花两性，伞形花序，具花3~6朵，无总梗，集生在小枝顶端，花白色，花瓣5，长卵形。梨果椭圆形或倒卵形，红色，萼片脱落。花期5—6月，果期8—9月。

生活习性：喜光，抗旱，抗寒，耐瘠薄。播种繁殖。

分布：宁夏隆德县、西吉县、彭阳县有栽培。分布于我国东北及内蒙古、山西、陕西、甘肃等省（区）。

保护利用现状：宁夏用作苹果花红品种的砧木。

开发利用前景：用于印刻雕版、细木工、工具把手等；绿化树种；果实、叶、花可入药；作为苹果、海棠和花红品种的砧木。

海棠花 *Malus spectabilis* 蔷薇科 Rosaceae 苹果属 *Malus*

海棠花又称海棠，我国特有的植物，素有“国艳”之誉。

形态特征：乔木，高达8 m。小枝直立，幼时红褐色，被短柔毛，老时脱落。叶片卵形或椭圆形，长1.5~5 cm，宽1~2.5 cm，先端渐尖或圆钝，基部宽楔形或近圆形，边缘具细锯齿，幼时两面被短柔毛，老时仅沿叶脉有毛；叶柄长1~3 cm，密被短柔毛。花数朵簇生，近伞形，花梗长2~4 cm，疏被长柔毛；萼筒被细长柔毛，萼裂片三角状卵形，先端渐尖，稍短于萼筒，外面无毛或近无毛，里面密被白色长柔毛；花瓣椭圆形或宽倒卵圆形，白色或带粉红色；花柱5，稀4，较雄蕊长。果实近球形，黄色，基部不下陷，萼片宿存。花期4—5月，果期8—9月。

生活习性：喜光，耐旱，耐寒，不耐水湿，不耐盐碱。嫁接、播种繁殖。

分布：宁夏兴庆区、大武口区、利通区、同心县、彭阳县、原州区、沙坡头区、中宁县、哈巴湖等地有栽培。产于我国甘肃、河北、山西、陕西、辽宁、山东、江苏、浙江等省。

保护利用现状：宁夏广泛用于城市、园林和矿区绿化。

开发利用前景：制作盆景的材料，城市、园林绿化树种，蜜源植物。

西府海棠 *Malus × micromalus* 蔷薇科 Rosaceae 苹果属 *Malus*

西府海棠又称小果海棠。

形态特征：乔木，树姿直立，主干淡黄色。1年生枝条黄褐色，皮孔小、稀少。叶片中大、绿色，长卵圆形，基部渐狭，叶缘具钝锯齿。花序伞形，单瓣或重瓣，花繁，花蕾淡粉红色，花白色。果实小，扁圆形或近圆形，黄色或红色，萼洼平或略凹，萼片宿存。花期4—5月，果期8—9月。

生活习性：喜光，耐寒，忌水涝，忌空气过湿，较耐干旱。嫁接繁殖。

分布：宁夏各地均有栽培。分布于我国辽宁、河北、山西、山东、陕西、甘肃、云南等省。

保护利用现状：宁夏广泛用于园林绿化。

开发利用前景：城市、园林绿化树种，果实可食用、药用，蜜源植物。

北美海棠 *Malus* 'American' 蔷薇科 Rosaceae 苹果属 *Malus*

形态特征：小乔木，高5~7 m，圆丘状，或整株直立呈垂枝状。分枝多变，互生、直立、悬垂等，无弯曲枝。新干棕红色、黄绿色，老干灰棕色、有光泽，观赏性高。花朵基部合生，白色、粉色、红色，多有香气。果肉质，带有脱落型或不脱落型的花萼，红色、黄色、绿色，有些果实经冬不落。花期4月，果期7—8月。

生活习性：适应性强，喜光，耐寒。嫁接繁殖。

分布：宁夏各地均有栽培。我国各地均有栽培。

保护利用现状：宁夏广泛用于园林绿化。

开发利用前景：城市、园林绿化树种，果实可食用、药用，蜜源植物。

楸　子 *Malus prunifolia* 蔷薇科 Rosaceae　苹果属 *Malus*

楸子又称海棠果。

形态特征：乔木，高3~8 m。小枝粗壮，圆柱形。叶片卵形或椭圆形，幼时密被柔毛，老时脱落。花4~10朵，近似伞形花序，花瓣倒卵形或椭圆形，白色。果实卵形，红色，果梗细长。花期4—5月，果期8—9月。

生活习性：喜光，耐旱，耐盐碱，较耐水湿。播种、嫁接繁殖。

分布：宁夏金凤区和彭阳县有栽培。我国河北、山东、山西、河南、陕西、甘肃、辽宁、内蒙古等省（区）野生或栽培。

保护利用现状：宁夏有少量引种栽培。

开发利用前景：城市、园林绿化树种，果实可食用、药用，蜜源植物，还可以用作苹果和海棠品种的砧木。

陇东海棠 *Malus kansuensis* 蔷薇科 Rosaceae　苹果属 *Malus*

陇东海棠又称甘肃海棠。

形态特征：灌木或小乔木，高3~5 m。小枝粗壮，圆柱形，幼时有短柔毛，不久脱落，老时紫褐色或暗褐色。叶片卵形或宽卵形，长5~8 cm，宽4~6 cm，先端急尖或渐尖，基部圆形或截形。伞形总状花序，具花4~10朵；花瓣宽倒卵形，白色。果实椭圆形或倒卵形，黄红色，有少数石细胞，萼片脱落。花期5—6月，果期7—8月。

生活习性：适应性强，喜光，耐寒，耐旱。嫁接繁殖。

分布：野生资源分布于宁夏六盘山、隆德县、泾源县等地，西吉县、泾源县、彭阳县有栽培。

保护利用现状：部分野生资源得到保护，并少量驯化栽培。

开发利用前景：城市、园林绿化树种，果实可食用、药用，蜜源植物。

八棱海棠 *Malus × robusta* 蔷薇科 Rosaceae 苹果属 *Malus*

形态特征：乔木，主干淡黄色。1年生枝条黄褐色，皮孔中密。叶片中大、绿色，长卵圆形，基部渐狭，叶缘具钝锯齿。花序伞形，单瓣或重瓣，花繁，淡粉红色或白色。果实小，扁圆形或近圆形，红色，果面有5~8明显的棱，萼洼平或略凹，萼片宿存。花期4月至5月初，果期8—10月。

生活习性：适应性强，对干旱和湿涝的耐性中等，耐盐碱力较强。嫁接繁殖。

分布：宁夏灵武市、利通区、原州区、西吉县、隆德县、彭阳县、白芨滩有栽培。我国各地均有栽培。

保护利用现状：广泛用作园林绿化树种和苹果品种砧木。

开发利用前景：城市和园林绿化树种，可做苹果品种砧木，果实可食用、药用，蜜源植物。

花叶海棠 *Malus transitoria* 蔷薇科 Rosaceae 苹果属 *Malus*

形态特征：灌木或小乔木，高2~6 m。小枝细长，幼时生茸毛，老时暗褐色，无毛。芽卵形，先端钝，被毛。叶片卵形或宽卵形，长1.5~4.5 cm，宽1.2~4 cm，先端急尖或稍钝，基部宽楔形、圆形或心形，边缘常5深裂，裂片椭圆形或狭倒卵形，叶缘具细钝锯齿，上面绿色，被短柔毛，下面淡绿色，被短柔毛；叶柄长1~3 cm，密被茸毛；托叶披针形，被茸毛。伞形花序具花5~6朵；花梗长2 cm，被短柔毛；萼筒外面密被茸毛，萼片三角状卵形，稍短于萼筒，里外两面被茸毛；花瓣卵形，先端微凹，基部具爪，白色；雄蕊20，不等长，稍短于花瓣；花柱5，无毛，与雄蕊近等长或稍短。梨果椭圆形，红色，长6~8 mm。花期6月，果期8—9月。

生活习性：抗旱，耐寒，耐盐碱，喜湿润，适应性强。播种繁殖。

分布：野生资源分布于宁夏贺兰山、罗山、南华山、六盘山、西吉县、海原县、彭阳县、原州区等地，西吉县和彭阳县有栽培。

保护利用现状：部分野生资源得到保护，用于园林绿化，做砧木。

开发利用前景：庭院美化树种，可做苹果品种砧木，果实可食用、药用。

垂丝海棠 *Malus halliana* 蔷薇科 *Rosaceae* 苹果属 *Malus*

形态特征：乔木，高达5 m，树冠开展。小枝细弱，微弯曲，圆柱形，初有毛，后脱落，紫色或紫褐色。冬芽卵形，先端渐尖，无毛或仅在鳞片边缘具柔毛，紫色。叶片卵形或椭圆形至长椭圆形，长3.5~8 cm，宽2.5~4.5 cm，先端长渐尖，基部楔形至近圆形，边缘有圆钝细锯齿，上面深绿色，有光泽并常带紫晕。伞房花序，具花4~6朵，花梗细弱，长2~4 cm，下垂，有稀疏柔毛，紫色；花瓣倒卵形，长约1.5 cm，基部有短爪，粉红色，常5数以上。果实梨形或倒卵形，直径6~8 mm，略带紫色。花期3—4月，果期9—10月。

生活习性：喜光，不耐阴，也不耐寒，喜温暖、湿润环境，对土壤要求不严，在微酸性或微碱性土壤上均可生长。扦插、压条、嫁接繁殖。

分布：宁夏金凤区、西夏区、贺兰县、大武口区、平罗县、原州区、泾源县、彭阳县、白芨滩等地有引种栽培。

保护利用现状：宁夏广泛栽培，用于园林绿化。

开发利用前景：园林、庭院美化树种。

绚丽海棠 *Malus* 'Radiant' 蔷薇科 Rosaceae 苹果属 *Malus*

1957年由美国明尼苏达大学培育，是霍巴海棠的实生后代，北京植物园于1990年引进，通过驯化、繁殖，并在我国北方推广。

形态特征：乔木，高4.5~6 m，冠幅6 m。新叶红色，花深粉色，单瓣，直径4~4.5 cm。果亮红色，直径1.2 cm。花期4月中下旬，果熟期6—10月。

生活习性：喜光，耐寒，耐旱，忌水湿。嫁接繁殖。

分布：宁夏金凤区、西夏区、灵武市、大武口区、利通区、同心县、原州区、西吉县、隆德县、彭阳县、中宁县、海原县、白芨滩等地有栽培。原产于美洲，我国华北及辽宁等地有栽培。

保护利用现状：宁夏广泛引种用于园林绿化。

开发利用前景：园林绿化树种。

宝石海棠 *Malus* 'Jewelberry' 蔷薇科 Rosaceae 苹果属 *Malus*

形态特征：小乔木，分枝密，高3 m，冠幅3.5 m。花开前为粉红色，完全开放后为白色，单瓣，小而密集，直径2.6~3.5 cm。果实亮红色，直径1 cm，宿存。花期4月中下旬，果熟期10—12月。

生活习性：喜光，耐寒，耐旱，忌水湿。嫁接、扦插、播种繁殖。

分布：宁夏利通区、同心县、原州区、彭阳县、中宁县等地有栽培。产于我国上海市松江区。

保护利用现状：宁夏多地有栽培。

开发利用前景：庭院观赏、园林绿化树种。

草莓果冻海棠 *Malus* 'Strawberry Parfait' 蔷薇科 Rosaceae 苹果属 *Malus*

草莓果冻海棠由美国人Fiemme培育，北京植物园于1990年引进。

形态特征：乔木，高7.5 m，冠幅7.5 m。新叶红色。花浅粉色，边缘有深粉色晕，单瓣，直径4~4.5 cm。果黄色，带红晕，直径1 cm，果宿存。花期4月中下旬，果熟期7月。

生活习性：喜光，不耐阴，耐寒，耐旱，忌水湿。嫁接繁殖。

分布：宁夏中宁县有少量引种栽培。原产于美国，我国北京、大连、沈阳等地有引种栽培。

保护利用现状：宁夏有零星栽培。

开发利用前景：庭院观赏、行道树种。

道格海棠 *Malus* 'Dolgo' 蔷薇科 Rosaceae 苹果属 *Malus*

1897年，美国南达科他州 Hansen 博士选育了道格海棠，是八棱海棠开放式授粉的实生后代。1923年，道格海棠作为授粉品种被引入我国。

形态特征：乔木，高10~12 m，冠幅8~10 m。花白色，直径4.5~4.8 cm。果实亮红色，直径3.5 cm。花期4月中旬，果熟期9月。

生活习性：喜光，不耐阴，耐寒，耐旱，忌水湿。嫁接繁殖。

分布：宁夏永宁县和平罗县有引种栽培。原产于美国，我国北京、兰州等地有栽培。

保护利用现状：宁夏有少量栽培。

开发利用前景：庭院观赏、行道树种，果实可食用。

红玉海棠 *Malus* 'Red Jade' 蔷薇科 Rosaceae 苹果属 *Malus*

美国布鲁克林植物园于1953年培育，亲本为多花海棠和楸子。

形态特征：小乔木，垂枝形，高3.5 m，冠幅3.5 m。树皮黄绿色，小枝黄色，下垂。花白色至浅粉色。果近球形，亮红色，直径1.2 cm，基部不下洼，萼片宿存；果柄长达4 cm，经冬不落。花期4—5月，果期8月。

生活习性：喜光，耐寒、耐旱，忌水湿。嫁接繁殖。

分布：宁夏彭阳县有栽培。原产于美国，我国北京等地有栽培。

保护利用现状：宁夏有少量栽培。

开发利用前景：观花、观果树种。

火焰海棠 *Malus* 'Flamer' 蔷薇科 Rosaceae 苹果属 *Malus*

美国明尼苏达大学1920年培育。北京植物园于1990年引进。

形态特征：树姿开张，主干灰褐色。1年生枝条黄褐色，皮孔小，中密。叶片中大，绿色，长卵圆形，基部心形，叶缘具单锯齿。花序伞形，单瓣或半重瓣，花繁，鲜红色。果实小，近圆形，深红色，萼洼平或略凹，萼片宿存。4月中旬开花，果实8月中旬转红。

生活习性：喜光，耐寒，耐旱，忌水湿。扦插、压条、嫁接繁殖。

分布：宁夏灵武市有栽培。

保护利用现状：宁夏有少量引种栽培。

开发利用前景：适合孤植或丛植在山石、水边，观果树种。

凯尔斯海棠 *Malus* 'Kelsey' 蔷薇科 Rosaceae 苹果属 *Malus*

凯尔斯海棠是北美海棠的一个品种，从美国引进。

形态特征：小乔木。花重瓣，玫瑰红色，果宿存。花期4月，果熟期8—9月。

生活习性：喜光，耐热，耐寒性强，喜肥，耐瘠薄。嫁接繁殖。

分布：宁夏隆德县有引种栽培。在我国东北、西北、华北、华南均能生长。

保护利用现状：宁夏有少量栽培。

开发利用前景：优良的观赏树种。

王族海棠 *Malus* 'Royalty'　蔷薇科 Rosaceae　苹果属 *Malus*

北美海棠系列品种之一，我国20世纪90年代从美国引进。

形态特征：小乔木，高7~8 m，树冠圆形，向上，冠幅6 m。干皮红棕色，花半重瓣，果深紫色。花期4月下旬，果熟期6—10月。

生活习性：耐寒，耐旱，不耐水湿，对土壤要求不严，耐瘠薄，耐轻度盐碱，在肥厚的砂质壤土中生长最好。嫁接繁殖。

分布：宁夏彭阳县和海原县有栽培。

保护利用现状：宁夏有少量引种栽培。

开发利用前景：优良的观赏树种。

钻石海棠 *Malus* 'Sparkler'　蔷薇科 Rosaceae　苹果属 *Malus*

形态特征：小乔木，侧枝直立。小枝暗紫色，疏被柔毛。新叶紫红色，老叶表面明绿色，背面淡绿色；叶卵圆形，叶基近圆形，顶部渐尖，边缘具锯齿。伞形花序，花蕾紫红色，开放后玫瑰红色，密而直立。果球形，小而繁密，鲜红色，果顶平，果梗直立，萼片宿存，经冬不落。花期4月上中旬，果熟期6—10月。

生活习性：抗病，抗旱，耐瘠薄，生长快。嫁接繁殖。

分布：宁夏大武口区和泾源县有少量栽培。

保护利用现状：宁夏有少量引种栽培。

开发利用前景：观花、观果树种，园林绿化树种。

芭蕾舞海棠 *Malus* 'Ballet'　蔷薇科 Rosaceae　苹果属 *Malus*

形态特征：小乔木，树冠长圆柱形。主干上着生花芽，围绕树干，开花结果。幼叶红色，夏季绿色，秋季红褐色或紫红色。花艳红色，单瓣。果实大，紫红色。花期4月，果期9月。

生活习性：抗逆，耐寒，耐旱，极抗病。嫁接繁殖。

分布：宁夏大武口区有引种栽培。产于我国山东潍坊市。

保护利用现状：宁夏有零星引种栽培。

开发利用前景：观花、观果树种，园林绿化树种。

冬红果海棠 *Malus* 'Donghongguo'　蔷薇科 Rosaceae　苹果属 *Malus*

形态特征：灌木或小乔木，植株矮小。枝条灰褐色。叶片椭圆形至广椭圆形，边缘有圆钝锯齿。伞房花序，花浅粉红色。果实椭圆球形，单果重10~20 g，初为绿色，后逐渐呈黄色，成熟后为鲜红色，表皮光滑，经冬不落，可持续到第二年2—3月。花期4月，果期10月。

生活习性：喜阳光充足和凉爽、干燥的环境，耐寒，怕湿热。嫁接繁殖。

分布：宁夏灵武市、大武口区、利通区、彭阳县、隆德县等地有栽培。

保护利用现状：宁夏各地广泛栽培。

开发利用前景：观花、观果树种，园林绿化树种。

高原之火海棠 *Malus* 'Prairfire'

蔷薇科 Rosaceae　苹果属 *Malus*

形态特征：小乔木，树姿直立，树冠圆形。叶片长椭圆形，先端急尖，锯齿钝，新生叶片亮酒红色，成熟叶片为带有紫晕的橄榄绿色。花蕾深红色，开放后深粉红色，直径3~3.5 cm。果实直径1.1 cm，深红色，秋冬季长时间挂在树上。花期4月，果期7—8月。

生活习性：喜阳光充足和凉爽干燥的环境，耐寒，怕湿热。嫁接繁殖。

分布：宁夏永宁县、中宁县、白芨滩有栽培。原产于美国，我国引进栽培。

保护利用现状：宁夏有少量引种栽培。

开发利用前景：观花、观果树种，园林绿化树种。

红宝石海棠 *Malus × micromalus* 'Ruby'

蔷薇科 Rosaceae　苹果属 *Malus*

形态特征：乔木，高3 m，冠幅3.5 m。树干及主枝直立，小枝纤细。树皮棕红色，块状剥落。叶长椭圆形，先端渐尖，锯齿尖，密被柔毛，新生叶鲜红色，叶面光滑，28~35 d后由红变绿，整个生长季节新叶、老叶红绿交织。伞形总状花序，花蕾粉红色，花瓣粉红色至玫瑰红色，多为5片以上，半重瓣或者重瓣，花瓣较小，初开时皱缩，直径3 cm。果实亮红色，直径7.5 mm，宿存。花期4月中下旬，果熟期8月。

生活习性：适应性强，耐瘠薄，耐轻度盐碱。嫁接繁殖。

分布：宁夏西夏区、金凤区、永宁县、利通区、西吉县、彭阳县、海原县、白芨滩等地有栽培。

保护利用现状：宁夏各地广泛栽培利用。

开发利用前景：观花、观果树种，园林绿化树种。

白兰地海棠 *Malus* 'Branzam'　蔷薇科 Rosaceae　苹果属 *Malus*

形态特征：乔木，主干灰白色。1年生枝条淡紫色。叶片大，绿色，长卵圆形，基部近截形，中部浅裂，叶缘具重锯齿。花序伞形，花重瓣，花繁，深粉红色。果实偏小，扁圆形，鲜红色，萼片宿存。4月中旬开花，果实7月下旬转红。

生活习性：喜光，耐寒，抗病虫害，喜温暖、湿润环境。嫁接繁殖。

分布：宁夏灵武市有少量栽培。

保护利用现状：宁夏有零星引种栽培。

开发利用前景：适用于园林点缀，可以观花、观叶、观果、观赏树干。

大叶北美海棠 *Malus* 'Largeleaf'　蔷薇科 Rosaceae　苹果属 *Malus*

形态特征：乔木，树势强健，树冠开张，主干灰褐色。1年生枝条紫褐色。叶片大，绿色，阔卵圆形，基部心形，叶缘具单粗锯齿。花序伞形，花瓣5，单瓣，花繁，鲜红色。果实小，扁圆形，鲜红色，萼片宿存。4月中旬开花，果实8月中旬转红。

生活习性：喜光，不耐阴，耐寒，耐热，喜温暖、湿润环境。嫁接、扦插、播种繁殖。

分布：宁夏灵武市有少量栽培。

保护利用现状：宁夏有零星引种栽培。

开发利用前景：园林观赏树种。

红巴伦海棠 *Malus* 'Red Barron' 蔷薇科 Rosaceae 苹果属 *Malus*

形态特征：乔木，主干灰褐色。1年生枝条紫褐色，叶大，绿色，阔卵圆形，基部心形，叶缘具单粗锯齿。伞形花序，花瓣5，单瓣，花繁，鲜红色。果实小，扁圆形，鲜红色。4月中旬开花，果实8月中旬转红。

生活习性：适应范围广，无病害。嫁接、扦插、播种繁殖。

分布：宁夏灵武市有引种栽培。

保护利用现状：宁夏有少量引种栽培。

开发利用前景：优良的园林绿化、观赏树种。

皇家雨点海棠 *Malus* 'Royal Raindrops' 蔷薇科 Rosaceae 苹果属 *Malus*

形态特征：小乔木，树势中庸，主干灰褐色。1年生枝条淡褐色，皮孔小而密。叶片中大，绿色，长卵圆形，基部心形，叶缘具单粗锯齿。花序伞形，花瓣5，单瓣，花繁，深红色。果实小，近圆形，鲜红色。4月中旬开花，果实8月中旬转红。

生活习性：喜光，耐寒，抗病能力强。嫁接繁殖。

分布：宁夏灵武市和隆德县有栽培。

保护利用现状：宁夏有零星引种栽培。

开发利用前景：园林绿化、观赏树种。

亚当海棠 *Malus* 'Adams' 蔷薇科 Rosaceae 苹果属 *Malus*

形态特征：乔木，树势中庸，主干暗褐色。1年生枝条黄褐色，皮孔小、稀少。叶片中大，绿色，长卵圆形，基部心形，叶缘具单锯齿。伞形花序，单瓣或半重瓣，花繁，鲜红色。果实小，近圆形，深红色。4月中旬开花，果实8月中旬转红。

生活习性：喜光，不耐阴，耐寒性、耐旱性强，耐瘠薄，忌水湿，在微酸性或微碱性土壤中均可生长。嫁接繁殖。

分布：宁夏灵武市、利通区、白芨滩有引种栽培。

保护利用现状：宁夏有少量引种栽培。

开发利用前景：优良的园林绿化树种。

紫色王子海棠 *Malus* 'Purple Prince' 蔷薇科 Rosaceae 苹果属 *Malus*

形态特征：乔木，主干淡紫色。1年生枝条紫红色，皮孔大、较密。叶片中大，绿色，长卵圆形，基部渐狭，叶缘具尖锯齿。伞形花序，单瓣或半重瓣，花繁，紫红色。果实小，圆形，紫红色。4月中旬开花，果实8月中下旬转紫。

生活习性：耐旱，耐热，无病虫害。嫁接、扦插、播种繁殖。

分布：宁夏灵武市、惠农区、利通区、海原县、白芨滩等地有引种栽培。产于我国山东省临沂市河东区汤河镇。

保护利用现状：宁夏广泛栽培利用。

开发利用前景：优良的园林绿化和观赏树种。

宁夏引种栽培的海棠品种还有哨兵海棠、红丽海棠、罗宾逊海棠。

苹　果 *Malus pumila*　蔷薇科 Rosaceae　苹果属 *Malus*

形态特征：乔木，高10~15 m。幼枝粗壮，密被茸毛，老枝紫褐色，无毛。芽卵形，密被短茸毛。叶片椭圆形、宽椭圆形或卵圆形，长2~6 cm，宽1.5~4 cm，先端急尖，基部宽楔形或近圆形，边缘具圆钝齿或重锯齿。伞形花序具花3~7朵，花梗长1~2 cm，花梗与花萼均被茸毛；花瓣倒卵圆形或椭圆形，白色具红晕；雄蕊约20，不等长，短于花瓣；花柱5，较雄蕊长。果实扁圆形或圆形，径2 cm以上，梗洼与萼洼均下陷，萼裂片宿存。花期5月，果期8—10月。

生活习性：喜冷凉、干燥气候，耐寒，不耐湿热。嫁接繁殖。

分布：宁夏各地均有栽培。

保护利用现状：宁夏普遍栽培。

开发利用前景：果实可鲜食，也可入药。

金　冠 Golden Delicious　蔷薇科 Rosaceae　苹果属 *Malus*

金冠又名金帅、黄元帅、黄香蕉等。1914年在美国被发现，为偶然实生树，1932年被引入我国河北昌黎。2008年经宁夏林木品种审定委员会审定为宁夏良种。

形态特征：树势强健，树姿半开张。果实圆锥形或短圆锥形，整齐均匀，平均单果重170 g。果皮薄，金黄色。果肉乳白色，肉细汁多，酸甜适中，味芳香，品质上等。花期4—5月，果实9月中旬成熟。

生活习性：喜光，耐旱，耐盐碱，进入结果期早，易丰产，果实耐贮存。嫁接繁殖。

分布：宁夏兴庆区、金凤区、西夏区、永宁县、贺兰县、灵武市、惠农区、平罗县、利通区、同心县、青铜峡市、沙坡头区、中宁县、海原县等地均有栽培。

保护利用现状：宁夏各地普遍栽培，利通区引进有荷兰金冠品种。

开发利用前景：用作苹果品种砧木，果实可食用。

小国光 Ralls 蔷薇科 Rosaceae 苹果属 *Malus*

美国古老品种，1872年被引入日本，1905年被引入我国辽宁南部。

形态特征：乔木，树势强健。果实扁圆形或圆形，果实小，单果重100~140 g。果面底色黄绿，向阳面暗红色并有条纹。果肉黄白色，质脆致密、中粗，汁液多，甜酸味浓，品质中等。花期4月，果熟期10月上中旬。

生活习性：抗旱，适应性强，抗寒性较强，丰产，耐贮存，萌芽率、成枝力低，花期晚，可避开晚霜冻。嫁接繁殖。

分布：宁夏西夏区、永宁县、灵武市、大武口区、惠农区、平罗县、同心县、利通区、青铜峡市、彭阳县、沙坡头区、海原县、中宁县、白芨滩等地均有栽培。

保护利用现状：宁夏各地普遍栽培。

开发利用前景：果实鲜食、榨汁。

大国光 Giant Jeniton 蔷薇科 Rosaceae 苹果属 *Malus*

大国光为日本青森县一株国光苹果树的芽变品种，1919年被引入我国。宁夏灵武园艺试验场于1952年自西北农学院引进该品种。

形态特征：乔木，树势强健，生长迅速。果实较大，单果重170~180 g，扁圆形，果面有5棱。果面底色黄绿，全面着鲜红霞和断续红条纹。果皮薄，果肉黄白色，质地细脆，汁液多，味酸甜，品质中等。花期4月，果期10月。

生活习性：易得苦痘病、腐烂病，抗寒力弱，贮藏期短。嫁接繁殖。

分布：宁夏灵武市、青铜峡市、中宁县等地有栽培。

保护利用现状：宁夏有少量栽培。

开发利用前景：果实鲜食、榨汁。

甜国光 Tianguoguang 蔷薇科 Rosaceae 苹果属 *Malus*

宁夏灵武园艺试验场魏象庭、张一鸣等于1960年从播种的国光自然授粉种子的实生苗中选出。

形态特征：乔木，树势旺盛。果实扁圆形，单果重130~150g。果面底色黄绿，向阳面暗红色或有红条纹。果肉黄白色，松脆多汁，味纯甜，品质中等。花期4月，果实10月上旬成熟。

生活习性：萌芽力强，成枝力弱，进入结果期较晚，可贮藏2个月，贮藏期易得苦痘病。嫁接繁殖。

分布：宁夏灵武市和青铜峡市有栽培。

保护利用现状：宁夏有少量栽培。

开发利用前景：果实鲜食，或制果汁、果酱等。

秀水国光 Xiushui Guoguang 蔷薇科 Rosaceae 苹果属 *Malus*

章丘果树站与山东省果树研究所、山东农业大学共同选育出的一个国光自然杂交实生种。宁夏灵武园艺试验场于2012年自山东省果树研究所引进。

形态特征：乔木，树势中庸，树姿开张。果实个头中等，整齐度高。果面底色绿黄，全面暗红霞，果粉厚。果肉淡黄色，肉质细而致密，汁液多，味微酸，稍有芳香。花期4月，果实10月上旬成熟。

生活习性：晚熟，优质，耐贮运。嫁接繁殖。

分布：宁夏灵武市有栽培。分布于我国山东、陕西、河北、辽宁等省。

保护利用现状：宁夏有少量引种栽培。

开发利用前景：果实鲜食，或制果脯、果汁、果酱、罐头等。

宁金富 *Malus pumila* 'NingJinFu' 蔷薇科 Rosaceae 苹果属 *Malus*

宁夏农林科学院园艺研究所杂交选育的苹果品种，2008年经宁夏林木品种审定委员会审定为地方良种。

形态特征：乔木，树势强健，树姿开张。果实较大，平均单果重200 g，圆锥形或短圆锥形，果形端正。果实全面红色，具条纹，有光泽。果肉乳黄色，肉质细、紧、脆，汁多味浓，酸甜适口，品质上等。花期4月，果实10月上旬成熟。

生活习性：耐寒，果实耐贮藏，连续结果能力强，产量稳定。嫁接繁殖。

分布：宁夏灵武市和彭阳县有栽培。

保护利用现状：宁夏有少量栽培。

开发利用前景：果实鲜食。

宁　秋 *Malus pumila* 'Ning Qiu' 蔷薇科 Rosaceae 苹果属 *Malus*

宁夏农林科学院园艺研究所杂交选育的苹果品种，2005年经宁夏林木品种审定委员会审定为地方良种。

形态特征：乔木，树姿较开张。新梢淡绿褐色。叶片长卵圆形，渐尖；叶缘波状，具复钝锯齿；叶深绿色，具光泽。果实卵圆形或圆形，平均单果重150 g。果面底色淡黄绿，向阳面红色，具断续红条纹。果肉淡黄白色，质细、紧脆，汁液多，酸甜适口，具香气，品质上等。4月下旬开花，果实8月中旬成熟。

生活习性：抗寒，早熟，在室温下能贮存30 d左右。嫁接繁殖。

分布：宁夏兴庆区、灵武市、青铜峡市、海原县等地有栽培。

保护利用现状：宁夏部分地区有引种栽培。

开发利用前景：果实鲜食。

烟富 2 号 *Malus pumila* 'Yanfu 2'

蔷薇科 Rosaceae　苹果属 *Malus*

形态特征：乔木。果实大，单果重250~304 g。果实圆形至近长圆形，果形端正，果形指数0.85~0.89。果肉淡黄色，肉质脆，汁液多，味香甜。果面片红，全红果比例74%~76%，色泽艳丽。花期4月，果期10月。

生活习性：嫁接繁殖。

分布：宁夏中宁县有引种栽培。

保护利用现状：宁夏有少量栽培。

开发利用前景：果实鲜食。

烟富 3 号 *Malus pumila* 'Yanfu 3'

蔷薇科 Rosaceae　苹果属 *Malus*

形态特征：乔木，树势强健。果实圆形或长圆形，果形端正，单果重245~314 g。4月中旬开始萌芽，5月初开花，果熟期10月中旬。

生活习性：结果早，坐果率高，丰产性好，耐储存，以短果枝结果为主，有腋花芽结果习性。嫁接繁殖。

分布：宁夏中宁县、灵武市、平罗县、青铜峡市、彭阳县、沙坡头区等地引种栽培。

保护利用现状：宁夏各地普遍栽培。

开发利用前景：果实鲜食。

烟富6号 *Malus pumila* 'Yanfu 6' 蔷薇科 Rosaceae 苹果属 *Malus*

烟台市果树工作站从惠民短枝富士中选出的富士短枝优系，2007年通过山东省农作物品种审定委员会审定。

形态特征：乔木，树冠紧凑。果实大，易着色，全红果比例高，果面光洁，果皮较厚。果肉淡黄色，致密硬脆，汁多，味甜，品质上等。花期4月，果实10月上中旬成熟。

生活习性：丰产性好，短枝性状稳定。嫁接繁殖。

分布：宁夏灵武市、兴庆区、贺兰县、平罗县、彭阳县、中宁县、白芨滩等地有栽培。

保护利用现状：宁夏各地普遍栽培。

开发利用前景：果实鲜食。

烟富7号 *Malus pumila* 'Yanfu 7' 蔷薇科 Rosaceae 苹果属 *Malus*

形态特征：乔木，树冠紧凑。果实长圆形，果形指数0.89，平均单果重265 g。果面光洁，底色淡绿，着色快，片红。果肉淡黄色，肉质细脆，汁多，可溶性固形物含量14.7%。花期4月，果实10月底成熟。

生活习性：丰产、果大，品质好。嫁接繁殖。

分布：宁夏彭阳县和中宁县有栽培。

保护利用现状：宁夏有少量引种栽培。

开发利用前景：果实鲜食。

烟富 8 号 ***Malus pumila* 'Yanfu 8'** 蔷薇科 Rosaceae 苹果属 *Malus*

烟台现代果业科学研究院从烟富3号中选育的红色芽变苹果品种。

形态特征：乔木。上色速度快，果实全面浓红色，色泽艳丽。果实大，平均单果重210g。品质同烟富3号。花期4月，果实10月上中旬成熟。

生活习性：丰产、果大，品质好。嫁接繁殖。

分布：宁夏西夏区、贺兰县、灵武市、彭阳县、沙坡头区、中宁县等地有栽培。

保护利用现状：宁夏广泛栽培。

开发利用前景：果实鲜食。

烟富 10 号 ***Malus pumila* 'Yanfu10'** 蔷薇科 Rosaceae 苹果属 *Malus*

烟台现代果业科学研究院从烟富3号中选育的芽变苹果品种。2012年通过山东省农作物品种审定委员会审定。

形态特征：乔木，树姿半开张，枝条粗壮。果实浓红色。果肉淡黄色，肉质脆，汁液多，味香甜，品质上。

生活习性：丰产，耐贮存，干性较强，萌芽率高，成枝力较强。嫁接繁殖。

分布：宁夏金凤区、青铜峡市、隆德县、彭阳县、沙坡头区、中宁县、白芨滩等地有栽培。

保护利用现状：宁夏各地广泛栽培。

开发利用前景：果实鲜食。

青　富 *Malus pumila* 'Qingfu'　蔷薇科 Rosaceae　苹果属 *Malus*

生活习性：嫁接繁殖。

分布：宁夏兴庆区、西夏区、金凤区、永宁县、贺兰县、彭阳县等地有栽培。

保护利用现状：宁夏各地广泛栽培。

开发利用前景：果实鲜食。

青富 13 号 *Malus pumila* 'Qingfu 13'　蔷薇科 Rosaceae　苹果属 *Malus*

日本青森县选出的着色系富士。宁夏灵武园艺试验场于1981年从中国农业科学院果树研究所引进。

形态特征：乔木，树势中庸，较开张。果实近圆形，果面有鲜红色条纹，全面着色。果肉乳黄色，肉质细、紧、脆，酸甜适口，有香气。花期4月，果实10月上中旬成熟。

生活习性：晚熟，适应性强。嫁接繁殖。

分布：宁夏灵武市和兴庆区有栽培。

保护利用现状：宁夏有少量引种栽培。

开发利用前景：果实鲜食，或制果脯、果汁、果酱、罐头等。

红元帅 Red delicious apple 蔷薇科 Rosaceae 苹果属 *Malus*

美国品种，1881年在美国发现的偶然实生树，1912年由日本引入我国辽宁省。

形态特征：乔木，树势强健，树姿直立。果实大，单果重160~200 g。果实圆锥形或短圆锥形，顶部5棱突起。果面鲜红色或具红色断续条纹，具有香气。果肉松脆，品质上等。花期4月，果实9月中下旬成熟。

生活习性：进入结果期晚，成枝力强，耐贮性较差，20 d后沙化。嫁接繁殖。

分布：宁夏兴庆区、西夏区、贺兰县、灵武市、大武口区、平罗县、利通区、同心县、青铜峡市、彭阳县、中宁县、海原县、白芨滩等地有栽培。

保护利用现状：宁夏各地广泛栽培。

开发利用前景：果实鲜食。

乔纳金 Joan gold 蔷薇科 Rosaceae 苹果属 *Malus*

乔纳金为1943年美国人工杂交育成的苹果品种，亲本为金冠、红玉，三倍体品种，1979年引入我国。

形态特征：乔木，树势强。果实圆形或短圆锥形，果实大，单果重250 g左右。果面鲜红色。果肉淡黄色，肉质细脆，汁液多，甜酸适口，品质中上。花期4月，果实9月中下旬成熟。

生活习性：以中、短枝结果为主，有腋花芽结果习性，结果早，丰产，不耐贮藏，贮藏后易得苦痘病。嫁接繁殖。

分布：宁夏兴庆区、西夏区、灵武市、大武口区、利通区、中宁县、沙坡头区、白芨滩等地有栽培。

保护利用现状：宁夏各地广泛栽培。

开发利用前景：果实鲜食、榨汁。

嘎　啦 Gala 蔷薇科 Rosaceae　苹果属 *Malus*

形态特征：乔木。果实中等大，单果重180~200 g，短圆锥形。果面金黄色，向阳面具浅红晕，有红色断续宽条纹。果实端正美观，果顶有5棱，果梗细长，果皮薄，有光泽。果肉浅黄色，肉质致密、细脆，汁多，味甜微酸，品质上。花期4月，果期9月。

生活习性：幼树结果早，坐果率高，丰产稳产，较耐贮藏。嫁接繁殖。

分布：宁夏兴庆区、西夏区、永宁县、贺兰县、灵武市、利通区、青铜峡市、彭阳县、中宁县、沙坡头区等地有栽培。原产自新西兰，我国引进栽培。

保护利用现状：宁夏各地广泛栽培。

开发利用前景：果实鲜食。

皇家嘎啦 Royal Gala 蔷薇科 Rosaceae　苹果属 *Malus*

新西兰杂交育成的嘎啦着色系芽变品种。我国于1980年引进，1998年通过陕西省农作物品种审定委员会审定。2009年经新疆林木品种审定委员会审定为新疆林木良种"皇家嘎啦"。

形态特征：乔木，树势强。果实卵圆形或圆锥形，果面光洁，无果锈。果皮薄，果肉淡黄色，肉质较硬，多汁，味酸甜，有香气。果底黄绿色，全面着鲜红霞。花期4月，果实8月中下旬成熟。

生活习性：易成花，结果力强，丰产，抗早期落叶病强。嫁接繁殖。

分布：宁夏灵武市和海原县有栽培。我国山东、陕西、新疆等省（区）亦有栽培。

保护利用现状：宁夏有少量引种栽培。

开发利用前景：果实鲜食，或制果脯、果汁、果酱、罐头等。

宁夏灵武市引种栽培有太平洋嘎啦。

秦　冠 Qinguan 蔷薇科 Rosaceae　苹果属 *Malus*

由西北农业科学研究所于1957年人工杂交育成，亲本为金冠与鸡冠。

形态特征：乔木，树势强健，树姿开张。果实短圆锥形，整齐、端正，单果重160~180 g。底色黄绿，向阳面着浓红霞。果肉黄白色，肉质中粗、紧韧，味酸甜，品质中。花期4月，果实9月底10月上旬成熟。

生活习性：成枝力强，萌芽力中等，抗寒力中等，结果早，丰产，耐储藏。幼树有抽干现象，大冻年份有冻花芽现象。嫁接繁殖。

分布：宁夏兴庆区、金凤区、西夏区、贺兰县、灵武市、平罗县、利通区、青铜峡市、彭阳县、沙坡头区、中宁县、海原县、白芨滩等地有栽培。

保护利用现状：宁夏各地广泛栽培。

开发利用前景：果实鲜食。

新红星 Starkrimson 蔷薇科 Rosaceae　苹果属 *Malus*

美国品种，为元帅系第三代芽变品种，1964年引入我国。

形态特征：乔木，短枝型品种，树姿直立，树冠小。新梢节间短，叶浓绿色，狭长。果实圆锥形，5棱突出，平均单果重180 g，底色黄绿，果面浓红色，有光泽。果皮厚而韧，果肉黄白色，肉质松脆、汁多，有香气。花期4月，果实9月中下旬成熟。

生活习性：结果早，以短果枝结果为主，坐果率高，贮藏性好于红星、元帅。嫁接繁殖。

分布：宁夏兴庆区、西夏区、平罗县、灵武市、惠农区、利通区、同心县、沙坡头区、海原县、中宁县、白芨滩等地有栽培。

保护利用现状：宁夏各地广泛栽培。

开发利用前景：果实鲜食。

澳洲青苹 Granny Smith 蔷薇科 Rosaceae 苹果属 *Malus*

澳洲青苹又称史密斯，为澳大利亚在19世纪中叶发现的偶然实生树，1974年由阿尔巴尼亚引入我国。

形态特征：乔木。果实圆锥形或短圆锥形，果较大，平均单果重160 g，大小较整齐。果面青绿色，散布白色较大果点。个别果实向阳面有少量红晕，果皮稍厚，果面光洁。果肉白色，肉质中粗、致密、硬脆，汁多，味酸。花期4月，果实10月上中旬成熟。

生活习性：果实极耐储藏。嫁接繁殖。

分布：宁夏兴庆区、灵武市、利通区、中宁县等地有栽培。

保护利用现状：宁夏各地广泛栽培。

开发利用前景：果实主要榨汁。

华　硕 Huashuo 蔷薇科 Rosaceae 苹果属 *Malus*

由中国农业科学院郑州果树研究所用美国八号与华冠人工杂交选育而成，2015年通过国家林业局品种审定。

形态特征：乔木。果实圆锥形，底色黄绿，向阳面鲜红色。果大，平均单果重180 g。酸甜适度，硬脆，有淡香味，品质上等。花期4月，果实8月中旬成熟。

生活习性：适应性、抗逆性强，早熟，室温条件下可贮藏30 d左右。嫁接繁殖。

分布：宁夏灵武市、沙坡头区、中宁县有栽培。

保护利用现状：宁夏有少量引种栽培。

开发利用前景：果实鲜食。

金夏红 Jinxiahong

蔷薇科 Rosaceae　苹果属 *Malus*

由山西省农业科学院现代农业研究中心用阿肯色早红与爱丽丝人工杂交育成。

形态特征：乔木，树势强，成枝力中等。叶片长卵形，具复锯齿。初果期以腋花芽结果为主，盛果期以短果枝结果为主。果实大，圆锥形，果皮较薄，果实全面着鲜红色。果肉黄白色，细、脆、汁多，味甜酸，品质中上。花期4月，果实7月中下旬成熟。

生活习性：结果早，成熟期早，常温下可储藏7~10 d。嫁接繁殖。

分布：宁夏灵武市有少量栽培。

保护利用现状：宁夏有少量引种栽培。

开发利用前景：果实鲜食。

蜜　脆 Honeycrisp

蔷薇科 Rosaceae　苹果属 *Malus*

由美国明尼苏达大学杂交选育的品种。

形态特征：乔木，树势中庸，树姿开张。果实圆锥形，果形指数0.88，果大，平均单果重300 g。果点小、密，果皮薄、光滑，有光泽，蜡质。果实底色黄，果面着鲜红色，条红或片红，色泽艳丽。果肉乳白色，甜酸可口，有蜂蜜味，质地极脆但不硬，汁液多，香气浓郁，口感特别好，可溶性固形物含量15%。花期4月，果熟期9月中旬。

生活习性：抗寒性强，不耐瘠薄，果实极耐贮藏，常温下可放3个月。嫁接繁殖。

分布：宁夏贺兰县、彭阳县、隆德县、沙坡头区、中宁县等地有栽培。

保护利用现状：宁夏各地广泛栽培。

开发利用前景：果实鲜食。

王　林 Orin

蔷薇科 Rosaceae　苹果属 *Malus*

日本品种，由金冠与印度人工杂交选育而成，1978年引入我国。

形态特征：乔木，树势较强，树姿直立，树冠紧凑。果实卵圆形，平均单果重160 g。果面黄绿色或绿黄色，果皮较薄。果肉乳白色，肉质细脆，汁多，味香甜。花期4月，果实9月下旬成熟。

生活习性：耐贮藏，结果力强，落果少，丰产，萌芽力中等，成枝力强，结果早，长、中、短果枝均有结果能力。嫁接繁殖。

分布：宁夏灵武市、中宁县、海原县有栽培。

保护利用现状：宁夏有少量栽培。

开发利用前景：果实鲜食。

津　轻 Tsugaru

蔷薇科 Rosaceae　苹果属 *Malus*

日本从金冠的实生后代中选育的品种，1975年引入我国。

形态特征：乔木。果实扁圆形或短圆锥形，平均单果重150 g。果实底色黄绿，果面被红色条纹。果肉黄白色，多汁，酸甜适口，品质中上。花期4月，果实8月底9月初成熟。

生活习性：萌芽率高，成枝力强，果实不耐储藏。嫁接繁殖。

分布：宁夏灵武市和海原县有栽培。

保护利用现状：宁夏有少量栽培。

开发利用前景：果实鲜食。

金　丰 Jinfeng

蔷薇科 Rosaceae　苹果属 *Malus*

河北省农林科学院昌黎果树研究所1950年用金冠与红星人工杂交育成的品种。

形态特征：乔木，树势强，树姿开张。叶片大，圆形或椭圆形，具单锐锯齿。果实大，短圆锥形，平均单果重180 g。果面光滑，底色黄，向阳面微具红晕。果肉乳黄色，质地较脆，汁液少，甘甜，无酸味，品质中上等。花期4月，果实9月中上旬成熟。

生活习性：抗寒，成枝力强，进入结果期晚，以中短果枝结果为主，不耐储藏。嫁接繁殖。

分布：宁夏灵武市和中宁县有栽培。

保护利用现状：宁夏有少量栽培。

开发利用前景：果实鲜食。

胜　利

蔷薇科 Rosaceae　苹果属 *Malus*

由河北省农林科学院昌黎果树研究所用青香蕉与倭锦杂交育成，1950年杂交，1969年命名。宁夏灵武园艺试验场1968年引进该品种。

形态特征：乔木。果实短圆锥形或圆形，平均单果重150 g。果实底色黄绿，向阳面具红色条纹。果皮蜡质少，略粗糙。果肉乳黄色，肉质细密而脆。果熟期9月下旬。

生活习性：果实可贮藏4个月，树体抗寒力较差，幼树有抽干现象，结果晚，产量不稳定。嫁接繁殖。

分布：宁夏灵武市有栽培。

保护利用现状：宁夏有零星栽培。

开发利用前景：果实鲜食。

红　玉 Jonathan

蔷薇科 Rosaceae　苹果属 *Malus*

美国品种，20世纪传入我国辽东半岛，宁夏灵武园艺试验场1951年自陕西武功引进。

形态特征：乔木，干性较弱，树姿开张，结果部位易外移，膛易光秃。叶片中大，深绿色。果实扁圆形，纵径5.6 cm，横径6.6 cm，顶部稍狭。果实中大，平均单果重145 g。底色黄绿，向阳面浓红色，充分着色者可全面浓红色。果肉黄白色，肉质致密而脆，汁液多。初采时酸味较大，贮藏后酸味减少，品质中等。花期4月，果熟期9月上旬。

生活习性：萌芽率高，成枝力强，进入结果期较早，果实抗病能力较差，易感斑点落叶病、腐烂病、白粉病等，贮藏期间易发生虎皮病及苦痘病。适应性较强，山地、滩地均能生长良好。嫁接繁殖。

分布：宁夏灵武市有栽培。

保护利用现状：宁夏有引种栽培。

开发利用前景：优良的授粉品种。

青香蕉 White Winter Pearmain

蔷薇科 Rosaceae　苹果属 *Malus*

青香蕉又称香蕉苹果，为美国的一个古老品种，19世纪后叶被引入我国山东烟台。

形态特征：乔木。果实卵圆形或短圆锥形，中等大小，平均单果重170 g，大小整齐。果面淡白绿色，向阳面常有少量浅红晕，果肩倾斜，果面光洁。果肉黄白色，肉质中粗、致密，味甜微酸，有较浓的香气，品质上等。花期4月，果实10月上中旬成熟。

生活习性：果实耐储藏，可存放到翌年3—4月。嫁接繁殖。

分布：宁夏灵武市有栽培。

保护利用现状：宁夏有少量栽培。

开发利用前景：果实鲜食。

北　斗 Hokuto 蔷薇科 Rosaceae　苹果属 *Malus*

日本1970年用富士与陆奥杂交育成。

形态特征：乔木，树姿较开张。当年生枝条赤褐色，枝条表面被较浓白色茸毛。叶片厚、大、突尖，叶背茸毛较多。果实圆形或扁圆形，果大，单果重300 g以上。果面淡黄色。套袋果果面光滑，色泽鲜艳。果肉淡黄色，较红富士稍松，香味浓，可溶性固形物含量16.3%。

生活习性：三倍体品种，不能自花授粉，栽培建园时，需配置授粉树。嫁接繁殖。

分布：宁夏灵武市、西夏区、中宁县等地有栽培。

保护利用现状：宁夏有少量栽培。

开发利用前景：果实鲜食。

葵　花 蔷薇科 Rosaceae　苹果属 *Malus*

河北省农林科学院昌黎果树研究所用金冠与红星人工杂交育成，1950年杂交，1969年命名。宁夏灵武园艺试验场1968年引进该品种。

形态特征：乔木，树势强，树姿开张。定植后4年结果，以短果枝结果为主。果实短圆锥形或扁圆形，平均单果重170 g。底色绿黄，向阳面有红色晕，果面光滑。果肉细、松脆，多汁，味酸甜，香气浓。花期4月，果实9月底采收。

生活习性：萌芽力、成枝力较强，较丰产；大量结果后树体易得腐烂病；果实耐贮存，可贮藏5个多月。嫁接繁殖。

分布：宁夏兴庆区、灵武市、平罗县等地有栽培。

保护利用现状：宁夏有少量栽培。

开发利用前景：果实鲜食。

红矮生 Red Spur Delicious 蔷薇科 Rosaceae 苹果属 *Malus*

元帅系第四代芽变品种，是美国发现的新红星枝变品种。我国1976年从加拿大引入，宁夏灵武园艺试验场1985年从中国农业科学院果树研究所引进该品种。

形态特征：乔木，幼树直立，长势中等，短枝型品种，树冠紧凑。果实短圆锥形，果顶5棱明显，果形端正，单果重160~180 g。果实着色较其他元帅系品种早，底色黄绿，果面全面浓红色，色泽艳丽。果肉乳白色，肉质细、松脆，汁液多，味甜或酸甜适中，香气浓。花期4月，果实9月中旬成熟。

生活习性：适于密植，较丰产，抗逆性、适应性较强；贮藏性较差，室温下可贮存1个月。嫁接繁殖。

分布：宁夏灵武市、金凤区、利通区、海原县、白芨滩等地有栽培。

保护利用现状：宁夏有栽培。

开发利用前景：果实鲜食。

早生旭 Early Mclntosh 蔷薇科 Rosaceae 苹果属 *Malus*

美国品种，1909年人工杂交育成，1935年引入我国，宁夏1952年自西北农学院引进该品种。

形态特征：乔木，树势强，树姿较直立。果实扁圆形，平均单果重112 g。底色绿黄，向阳面具红色条纹。果肉白色，肉质细脆，味酸稍甜，品质中等。花期4月，果实7月中旬成熟。

生活习性：抗寒力强。嫁接繁殖。

分布：宁夏灵武市有少量栽培。

保护利用现状：宁夏有栽培。

开发利用前景：果实鲜食。

华　冠　蔷薇科 Rosaceae　苹果属 *Malus*

中国农业科学院郑州果树研究所1976年用金冠与富士杂交选育而成，1994年被河南审定为良种，宁夏灵武园艺试验场1994年从郑州果树研究所引进。

形态特征：乔木，树势强健，树冠开张。果实圆锥形，中等大小，单果重130~170 g。果实底色黄绿，果面有红色连续条纹，果面光洁。果皮厚而韧。果肉淡黄色，肉质致密而脆，汁多，酸甜适中，品质中上等。花期4月，果实9月中下旬成熟。

生活习性：结果早，丰产稳产，适应性好，抗逆性强；果实耐储藏，可储藏4个月。嫁接繁殖。

分布：宁夏灵武市和兴庆区有栽培。

保护利用现状：宁夏有栽培。

开发利用前景：果实鲜食。

迎　秋　蔷薇科 Rosaceae　苹果属 *Malus*

辽宁果树科学研究所用红玉与祝光人工杂交培育而成。宁夏灵武园艺试验场1970年引进该品种。

形态特征：乔木，树冠中大，树姿开张。果实中等大小，平均单果重120 g。果实短圆锥形。果皮底色黄绿，果面着红霞。果肉黄白色，质地松软稍脆，味偏酸，品质中等。花期4月，果实8月下旬成熟。

生活习性：萌芽力、成枝力强，结果早，抗腐烂病，果实可贮藏20 d。嫁接繁殖。

分布：宁夏灵武市有栽培。

保护利用现状：宁夏有少量栽培。

开发利用前景：果实鲜食。

红将军 Beni Shogun

蔷薇科 Rosaceae 苹果属 *Malus*

红将军又称红王将、早富士。日本于1982年选出的富士着色系早熟芽变品种。1988年引入我国，宁夏灵武园艺试验场1991年从日本引进该品种。

形态特征：乔木，树势中庸，树姿开张。果实近圆形，平均单果重180 g。果实底色黄绿，全面着鲜红色，果面光洁，蜡质中多，果点小。果肉黄白色，肉质细脆爽口，汁液多，味酸甜，有香气，品质上等。花期4月，果实9月上中旬成熟。

生活习性：萌芽力、成枝力均强，丰产性好。嫁接繁殖。

分布：宁夏灵武市、兴庆区、贺兰县、利通区、青铜峡市、沙坡头区、海原县等地有栽培。

保护利用现状：宁夏部分地区有栽培。

开发利用前景：果实鲜食。

赤 阳 Rainier

蔷薇科 Rosaceae 苹果属 *Malus*

1915年在美国华盛顿州发现的实生苗，1935年引入我国辽宁南部。1952年宁夏灵武园艺试验场从西北农学院引进该品种。

形态特征：乔木，树势强。果实中等大小，平均单果重160 g。果实短圆锥形，果面具红晕或红条纹。果肉黄白色，汁液中等，味酸甜适中，品质中等。花期4月，果实10月上旬成熟。

生活习性：成枝力、萌芽力中等，进入结果期较早，贮藏期3个月左右，果实易得糖心病。嫁接繁殖。

分布：宁夏灵武市有少量栽培。

保护利用现状：宁夏有少量栽培。

开发利用前景：果实鲜食。

美国八号 American No. eight 蔷薇科 Rosaceae 苹果属 *Malus*

1984年中国农业科学院郑州果树研究所由美国引入，在河南省美东果树园艺研究所试验园试栽。

形态特征：乔木，树势中庸，树姿较开张。果实近圆形，果个大，平均单果重265 g。成熟果实底色发黄，表面浓红色，果面有蜡质光泽。果肉黄白色，肉质细脆多汁，酸甜可口，具有芳香气，可溶性固形物含量12% 以上，品质上等。花期4月，果实8月中旬成熟。

生活习性：常温下货架期可达20 d，延迟采收时则果肉发绵，易大小年结果。嫁接繁殖。

分布：宁夏青铜峡市有栽培。

保护利用现状：宁夏有少量栽培。

开发利用前景：果实鲜食。

金矮生 Goldspur 蔷薇科 Rosaceae 苹果属 *Malus*

1959年在美国发现的金冠短枝型芽变品种。1976年引入我国河北昌黎，宁夏灵武园艺试验场1986年从河北昌黎引进该品种。

形态特征：乔木，短枝型品种，树势强。果实圆锥形，果面光滑、洁净，无果锈，平均单果重170 g。果肉黄白色，肉质致密松软，汁液中等，富有芳香气，品质上等。花期4月，果熟期9月中下旬。

生活习性：结果早，丰产性好，花期抗霜冻，适应性强，容易管理。新红星良好的授粉品种。嫁接繁殖。

分布：宁夏兴庆区、金凤区、灵武市、平罗县、利通区、沙坡头区、中宁县等地有栽培。

保护利用现状：宁夏有引种栽培。

开发利用前景：果实鲜食。

八月酥 蔷薇科 Rosaceae 苹果属 *Malus*

八月酥为辽宁省果树科学研究所以红玉为母本、祝光为父本杂交育成的品种。宁夏灵武园艺试验场1965年自辽宁引进该品种。

形态特征：乔木，树势强健，树姿开张。果实扁圆形，平均单果重140g。果皮底色绿黄，向阳面暗红色。肉质较细、松脆，甜酸适中。花期4月，果实8月中旬成熟。

生活习性：发枝力较强，在常温下可贮藏2周左右。嫁接繁殖。

分布：宁夏灵武市、海原县、白芨滩等地有栽培。

保护利用现状：宁夏有少量栽培。

开发利用前景：果实鲜食。

宁　冠 蔷薇科 Rosaceae 苹果属 *Malus*

宁夏农林科学院园艺研究所和宁夏灵武园艺试验场以金冠为母本、倭锦为父本杂交育成的品种。

形态特征：乔木，树势旺盛。果实短圆锥形，中大，平均单果重180g。果实底色黄绿，部分果实向阳面具鲜红晕，果面光洁，蜡质厚。果肉黄白色，肉质紧密、细脆，汁液丰富。味甜，略带酸味。花期4月，果实10月上旬成熟。

生活习性：抗寒性强，丰产，果实耐贮藏。嫁接繁殖。

分布：宁夏兴庆区、永宁县、灵武市、利通区、中宁县、海原县、白芨滩等地有栽培。

保护利用现状：宁夏广泛栽培。

开发利用前景：果实鲜食。

瑞　阳 蔷薇科 Rosaceae　苹果属 *Malus*

西北农林科技大学2004年用秦冠与长富2号人工杂交培育而成的品种。

形态特征：乔木，树势中庸。果实圆锥形，高桩，果形指数高，平均单果重200 g。底色黄绿，全面着鲜红色。果面平滑，有光泽，果点小。果肉乳白色，肉质细脆，汁液多，味甜，具香气，品质上等。花期4月，果实10月上中旬成熟。

生活习性：易形成叶丛枝，进入结果期早，丰产，易栽培，抗性强。嫁接繁殖。

分布：宁夏贺兰县、灵武市、彭阳县、沙坡头区等地有栽培。

保护利用现状：宁夏部分地区引种栽培。

开发利用前景：果实鲜食。

瑞　雪 蔷薇科 Rosaceae　苹果属 *Malus*

西北农林科技大学用秦富1号和粉红女士做亲本杂交选育的品种，2015年1月通过陕西省果树品种审定委员会审定。

形态特征：乔木。果实圆柱形，果大，果形指数0.92，果形端正，高桩，平均单果重 256 g。果面光洁，黄色，果点小，中多，白色。风味浓郁，具独特香气，品质佳。晚熟品种。

生活习性：具短果枝结果特性，结果早，丰产性好，耐贮藏。嫁接繁殖。

分布：宁夏贺兰县、沙坡头区、彭阳县有栽培。

保护利用现状：宁夏近年来广泛引种栽培。

开发利用前景：果实鲜食。

藤木1号 **Mato 1** 蔷薇科 Rosaceae 苹果属 *Malus*

日本与美国联合选育的中早熟品种，我国于1986年引入，宁夏灵武园艺试验场于2015年从陕西杨凌引进。

形态特征：乔木，树势强，树姿直立，叶片肥大。果实多为圆形或长圆形，萼洼深。平均单果重180 g，最大单果重350 g。果皮底色黄绿，果面鲜红色，光滑，果点稀。果肉黄白色，肉质松脆，汁液较多，味酸甜，有香气，可溶性固形物含量11%，品质上等。花期4月，果实8月中下旬成熟。

生活习性：适应性较强，结果早，以短果枝结果为主。嫁接繁殖。

分布：宁夏灵武市和沙坡头区有栽培。

保护利用现状：宁夏有少量引种栽培。

开发利用前景：果实鲜食。

凉　香 **Ryoka no Kisetsu** 蔷薇科 Rosaceae 苹果属 *Malus*

原产于日本。

形态特征：乔木。果实近圆形，果形正，果形指数0.84。果实大，平均单果重262 g。果实完熟后底色淡黄，全面着片状鲜红色，果点小而少，果粉多。果肉黄色，汁液多，脆甜可口，微酸，可溶性固形物含量14%，含酸量0.36%。中晚熟品种。

生活习性：较易成花，抗寒性、抗病性较强。嫁接繁殖。

分布：宁夏沙坡头区有栽培。

保护利用现状：宁夏有少量栽培。

开发利用前景：果实鲜食。

莫　迪 Modi　蔷薇科 Rosaceae　苹果属 *Malus*

意大利从自由和嘎啦的自然杂交种中选育的新品种。

形态特征：乔木。果形端正，高桩，果形指数0.93。平均单果重210 g。果皮底色绿色，果皮全面亮红色和浓红色，果面光洁，果点稀而少。花期4月，果实9月中下旬成熟。

生活习性：继承了母本的抗病特性，对黑星病、白粉病、蚜虫都有很好的抗性，抗寒性和抗旱性与嘎啦一致。嫁接繁殖。

分布：宁夏沙坡头区有栽培。

保护利用现状：宁夏有引种栽培。

开发利用前景：果实鲜食。

富　士 Fuji　蔷薇科 Rosaceae　苹果属 *Malus*

1939年日本以国光为母本、元帅为父本杂交选育的品种，1966年引入我国山东，宁夏灵武园艺试验场于1973年引进。红富士为富士着色系芽变品种统称。

形态特征：乔木，树势强，树冠大。果实近圆形或扁圆形，平均单果重180 g。果面底色黄绿，向阳面有红霞或断续红条纹。果肉细而多汁，酸甜可口，品质上等。花期4月，果实10月上中旬成熟。

生活习性：进入结果期晚，以短果枝结果为主，耐贮藏。嫁接繁殖。

分布：宁夏灵武市、兴庆区、惠农区、平罗县、利通区、沙坡头区、中宁县、海原县、白芨滩等地有栽培。

保护利用现状：宁夏广泛栽培。

开发利用前景：果实鲜食。

长富 2 号 Nagefu 2

蔷薇科 Rosaceae 苹果属 *Malus*

日本长野县选出的着色系富士，宁夏灵武园艺试验场1981年从中国农业科学院果树研究所引进。

形态特征：乔木，树势强，树姿开张。果实近圆形，平均单果重186 g。果实具鲜红色条纹，全面着色。果肉乳黄色，肉质细、紧、脆，酸甜适口，有香气，品质上等。花期4月，果实10月上中旬成熟。

生活习性：长枝型品种，萌芽力、成枝力强，抗寒性弱，适栽于砂壤土，耐贮藏。嫁接繁殖。

分布：宁夏灵武市、利通区、中宁县、海原县、白芨滩等地有栽培。

保护利用现状：宁夏广泛栽培。

开发利用前景：果实鲜食。

岩富 10 号 Iwafu 10

蔷薇科 Rosaceae 苹果属 *Malus*

日本岩手县园艺试验场选出的着色系富士。宁夏灵武园艺试验场1981年从中国农业科学院果树研究所引进。

形态特征：乔木，树势中庸，树姿较开张。果实近圆形，全面浓红色。果肉乳黄色，肉质细、紧、脆，汁液丰富，味甜，微带酸味，有香气。花期4月，果实10月上旬成熟。

生活习性：嫁接繁殖。

分布：宁夏灵武市、沙坡头区、利通区等地有栽培。分布于我国辽宁、陕西等省。

保护利用现状：宁夏有引种栽培。

开发利用前景：果实鲜食，或制果脯、果汁、果酱、罐头等。

秋富1号 *Malus domestica* 'Ariifu 1'

蔷薇科 Rosaceae　苹果属 *Malus*

日本秋田县果树试验场选出的着色系富士。宁夏灵武园艺试验场1981年从中国农业科学院果树研究所引进，甘肃省林木品种审定委员会审定为甘肃省林木良种。

形态特征：乔木，树势中庸，树姿较开张。果实近圆形，果大，果面底色黄绿，全面浓红色。果肉淡黄色，肉质细、脆、致密，味甜，有元帅的香气。汁液多，果实硬度7.35 kg/ cm^2，可溶性固形物含量13.5%~14%。花期4月，果实10月上中旬成熟。

生活习性：晚熟，优质，耐储藏，适应性强。嫁接繁殖。

分布：宁夏灵武市、利通区有栽培。分布于我国辽宁、甘肃、陕西等省。

保护利用现状：宁夏有引种栽培。

开发利用前景：果实鲜食，或制果脯、果汁、果酱、罐头等。

惠民短枝富士 *Malus pumila* 'Huiminduanzhi Fushi'

蔷薇科 Rosaceae　苹果属 *Malus*

山东惠民县1988年选育的红富士短枝型芽变新品种。宁夏灵武园艺试验场于2017年从陕西杨凌引进。

形态特征：乔木，树冠紧凑，树体矮小。果实圆形或扁圆形。果面片红，着色好。果肉淡黄色，肉质脆而细密，汁液多。花期4月，果实10月上中旬成熟。

生活习性：结果早，品质佳，耐贮藏，丰产，较抗蚜虫，抗寒，抗旱，适应性较强。嫁接繁殖。

分布：宁夏灵武市、利通区、中宁县有栽培。分布于我国山东、陕西等省。

保护利用现状：宁夏有少量引种栽培。

开发利用前景：果实鲜食，或制果脯、果汁、果酱、罐头等。

宫崎短富 **Miyazaki spur Fuji** 蔷薇科 Rosaceae 苹果属 *Malus*

日本从富士中选出的短枝型芽变品种。1979年河北省农林科学院昌黎果树研究所从日本引入，宁夏灵武园艺试验场于2013年从昌黎果树研究所引进。

形态特征：乔木，树冠紧凑，树势中庸。果实易着色，浓红色，果皮较厚，果面光滑，果点小。果肉淡黄色，肉质细脆，汁液多，味甜。花期4月，果实10月上中旬成熟。

生活习性：结果早，短枝型性状明显，果实耐贮藏。嫁接繁殖。

分布：宁夏灵武市、利通区、中宁县、白芨滩等地有栽培。

保护利用现状：宁夏广泛栽培。

开发利用前景：果实鲜食。

宁　锦 **Ningjin** 蔷薇科 Rosaceae 苹果属 *Malus*

宁夏灵武园艺试验场于1970年从金冠与倭锦人工杂交的后代中选育出来的品种。

形态特征：乔木，树势中庸，树姿较直立，树冠中大。叶浓绿色。果实近圆柱形。果皮底色黄绿，向阳面有红晕，果点细小。果肉细、紧、脆，汁液多，酸甜味浓。花期4月，果实10月上旬成熟。

生活习性：抗寒，耐贮藏。嫁接繁殖。

分布：宁夏灵武市有栽培。

保护利用现状：宁夏有少量栽培。

开发利用前景：果实鲜食，或制果脯、果汁、果酱、罐头等。

富　金 Fujion　蔷薇科 Rosaceae　苹果属 *Malus*

原产于意大利，2012年陕西宝鸡华圣果业引进，2016年宁夏灵武园艺试验场从陕西杨凌引入。

形态特征：乔木，树势适中，树姿开张，枝粗壮。叶片肥厚，掌状裂，角质层厚。果实近圆形，果形端正，果面全面浓红色。花期4月，果实10月上中旬成熟。

生活习性：抗性较强，不易感染叶部病害，丰产，耐储藏。嫁接繁殖。

分布：宁夏灵武市和吴忠市有栽培。

保护利用现状：宁夏有引种栽培。

开发利用前景：果实鲜食，或制果脯、果汁、果酱、罐头等。

红肉苹果 Red Love　蔷薇科 Rosaceae　苹果属 *Malus*

红肉苹果又称红色之爱，由瑞士培育而成，2013年引入我国，宁夏灵武园艺试验场2016年自中国农业科学院果树研究所引进。

形态特征：乔木，树姿开张。1年生新梢紫红色，2年生及以上枝暗红色，木质部淡红色。嫩叶红色，老叶绿色。平均单果重200 g，最大单果重250 g。果实圆形，果形端正，果形指数0.89~0.96。果皮色泽艳丽，从坐果到成熟一直是红色。果面光滑，有蜡质，有少量果粉，果点小。果肉粉红色，果实纵向切开，呈现一个类似心形的图案，果心红白相间。果实酸甜可口。花期4月，果实9月中下旬成熟。

生活习性：喜光，抗旱，抗病虫害，不耐阴，结果早，丰产，耐瘠薄和粗放管理。嫁接繁殖。

分布：宁夏灵武市、利通区、中宁县有栽培。

保护利用现状：宁夏有引种栽培。

开发利用前景：果实鲜食，或制果脯、果汁、果酱、罐头等。

甜黄魁 *Malus pumila* 'Tianhuangkui'

蔷薇科 Rosaceae　苹果属 *Malus*

辽宁省果树科学研究所用祝光与黄魁杂交选育成的苹果品种。

形态特征：乔木，树姿直立，树冠较小。果个较小，平均单果重80 g，大小整齐，圆锥形或近圆形。果实黄绿色，充分成熟时，向阳面稍有淡红色条纹。肉质疏松，白色，汁多味甜。花期4—5月，果实7月中上旬成熟。

生活习性：成枝力弱，抗旱，抗寒，抗病虫害，易感白粉病，丰产稳产。嫁接繁殖。

分布：宁夏灵武市、中宁县、海原县有栽培。

保护利用现状：宁夏有引种栽培。

开发利用前景：可作为苹果品种的中间砧木，果实可鲜食或制果脯、果汁、果酱、罐头等。

美　夏 American Summer Pearmain

蔷薇科 Rosaceae　苹果属 *Malus*

美夏又称祝光，原产于美国，20世纪20年代引入我国，宁夏于1952年自西北农学院引进该品种。

形态特征：乔木，树势强，树姿直立或半开张。果实中等大小，底色黄绿，果面有红条纹和红霞，皮较薄，光滑。果肉黄白色，肉质细腻，果味酸甜。花期4月，果实7月中下旬成熟。

生活习性：喜光，幼树结果较早，结实能力强，早熟，不耐贮藏，贮藏后风味变淡，沙化。嫁接繁殖。

分布：宁夏灵武市有栽培。我国辽宁、山东、陕西等省亦有栽培。

保护利用现状：宁夏有引种栽培。

开发利用前景：果实鲜食，或制果脯、果汁、果酱、罐头等。

都一露 蔷薇科 Rosaceae 苹果属 *Malus*

原产于苏联，1960年前后宁夏灵武园艺试验场引进该品种。

形态特征：乔木，树势强，树体高大，叶片中大。果实中等大小，圆锥形。底色黄绿，果面具红条纹或红晕。果肉黄白色，肉质细腻、松软，味甜。花期4月，果实8月上旬成熟。

生活习性：萌芽力强，以短果枝结果为主，喜光，抗旱，喜肥沃、深厚、排水良好的砂质壤土，不耐储藏。嫁接繁殖。

分布：宁夏灵武市有栽培。我国辽宁、陕西等省亦有栽培。

保护利用现状：宁夏有少量栽培。

开发利用前景：果实鲜食，或制果脯、果汁、果酱、罐头等。

粉红女士 Pink Lady 蔷薇科 Rosaceae 苹果属 *Malus*

原产于澳大利亚，是用威廉女士与金冠人工杂交培育的品种，宁夏灵武园艺试验场2016年自陕西杨凌引进该品种。

形态特征：乔木，树势强，树姿较开张。果实短圆锥形，果形端正，高桩。果实底色绿黄，全面粉红色或鲜红色，色泽艳丽。果面洁净，无果锈。花期4月，果实8月底成熟。

生活习性：耐寒力强，高效，抗逆，优质，适应性较强。嫁接繁殖。

分布：宁夏灵武市有栽培。分布于我国陕西、甘肃等省。

保护利用现状：宁夏有少量引种栽培。

开发利用前景：果实鲜食，或制果脯、果汁、果酱、罐头等。

蜜　金 Honey Gold 蔷薇科 Rosaceae　苹果属 *Malus*

原产于美国，1981年宁夏灵武园艺试验场从中国农业科学院果树研究所引进该品种。

形态特征：乔木，幼树生长健壮，与金冠树势相似，树姿较开张。果实短圆锥形或圆形，肉质较粗，汁多，比金冠稍甜。花期4月，果实8月底至9月初成熟。

生活习性：进入结果期早，剪枝后易形成短果枝，丰产性好。嫁接繁殖。

分布：宁夏灵武市有栽培。分布于辽宁、陕西等省。

保护利用现状：宁夏有引种栽培。

开发利用前景：果实鲜食，或制果脯、果汁、果酱、罐头等。

红　冠 Richard Delicious 蔷薇科 Rosaceae　苹果属 *Malus*

原产于美国，是元帅的浓红型芽变品种，1965年宁夏灵武园艺试验场从河北省农林科学院昌黎果树研究所引进该品种。

形态特征：乔木，树势强，高桩，果实较大，圆锥形或短圆锥形，果顶5棱突起。单果重190~215 g。果面浓红色，表皮蜡质厚，有光泽。花期4月，果实9月中下旬成熟。

生活习性：成枝力强，抗逆，优质，适应性较强。嫁接繁殖。

分布：宁夏灵武市和白芨滩有栽培。分布于我国河北、陕西、甘肃等省。

保护利用现状：宁夏有少量引种栽培。

开发利用前景：果实鲜食，或制果脯、果汁、果酱、罐头等。

魁　红 Prine Red　蔷薇科 Rosaceae　苹果属 *Malus*

1964年美国将红元帅枝条经 γ 射线处理、培育的优良短枝型品种。我国1982年引入，1985年宁夏灵武园艺试验场从中国农业科学院果树研究所引进该品种。

形态特征：乔木，树姿直立、紧凑，树冠小。果实圆锥形，5棱突出。果实底色黄绿，果面浓红色，有光泽。果肉黄白色，肉质松脆，汁多，富有香气。花期4月，果实9月中下旬成熟。

生活习性：结果早，优质，适应性较强。嫁接繁殖。

分布：宁夏灵武市有栽培。分布于我国辽宁、陕西、甘肃等省。

保护利用现状：宁夏有少量引种栽培。

开发利用前景：果实鲜食，或制果脯、果汁、果酱、罐头等。

艳　红 Stark Spur Ultra Red Delicious　蔷薇科 Rosaceae　苹果属 *Malus*

原产于美国，是1964年在马里兰州发现的红星的短枝型芽变品种，1981年中国农业科学院果树研究所从美国引入，1985年宁夏灵武园艺试验场引进该品种。

形态特征：乔木，幼树树势较强，树姿稍开张。果实圆锥形。果实底色黄绿或绿黄，全面浓红色或紫红色，有较明显的断续浓红色条纹。果皮光滑，有光泽，无锈；蜡质中多，果粉较少；果点中多，灰白色或褐色，有淡红色晕圈。果梗粗，中长，果皮厚。

生活习性：结果早，单产高，品质佳，适应性较强。嫁接繁殖。

分布：宁夏灵武市有栽培。分布于我国辽宁、陕西、甘肃等省。

保护利用现状：宁夏有少量引种栽培。

开发利用前景：果实鲜食，或制果脯、果汁、果酱、罐头等。

银　红 Silver Red Delicious

蔷薇科 Rosaceae　苹果属 *Malus*

美国1970年发现的海早红（元帅系）全株芽变品种，1981年引入我国，宁夏灵武园艺试验场1985年从中国农业科学院果树研究所引进该品种。

形态特征：乔木，树冠直立、紧凑，枝条粗壮。果实圆锥形，果顶5棱明显，果形端正。果实着色早，底色黄绿，果面浓红色，色泽艳丽。果肉乳白色，肉质细、松脆，汁液多，香气浓。花期4月，果实9月中旬成熟。

生活习性：适应性强，贮藏性较差，室温下可储藏1个月。嫁接繁殖。

分布：宁夏灵武市有栽培。分布于我国辽宁、陕西、甘肃等省。

保护利用现状：宁夏有引种栽培。

开发利用前景：果实鲜食，或制果脯、果汁、果酱、罐头等。

首　红 Red Chief

蔷薇科 Rosaceae　苹果属 *Malus*

新红星的单枝芽变品种，1970年发现于美国，1981年引入我国，宁夏灵武园艺试验场1985年自中国农业科学院果树研究所引进该品种。2015年经新疆林木品种审定委员会审定为新疆林木良种。

形态特征：乔木，树冠紧凑，短枝型性状明显。果实圆锥形，5棱明显，果形端正。果实具鲜红色条纹，成熟时全果浓红色。花期4月，果实9月中旬成熟。

生活习性：结果早，品质佳，适应性强。嫁接繁殖。

分布：宁夏灵武市、利通区、中宁县有栽培。分布于我国辽宁、陕西、山东、新疆等省（区）。

保护利用现状：宁夏有引种栽培。

开发利用前景：果实鲜食，或制果脯、果汁、果酱、罐头等。

矮威尔 Well spur 蔷薇科 Rosaceae 苹果属 *Malus*

矮威尔又称好矮生。元帅系第四代芽变品种，是1953年美国发现的新红星枝变品种。1976年引入我国，宁夏灵武园艺试验场1985年从中国农业科学院果树研究所引进该品种。

形态特征：乔木，植株半矮化，树姿直立。果实圆锥形，果顶5棱明显。果实着色早，底色黄绿，果面全面浓红色。果肉乳白色，肉质细、松脆，汁液多，味甜或酸甜适中，有香气。花期4月，果实9月中旬成熟。

生活习性：丰产，品质佳，抗逆性、适应性较强，果实室温下可贮存1个月。嫁接繁殖。

分布：宁夏灵武市有栽培。分布于我国辽宁省。

保护利用现状：宁夏有引种栽培。

开发利用前景：果实鲜食，或制果脯、果汁、果酱、罐头等。

超　红 Starkspur Supreme Red 蔷薇科 Rosaceae 苹果属 *Malus*

元帅系第四代芽变品种，是美国发现的新红星枝变品种。20世纪80年代初期从美国引入我国，宁夏灵武园艺试验场于1985年从中国农业科学院果树研究所引进该品种。

形态特征：乔木，树冠紧凑，短枝型。果实短圆锥形，果顶5棱明显，果形端正，高桩。果实底色黄绿，果面全面浓红色，色泽艳丽，香气浓。花期4月，果实9月中旬成熟。

生活习性：丰产，品质佳，适应性较强。嫁接繁殖。

分布：宁夏灵武市有栽培。分布于我国辽宁省。

保护利用现状：宁夏有少量引种栽培。

开发利用前景：果实鲜食，或制果脯、果汁、果酱、罐头等。

红香脆 *Malus pumila* 'Hongxiangcui' 蔷薇科 Rosaceae 苹果属 *Malus*

西北农林科技大学园艺学院果树研究所用从新西兰引进的皇家嘎啦与华丽苹果杂交选育的性状稳定的短枝型中晚熟优系。2004年通过陕西省果树品种审定委员会审定。宁夏灵武园艺试验场2016年从山西农业科学院果树研究所引进该品种。

形态特征：乔木，树势中庸，树冠偏小。单果重180~250 g，果实圆柱形，高桩。果实底色黄绿，全面着鲜红色，果面光洁，色泽艳丽，有轻微果锈；果点大，明显，乳白色。果皮稍厚，表面蜡质明显。果肉黄色，香味极浓。花期4月，果实9月中下旬成熟。

生活习性：结果早，丰产，品质佳，抗病性强、耐贮藏。嫁接繁殖。

分布：宁夏灵武市有栽培。分布于我国陕西、山西、河南、甘肃等省。

保护利用现状：宁夏有少量引种栽培。

开发利用前景：果实鲜食，或制果脯、果汁、果酱、罐头等。

倭　锦 Ben Davis 蔷薇科 Rosaceae 苹果属 *Malus*

倭锦又称秋花皮。原产于美国，20世纪90年代由日本引入我国，宁夏灵武园艺试验场于1952年从陕西武功引进该品种。

形态特征：乔木，树势强，树姿开张。果实较大，底色黄绿，果面深红色或紫红色。果肉白色，质地较粗，汁液多，味酸。花期4月，果实10月上旬成熟。

生活习性：结果晚，产量高，品质佳，耐贮藏。嫁接繁殖。

分布：宁夏灵武市有栽培。分布于我国陕西、山西等省。

保护利用现状：宁夏有少量引种栽培。

开发利用前景：果实鲜食，或制果脯、果汁、果酱、罐头等。

烟红蜜 Yanhongmi

蔷薇科 Rosaceae 苹果属 *Malus*

山东省黄县芦头公社迟家沟大队1975年从红金丝苹果的实生后代中选出的品种。宁夏灵武园艺试验场1982年从烟台果树实验站引进。

形态特征：乔木，树势强，树姿半开张。果实圆锥形，果面底色黄绿。果皮厚、韧，蜡质厚，有光泽。花期4月，果实10月上旬成熟。

生活习性：耐贮藏，丰产稳产，抗逆性强。嫁接繁殖。

分布：宁夏灵武市有栽培。分布于我国山东、陕西等省。

保护利用现状：宁夏有少量引种栽培。

开发利用前景：果实鲜食，或制果脯、果汁、果酱、罐头等。

印　度 Indo

蔷薇科 Rosaceae 苹果属 *Malus*

印度又称甜香蕉。1875年发现于日本，1935年前后引入我国东北地区，宁夏灵武园艺试验场1952年从西北农学院引进。

形态特征：乔木。果实大，长圆形、卵圆形和扁圆形，两侧多不规整。果面浅绿色，向阳面具微红晕和红霞。果肉黄白色，硬而致密，汁液少，味甘甜，无酸味。花期4月，果实10月上旬成熟。

生活习性：不耐贮藏，果实易感染蜜病。嫁接繁殖。

分布：宁夏灵武市有栽培。分布于我国辽宁、陕西等省。

保护利用现状：宁夏有少量引种栽培。

开发利用前景：果实鲜食，或制果脯、果汁、果酱、罐头等。

宁夏灵武市、利通区、中宁县、沙坡头区、彭阳县等地还引种栽培有金秋红、金利红、金花、可口香、六代红星、ENV苹果、红星、太平洋嘎拉、九月奇迹、黄奎、尼古拉29、维纳斯黄金、秦脆、舞佳、舞乐、舞美、舞姿、世界一号、静宁1号、神富1号、GM256、烟富2号和巴克艾23个苹果品种。

花　红 *Malus asiatica* 蔷薇科 Rosaceae　苹果属 *Malus*

花红又称小苹果、沙果。

形态特征：小乔木。小枝粗壮，圆柱形，嫩枝密被柔毛，老枝暗紫褐色，无毛，有稀疏浅色皮孔。叶片卵形或椭圆形，先端急尖或渐尖，基部圆形或宽楔形，边缘有细锐锯齿，上面有短柔毛，逐渐脱落，下面密被短柔毛。花粉红色，花瓣倒卵形或长圆状倒卵形。果实球形，黄绿色带微红色。果皮脆而韧。果肉黄白色，有清香味。花期4—5月，果期8—9月。

生活习性：喜光，耐寒，耐旱，耐水湿，萌蘖性强。播种、嫁接、分株繁殖。

分布：宁夏灵武市、西吉县、海原县、中宁县等地有栽培。

保护利用现状：宁夏主要用作庭院观赏树种和砧木。

开发利用前景：观赏树种，果实可鲜食，还可以加工制成果干、果丹皮或酿酒。

槟　子 蔷薇科 Rosaceae　苹果属 *Malus*

苹果与花红杂交选育的品种，已有2000多年栽培历史。

形态特征：小乔木。果个小于苹果。果肉松泡，水分少，味酸涩，具有香气。花期4—5月，果期7—8月。

生活习性：抗寒，耐旱，环境适应性强，不耐贮藏，易沙化。播种、嫁接繁殖。

分布：宁夏灵武市有栽培。分布于我国河北、山西等省。

保护利用现状：宁夏有少量栽培。

开发利用前景：观赏树种，果实可以加工制成果干、果丹皮，或酿酒、制作香薰。

紫果子

蔷薇科 Rosaceae　苹果属 *Malus*

形态特征：小乔木。果形小于苹果，扁圆形或长圆形。肉质疏松，味酸甜，具有香气。花期4—5月，果期7—8月。

生活习性：抗寒，耐旱，环境适应性强，不耐贮藏，易沙化。播种、嫁接繁殖。

分布：宁夏灵武市和利通区等地有栽培。分布于我国河北、山西等省。

保护利用现状：宁夏有引种栽培。

开发利用前景：观赏树种，果实可以加工制成果干、果丹皮或酿酒。

矮化砧 B9

蔷薇科 Rosaceae　苹果属 *Malus*

苏联布达克夫斯基用M8与“红色标准”选出的抗寒性强的B系砧木中的一个单系矮化砧。

生活习性：以B9为矮化砧的苹果生长稳定，抗寒，抗旱，适应性较强。植株干性弱，易倒伏，适合做中间砧。播种繁殖。

分布：宁夏利通区有砧木引种。

保护利用现状：苹果品种矮化砧木。

开发利用前景：可用作苹果品种矮化中间砧和自根砧。

矮化砧 M9T337

蔷薇科 Rosaceae　苹果属 *Malus*

英国东茂林试验站从无病毒的 M9矮化砧木中选育出的矮化砧木。

生活习性：矮化程度比 M9高20%，第二年即可结果，亲和力好。以 M9T337为矮化砧的苹果生长稳定，抗病虫害，适应性较强。生产上多采用自根砧大苗。压条、播种繁殖。

分布：宁夏利通区和灵武市有砧木培育。分布于我国山东、陕西、河北、辽宁、甘肃等省。

保护利用现状：宁夏有引种利用。

开发利用前景：可用作苹果品种中间砧和矮化自根砧。

矮化砧 M26

蔷薇科 Rosaceae　苹果属 *Malus*

英国东茂林试验站用 M16与 M9杂交培育的矮化砧木。

生活习性：矮化程度在 M9和 M7之间，抗寒性、固地性优于 M9。多作为自根砧，矮化效果好。以 M26为中间砧的苹果生长稳定，抗寒力中等，适应性较强。嫁接、播种繁殖。

分布：宁夏利通区和灵武市有砧木培育。分布于我国山东、陕西、河北、辽宁、江西等省。

保护利用现状：宁夏有引种培育。

开发利用前景：可用作苹果品种中间砧、自根砧、矮化砧。

矮化砧 SH40 蔷薇科 Rosaceae 苹果属 *Malus*

河北农业大学选育的优良矮化砧木，河北省林木品种审定委员会审定为良种。

形态特征：矮化程度与M26相当，根系较浅，栽培时需要立支柱，属于矮化砧木。叶片大，椭圆形。1年生枝红褐色、光亮，适宜用作中间砧，与红富士、王林、新红星、国光等主栽苹果品种嫁接，亲和力强。以SH40为中间砧的苹果果实色泽好，硬度高，耐贮藏，口感佳。

生活习性：容易形成花芽，结果早，抗寒，抗抽条能力强，不耐盐碱。嫁接、播种繁殖。

分布：宁夏吴忠市和灵武市有砧木培育。分布于我国山东、陕西、河北、辽宁等省。

保护利用现状：宁夏有引种培育。

开发利用前景：可用作苹果品种中间砧和矮化砧。

峨眉蔷薇 *Rosa omeiensis* 蔷薇科 Rosaceae 蔷薇属 *Rosa*

形态特征：灌木，高1.5~3 m。幼枝紫红色，密生刺毛，老枝灰褐色，刺扁化，基部扩展。奇数羽状复叶，具小叶11~15，小叶椭圆形或卵状矩圆形，长8~25 mm，宽5~10 mm，先端圆钝，基部楔形至近圆形，边缘具细锐锯齿，两面无毛，顶生小叶具小叶柄。托叶长圆状倒披针形。蔷薇果鲜红色，果梗膨大。花期5—6月，果期7—8月。

生活习性：喜光，耐半阴，较耐寒，耐旱，耐瘠薄，不耐水湿，忌积水。

分布：野生资源分布于宁夏六盘山、罗山、南华山、原州区、海原县等地，生于山坡杂木林中或林缘灌丛中，泾源县有少量驯化栽培。分布于我国山西、河南、陕西、甘肃、青海、宁夏、湖北、四川、贵州、云南等省（区）。

保护利用现状：部分野生资源得到保护，未开发利用。

开发利用前景：花可提取芳香油，果实可食，可酿酒，亦可药用。

扁刺峨眉蔷薇 *Rosa omeiensis* f. *pteracantha*

蔷薇科 Rosaceae　蔷薇属 *Rosa*

扁刺峨眉蔷薇又称翅刺峨眉蔷薇。

形态特征：皮刺极宽扁，近相连而呈翅状，幼时深红色，半透明。本种与同属植物峨眉蔷薇形态近似，但是幼枝密被针刺及宽扁紫色皮刺。小叶片上面叶脉明显，下面被柔毛。

生活习性：喜光，耐半阴，较耐寒，耐旱，耐瘠薄，不耐水湿，忌积水，适生于排水良好的肥沃土地。

分布：野生资源分布于宁夏六盘山、罗山、南华山、隆德县、原州区、泾源县、海原县等地，生于山坡杂木林中或林缘灌丛中，西吉县、隆德县、金凤区、原州区、泾源县等地有栽培。

保护利用现状：部分野生资源得到保护，少量开发利用。

开发利用前景：花可提取芳香油，果实可食，可酿酒，亦可药用。

秦岭蔷薇 *Rosa tsinglingensis*

蔷薇科 Rosaceae　蔷薇属 *Rosa*

形态特征：小灌木，高2~3 m。小枝纤细，无毛。散生浅色皮刺，偶有针刺及腺毛。小叶通常11~13，稀9，连叶柄长5~11 cm，小叶片椭圆形或长圆形，长1~2 cm，宽8~12 mm，先端圆钝或急尖，基部近圆形或宽楔形，边缘有重锯齿或单锯齿，幼时齿尖带腺，上面无毛，下面无毛或近无毛，常沿中脉有腺毛。托叶大部分贴生于叶柄，仅顶端部分离生。果倒卵圆形至长圆状倒卵圆形，红褐色。花期7—8月，果期9月。

生活习性：多生于海拔2 200~2 400 m 的桦木林下或灌丛中。扦插繁殖。

分布：野生资源分布于宁夏六盘山和西吉县，中宁县有栽培。我国陕西、甘肃等省也有分布。

保护利用现状：部分野生资源得到保护，少量开发利用。

开发利用前景：观赏价值和药用价值高。

黄蔷薇 *Rosa hugonis*　蔷薇科 Rosaceae　蔷薇属 *Rosa*

黄蔷薇又称红眼刺、大马茄子。

形态特征：灌木，高约2 m。多分枝，小枝细长，暗紫红色或紫褐色，具皮刺，刺直立，基部侧扁，长1~1.5 cm，紫红色。羽状复叶，长3~5 cm，具小叶5~9，小叶宽倒卵形、倒卵形或长圆形，两面无毛。花单生于短枝顶端。果球形，深红色。花期6月，果期7—8月。

生活习性：生于向阳山坡林缘或灌丛中。扦插繁殖。

分布：野生资源分布于宁夏贺兰山、罗山、香山、西吉县、同心县等地，宁夏大武口区有栽培。分布于我国山西、陕西、甘肃、宁夏、青海、四川等省（区）。

保护利用现状：部分野生资源得到保护，少量用作园林观赏树种。

开发利用前景：园林观赏树种，花可提取芳香油和香精，蔷薇子和根可入药，果实可酿酒。

黄刺玫 *Rosa xanthina*　蔷薇科 Rosaceae　蔷薇属 *Rosa*

黄刺玫又称黄刺莓。

形态特征：灌木，高达3 m。小枝细长，褐色或褐红色，具刺。奇数羽状复叶，长3~5 cm，具小叶7~13，小叶近圆形或椭圆形，边缘有锯齿；托叶小，下部与叶柄连生，先端分裂成披针形裂片，边缘有腺体，近全缘。花单生，黄色，单瓣或半重瓣，无苞片。果球形，红黄色。花期6—7月，果期7—8月。

生活习性：喜光，稍耐阴，耐寒力强，耐干旱和瘠薄，不耐水涝。分株、扦插、嫁接繁殖。

分布：野生资源分布于宁夏六盘山、贺兰山、原州区、隆德县、泾源县等地，宁夏各地均有栽培。

保护利用现状：部分野生资源得到保护，广泛栽培利用。

开发利用前景：园林绿化树种，果实可食、制果酱、酿酒，花可提取芳香油。

单瓣黄刺玫 *Rosa xanthina* f. *normalis* 蔷薇科 Rosaceae 蔷薇属 *Rosa*

形态特征：灌木，高2~3 m。枝粗壮，密集，披散；小枝无毛，有散生皮刺，无针刺。小叶宽卵形或近圆形。花单生于叶腋，单瓣，无苞片。花瓣黄色，宽倒卵形。果实近球形或倒卵圆形，紫褐色或黑褐色。花期4—6月，果期7—8月。

生活习性：生于向阳山坡或灌木丛中。分株、扦插、嫁接繁殖。

分布：野生资源分布于宁夏六盘山、罗山、贺兰山、南华山、西吉县、原州区、隆德县、泾源县、沙坡头区、海原县等地，宁夏各地均有栽培。分布于我国华北及山东、陕西、甘肃、青海、宁夏等地。

保护利用现状：部分野生资源得到保护，广泛栽培利用。

开发利用前景：园林绿化树种，果实可食、制果酱、酿酒，花可提取芳香油。

玫　瑰 *Rosa rugosa* 蔷薇科 Rosaceae 蔷薇属 *Rosa*

形态特征：灌木，高达2 m。茎直立，丛生。小枝密被短茸毛、腺毛或刺。刺稍弯曲，长5~8 mm，下部被短茸毛。奇数羽状复叶，长7~20 cm，具7~9小叶，小叶椭圆形至倒卵状椭圆形，长2~4 cm，宽1~2.5 cm，表面深绿色，无毛，背面灰绿色，被短茸毛。花单生或3~6朵簇生，花瓣倒卵形，重瓣至半重瓣，紫红色、白色。果实扁球形，肉质，红色。花期6月，果期7—8月。

生活习性：喜光，耐寒，耐旱，喜排水良好、疏松、肥沃的壤土或轻壤土，在黏壤土中生长不良，开花不佳。播种、扦插、嫁接、压条、分株繁殖。

分布：宁夏各地均有栽培。

保护利用现状：宁夏广泛栽培利用。

开发利用前景：庭院美化树种，花可提取香精，或药用。

四季玫瑰 *Rosa davurica × rugosa* Thunb 蔷薇科 Rosaceae 蔷薇属 *Rosa*

四季玫瑰又称紫枝玫瑰，20世纪80年代，山东平阴玫瑰研究所以山刺玫为母本、平阴玫瑰为父本种间杂交选育的新品种。

形态特征：灌木，高2 m，冠幅1.5 m。枝条光滑无刺，亮紫色，抗病力强。叶片大而平展，叶色较淡，质薄，托叶瘦长。花单生或聚生，花色及香气较平阴玫瑰淡；花紫红色，香气浓郁。花直径可达10 cm 以上。花后结果，果实砖红色。果皮多肉，味酸甜，果内有多粒种子。花期4月下旬至10月下旬。

生活习性：喜光，耐寒，耐旱，耐瘠薄，耐修剪，适应性强，在微酸性和微碱性土壤中也能生长，但以肥沃的微碱性土壤为宜。播种、扦插、嫁接、压条、分株繁殖。

分布：宁夏各地均有栽培。

保护利用现状：宁夏广泛引种栽培。泾源县、红寺堡区等地有平阴1号和平阴3号2个玫瑰品种栽培。

开发利用前景：园林绿化树种，花可提取精油、酿酒、入药、制果酱，果实可食用。

紫花重瓣玫瑰 *Rosa rugosa* f. *plena* 蔷薇科 Rosaceae 蔷薇属 *Rosa*

形态特征：灌木，高可达2 m。茎粗壮，丛生。小枝密被茸毛，并有针刺和腺毛。小叶片椭圆形或椭圆状倒卵形，长1.5~4.5 cm，宽1~2.5 cm，先端急尖或圆钝，基部圆形或宽楔形，边缘有尖锐锯齿，上面深绿色，无毛。花直径4~5.5 cm，上面有稀疏柔毛，下面密被柔毛和腺毛；花瓣倒卵形，重瓣至半重瓣，芳香，紫红色至白色。果实扁球形，砖红色，肉质，平滑。花期5—6月，果期8—9月。

生活习性：播种、扦插、嫁接、压条、分株繁殖。

分布：宁夏哈巴湖和西吉县有栽培。

保护利用现状：宁夏少量引种栽培。

开发利用前景：园林观赏树种，鲜花可提取芳香油及制造化妆品，花瓣可制饼馅、玫瑰酒，花蕾可入药。

冷香玫瑰 *Rosa rugosa* 'Lengxiang' 蔷薇科 Rosaceae 蔷薇属 *Rosa*

中国科学院沈阳应用生态研究所培育的玫瑰新品种。

形态特征：灌木，花朵大，出油率高，枝条红色。花期5—9月，长达150 d。

生活习性：适应性强，抗病力强，抗污染，特耐寒，耐瘠薄。播种、扦插、嫁接、压条、分株繁殖。

分布：宁夏中宁县、大武口区、泾源县等地有栽培。

保护利用现状：宁夏少量引种栽培。

开发利用前景：园林绿化树种，花可提取玫瑰油、色素，还可制造化妆品、食品、饮品，酿酒。

红刺玫 *Rosa rugosa* var. *cathayensis* 蔷薇科 Rosaceae 蔷薇属 *Rosa*

红刺玫又称粉团蔷薇。

形态特征：灌木，高2~3 m。小枝无毛，有散生皮刺，无针毛。小叶7~13，连叶柄长3~5 cm；小叶片宽卵形或近圆形，稀椭圆形，边缘有圆钝锯齿，上面无毛，幼嫩时下面有稀疏柔毛，后渐脱落；叶轴、叶柄有稀疏柔毛和小皮刺，托叶条状披针形，大部分贴生于叶柄，边缘有锯齿和腺毛。花单生于叶腋，单瓣或重瓣，无苞片，花梗无毛；花瓣红色，宽倒卵形。蔷薇果近球形或倒卵形，紫褐色或黑褐色。花期6—7月，果期7—8月。

生活习性：喜光，稍耐阴，耐寒力强，耐旱，耐瘠薄，在盐碱土中也能生长，不耐水涝，病虫害少。分株、嫁接、扦插、压条繁殖。

分布：宁夏各地均有栽培。

保护利用现状：宁夏广泛用于园林绿化。

开发利用前景：园林观赏树种，果实可食、制果酱，花可提取芳香油，花、果可药用。

山刺玫 *Rosa davurica* 蔷薇科 Rosaceae 蔷薇属 *Rosa*

山刺玫又称刺玫蔷薇。

形态特征：灌木，高0.8~1 m。小枝暗紫红色，无毛，密被细刺。刺直伸或稍弯曲，长3~8 mm。奇数羽状复叶，长4~10 cm，叶轴被短茸毛和腺毛，具5~7小叶；小叶椭圆形或倒卵状椭圆形，上面绿色，无毛，下面灰绿色，被短柔毛及粒状腺点。花单生，花瓣紫红色，宽倒卵形，长约2 cm。蔷薇果近球形或倒卵形，红色。花期6—7月，果期7—8月。

生活习性：常生于疏林中或林缘，耐瘠薄，耐干旱，在沙滩地、河岸、荒山、荒坡及道路两旁生长良好。播种、扦插、分株繁殖。

分布：野生资源分布于宁夏贺兰山、六盘山、原州区、西吉县、泾源县等地，生于海拔2 200~2 400 m 的林缘草地或稀疏灌丛中，中宁县有栽培。分布于我国东北、华北及宁夏。

保护利用现状：部分野生资源得到保护，宁夏少量栽培利用。

开发利用前景：观赏和防风固沙树种，花可食用、制果酱及酿酒，还可入药。

刺梗蔷薇 *Rosa setipoda* 蔷薇科 Rosaceae 蔷薇属 *Rosa*

刺梗蔷薇又称刺柄蔷薇。

形态特征：灌木，高可达3 m。小枝圆柱形，绿色或带褐色，微弓曲，无毛，散生宽扁皮刺，稀无刺。小叶5~9，连叶柄长8~19 cm；小叶片卵形、椭圆形或广椭圆形，长2.5~5.2 cm，宽1.2~3 cm，先端急尖或圆钝，基部近圆形或宽楔形，边缘有重锯齿，上面无毛，下面有柔毛和腺体。伞房花序，花直径3.5~5 cm，花瓣粉红色或玫瑰紫色，宽倒卵形，外面微被柔毛。果实长圆状卵球形，深红色。花期7月，果期8—9月。

生活习性：喜光，亦耐半阴，较耐寒，适生于排水良好、肥沃、润湿土地。播种、扦插、嫁接、压条、分株繁殖。

分布：野生资源分布于宁夏六盘山、西吉县和原州区等地，生于山坡灌木丛中或杂木林缘。分布于我国湖北、陕西、甘肃、四川、宁夏等省（区）。

保护利用现状：部分野生资源得到保护。

开发利用前景：园林绿化树种。

刺蔷薇 *Rosa acicularis*

蔷薇科 Rosaceae　蔷薇属 *Rosa*

刺蔷薇又称大叶蔷薇。

形态特征：灌木，高1~3 m。小枝圆柱形，稍微弯曲，红褐色或紫褐色，无毛；有细直皮刺，常密生针刺，有时无刺。小叶3~7，连叶柄长7~14 cm；小叶片宽椭圆形或长圆形，长1.5~5 cm，宽8~25 mm。花单生或2~3朵集生，苞片卵形至卵状披针形，先端渐尖或尾尖，边缘有腺齿或缺刻；花直径3.5~5 cm；萼筒长椭圆形；花瓣粉红色，芳香，倒卵形；花柱离生，被毛，比雄蕊短。果实梨形、长椭圆形或倒卵球形，直径1~1.5 cm，红色，有光泽。花期6月，果期6—7月。

生活习性：喜光，亦耐半阴，较耐寒，适生于排水良好、肥沃、润湿土地。播种、扦插、嫁接、压条、分株繁殖。

分布：野生资源分布于宁夏六盘山、贺兰山、罗山、原州区等地，生于山坡灌木丛中或杂木林缘。分布于我国东北、华北及陕西、甘肃、宁夏等地。

保护利用现状：部分野生资源得到保护。

开发利用前景：园林绿化树种。

美蔷薇 *Rosa bella*

蔷薇科 Rosaceae　蔷薇属 *Rosa*

形态特征：灌木，高1~3 m。小枝圆柱形，紫红色，细弱，散生直立的基部稍膨大的皮刺，老枝常密被针刺。小叶7~9，稀5，连叶柄长4~11 cm；小叶片椭圆形、卵形或长圆形，长1~3 cm，宽6~20 mm，先端急尖或圆钝，基部近圆形，边缘有单锯齿。花单生或2~3朵集生，花瓣粉红色，宽倒卵形，先端微凹，基部楔形。果实椭圆状卵球形，猩红色。花期6月，果期7—8月。

生活习性：生于林下、山地林缘、沟谷及黄土丘陵的沟头、沟谷陡崖上，喜温暖、湿润和阳光充足的环境。播种、扦插、嫁接、压条、分株繁殖。

分布：野生资源分布于宁夏六盘山、罗山、隆德县、泾源县等地，生于海拔2 200~2 400 m的山谷林缘或山顶灌木丛中，隆德县、泾源县有栽培。分布于我国华北及山东、陕西、甘肃、宁夏等地。

保护利用现状：部分野生资源得到保护，宁夏主要用于园林绿化。

开发利用前景：园林绿化树种，花可提取芳香油和香精、制果酱、入药。

钝叶蔷薇 *Rosa sertata* 蔷薇科 Rosaceae 蔷薇属 *Rosa*

形态特征：灌木，高1~2 m。小枝圆柱形，紫褐色，细弱，无毛，散生直立皮刺或无刺。小叶7~11，连叶柄长5~8 cm，小叶片广椭圆形至卵状椭圆形，长1~2.5 cm，宽7~15 mm，基部近圆形，边缘有尖锐单锯齿，近基部全缘，两面无毛；小叶柄和叶轴有稀疏柔毛、腺毛和小皮刺。花单生或3~5朵集生，排成伞房状，花直径2~3.5 cm，花瓣粉红色或玫瑰红色，宽倒卵形。果实卵球形，顶端有短颈，深红色。花期6月，果期7—8月。

生活习性：喜光，耐半阴，较耐寒，适生于排水良好、肥沃、润湿土地。播种、扦插、嫁接、压条、分株繁殖。

分布：野生资源分布于宁夏六盘山、南华山、西吉县、海原县等地，生于海拔1 600~2 200 m 的山坡林缘或林下。分布于我国山西、河南、陕西、甘肃、宁夏、湖北、四川、云南等省（区）。

保护利用现状：部分野生资源得到保护，未开发利用。

开发利用前景：园林绿化树种。

西吉县还分布有刺萼钝叶蔷薇（*Rosa sertata* f. *setissepalosa*）野生资源，叶背面被柔毛，花萼外侧具刺毛。产地、生境同正种钝叶蔷薇。

扁刺蔷薇 *Rosa sweginzowii* 蔷薇科 Rosaceae 蔷薇属 *Rosa*

扁刺蔷薇又称野刺玫、油瓶子。

形态特征：灌木，高3~5 m。小枝圆柱形，棕红色或灰绿色，无毛或有稀疏短柔毛，具基部膨大而扁平皮刺，有时老枝常混有针刺。小叶7~11，连叶柄长6~11 cm；小叶片椭圆形至卵状长圆形，长2~5 cm，宽8~20 mm，先端急尖，稀圆钝，基部近圆形或宽楔形，边缘有重锯齿，上面无毛，下面有柔毛或至少沿脉有柔毛。花单生，或2~3朵簇生，花直径3~5 cm，花瓣粉红色，宽倒卵形。果实长圆形或倒卵状长圆形，长1.5~2.5 cm，宽1~1.7 cm，紫红色。花期6月，果期7—8月。

生活习性：喜光，亦耐半阴，较耐寒，适生于排水良好、肥沃、润湿土地。播种、扦插、嫁接、压条、分株繁殖。

分布：野生资源分布于宁夏六盘山、罗山、南华山、同心县、西吉县、隆德县、原州区、海原县等地，生于海拔2 200~2 600 m 的山坡灌丛中，原州区和西吉县有栽培。分布于我国陕西、甘肃、四川、宁夏等省（区）。

保护利用现状：部分野生资源得到保护，宁夏零星栽培利用。

开发利用前景：园林绿化树种。

华西蔷薇 *Rosa moyesii* 蔷薇科 Rosaceae 蔷薇属 *Rosa*

华西蔷薇又称红花蔷薇。

形态特征：灌木，高1~4 m。小枝圆柱形，淡红褐色，无毛或有稀疏短柔毛，具扁平而基部稍膨大皮刺，稀无刺。小叶7~13，连叶柄长7~13 cm；小叶片卵形、椭圆形或长圆状卵形，长1~5 cm，宽8~25 mm，先端急尖或圆钝，基部近圆形或宽楔形，边缘有尖锐单锯齿，上面无毛，沿脉有柔毛。花单生或2~3朵簇生，长圆卵形，长可达2 cm，花直径4~6 cm，花瓣深红色，宽倒卵形。果实长圆状卵球形或卵球形，紫红色。花期6月，果期7—9月。

生活习性：喜光，耐半阴，较耐寒，适生于排水良好、肥沃、润湿土地。播种、扦插、嫁接、压条、分株繁殖。

分布：野生资源分布于宁夏六盘山、南华山、隆德县、西吉县、泾源县、海原县等地，生于海拔2 200~2 400 m 的阴坡灌丛中。分布于我国河南、甘肃、宁夏、安徽、湖北、四川、云南、西藏等省（区）。

保护利用现状：部分野生资源得到保护，未开发利用。

开发利用前景：园林绿化树种。

月季花 *Rosa chinensis* 蔷薇科 Rosaceae 蔷薇属 *Rosa*

月季花又称月月红。

形态特征：直立灌木，高1~2 m。小枝粗壮，圆柱形，近无毛，有短粗的钩状皮刺或无刺。小叶3~5，稀7，连叶柄长5~11 cm，小叶片宽卵形至卵状长圆形，长2.5~6 cm，宽1~3 cm，先端长渐尖或渐尖，基部近圆形或宽楔形，边缘有锐锯齿，两面近无毛，上面暗绿色。花几朵集生，稀单生，直径4~5 cm；花梗长2.5~6 cm，花瓣重瓣至半重瓣，红色、粉红色至白色，倒卵形。果实卵球形或梨形，红色。花期4—9月，果期6—11月。

生活习性：适应性强，耐寒，耐旱，对土壤要求不严。扦插、嫁接、分株、压条繁殖。

分布：宁夏各地均有栽培。

保护利用现状：园林观赏树种。

开发利用前景：可用作花坛、花境、庭院花材，还可制作月季盆景、切花、花篮等。

丰花月季 *Rosa hybrida* 蔷薇科 Rosaceae 蔷薇属 *Rosa*

形态特征：灌木，高0.9~1.3 m。小枝具钩刺或无刺，无毛。羽状复叶，小叶5~7，宽卵形或卵状长圆形，长2.3~6 cm，先端渐尖，基部近圆形或宽楔形，具尖锯齿，无毛。花单生或几朵集生，伞房状，花直径4~6 cm，花梗长3~5 cm，花瓣深红色、银粉色、淡粉色、黑红色、橙黄色等，重瓣。蔷薇果卵球形，红色。花期5月底至11月初，果期9—11月。

生活习性：耐寒，耐高温，抗旱，抗涝，抗病，对环境的适应性极强。扦插、分株、压条繁殖。

分布：宁夏金凤区、灵武市、大武口区、利通区、红寺堡区、彭阳县、中宁县、白芨滩等地有栽培。

保护利用现状：宁夏广泛用于园林绿化。

开发利用前景：城市绿化树种，布置花坛材料。

贺兰县栽培有大花香水月季。

野蔷薇 *Rosa multiflora* 蔷薇科 Rosaceae 蔷薇属 *Rosa*

野蔷薇又称多花蔷薇。

形态特征：灌木。小枝圆柱形，通常无毛，有短、粗、稍弯曲皮刺。小叶5~9，近花序的小叶有时3，连叶柄长5~10 cm；小叶片倒卵形、长圆形或卵形，长1.5~5 cm，宽8~28 mm，先端急尖或圆钝，基部近圆形或楔形，边缘有尖锐单锯齿，稀混有重锯齿，上面无毛，下面有柔毛。花多朵，排成圆锥状花序，花直径1.5~2 cm，花瓣白色，宽倒卵形。果实近球形，红褐色或紫褐色。

生活习性：喜光，耐半阴，耐寒，对土壤要求不严，耐瘠薄，忌低洼积水。分株、扦插、压条、播种繁殖。

分布：宁夏大武口区、原州区、彭阳县等地有栽培。

保护利用现状：宁夏有引种栽培。

开发利用前景：园林绿化树种。

宁夏贺兰山、六盘山、西吉县等地分布有刺萼钝叶蔷薇（*Rosa sertata* f. *setissepalosa*）、刺蔷薇（*Rosa acicularis*）、刺毛蔷薇（*Rosa farreri*）、西北蔷薇（*Rosa davidii*）、腺叶扁刺蔷薇（*Rosa sweginzowii* var. *glandulosa*）5个野生种。陕西蔷薇（*Rosa giraldii*）、多苞蔷薇（*Rosa multibra cteata*）、小叶蔷薇（*Rosa willmotiae*）、多腺小叶蔷薇（*Rosa willmottiae* var. *glandulifera*）、伞房蔷薇（*Rosa corymbulosa*）。

宁夏还引种栽培有重瓣黄刺玫（*Rosa xanthina* f. *xanthina*）、复伞房蔷薇（*Rosa brunonii*）、刺蔷薇（*Rosa acicularis*）、景泰蔷薇（*Rosa Jingtaiensis*）、粉团蔷薇（*Rosa multiflora* var. *cathayensis*）5个品种。

秀丽莓 *Rubus amabilis* 蔷薇科 Rosaceae 悬钩子属 *Rubus*

秀丽莓又称美丽悬钩子。

形态特征：灌木，高1~2 m。枝紫褐色或暗褐色，无毛，具稀疏皮刺。奇数羽状复叶，小叶7~9，卵形或卵状披针形，长1~5.5 cm，宽0.8~2.5 cm，顶端急尖，顶生小叶顶端常渐尖，基部近圆形。花单生于侧生小枝顶端，花直径3~4 cm，花瓣近圆形，白色。果实长圆形，稀椭圆形，长1.5~2.5 cm，直径1~1.2 cm，红色，可食。花期5月，果期8月。

生活习性：喜光，耐半阴，喜疏松、湿润、富含腐殖质的肥沃土壤，萌蘖性强，较耐寒。播种、分株、压条繁殖。

分布：野生资源分布于宁夏六盘山、泾源县、隆德县等地，生于山坡林下。分布于我国陕西、甘肃、宁夏、四川、湖北、江西等省（区）。

保护利用现状：部分野生资源得到保护，未开发利用。

开发利用前景：园林绿化树种，根可入药，果实可食用。

针刺悬钩子 *Rubus pungens* 蔷薇科 Rosaceae 悬钩子属 *Rubus*

针刺悬钩子又称倒毒散、倒扎龙。

形态特征：灌木，高达3 m。枝圆柱形，紫褐色，幼时被柔毛，老时脱落，常具较稠密的直立针刺。奇数羽状复叶，小叶常5~7，稀3或9，卵形、三角状卵形或卵状披针形，长1~5 cm，宽1~3 cm，顶端渐尖，顶生小叶常渐尖，基部圆形至近心形，边缘具尖锐重锯齿或缺刻状重锯齿。花单生或2~4朵组成伞房状花序，花直径1~2 cm，花瓣长圆形、倒卵形或近圆形，白色。果实近球形，红色。花期5月，果期7月。

生活习性：喜湿，耐阴。

分布：野生资源分布于宁夏六盘山、原州区、彭阳县、西吉县等地，多生于海拔2 000~2 500 m的山地林下。分布于我国山西、河南、陕西、甘肃、宁夏、四川、湖北、云南及西藏等省（区）。

保护利用现状：部分野生资源得到保护，未开发利用。

开发利用前景：果实可食用、酿醋，根可入药。

菰帽悬钩子 *Rubus pileatus* 蔷薇科 Rosaceae 悬钩子属 *Rubus*

形态特征：灌木，高1~3 m。小枝紫红色，无毛，被白粉，疏生皮刺。小叶常5~7，卵形、长圆状卵形或椭圆形，长2.5~6 cm，宽1.5~4 cm，顶端急尖至渐尖，基部近圆形或宽楔形，两面沿叶脉有短柔毛，顶生小叶稍有浅裂片，边缘具粗重锯齿。伞房花序顶生，具花3~5朵，稀单花腋生，花直径1~2 cm，紫红色，花瓣倒卵形，白色。果实卵球形，红色。花期6月，果期7—9月。

生活习性：喜湿，耐阴。

分布：野生资源分布于宁夏六盘山、西吉县、隆德县、泾源县等地，多生于海拔1 700~2 500 m 的阴湿河谷或林下，西吉县有少量栽培。分布于我国河南、陕西、甘肃、宁夏、四川及湖北等省（区）。

保护利用现状：部分野生资源得到保护，少量驯化栽培。

开发利用前景：生态保护、水土保持树种，果实可生食、制果酱及酿酒。

复盆子 *Rubus idaeus* 蔷薇科 Rosaceae 悬钩子属 *Rubus*

复盆子又称绒毛悬钩子、红树莓。

形态特征：灌木，高1~2 m。枝褐色或红褐色，幼时被茸毛状短柔毛，疏生皮刺。小叶3~7，花枝上有时具3小叶，长卵形或椭圆形，顶生小叶常卵形，顶端短渐尖，基部近心形，下面密被灰白色茸毛，边缘有不规则粗锯齿或重锯齿。花生于侧枝顶端组成短总状花序或腋生，花直径1~1.5 cm，花瓣匙形，白色。果实近球形，红色或橙黄色。花期5月，果期7—8月。

生活习性：生于海拔500~2 000 m 的山地杂木林边、灌丛或荒野。根蘖、扦插繁殖。

分布：野生资源分布于宁夏南华山、海原县、原州区、西吉县等地，兴庆区、西夏区、永宁县、平罗县、沙坡头区、原州区、泾源县、西吉县、隆德县、彭阳县等地有栽培。分布于我国吉林、辽宁、河北、山西、新疆、宁夏等省（区）。

保护利用现状：部分野生资源得到保护，已开发利用。

开发利用前景：果实具食用或药用价值。

插田泡 *Rubus coreanus* 蔷薇科 Rosaceae 悬钩子属 *Rubus*

插田泡又称高丽悬钩子。

形态特征：灌木，高1~3 m。枝被白粉，暗褐色，具近直立或扁平钩状皮刺。奇数羽状复叶，具小叶3~5，卵形、菱状卵形或宽卵形，长3~8 cm，先端急尖，基部楔形或近圆形，上面无毛或沿叶脉有短柔毛，下面疏被柔毛或沿叶脉被短柔毛，有不整齐粗锯齿或缺刻状粗锯齿，顶生小叶顶端有时3浅裂。伞房花序顶生，具花数朵至30朵，花瓣倒卵形，淡红色至深红色。果实近球形，成熟时深红色至紫黑色。花期5月，果期7—8月。

生活习性：多生于山坡灌木林或林缘。

分布：野生资源分布于宁夏六盘山。分布于我国陕西、甘肃、宁夏、河南、安徽、江苏、江西、湖北、湖南、浙江、四川、贵州等省（区）。

保护利用现状：野生资源得到保护，未开发利用。

开发利用前景：果实可食，也可酿酒、制醋，又可入药。

喜阴悬钩子 *Rubus mesogaeus* 蔷薇科 Rosaceae 悬钩子属 *Rubus*

形态特征：灌木，高2.5 m。老枝疏生基部宽大的皮刺，小枝红褐色或紫褐色，具稀疏针状皮刺或近无刺，幼时被柔毛。小叶常3，稀5，顶生小叶宽菱状卵形或椭圆状卵形，顶端渐尖，边缘常羽状分裂，基部圆形至浅心形。伞房花序生于侧生小枝顶端或腋生，具花3~8朵，花瓣倒卵形、近圆形或椭圆形，白色或浅粉红色。果实扁球形，紫黑色。花期5—6月，果期7—8月。

生活习性：生于海拔900~2 700 m 的山坡、山谷林下潮湿处或沟边冲积台地。

分布：野生资源分布于宁夏六盘山、隆德县、泾源县等地。分布于我国河南、陕西、甘肃、宁夏、湖北、台湾、四川、云南、贵州等省（区）。

保护利用现状：部分野生资源得到保护，未开发利用。

开发利用前景：果实可食。

茅　莓 *Rubus parvifolius*

蔷薇科 Rosaceae　悬钩子属 *Rubus*

茅莓又称茅莓悬钩子、小叶悬钩子。

形态特征：灌木，高1~2 m。枝呈弓形弯曲，被柔毛和稀疏钩状皮刺。奇数羽状复叶，具小叶3，在新枝上偶5，菱状圆形或倒卵形，长2.5~6 cm，宽2~6 cm，顶端圆钝或急尖，基部圆形或宽楔形，上面伏生疏柔毛，下面密被灰白色茸毛，边缘有不整齐粗锯齿或缺刻状粗重锯齿，常具浅裂片。伞房花序顶生或腋生，具花数朵至多朵，花直径约1 cm，花瓣卵圆形或长圆形，粉红色至紫红色。果实卵球形，红色。花期5—6月，果期7—8月。

生活习性：喜温暖气候，耐热，耐寒，对土壤要求不严，一般土壤均可种植。

分布：野生资源分布于宁夏六盘山、西吉县、泾源县等地，生于山坡林下、林缘或路边。分布遍及全国。

保护利用现状：部分野生资源得到保护，未开发利用。

开发利用前景：果实可食用、酿酒及制醋等，根和叶含单宁，可提取栲胶，全株入药。

腺花茅莓 *Rubus parvifolius* var. *adenochlamys*

蔷薇科 Rosaceae　悬钩子属 *Rubus*

形态特征：本变种花萼或花梗具带红色腺毛，其他同正种茅莓。

生活习性：同正种茅莓。

分布：野生资源分布于宁夏六盘山和西吉县，生境同正种。分布于我国山西、河北、陕西、甘肃、宁夏、四川等省（区）。

保护利用现状：部分野生资源得到保护，未开发利用。

开发利用前景：果实可食用、酿酒及制醋等，根和叶含单宁，可提取栲胶，全株入药。

宁夏贺兰山分布有多腺悬钩子（*Rubus phoenicolasius*）和库页悬钩子（*Rubus sachalinensis*）2个野生种。

宁夏永宁县和隆德县引种栽培有哈瑞太兹、秋来思、加拿大1号、秋英等4个品种。

银露梅 *Potentilla glabra*

蔷薇科 Rosaceae　委陵菜属 *Potentilla*

银露梅又称白花棍儿茶、银老梅。

形态特征： 灌木，高0.8~1 m，分枝多。小枝棕褐色，树皮纵向剥落，幼枝棕色，被稀疏柔毛。奇数羽状复叶，有小叶2对，稀3，上面一对小叶基部下延与轴汇合，叶柄被疏柔毛；小叶片椭圆形、倒卵状椭圆形或卵状椭圆形，长0.5~1.2 cm，宽0.4~0.8 cm，两面绿色，被疏柔毛或几无毛。单花或数朵生于枝顶，花直径1.5~2.5 cm，花瓣白色，倒卵形。瘦果表面被毛。花期5—7月，果期7—9月。

生活习性： 喜光，耐寒性强，对土壤要求不严，喜湿润环境，生于水边、林缘、草地及高山灌丛中。

分布： 野生资源分布于宁夏贺兰山、六盘山、罗山、南华山、西吉县、隆德县、泾源县、海原县、彭阳县等地。我国内蒙古、河北、山西、陕西、甘肃、青海、安徽、湖北等省（区）亦有分布。

保护利用现状： 部分野生资源得到保护，未开发利用。

开发利用前景： 适宜用作庭院观赏树种或绿篱，叶与果可提制栲胶，嫩叶可代茶叶饮用。

华西银露梅 *Potentilla glabra* var. *mandshurica*

蔷薇科 Rosaceae　委陵菜属 *Potentilla*

华西银露梅又称白毛银露梅。

形态特征： 本变种与正种银露梅的区别主要在于，小叶上面或多或少伏生柔毛，下面密被白色茸毛或绢毛。花期5—7月，果期7—9月。

生活习性： 生于海拔1 200~3 400 的干旱山坡草地、沟谷、岩石坡、灌丛及杂木林中。

分布： 野生资源分布于宁夏六盘山、南华山、罗山、泾源县、隆德县等地。分布于我国华北及陕西、青海、宁夏、湖北、四川、云南等地。

保护利用现状： 部分野生资源得到保护，未开发利用。

开发利用前景： 适宜用作庭院观赏树种或绿篱，叶与果可提制栲胶，嫩叶可代茶叶饮用。

金露梅 *Potentilla fruticosa* 蔷薇科 Rosaceae　委陵菜属 *Potentilla*

金露梅又称金蜡梅、金老梅、格桑花。

形态特征：灌木，高可达1.5 m，多分枝。树皮灰褐色，纵向剥落。小枝浅灰褐色，幼时被长柔毛。奇数羽状复叶，有小叶2对，稀3小叶，小叶片长圆形、倒卵状长圆形或卵状披针形，长0.7~2 cm，宽0.4~1 cm，顶端急尖或圆钝，基部楔形，两面绿色。单花或数朵生于枝顶，花直径2.2~3 cm，花瓣黄色，宽倒卵形。瘦果近卵形，褐棕色，外被长柔毛。花期6—8月，果期8—10月。

生活习性：耐寒，喜湿润，怕积水，耐旱，喜光，生于向阳山坡草地、砾石坡、灌丛及林缘。

分布：野生资源分布于宁夏贺兰山、罗山、南华山、西吉县、海原县、原州区等地，泾源县有少量驯化栽培。分布于我国东北、华北、西北及西南各省（区）。

保护利用现状：部分野生资源得到保护，零星开发利用。

开发利用前景：适宜用作庭院观赏树种或绿篱，叶与果可提制栲胶，嫩叶可代茶叶饮用。

小叶金露梅 *Potentilla parvifolia* 蔷薇科 Rosaceae　委陵菜属 *Potentilla*

形态特征：小灌木，高0.3~0.8 m，多分枝。树皮纵向剥落，小枝黑褐色。奇数羽状复叶，有小叶2对，常混生有3对，基部2对小叶呈掌状或轮状排列；小叶小，披针形、带状披针形或倒卵状披针形，长0.7~1 cm，宽2~4 mm，顶端常渐尖，基部楔形，边缘全缘，明显向下反卷，两面绿色，被绢毛，或下面粉白色，有时疏被柔毛。单花或数朵生于枝顶，花直径1.2~2.2 cm，花瓣黄色，宽倒卵形。瘦果表面被毛。花期6—7月，果期8—10月。

生活习性：生于海拔900~5 000 m 的干燥山坡、岩石缝中、林缘及林中。播种繁殖。

分布：野生资源分布于宁夏贺兰山、南华山、西夏区等地，彭阳县有少量驯化栽培。分布于我国东北、华北及西北各省（区）。

保护利用现状：部分野生资源得到保护，零星开发利用。

开发利用前景：叶可用作饲料，花可入药。

西北沼委陵菜 *Comarum salesovianum*

蔷薇科 Rosaceae　沼委陵菜属 *Comarum*

形态特征：小灌木，高40~80 cm。茎直立，有分枝，幼时有粉质蜡层，具长柔毛，红褐色，冬季仅残留木质化基部。奇数羽状复叶，连叶柄长4.5~9.5 cm，叶柄长1~1.5 cm，小叶5~10，纸质，互生或近对生，长圆状披针形或卵状披针形，稀倒卵状披针形，越向下越小。聚伞花序顶生或腋生，有数朵疏生花，花瓣倒卵形，长1~1.5 cm，白色或红色。瘦果多数，长圆状卵形。花期5—6月，果期7—8月。

生活习性：生长在山坡、沟谷或河岸边。

分布：野生资源分布于宁夏贺兰山以及罗山。分布于我国内蒙古、甘肃、宁夏、青海、新疆、西藏等省（区）。

保护利用现状：部分野生资源得到保护，未开发利用。

开发利用前景：优良的野生花灌木，可用于城镇园林绿化、荒山造林。

鸡　麻 *Rhodotypos scandens* 蔷薇科 Rosaceae　鸡麻属 *Rhodotypos*

鸡麻又称双珠母。

形态特征：灌木，高0.5~2 m。小枝紫褐色，嫩枝绿色，光滑。叶对生，卵形，长4~11 cm，宽3~6 cm，顶端渐尖，基部圆形至微心形，边缘有尖锐重锯齿，上面幼时疏被柔毛，后脱落无毛，下面被绢状柔毛；叶柄长2~5 mm，疏被柔毛；托叶膜质，狭带形，疏被柔毛，不久脱落。单花顶生于新梢上；花直径3~5 cm；萼片大，卵状椭圆形，顶端急尖，边缘有锐锯齿，外面被稀疏绢状柔毛；花瓣白色，倒卵形。核果1~4，黑色或褐色，斜椭圆形，长约8 mm，光滑。花期4—5月，果期6—9月。

生活习性：喜光，耐半阴，耐寒，怕涝。分株、播种繁殖。

分布：宁夏西夏区有栽培。

保护利用现状：宁夏有零星引种栽培。

开发利用前景：庭院绿化树种，根和果可入药。

稠　李 *Padus racemosa* 蔷薇科 Rosaceae　稠李属 *Padus*

形态特征：乔木，高可达15 m。树皮粗糙而多斑纹，老枝紫褐色或灰褐色，有浅色皮孔，小枝红褐色或带黄褐色，幼时被短茸毛，后脱落无毛。叶片椭圆形、长圆形或长圆状倒卵形，长4~10 cm，宽2~4.5 cm，先端尾尖，基部圆形或宽楔形，边缘有不规则锐锯齿，有时混有重锯齿，上面深绿色，下面淡绿色，两面无毛。总状花序具有多花，长7~10 cm，基部通常有2~3叶，花瓣白色，长圆形。核果卵球形，红褐色至黑色。花期4—5月，果期5—10月。

生活习性：喜光，也耐阴，抗寒力较强，不耐干旱、瘠薄，在湿润、肥沃的砂质壤土上生长良好，萌蘖力强，病虫害少。播种、扦插繁殖。

分布：宁夏西夏区、西吉县、金凤区、利通区、原州区、泾源县、彭阳县、中宁县、海原县等地有栽培。产于我国黑龙江、吉林、辽宁、内蒙古、河北、山西、河南、山东等省（区）。

保护利用现状：宁夏广泛用于园林绿化。

开发利用前景：园林观赏树种。

毛叶稠李 *Padus racemosa* var. *pubescens* 蔷薇科 Rosaceae 稠李属 *Padus*

形态特征：乔木，高5~10 m。本变种小枝、叶片下面、叶柄和花序基部均密被棕褐色长柔毛，叶缘具开展或贴生重锯齿，或不规则近重锯齿。花期6月，果期7—8月。

生活习性：生于海拔2 000~2 400 m的山坡林中、灌丛中、山谷灌丛中、阴坡山腰处以及沟底潮湿处。

分布：野生资源分布于宁夏六盘山、贺兰山、泾源县、原州区等地。分布于我国东北、华北、西北等地。

保护利用现状：部分野生资源得到保护，未开发利用。

开发利用前景：种子可榨油，供制肥皂和其他工业用，果实可生食、酿酒、入药，用材和蜜源植物。

紫叶稠李 *Padus virginiana* 'Canada Red' 蔷薇科 Rosaceae 稠李属 *Padus*

紫叶稠李又称美国稠李。

形态特征：乔木，高可达15 m。单叶互生，叶缘有锯齿，近叶片基部有2腺体；初生叶绿色，表面有光泽，背面脉腋有白色簇毛，随着温度升高，逐渐转为紫红绿色至紫红色，叶背脉腋白色簇毛变淡褐色或消失，整个叶背有白粉，秋后变成红色。总状花序，直立，后期下垂，花瓣较大，近圆形，花白色。核果球形，较大，成熟时紫红色或紫黑色，果皮光亮。花期4—5月，果期7—8月。

生活习性：喜光，在半阴环境下生长，叶片很少转为紫红色。播种、嫁接、扦插繁殖。

分布：宁夏各地均有栽培。

保护利用现状：宁夏广泛用于园林绿化。

开发利用前景：园林绿化或者庭院观赏树种。

宁夏原州区分布有短梗稠李（又称短柄稠李，*Padus brachypoda*）野生种。

蕤　核 *Prinsepia uniflora* 蔷薇科 Rosaceae　扁核木属 *Prinsepia*

蕤核又称扁核木、马茹、马茹刺。

形态特征：灌木，高1~2 m。老枝灰褐色，树皮光滑；小枝灰绿色或灰褐色，无毛或有极短柔毛；枝刺钻形，长0.5~1 cm，无毛，刺上不生叶。单叶互生或丛生，近无柄，叶片长圆状披针形或狭长圆形，长2~5.5 cm，宽6~8 mm，先端圆钝或急尖，基部楔形或宽楔形，全缘，上面深绿色，下面淡绿色。花单生或2~3朵集生，花直径8~10 mm，花瓣白色，有紫色脉纹，倒卵形。核果球形，暗紫色。花期6月，果期8月。

生活习性：耐干旱，生于海拔900~1 100 m 的山坡阳处或山脚下。

分布：野生资源分布于宁夏六盘山、同心县、西吉县、盐池县、原州区、隆德县、彭阳县、泾源县、海原县等地。分布于我国山西、内蒙古、陕西、甘肃、宁夏等省（区）。

保护利用现状：部分野生资源得到保护，未开发利用。

开发利用前景：果实可酿酒、制醋或食用，种子可入药。

宁夏分布有齿叶扁核木（*Prinsepia uniflora* var. *serrata*）野生种。

蒙古扁桃 *Amygdalus mongolica* 蔷薇科 Rosaceae　桃属 *Amygdalus*

经过多年的驯化和栽培利用，于2015年经宁夏林木品种审定委员会审定为宁夏林木良种。

形态特征：灌木，高1~2 m。枝条开展，多分枝，小枝顶端转变成枝刺；嫩枝红褐色，被短柔毛，老时灰褐色。叶片宽椭圆形、近圆形或倒卵形，长5~15 mm，宽4~13 mm，先端圆钝，两面无毛，叶缘有浅钝锯齿。花单生，稀数朵簇生于短枝上，花梗极短，花瓣倒卵形，长5~7 mm，粉红色。果实宽卵球形，果肉薄，成熟时开裂。花期5月，果期6—7月。

生活习性：喜光，根系发达，耐旱，耐寒，耐瘠薄，生于荒漠和荒漠草原区的山地、丘陵、石质坡地、山前洪积平原及干河床等地，常沿着径流线呈窄带状生长。播种、扦插、嫁接繁殖。

分布：野生资源分布于宁夏贺兰山、南华山、西华山、罗山、贺兰县、大武口区、惠农区、海原县、沙坡头区等地，中宁县、西夏区、大武口区、沙坡头区等地有栽培。分布于我国甘肃、内蒙古、宁夏等省（区）。

保护利用现状：部分野生资源得到保护，广泛应用于生态造林。

开发利用前景：生态造林树种，种仁可入药。

扁　桃 *Amygdalus communis*　蔷薇科 Rosaceae　桃属 *Amygdalus*

扁桃又称巴旦杏。

形态特征： 乔木或灌木，高2~8 m。幼枝浅褐色，老枝灰褐色至灰黑色。1年生枝上的叶互生，短枝上的叶常靠近而簇生，叶片披针形或椭圆状披针形，长3~6cm，宽1~2.5 cm，先端急尖至短渐尖，基部宽楔形至圆形，幼嫩时微被疏柔毛，老时无毛，叶缘具浅钝锯齿。花单生，先叶开放，着生在短枝或1年生枝上，花瓣长圆形，长1.5~2 cm，白色至粉红色。果实斜卵形或长圆卵形，扁平；核卵形、宽椭圆形或短长圆形，种仁味甜或苦。花期4月，果期7—8月。

生活习性： 抗旱性强，适合生长于温暖、干旱地区。播种繁殖。

分布： 宁夏兴庆区和红寺堡区有栽培。主要分布在我国西北和西南地区，黄河流域各省（区）均可栽培。

保护利用现状： 宁夏有少量引种栽培。

开发利用前景： 可用作桃和杏品种的砧木，果实为制造药和化妆品的原料。

榆叶梅 *Amygdalus triloba*　蔷薇科 Rosaceae　桃属 *Amygdalus*

榆叶梅又称单瓣榆叶梅、小桃红。

形态特征： 灌木，稀小乔木，高1.5~3 m。枝条开展，具多数短小枝；小枝灰色，1年生枝灰褐色，无毛或幼时微被短柔毛。短枝上的叶常簇生，1年生枝上的叶互生；叶片宽椭圆形至倒卵形，长2~6 cm，宽1.5~3 cm，先端短渐尖，常3裂，基部宽楔形，上面具疏柔毛或无毛，下面被短柔毛，叶缘具粗锯齿或重锯齿。花1~2朵，先叶开放，直径2~3 cm，花瓣近圆形或宽倒卵形，长6~10 mm，粉红色。果实近球形，果肉薄，成熟时开裂；核近球形，具厚硬壳。花期4月，果期5—7月。

生活习性： 喜光，稍耐阴，耐寒，不耐涝，抗病力强，根系发达，耐旱力强。嫁接、播种和压条繁殖。

分布： 宁夏各地均有栽培。

保护利用现状： 广泛用于园林绿化。

开发利用前景： 公园草地、道路或庭院、池畔等绿化树种，果实可药用。

重瓣榆叶梅 *Amygdalus triloba* f. *multiplex*

蔷薇科 Rosaceae　桃属 *Amygdalus*

经过多年的驯化和栽培利用，于2017年经宁夏林木品种审定委员会审定为宁夏林木良种。

形态特征：灌木，稀小乔木，高2~5 m，叶似榆，花如梅。枝条紫褐色，粗糙，分枝角度小，多直立。冬芽短小，长2~3 mm。花先叶开放，多而密集，花较大，直径2~3 cm；花瓣2~3轮，20以上，花瓣扁圆形，重瓣，长6~10 mm，先端圆钝；花瓣覆瓦状排列，内轮花瓣浅粉红色，外轮花瓣逐渐呈现深粉红色。花期4月，果期5—7月。

生活习性：生长旺盛，喜光，抗严寒，耐瘠薄，较耐盐碱，抗病力强，适应性强，不耐涝。嫁接繁殖。

分布：宁夏各地均有栽培。

保护利用现状：宁夏广泛用于园林绿化。

开发利用前景：绿化树种。

长梗扁桃 *Amygdalus pedunculata*

蔷薇科 Rosaceae　桃属 *Amygdalus*

长梗扁桃又称长柄扁桃。

形态特征：灌木，高1~2 m。枝开展，具大量短枝；小枝浅褐色至暗灰褐色，幼时被短柔毛。短枝上的叶密集簇生，1年生枝上的叶互生；叶片椭圆形、近圆形或倒卵形，长1~4 cm，宽0.7~2 cm，先端急尖或圆钝，基部宽楔形，上面深绿色，下面浅绿色，两面疏生短柔毛，叶缘具不整齐粗锯齿。花单生，稍先叶开放，直径1~1.5 cm，花瓣近圆形，直径7~10 mm。果实近球形或卵球形，成熟时暗紫红色，离核，种仁宽卵形。花期4—5月，果期8—9月。

生活习性：耐寒，耐旱，生于丘陵地区向阳石砾质坡地或坡麓，也见于干旱草原或荒漠草原。播种繁殖。

分布：野生资源分布于宁夏西华山、南华山及固原市等地，灵武市、西吉县、盐池县、彭阳县、沙坡头区、哈巴湖等地有栽培。分布于我国内蒙古、宁夏。

保护利用现状：野生资源得到保护，广泛开发利用。

开发利用前景：园林绿化树种，种仁可入药。

碧　桃 *Amygdalus persica* f. *duplex*

蔷薇科 Rosaceae　桃属 *Amygdalus*

形态特征：乔木，高3~8 m。树皮暗红褐色，老时粗糙，鳞片状。小枝细长，无毛，有光泽，绿色，向阳处转变成红色。叶片长圆状披针形、椭圆状披针形或倒卵状披针形，长7~15 cm，宽2~3.5 cm，先端渐尖，基部宽楔形，上面无毛，下面在脉腋间具少数短柔毛或无毛，叶缘具细锯齿或粗锯齿。花单生，先叶开放，直径2.5~3.5 cm，花瓣长圆状椭圆形至宽倒卵形，粉红色。果实卵形、宽椭圆形或扁圆形，淡绿白色至橙黄色，具红晕。果肉多汁，有香味，甜或酸甜。核大，离核或黏核，椭圆形或近圆形，种仁味苦，稀味甜。花期3—4月，果期8—9月。

生活习性：喜光，耐寒，耐旱，不耐水湿。嫁接繁殖。

分布：宁夏各地广泛栽培。

保护利用现状：宁夏广泛用于园林绿化。

开发利用前景：优良的园林绿化树种。

红叶碧桃 *Amygdalus persica* f. *atropurpurea*

蔷薇科 Rosaceae　桃属 *Amygdalus*

红叶碧桃又称紫叶碧桃、紫叶桃。

形态特征：小乔木，花与叶同时生长，叶红到5月下旬，随着气温升高，紫红色的叶片从基部向上慢慢变成铜绿色或绿色，但生长出来的新梢仍为紫红色。9月中旬，树叶全部变成绿色。花瓣5，花直径3.5~3.8 cm，花期10~15 d，自花授粉。果实紫红色，随着气温的升高，由紫红色慢慢变为青色。果肉白色，多汁，味甜。4月初始花，果期6—8月。

生活习性：喜光，耐旱，耐寒，不耐水湿。嫁接繁殖。

分布：宁夏各地均有栽培。

保护利用现状：宁夏广泛用于园林绿化。

开发利用前景：园林绿化树种，也可制作盆栽、切花或桩景。

绛 桃 *Amygdalus persica* f. *camelliaeflora*

蔷薇科 Rosaceae 桃属 *Amygdalus*

形态特征：灌木。树皮灰褐色，小枝紫色。叶绿色，椭圆状披针形，长13.3 cm，宽3.7 cm，叶缘具细圆齿。花红色，花蕾卵圆形，花瓣卵形，长2.2 cm，花直径4.7 cm，复瓣，梅花形，花瓣13~18。果实绿色，圆形；果核卵圆形，核面粗糙。花期4月中旬。

生活习性：喜光，喜砂质土壤，不耐水湿。嫁接繁殖。

分布：宁夏彭阳县有引种栽培。

保护利用现状：宁夏有少量引种栽培。

开发利用前景：庭院及行道树种。

紫叶桃花 *Amygdalus persica* var. *persica* f. *atropurpurea*

蔷薇科 Rosaceae 桃属 *Amygdalus*

形态特征：小乔木，树皮灰褐色。单叶互生，卵圆状披针形，幼叶鲜红色。花重瓣，桃红色。核果球形，果皮有短茸毛。花期3—4月，果期6—9月。

生活习性：适应性强，耐寒，喜温暖，喜光，要求通风良好的环境，喜湿润、排水良好的土壤，最忌低洼积水。嫁接繁殖。

分布：宁夏惠农区、利通区、红寺堡区、白芨滩等地有栽培。

保护利用现状：宁夏引种栽培。

开发利用前景：优良的园林绿化树种。

桃 *Amygdalus persica* 蔷薇科 Rosaceae 桃属 *Amygdalus*

桃又称毛桃。

形态特征：乔木。果实卵形、宽椭圆形或扁圆形，淡绿白色至橙黄色。果肉白色，多汁，有香味，甜或酸甜。核大，离核或黏核，种仁味苦，稀味甜。花期3—4月，果期8—9月。

生活习性：喜光，不耐阴，耐寒，耐旱，忌涝，适合生长在光照良好的向阳或半阳坡地。嫁接繁殖。

分布：宁夏各地广泛栽培。

保护利用现状：宁夏各地广泛引种栽培。

开发利用前景：园林绿化树种，果实可鲜食、制罐头。

北京 2 号 *Amygdalus persica* 'Beijing 2' 蔷薇科 Rosaceae 桃属 *Amygdalus*

形态特征：乔木，树势中庸，树姿开张。果实圆形，果顶圆、略有突尖，缝合线较浅，两半部对称，果形整齐。平均单果重220 g，最大单果重300 g。果皮底色黄绿，全面着红色晕，茸毛短且少。果肉白色，肉质脆，不溶质，含可溶性固形物 12%，汁液中多，味酸甜爽口；黏核。6月下旬果实成熟，果实发育期90 d 左右。

生活习性：耐贮运。嫁接繁殖。

分布：宁夏灵武市有引种栽培。

保护利用现状：宁夏有少量引种栽培。

开发利用前景：果实鲜食。

北京 7 号 *Amygdalus persica* 'Beijing 7'

蔷薇科 Rosaceae　桃属 *Amygdalus*

形态特征：乔木，树势较强，树姿直立。果实卵圆形，果形整齐，果顶圆凸，缝合线浅，两半部对称。果个大，平均单果重200 g，最大单果重430 g。成熟时果面大部着鲜红色晕。果肉乳白色，近核处少有红色，果肉厚；离核。果肉硬而脆甜，汁多，品质上等。果实7月中下旬成熟。

生活习性：嫁接繁殖。

分布：宁夏灵武市、兴庆区、贺兰县、大武口区、惠农区、平罗县、利通区、隆德县、彭阳县、中宁县、白芨滩等地均有栽培。

保护利用现状：宁夏大面积引种栽培。

开发利用前景：果实可鲜食、制罐头。

北京 14 号 *Amygdalus persica* 'Beijing 14'

蔷薇科 Rosaceae　桃属 *Amygdalus*

形态特征：乔木，树势中等。果实长圆形或近圆形，果个较大，果形整齐，平均单果重160 g。果顶圆，顶点微凸，梗洼深，缝合线中深。果面浅黄绿色，向阳面具深红色晕。果肉白色，肉质松脆，汁少，味甘甜，品质上等；离核。晚熟品种，果实8月中下旬成熟。

生活习性：长、中、短果枝均能结果，耐贮运。嫁接繁殖。

分布：宁夏灵武市、贺兰县、平罗县有栽培。

保护利用现状：宁夏引种并推广。

开发利用前景：优良的鲜食桃品种。

大久保 *Amygdalus persica* 'Okubo' 蔷薇科 Rosaceae 桃属 *Amygdalus*

原产于日本，20世纪50年代引入我国。

形态特征：乔木，树势中庸，树姿开张。果个大，果形圆而不正，平均单果重150 g。果皮底色黄绿，向阳面、顶部及缝合线两侧着红晕，外形美观。果皮易剥离，果肉乳白色，硬溶质，肉质致密，纤维少，汁液多，香气中等，味甜酸，果实近核处着玫瑰红色。中熟品种，果实7月底至8月初成熟。

生活习性：适应性强，抗寒力稍弱，不耐涝，易黄化，对红叶病敏感。嫁接繁殖。

分布：宁夏灵武市、西夏区、永宁县、贺兰县、平罗县、利通区等地均有栽培。

保护利用现状：宁夏大面积推广。

开发利用前景：果实可鲜食、制罐头。

春　雪 Spring Snow 蔷薇科 Rosaceae 桃属 *Amygdalus*

原产于美国，2005年由山东省果树研究所从美国引进。

形态特征：乔木，树势强，树姿开张。果实圆形，果顶尖圆。果个大，平均单果重200 g。缝合线浅，茸毛短而稀，两半部较对称。果皮全面浓红色，内膛遮阴果也着全红色。果皮不易剥离。果肉白色，肉质硬脆，纤维少，味甜，香气浓；黏核。可溶性固形物含量16%，品质上，不落果。早熟品种，果实6月中下旬成熟。

生活习性：丰产，抗病，适应性强，果实耐贮运。嫁接繁殖。

分布：宁夏灵武市、利通区、彭阳县等地有栽培。

保护利用现状：宁夏广泛栽培。

开发利用前景：果实可鲜食、制罐头。

春　蜜 *Amygdalus persica* 'Chunmi'

蔷薇科 Rosaceae　桃属 *Amygdalus*

春蜜由中国农业科学院郑州果树研究所培育，于2012年经国家林木品种审定委员会审定为国家林木良种。

形态特征：乔木。果实近圆形，平均单果重140 g。果皮底色乳白，成熟后整个果面着鲜红色，艳丽美观。果肉白色，肉质细、硬脆，味浓甜，品质上等。早熟品种，果实发育期短，果实7月上中旬成熟。

生活习性：果实成熟后可留树上10 d不落果、不裂果，丰产性好。嫁接繁殖。

分布：宁夏灵武市有栽培。

保护利用现状：宁夏有引种栽培。

开发利用前景：果实鲜食。

晚　蜜 *Amygdalus persica* 'Wanmi'

蔷薇科 Rosaceae　桃属 *Amygdalus*

晚蜜由北京市农林科学院林业果树研究所从自然实生苗中选出，于2013年经国家林木品种审定委员会审定为国家林木良种。

形态特征：乔木。果实近圆形，果顶平圆，单果重180~220 g。果皮底色淡绿，果面具深红色或暗红色晕。味甜，汁液中等，品质上等；黏核。晚熟品种，果实9月下旬成熟。

生活习性：不裂果，耐贮运。嫁接繁殖。

分布：宁夏灵武市有栽培。

保护利用现状：宁夏引种栽培。

开发利用前景：果实鲜食。

美香桃 Mika　蔷薇科 Rosaceae　桃属 *Amygdalus*

形态特征：乔木，树势稍强。果实短椭圆形，果个大，平均单果重350 g，最大单果重500 g。底色白色，洁净美观，极易着色，全面鲜红色，树冠内膛亦全红色。可溶性固形物含量15% 以上，果实硬溶质，肉质致密，汁液多，甜酸可口，品质极优。果实在山东、安徽地区8月中下旬成熟。

生活习性：花粉量大，自花结实，结果早，丰产稳产，耐贮运，货架期长。抗旱，无裂果、裂核现象。嫁接繁殖。

分布：宁夏灵武市和彭阳县有栽培。

保护利用现状：宁夏有少量引种栽培。

开发利用前景：果实鲜食、制干或做罐头。

国庆红　蔷薇科 Rosaceae　桃属 *Amygdalus*

形态特征：乔木，树势强。果实圆形，果顶平，缝合线浅。果个大，单果重300~400 g，最大单果重989 g。果皮光滑，茸毛少，不易剥离。果面红色，色泽比较鲜艳。黏核，果汁多，不溶质，粗纤维少，味甘甜，品质上等，含可溶性固形物12%~15%。

生活习性：适应性、抗逆性、抗风力强，结果早，采前不易落果，成熟期晚，耐贮运，常温条件下可存放15~20 d。嫁接繁殖。

分布：宁夏灵武市和金凤区有少量栽培。

保护利用现状：宁夏有零星栽培。

开发利用前景：鲜食桃品种。

金 宝 蔷薇科 Rosaceae 桃属 *Amygdalus*

形态特征：乔木。最大单果重1 000 g，多数在400~500 g。成熟后的果实鲜红色，果肉软硬适度、汁多如蜜，清香爽口，风味独特。晚熟品种。

生活习性：适应性强，贮藏期长，结果早，丰产稳产。

分布：宁夏灵武市和彭阳县有栽培。

保护利用现状：宁夏有零星栽培。

开发利用前景：鲜食桃品种。

中秋红蜜 蔷薇科 Rosaceae 桃属 *Amygdalus*

形态特征：乔木，树势强，树姿直立。果实圆形，缝合线明显，果顶有突起，着色面达到75%以上乃至全红。平均单果重400 g，最大单果重600 g，盛果期亩产4 000 kg。果实硬溶质，完全成熟后果皮易剥离，黏核。中晚熟品种，果实8月下旬成熟，发育期近130 d。

生活习性：丰产。

分布：宁夏灵武市和金凤区有栽培。

保护利用现状：宁夏有零星栽培。

开发利用前景：鲜食桃品种。

秦　王 蔷薇科 Rosaceae　桃属 *Amygdalus*

形态特征：乔木，树势强，树姿半开张。果实圆球形，果个大，平均单果重265 g，最大单果重650 g。果肉白色，硬溶质，味浓甜，品质极佳。果实8月中旬成熟。

生活习性：耐贮运，常温下可存放20~25 d，丰产稳产，抗逆性强，易栽培。嫁接繁殖。

分布：宁夏灵武市和隆德县有栽培。

保护利用现状：宁夏有零星栽培。

开发利用前景：优良的鲜食桃品种。

映霜红 蔷薇科 Rosaceae　桃属 *Amygdalus*

形态特征：乔木。果个大，平均单果重120 g，最大单果重220 g。果面着鲜艳的玫瑰红色，含糖量1.1%，最高可达2.6%。果肉脆甜可口。晚熟品种，果熟期9月底。

生活习性：耐贮藏，裂果严重，丰产。嫁接繁殖。

分布：宁夏灵武市有栽培。

保护利用现状：宁夏有零星栽培。

开发利用前景：优良的鲜食桃品种。

寿星桃 *Amygdalus persica* var. *densa* 蔷薇科 Rosaceae 桃属 *Amygdalus*

寿星桃又称中华寿桃。

形态特征：乔木。果实形状和大小均有变异，卵形、宽椭圆形或扁圆形，淡绿白色至橙黄色，向阳面具红晕，外面密被短柔毛。果肉白色、浅绿白色、黄色、橙黄色或红色，多汁，有香味，甜或酸甜。核大，离核或黏核，椭圆形或近圆形，两侧扁平，顶端渐尖；种仁味苦，稀味甜。果实8—9月成熟。

生活习性：喜光，耐旱，较耐寒。嫁接繁殖。

分布：宁夏兴庆区、西夏区、金凤区、灵武市、平罗县、青铜峡市、沙坡头区、泾源县、彭阳县等地均有栽培。

保护利用现状：宁夏有少量栽培。

开发利用前景：果实鲜食，园林绿化品种。

红蜜桃 蔷薇科 Rosaceae 桃属 *Amygdalus*

形态特征：乔木，树势强，树枝半开张。果个大，果实茸毛短而少，近圆形，黏核。果实硬度大，成熟后果面全红色。果肉脆甜，肉质细，有香气，糖度和可溶性固形物含量高。特早熟品种，果实6月中旬成熟。

生活习性：极耐贮藏和长途运输，极丰产。嫁接繁殖。

分布：宁夏灵武市有栽培。

保护利用现状：宁夏有零星栽培。

开发利用前景：鲜食桃品种。

春美桃 蔷薇科 Rosaceae 桃属 *Amygdalus*

中国农业科学院郑州果树研究所培育。

形态特征：乔木。果实近圆形，平均单果重156 g，最大单果重250 g以上。果皮底色乳白，成熟后整个果面着鲜红色。果肉白色，肉质细，硬溶质，味浓甜，可溶性固形物含量12%~14%，品质优。早熟品种，果实7月下旬成熟，发育期70 d左右。

生活习性：自花结实力强，极丰产，不裂果，成熟后不易变软，耐贮运。嫁接繁殖。

分布：宁夏灵武市有栽培。

保护利用现状：宁夏有零星栽培。

开发利用前景：鲜食桃品种。

鹰嘴桃 蔷薇科 Rosaceae 桃属 *Amygdalus*

形态特征：乔木。果实近椭圆形，果形端正，大小适中，单果重100~150 g。果顶似鹰嘴，果柄凹陷，缝合线浅，两半部较对称。果皮色泽鲜亮，淡青色。果肉白色，近核处红色，不离核。果肉脆，味甜如蜜。早熟品种，果实发育期较短。

生活习性：产量高，适合贮藏和运输。嫁接繁殖。

分布：宁夏灵武市有栽培。

保护利用现状：宁夏有零星栽培。

开发利用前景：鲜食桃品种。

超越桃 蔷薇科 Rosaceae 桃属 *Amygdalus*

形态特征：乔木。果实近圆形，果顶平或微凹，缝合线较浅或中等，两侧较对称，果形整齐，平均单果重174 g，最大单果重300 g。果皮底色黄白带绿色，全果红色至深红色，具点状晕，果皮较易剥离，茸毛较少。果肉白色，向阳面深红色，近核处红色。肉质细密而软，汁液较多，纤维少，味甜，有香气，黏核。可溶性固形物含量10%。果实发育期132 d，采收期在8月下旬。

分布：宁夏灵武市有栽培。

保护利用现状：宁夏有零星栽培。

开发利用前景：鲜食桃品种。

处暑红桃 蔷薇科 Rosaceae 桃属 *Amygdalus*

形态特征：乔木。树势强，果实近圆形或扁圆形，平均单果重286 g。果面玫瑰红色，着色较早，色泽艳丽，两半部较对称。果肉白色，硬脆，肉质致密，有冰糖口感，浓香爽口，果皮不易剥离，含可溶性固形物11%~14%，离核。果实8月下旬至9月初成熟，发育期132 d左右。

生活习性：耐贮运。嫁接繁殖。

分布：宁夏灵武市有收集保存。

保护利用现状：宁夏有零星栽培。

开发利用前景：鲜食兼加工的优良桃品种。

红不软桃

蔷薇科 Rosaceae　桃属 *Amygdalus*

形态特征：乔木。果个大，硬度高，单果重300 g以上。果实着色早，7月上旬挂红晕，8月中旬泛透红。

生活习性：适应性强，结果早，丰产性好，抗逆性强，耐贮运，在室温下可存放20 d，不软不烂。嫁接繁殖。

分布：宁夏灵武市有收集保存。

保护利用现状：宁夏有零星栽培。

开发利用前景：优良的鲜食桃品种。

黄中皇桃

蔷薇科 Rosaceae　桃属 *Amygdalus*

形态特征：乔木。果实圆形，缝合线浅，两半部对称，果顶凹；平均单果重196 g。果皮黄色，成熟后果面着鲜红色，果皮不易剥离。果肉橙黄色，无红色素，肉质细密，不溶质，韧性强，黏核，近核处无红色素。味酸甜，品质佳。果实9月上旬成熟。

生活习性：耐贮存。嫁接繁殖。

分布：宁夏灵武市有收集保存。

保护利用现状：宁夏有零星栽培。

开发利用前景：鲜食兼加工的优良桃品种。

富岛桃王

蔷薇科 Rosaceae　桃属 *Amygdalus*

形态特征：乔木，树势中庸偏旺，树姿开张。果实特大，平均单果重300 g。果皮底色黄白，全面着艳红色。果肉白色，可溶性固形物含量12%~13%，黏核，核小，鲜食品质极佳。果实8月中下旬成熟，果实发育期125 d。

生活习性：耐贮运，丰产稳产，抗病性强，采收期可持续20 d。嫁接繁殖。

分布：宁夏灵武市有收集保存。

保护利用现状：宁夏有零星栽培。

开发利用前景：优良的鲜食桃品种。

红冠蜜

蔷薇科 Rosaceae　桃属 *Amygdalus*

形态特征：乔木。果实近圆形，果顶圆平，微凹，具梗洼，果皮稍厚，充分成熟时可剥离。果面鲜红色或紫红色，外观鲜艳。果肉白红相间，肉质细脆，味甜，黏核。中熟品种，果实7月中上旬成熟。

生活习性：耐贮运。嫁接繁殖。

分布：宁夏灵武市有收集保存。

保护利用现状：宁夏有零星栽培。

开发利用前景：鲜食兼加工的优良桃品种。

金秋红蜜桃

蔷薇科 Rosaceae　桃属 *Amygdalus*

形态特征： 乔木，树势强，树姿半开张，树冠紧凑。果实圆形，缝合线较明显，果顶略突起。果个大，大小均匀，平均单果重285 g。果皮中厚，不易剥离。成熟时果实乳白色，果面茸毛稀、短，散发出浓郁香味。果肉乳白色，黏核，近核处有红晕，肉质细密、硬、脆，味甘甜，可溶性固形物含量15%~20%，最高达25.5%。晚熟品种。

生活习性： 适应性强，抗寒，耐旱，耐瘠薄，耐贮运，货架期长。嫁接繁殖。

分布： 宁夏灵武市有收集保存。

保护利用现状： 宁夏有零星栽培。

开发利用前景： 优良的鲜食桃品种。

沂蒙霜红桃

蔷薇科 Rosaceae　桃属 *Amygdalus*

形态特征： 小乔木，树形矮小，发芽能力强。果个大，平均单果重375 g。果实近圆形，果顶圆平，略凹陷，果面红色，着色面50%~75%。果肉乳白色，肉质细，黏核，可溶性固形物含量14.4%，自花结实。晚熟品种，果实发育期200 d 左右。

生活习性： 耐旱，抗病能力强。嫁接繁殖。

分布： 宁夏灵武市有收集保存。

保护利用现状： 宁夏有零星栽培。

开发利用前景： 优良的鲜食桃品种。

蓬仙 7 号桃

蔷薇科 Rosaceae　桃属 *Amygdalus*

山东省蓬莱市永胜桃树科学研究所培育，灵武林场2018年自山东省临沂市引进。

形态特征：乔木，树势中庸。果个大，果实近圆形，果顶微突，平均单果重200 g。果面着红色条纹，肉质硬脆，味甜，有香气。果实9月中下旬成熟。

生活习性：成花早，耐贮运。嫁接繁殖。

分布：宁夏灵武市有收集保存。

保护利用现状：宁夏有零星栽培。

开发利用前景：优良的鲜食桃品种。

蓬仙 13 号桃

蔷薇科 Rosaceae　桃属 *Amygdalus*

形态特征：乔木，生长势中等，树姿较开张。果个大，平均单果重480 g，大小整齐，果形端正。果面全红色，果肉浓甜适口，硬度高。中晚熟品种，果实9月中旬成熟，发育期近150 d。

生活习性：丰产，耐贮运，低温下可贮藏1个月以上，自花结实。嫁接繁殖。

分布：宁夏灵武市有栽培。

保护利用现状：宁夏有零星栽培。

开发利用前景：优良的鲜食桃品种。

蓬仙15号桃 蔷薇科 Rosaceae 桃属 *Amygdalus*

形态特征：乔木。果个大，平均单果重400 g，最大单果重500 g。果实椭圆形，横纵径1：1，果面鲜红色，果形端正。果肉白肉，软中带硬，黏核，味浓甜，含糖量达14%~15%，品质优，自花结实。晚熟品种，果实9月下旬至10月上旬成熟，发育期165 d左右。

生活习性：抗寒，抗晚霜，极丰产。嫁接繁殖。

分布：宁夏灵武市有收集保存。

保护利用现状：宁夏有零星栽培。

开发利用前景：优良的鲜食桃品种。

金皇后桃 蔷薇科 Rosaceae 桃属 *Amygdalus*

形态特征：乔木，树势强。果实圆形，平均单果重164.7 g，最大单果重230 g。缝合线明显，两半部对称，果顶稍凹，果尖微凸。果皮金黄色，向阳面着红晕，果面光滑，有光泽，外观似杏、李。果肉黄色，核无杂质，肉质细脆，不溶质，硬度大。汁液中多，可溶性固形物含量9.75%，味酸甜，成熟后具有菠萝风味。黏核。中晚熟品种，果实发育期130 d左右。

生活习性：丰产性好，适应性与抗逆性强，生理落果轻，无采前落果现象。嫁接繁殖。

分布：宁夏灵武市有收集保存。

保护利用现状：宁夏有零星栽培。

开发利用前景：优良的鲜食桃品种。

大红桃 蔷薇科 Rosaceae 桃属 *Amygdalus*

形态特征：乔木。果实短椭圆形，缝合线浅，两半部较对称，果实整齐度好。平均单果重250 g，最大单果重400 g以上。成熟时果面80% 以上鲜红色，外观极为艳丽，果面茸毛浅而少。果肉脆，含糖量13%，有明显的香味，品质极佳。半离核，核小，可食率高。果实7月下旬成熟。

生活习性：抗病力强，不裂果，极丰产。嫁接繁殖。

分布：宁夏灵武市有收集保存。

保护利用现状：宁夏有少量栽培。

开发利用前景：优良的鲜食桃品种。

美脆桃 蔷薇科 Rosaceae 桃属 *Amygdalus*

形态特征：乔木。果实近圆形、稍扁，果顶平，缝合线明显。果实特大，平均单果重200 g，最大单果重450 g。果面红色或深红色，茸毛稀而短，果面光洁。果肉不溶质，肉质细脆，可溶性固形物含量 11.5%~13%。果实硬度大，成熟后不变软，自花结实。果实发育期90 d，采收期可持续20 d。

生活习性：丰产性好，坐果率高，极耐贮运。嫁接繁殖。

分布：宁夏灵武市有收集保存。

保护利用现状：宁夏有少量栽培。

开发利用前景：优良的鲜食桃品种。

超红桃 *Amygdalus persica* 'Chaohong'　蔷薇科 Rosaceae　桃属 *Amygdalus*

2005年经山东省林木品种审定委员会审定为山东良种。

形态特征：乔木，幼树生长势较强，树体健壮。平均单果重220 g，最大单果重340 g，是早熟品种中的大果型品种。果实圆形或近圆形，果形端正，缝合线明显，两半部对称，果顶稍凹，果尖微凸。果皮全面浓红色，树冠内膛果实也能全面着色。果肉纯白色，完全成熟时近表层有红色素沉淀；肉质细脆，不溶质，硬度大，果核小，离核；汁液中多，可溶性固形物含量13.2%，甘甜爽口，有香气。果实8月上旬成熟。

生活习性：适应性强，抗旱，耐瘠薄，较耐盐碱，抗寒性较强，果实极耐贮运，货架期一般10~15 d。嫁接繁殖。

分布：宁夏灵武市有收集保存。

保护利用现状：宁夏有零星栽培。

开发利用前景：优良的鲜食桃品种。

仓方早生 Kurakato Wase　蔷薇科 Rosaceae　桃属 *Amygdalus*

形态特征：乔木，树势强。果实近圆形，果顶平或微凹，梗洼深而广，缝合线浅，不明显，两半部对称。果实大，平均单果重220 g，最大单果重550 g。果实底色黄白，易着色，果面全红色或带玫瑰红色条纹。果皮较厚，完熟后易剥离。果肉乳白色，近皮处红色，硬溶质，肉质细密，汁液中多，味甜，含可溶性固形物12%，黏核。果实8月中旬成熟。

生活习性：抗寒，抗旱，不耐涝，结果早，无生理落果现象，丰产。嫁接繁殖。

分布：宁夏灵武市有收集保存。

保护利用现状：宁夏有零星栽培。

开发利用前景：优良的鲜食桃品种。

沙红桃 蔷薇科 Rosaceae 桃属 *Amygdalus*

形态特征：乔木，树势强，树姿较直立。果实圆形，两半部较对称，果顶平凹，缝合线明显，梗洼窄深。果实较大，平均单果重197 g，最大单果重392 g。成熟果实果面90%以上呈玫瑰红色，果皮厚。果肉乳白色，近果皮处红色，肉质细、脆硬，纤维少，硬溶质，味甜，香气浓，黏核，可溶性固形物含量 13.4 %。果实8月中旬成熟，发育期75 d。

生活习性：适应性强，早实、丰产，综合性状良好，耐贮运。嫁接繁殖。

分布：宁夏灵武市有收集保存。

保护利用现状：宁夏有零星栽培。

开发利用前景：优良的鲜食桃品种。

菊花桃 *Amygdalus persica* 'Chrysanthemoides'

蔷薇科 Rosaceae 桃属 *Amygdalus*

形态特征：灌木或小乔木，树势中等。干皮深灰色，小枝细长柔弱，黄褐色，节间较长。叶绿色略显灰，边缘略卷，椭圆状披针形，长10.2 cm，宽2.82 cm。花粉色，花蕾卵形，花瓣披针状卵形，不规则扭曲，边缘呈不规则波状，复瓣，菊花型，花高2 cm，花瓣29，着花中等。果实绿色，尖圆形，肉薄，味苦，不宜食用，果核椭圆形。花期4月中旬。

生活习性：喜阳光充足、通风良好的环境，耐干旱、高温和严寒，不耐阴，忌水涝。嫁接繁殖。

分布：宁夏兴庆区和大武口区有引种栽培。

保护利用现状：宁夏有少量引种栽培。

开发利用前景：园林观赏树种，也可盆栽或制作盆景。

塔山秋红桃

蔷薇科 Rosaceae　桃属 *Amygdalus*

美国品种，灵武林场2016年自宁夏农林科学院引进。

形态特征：乔木，树势中庸。果个大，平均单果重200 g，果实近圆形，果顶突出。果面浓红色，茸毛多。果肉白色，汁液中多，肉质细，离核。果熟期9月上旬。

生活习性：花芽形成早，耐贮运。嫁接繁殖。

分布：宁夏灵武市和彭阳县有少量栽培。

保护利用现状：宁夏有引种栽培。

开发利用前景：果实鲜食。

燕脆1号

蔷薇科 Rosaceae　桃属 *Amygdalus*

由北京市农林科学院林业果树研究所杂交育成，灵武林场2018年自山西省运城市引进。

形态特征：乔木。果实圆形，平均单果重170 g。果顶圆，缝合线深，两半部对称。果皮底色乳白至乳黄，果面鲜红色，肉质松脆，黏核。果实7月下旬成熟。

生活习性：嫁接繁殖。

分布：宁夏灵武市和彭阳县有栽培。

保护利用现状：宁夏有零星引种栽培。

开发利用前景：果实鲜食。

新世纪 2 号桃　蔷薇科 Rosaceae　桃属 *Amygdalus*

河北科技师范学院桃育种组育成的桃新品种。灵武林场2018年自山东省临沂市引进。

形态特征：乔木。果个大，单果重180~200 g。果实圆形，两半部对称，果顶平或微凸，果面光滑。底色黄，果面具红色晕。果肉乳黄色，质地细，汁液较多，味甜，

香气浓。果实9月中下旬成熟。

生活习性：丰产稳产，抗旱，耐涝，无裂果、裂核现象，耐储运。嫁接繁殖。

分布：宁夏灵武市有收集保存。

保护利用现状：宁夏有引种栽培。

开发利用前景：果实鲜食。

重阳红桃　蔷薇科 Rosaceae　桃属 *Amygdalus*

河北省昌黎县农林局选育的特大晚熟品种。灵武林场2018年自山西省运城市引进。

形态特征：乔木。果实近圆形，果顶平。果个大，平均单果重250 g。果面鲜红色至深红色。肉质紧脆，味甜。果实9月中下旬成熟。

生活习性：晚熟，丰产，耐贮运。嫁接繁殖。

分布：宁夏灵武市有收集保存。

保护利用现状：宁夏有零星栽培。

开发利用前景：优良的鲜食桃品种。

新世纪红桃

蔷薇科 Rosaceae　桃属 *Amygdalus*

河北科技师范学院桃育种组育成的桃新品种。灵武林场2018年自山东省临沂市引进。

形态特征：乔木。果实近圆形，果顶微凸，缝合线明显，两半部对称，平均单果重250 g。果面鲜红色。果肉白色，肉质细脆，味甜，黏核。果实9月底成熟。

生活习性：耐贮藏，常温下可贮存30 d左右。嫁接繁殖。

分布：宁夏灵武市有栽培。

保护利用现状：宁夏有零星收集保存。

开发利用前景：果实鲜食。

寒露蜜

蔷薇科 Rosaceae　桃属 *Amygdalus*

寒露蜜又称白露蜜桃。1985年经山东省品种审定。灵武林场2016年自宁夏农林科学院引进。

形态特征：乔木。果实大，平均单果重200 g，近圆形，果顶突出。果面底色淡乳黄，完熟时着红晕。果肉乳白色，肉质细嫩，黏核。果实10月上旬成熟。

生活习性：嫁接繁殖。

分布：宁夏灵武市有栽培。

保护利用现状：宁夏有少量收集保存。

开发利用前景：果实鲜食。

朝晖桃 蔷薇科 Rosaceae 桃属 *Amygdalus*

江苏省农业科学院选育的桃新品种。灵武林场2018年自山东省临沂市引进。

形态特征：乔木。果实大，平均单果重180 g，果实圆形或近圆形，缝合线浅，两半部对称，大小整齐。果面着玫瑰红色，果肉乳白色，味香甜，质硬脆，汁液中多。果实8月上中旬成熟。

生活习性：抗病力强，适应性强，耐贮运。嫁接繁殖。

分布：宁夏灵武市有栽培。

保护利用现状：宁夏有少量收集保存。

开发利用前景：果实鲜食。

天马橘红蜜桃 蔷薇科 Rosaceae 桃属 *Amygdalus*

灵武林场2018年自山西省运城市引进。

形态特征：乔木。果实圆形或卵圆形，果顶圆钝或微尖。果实底色黄绿，果面具橘红色条纹，有短茸毛，肉质细，汁液多，味甜或微甜酸，有香气。果实7月中旬成熟。

生活习性：自花结实，极丰产。嫁接繁殖。

分布：宁夏灵武市有栽培。

保护利用现状：宁夏有少量收集保存。

开发利用前景：果实鲜食。

早白桃 蔷薇科 Rosaceae 桃属 *Amygdalus*

北京地方优良桃品种，灵武林场1964年引进。

形态特征：乔木，树势强，枝条直立，易生副梢。果实近圆形，果顶略突出，缝合线浅，单果平均重114 g。果面淡绿白色，少数果实的果尖和缝合线处有红色斑点。果肉乳白色，肉质细脆，味甜，品质上，离核。早熟品种，果实7月中旬成熟。

生活习性：中短枝结果好，抗寒力强。嫁接繁殖。

分布：宁夏灵武市有栽培。

保护利用现状：宁夏有少量收集保存。

开发利用前景：果实鲜食。

丰光桃 蔷薇科 Rosaceae 桃属 *Amygdalus*

中国农业科学院郑州果树研究所选育的品种，灵武林场2018年引进。

形态特征：乔木。果实中大，平均单果重150 g，果实圆形，果顶平，梗洼浅。果皮底色淡黄，全面着鲜红色，果面光洁。果肉淡黄色，肉质硬脆，味浓香甜，品质上，离核。果实7月中下旬成熟。

生活习性：丰产，抗病力强。嫁接繁殖。

分布：宁夏灵武市有栽培。

保护利用现状：宁夏有少量收集保存。

开发利用前景：果实鲜食。

韩国桃　蔷薇科 Rosaceae　桃属 *Amygdalus*

韩国品种，灵武林场2017年自中国农业科学院郑州果树研究所引进。

形态特征：乔木。果实卵圆形，个大，平均单果重180 g。果顶微突，缝合线浅，茸毛密。果皮底色黄绿，果面具红条纹或全红色。果肉乳白色，硬脆，汁液较少，味甜。果实7月中下旬成熟。

生活习性：嫁接繁殖。

分布：宁夏灵武市有栽培。

保护利用现状：宁夏有少量收集保存。

开发利用前景：果实鲜食。

春艳9号桃　蔷薇科 Rosaceae　桃属 *Amygdalus*

青岛市农业科学研究院用早香玉与仓方早生的杂交胚，通过胚培育种技术培育而成的优良品种。灵武林场2018年自山东省临沂市引进。

形态特征：乔木。果实近圆形，大小均匀，平均单果重130 g，果顶平。果皮底色乳白，果面鲜红色，果肉乳白色，汁液多，有香气。果实6月中下旬成熟。

生活习性：嫁接繁殖。

分布：宁夏灵武市有栽培。

保护利用现状：宁夏有少量收集保存。

开发利用前景：果实鲜食。

白粉红桃 蔷薇科 Rosaceae　桃属 *Amygdalus*

灵武林场2018年自山西省运城市引进。

形态特征：乔木，树势中庸，树姿开张，种植后第二年进入结果期。果实中大，平均单果重150 g。果皮稍厚，向阳面鲜粉红色，肉质细腻、柔软，味甘甜，汁液丰富，品质上。果实6月下旬成熟。

生活习性：嫁接繁殖。

分布：宁夏灵武市有栽培。

保护利用现状：宁夏有少量收集保存。

开发利用前景：果实鲜食。

于红蜜桃 蔷薇科 Rosaceae　桃属 *Amygdalus*

山东省临沂市在一株实生优良变异单株上选育出的极早熟桃新品种。灵武林场2018年自山东省临沂市引进。

形态特征：乔木。果实中大，近圆形，平均单果重100 g。果实全红色，外观漂亮，味浓甜。果实6月底成熟。

生活习性：嫁接繁殖。

分布：宁夏灵武市有栽培。

保护利用现状：宁夏有少量收集保存。

开发利用前景：果实鲜食。

中油 4 号 *Amygdalus persica* 'Zhongyoutao 4'

蔷薇科 Rosaceae　桃属 *Amygdalus*

形态特征：乔木，树势中庸，树姿半开张。果实近圆形，果顶圆，两半部对称，缝合线较浅，梗洼中深。果实大小较均匀，平均单果重160 g，最大单果重200 g。果皮底色淡黄，成熟后全面着浓红色，树冠内外果实着色基本一致。果肉橙黄色，硬溶质，肉质细脆，可溶性固形物含量12%~15%，味浓甜，品质佳。核小，黏核。

生活习性：极丰产，适应性强，成熟后不裂果，耐贮运，花期抗低温，耐晚霜。嫁接繁殖。

分布：宁夏灵武市有栽培。

保护利用现状：宁夏有少量栽培。

开发利用前景：果实鲜食。

中油 7 号 *Amygdalus persica* 'Zhongyoutao 7'

蔷薇科 Rosaceae　桃属 *Amygdalus*

中油7号由北京市农林科学院以油桃优系25−10（京玉 ×NJN76）为母本，采集美国油桃品种双佛的花粉，进行人工授粉杂交，杂交种子经试管胚培萌发培育而成。

形态特征：乔木，树姿半开张，树势强，生长旺盛。果实圆形，平均单果重150 g。果顶圆平，缝合线浅。果皮底色黄色，全面着鲜红色。果肉黄色，近核处有少量红色素，硬溶质，味甜，离核。中熟品种，果实7月底成熟。

生活习性：嫁接繁殖。

分布：宁夏灵武市有引种栽培。

保护利用现状：宁夏有引种栽培。

开发利用前景：果实鲜食。

中油 8 号 *Amygdalus persica* 'Zhongyoutao 8'

蔷薇科 Rosaceae　桃属 *Amygdalus*

中油8号由中国农业科学院郑州果树研究所1997年以珊瑚桃为母本、晴朗桃为父本杂交培育而成，2009 年河南省林木品种审定委员会审定为林木良种。

形态特征：乔木，树势强，树姿较直立，萌发力中等。果实圆形，单果重150~200 g。果顶圆平，微凸，缝合线浅而明显，两半部较对称。果面光洁无毛，底色浅黄，成熟时鲜红色。果肉金黄色，硬溶质，肉质细，汁液中等，味香甜，品质上等，黏核。晚熟品种，果实9月上中旬成熟。

生活习性：耐贮运。嫁接繁殖。

分布：宁夏灵武市有栽培。

保护利用现状：宁夏有引种栽培。

开发利用前景：果实鲜食。

中油 9 号 *Amygdalus persica* 'Zhongyoutao 9'

蔷薇科 Rosaceae　桃属 *Amygdalus*

形态特征：乔木，树势强，树姿半开张。果个大，单果重170~210 g，最大单果重300 g。果实圆形，果顶微凹，缝合线中深，两半部较对称。果皮底色绿白，成熟后80% 以上果面着玫瑰红色。果肉白色，8~9成熟时脆硬，完熟后稍软，汁液多，味甜，可溶性固形物含量11%~13%。果实发育期63 d 左右。

生活习性：丰产性好，自花结实率稍低。嫁接繁殖。

分布：宁夏灵武市有栽培。

保护利用现状：宁夏有少量栽培。

开发利用前景：果实鲜食。

中油 12 号 *Amygdalus persica* 'Zhongyoutao 12'

蔷薇科 Rosaceae　桃属 *Amygdalus*

形态特征：乔木，树姿半开张。平均单果重126 g，梗洼中深，较宽。果实全面着鲜红色，底色黄白。果肉白色，硬溶质，纤维较少，汁液多，可溶性固形物含量12.3%，味甜，离核，鲜食品质好。果实5月下旬成熟，发育期55 d 左右。

生活习性：早实，丰产，抗逆性较强，病虫害发生较轻，不易裂果。嫁接繁殖。

分布：宁夏灵武市有栽培。

保护利用现状：宁夏有少量栽培。

开发利用前景：果实鲜食。

中油 15 号 *Amygdalus persica* 'Zhongyoutao 15'

蔷薇科 Rosaceae　桃属 *Amygdalus*

中国农业科学院郑州果树研究所选育的耐贮型白肉油桃新品种。

形态特征：乔木。果个大，单果重180~200 g，最大单果重250 g。果实圆形，两半部对称，果顶圆平，缝合线中深，梗洼中宽、较深。果皮底色白色，果面无茸毛并着艳丽的红晕。果肉白色，质硬，纤维很少，味甜，可溶性固形物含量12.6%。果实6月中旬成熟，发育期85 d 左右。

生活习性：耐贮运，丰产稳产，易受病虫害危害。嫁接繁殖。

分布：宁夏灵武市和利通区有栽培。

保护利用现状：宁夏有少量栽培。

开发利用前景：果实鲜食。

中油 16 号 *Amygdalus persica* 'Zhongyoutao 16'

蔷薇科 Rosaceae　桃属 *Amygdalus*

中国农业科学院郑州果树研究所培育。

形态特征：乔木。果实圆形，端正美观，单果重120~150 g。果面粉红色至鲜红色。果肉白色，口感脆甜，品质上等，黏核。早熟品种，果实7月中下旬成熟。

生活习性：耐贮运。嫁接繁殖。

分布：宁夏灵武市、西吉县有栽培。

保护利用现状：宁夏已引种栽培。

开发利用前景：果实鲜食。

中油 18 号 *Amygdalus persica* 'Zhongyoutao 18'

蔷薇科 Rosaceae　桃属 *Amygdalus*

形态特征：乔木。果实圆形，端正美观，果面全红色，色泽鲜艳。单果重165~250 g。果肉黄色，口感脆甜，可溶性固形物含量13%~14%，黏核，品质优良。早熟品种，果实6月上中旬成熟，发育期约为69 d。

生活习性：极耐贮运，极丰产。嫁接繁殖。

分布：宁夏灵武市有栽培。

保护利用现状：宁夏有少量栽培。

开发利用前景：果实鲜食。

中油 20 号 *Amygdalus persica* 'Zhongyoutao 20'

蔷薇科 Rosaceae　桃属 *Amygdalus*

形态特征：乔木。单果重185~278 g。果肉白色，硬脆。口感脆甜，可溶性固形物含量14%~16%，黏核，品质优。中熟品种，果实7月中下旬成熟，果实发育期约110 d。

生活习性：留树时间长，货架期长，极耐贮运，极丰产。嫁接繁殖。

分布：宁夏灵武市有栽培。

保护利用现状：宁夏有少量栽培。

开发利用前景：果实鲜食。

中油 48 号 *Amygdalus persica* 'Zhongyoutao 48'

蔷薇科 Rosaceae　桃属 *Amygdalus*

中国农业科学院郑州果树研究所以丽格兰特与瑞光2号杂交选育而成。灵武林场2017年自山西省运城市引进。

形态特征：乔木。果实近圆形，单果重90~100 g，最大单果重150 g。果面全面着浓红色。果肉黄色，硬溶质，味甜，有香气，品质上，黏核。果实6月下旬成熟。

生活习性：嫁接繁殖。

分布：宁夏灵武市有栽培。

保护利用现状：宁夏有少量栽培。

开发利用前景：果实鲜食。

极早518油桃

蔷薇科 Rosaceae　桃属 *Amygdalus*

形态特征：乔木。果实近圆形，单果重90~100 g，最大单果重150 g。果皮光滑无毛，底色浅绿白或乳白，成熟后整个果面着鲜红色。果肉白色，肉质细，硬溶质，味甜，可溶性固形物含量9%~12%，品质上。核硬，黏核，不裂果。极早熟品种，果实发育期仅45~50 d。

生活习性：成熟期早，自花结实力强，极丰产。嫁接繁殖。

分布：宁夏灵武市有栽培。

保护利用现状：宁夏有少量栽培。

开发利用前景：果实鲜食。

未来1号油桃

蔷薇科 Rosaceae　桃属 *Amygdalus*

形态特征：乔木。平均单果重200 g，最大单果重300 g。果面着浓红色，内膛树下果也能全红。果实圆形，果尖明显。果实硬度大，果肉黄色，含糖量15%。极早熟品种，果实发育期60 d左右。

生活习性：喜光，怕涝，自花结实力强，极丰产。嫁接繁殖。

分布：宁夏灵武市有栽培。

保护利用现状：宁夏有少量栽培。

开发利用前景：果实鲜食。

曙光油桃 蔷薇科 Rosaceae 桃属 *Amygdalus*

形态特征：乔木，树姿较开张。果实近圆形，果顶平、微凹，平均单果重90 g，最大单果重170 g以上。果皮光滑无毛，底色浅黄，果面全面着鲜红色或紫红色，艳丽美观。果肉黄色，硬溶质，纤维中等，味甜，香气浓郁，品质优良，黏核。特早熟品种，果实发育期65 d左右。

生活习性：适应性、抗逆性强，丰产，不裂果，耐贮运。嫁接繁殖。

分布：宁夏灵武市有栽培。

保护利用现状：宁夏有少量栽培。

开发利用前景：果实鲜食。

五月火油桃 May Fire 蔷薇科 Rosaceae 桃属 *Amygdalus*

形态特征：乔木，树势较强，树姿半开张。果实卵圆形，两半部对称，果顶微凸。平均单果重75 g，最大单果重110 g。果皮光滑无毛，

底色橙黄，全面着红色，有光泽，易剥离。果肉硬溶质，黄色，无红色素。汁液中多，有香气，酸多甜少，可溶性固形物含量8.8%，黏核。早熟品种，果实发育期65 d。

生活习性：丰产性好，耐贮运。嫁接繁殖。

分布：宁夏灵武市有栽培。

保护利用现状：宁夏有少量栽培。

开发利用前景：果实鲜食。

珍珠枣油桃

蔷薇科 Rosaceae　桃属 *Amygdalus*

形态特征：乔木。果实成串，单果重50~71 g。果肉白色，不溶质。果肉硬脆，品质极优，含糖量18%左右，风味独特，易成花，果面全红，色泽艳丽，内膛树下果也全红，离核。果实8月上旬成熟。

生活习性：自花结实，坐果率高，丰产，特耐贮运。嫁接繁殖。

分布：宁夏灵武市有栽培。

保护利用现状：宁夏有少量栽培。

开发利用前景：果实鲜食。

黄菊油桃

蔷薇科 Rosaceae　桃属 *Amygdalus*

通过人工杂交培育而成的晚熟品种。灵武林场2018年自山东省临沂市引进。

形态特征：乔木。果实近圆形，平均单果重180 g。果实金黄色，果肉淡黄色，汁液中等，果肉硬韧，味甜，品质中等。果实8月中下旬成熟。

生活习性：嫁接繁殖。

分布：宁夏灵武市有栽培。

保护利用现状：宁夏有少量栽培。

开发利用前景：果实鲜食。

黄油桃 蔷薇科 Rosaceae 桃属 *Amygdalus*

灵武林场2018年自山东省临沂市引进。

形态特征：乔木。果实中大，圆形，平均单果重130 g。果顶圆，缝合线浅，两侧对称，果形整齐。果面金黄色，果肉黄白色，肉质细密、韧，酸甜适中，品质上，半离核或离核。果实8月上中旬成熟。

生活习性：自花结实，不裂果，不落果，丰产，耐贮运。嫁接繁殖。

分布：宁夏灵武市有栽培。

保护利用现状：宁夏有引种栽培。

开发利用前景：果实鲜食。

红蟠桃 蔷薇科 Rosaceae 桃属 *Amygdalus*

红蟠桃又称美国红蟠桃。

形态特征：乔木，树势中庸。果实扁平形，果顶凹入，缝合线浅，两半部对称。平均单果重178 g，最大单果重205 g。果皮底色乳黄，易剥离。果面90%以上着鲜红色，茸毛中等。果肉乳白色，硬溶质，质细，香甜浓郁，可溶性固形物含量13.6%。核小，离核，无裂核。果实7月中旬成熟。

生活习性：抗裂果，耐贮运，抗旱、抗寒，极丰产，自花结实力强。嫁接繁殖。

分布：宁夏灵武市有收集保存。

保护利用现状：宁夏有少量栽培。

开发利用前景：优良的鲜食桃品种。

早黄蟠桃 蔷薇科 Rosaceae 桃属 *Amygdalus*

1989年中国农业科学院郑州果树研究所以8~21蟠桃为母本、法国蟠桃为父本杂交选育而成。

形态特征：乔木，树势强。果实扁平形，平均单果重95 g，最大单果重120 g。果顶凹入，两半部较对称，缝合线较深。果皮黄色，果面70%着玫瑰红晕和细点，外观美，果皮可以剥离。果肉橙黄色，软溶质，汁液多，纤维中等，味甜，香气浓郁，可溶性固形物含量13%~15%，半离核，可食率高。果实发育期80~85 d。

生活习性：丰产。嫁接繁殖。

分布：宁夏灵武市、彭阳县有收集保存。

保护利用现状：宁夏有少量栽培。

开发利用前景：优良的鲜食桃品种。

黄油蟠桃 蔷薇科 Rosaceae 桃属 *Amygdalus*

灵武林场2018年自山东省临沂市引进。

形态特征：乔木。果个大，大小均匀，平均单果重185 g。果实扁平形，缝合线明显，成熟时底色乳白。果面光滑，淡红色，无茸毛。果肉乳白色，香味浓郁，品质上，黏核。果实7月下旬成熟。

生活习性：耐储存。嫁接繁殖。

分布：宁夏贺兰县、灵武市、惠农区、彭阳县等地有引种栽培。

保护利用现状：宁夏部分地区栽培。

开发利用前景：优良的鲜食桃品种。

毛蟠桃 蔷薇科 Rosaceae 桃属 *Amygdalus*

灵武林场2017年自山西省运城市引进。

形态特征：乔木。果实扁平形，平均单果重120 g，缝合线浅，果形整齐。果面浓红色。果肉乳白色，肉质厚、柔软，汁液多，味浓甜，有香气，果皮易剥离，品质上，黏核。果实8月上中旬成熟。

生活习性：嫁接繁殖。

分布：宁夏灵武市和贺兰县有栽培。

保护利用现状：宁夏少量引种栽培。

开发利用前景：果实鲜食。

房山蟠桃 蔷薇科 Rosaceae 桃属 *Amygdalus*

北京房山优良地方品种，灵武林场2016年自宁夏农林科学院引进。

形态特征：乔木。果实中大，单果重130 g左右，果实扁圆形，顶端凹入，缝合线明显。果皮底色黄绿，果面片红。果肉乳白色，汁液中等，硬溶质，有香气，酸甜适口，风味浓，品质上，黏核。早熟品种，6月上中旬成熟。

生活习性：嫁接繁殖。

分布：宁夏灵武市和彭阳县有少量栽培。

保护利用现状：宁夏少量引种栽培。

开发利用前景：果实鲜食。

黄金蟠桃 蔷薇科 Rosaceae　桃属 *Amygdalus*

中国农业科学院郑州果树研究所选育的蟠桃品种，灵武林场2018年自山西省运城市引进。

形态特征：乔木。果实扁平形，两半部不对称，果顶凹入，缝合线明显。平均单果重170 g。果面金黄色。果肉黄色，肉质细嫩，风味浓郁，有香味，品质上。果实8月中旬成熟。

生活习性：丰产，耐贮运。嫁接繁殖。

分布：宁夏彭阳县和灵武市有栽培。

保护利用现状：宁夏有少量引种栽培。

开发利用前景：果实鲜食。

宁夏西夏区、贺兰县、利通区等地还栽培有北京5号、北京 10号、帝王1号、五月鲜、中桃红玉、中桃紫玉、中油金帅、中油金铭等桃品种。

山　桃 *Amygdalus davidiana* 蔷薇科 Rosaceae　桃属 *Amygdalus*

宁夏野生资源分布少，属于宁夏重点保护植物，2007年经宁夏林木品种审定委员会审定为宁夏林木良种——山桃六盘山种源。

形态特征：灌木或小乔木，高1~2 m。树皮暗紫红色，小枝纤细，紫红色，无毛。叶片卵状披针形，长7~10 cm，宽1.5~2.5 cm，先端渐尖，基部宽楔形，两面无毛，叶缘具细锐锯齿；叶柄长1~2 cm，无毛，顶端常具2腺体。花单生，花梗短；花瓣粉红色或白色，倒卵形，长1.2~1.4 cm；雄蕊多数，与花瓣近等长或稍短；花柱稍长于雄蕊，基部被柔毛。果实椭圆形，稍扁，长2~2.5 cm，宽1.5~1.8 cm，密被短柔毛；果核两端圆钝。花期4月，果期7—8月。

生活习性：喜光，耐寒，对土壤适应性强，耐干旱、瘠薄，怕涝。播种繁殖。

分布：野生资源分布于宁夏贺兰山、六盘山、南华山、原州区、西吉县、西夏区、大武口区、隆德县、泾源县、彭阳县、沙坡头区、中宁县、海原县等地，生于向阳干旱山坡或干河床，宁夏各地均有栽培。分布于我国华北及辽宁、河南、陕西、甘肃、宁夏、四川等地。

保护利用现状：部分野生资源得到保护，宁夏广泛用于生态造林和园林绿化。

开发利用前景：生态造林和园林绿化树种，也可做砧木，种仁可榨油供制肥皂、润滑油，还可入药。

杏 *Armeniaca vulgaris*

蔷薇科 Rosaceae　杏属 *Armeniaca*

形态特征：乔木，高达8 m，小枝无毛。叶宽卵形或圆卵形，长5~9 cm，先端尖或短渐尖，基部圆形或近心形，有钝圆锯齿，两面无毛或下面脉腋具柔毛；叶柄长2~3.5 cm，腹面具沟槽，被短柔毛，顶端具2腺体；花单生，先叶开放；花梗长1~3 mm；花萼钟形，萼片卵形，花瓣圆形或倒卵形，白色带红晕；雄蕊多数，稍短于花瓣；子房密被短柔毛，花柱无毛，与雄蕊等长。果实近球形，径约2.5 cm，成熟时白色、黄色或黄红色，常具红晕，微被柔毛。花期4月，果期6月。

生活习性：喜光，适应性强，深根性，耐旱，抗寒，抗风。播种、嫁接繁殖。

分布：宁夏各地普遍栽培。

保护利用现状：宁夏广泛栽培。

开发利用前景：果实可食用、药用，园林绿化树种。

红梅杏 *Armeniaca vulgaris* 'hong mei'

蔷薇科 Rosaceae　杏属 *Armeniaca*

2011年经宁夏林木品种审定委员会审定为宁夏林木良种。

形态特征：乔木，树冠较开张，丰产。果实近圆形，甜仁，离核。单果重29~34 g，最大单果重43 g。果肉含总糖10.09%，果皮底色近红色，皮薄，茸毛少。果肉汁多，味甜，色泽艳丽，香气浓郁，口感香脆，不易变味。果实6月下旬至7月初成熟，采摘期20 d。

生活习性：喜光，适应性强，耐旱，耐瘠薄，抗病虫害能力强，常规条件下贮藏期7 d左右。嫁接繁殖。

分布：宁夏各地普遍栽培。

保护利用现状：宁夏各地广泛栽培。

开发利用前景：果实可食用、药用，也可观赏。

凯特杏 Katy

蔷薇科 Rosaceae　杏属 *Armeniaca*

形态特征：乔木。果实特大，近圆形，缝合线浅，果顶较平圆。平均单果重106 g，最大单果重183 g。果皮橙黄色，向阳面有红晕。味酸甜爽口，芳香味浓，含可溶性固形物12.7%、糖10.9%、酸0.9%，离核。早熟品种，果实6月初成熟。

生活习性：丰产，结果较早，适应性极强，抗盐碱，耐低温，耐湿，抗晚霜，不耐贮运。嫁接繁殖。

分布：宁夏灵武市、贺兰县、平罗县、大武口区、利通区、彭阳县等地有栽培。

保护利用现状：宁夏部分地区有栽培。

开发利用前景：鲜食和加工兼用型品种。

串枝红杏 *Armeniaca vulgaris* 'chuanzhihong'

蔷薇科 Rosaceae　杏属 *Armeniaca*

2011年经宁夏林木品种审定委员会审定为宁夏林木良种。

形态特征：乔木，树势较强，树姿开张。果实中大，平均单果重52.6 g。果面红润，底色橙色，向阳面紫红色，梗洼较深。果顶凹陷，缝合线较深，两侧不对称。果肉细密、汁多，酸甜适口，甜仁，离核。早熟品种，果实6月下旬成熟。

生活习性：喜光，适应性强，耐贮运。嫁接繁殖。

分布：宁夏彭阳县有栽培。

保护利用现状：宁夏有零星栽培。

开发利用前景：鲜食和加工兼用型品种。

金太阳杏 Sungold 蔷薇科 Rosaceae 杏属 *Armeniaca*

2011年经宁夏林木品种审定委员会审定为宁夏林木良种。

形态特征：乔木，树势中庸，树姿开张。果实圆形，平均单果重66.9 g，最大单果重90 g。果顶平，缝合线浅，不明显，两侧对称。果面光亮，底色金黄色，向阳面着红晕，外观美丽。果肉橙黄色，肉质鲜嫩，汁液较多，有香气，味甜微酸，可食率95%，可溶性固形物含量13.5%；离核。果实6月上旬成熟。

生活习性：极丰产，抗性强。嫁接繁殖。

分布：宁夏灵武市、利通区、中宁县、海原县、彭阳县等地均有栽培。

保护利用现状：宁夏部分地区有栽培。

开发利用前景：绿化、观赏树种，果实可鲜食、加工。

曹　杏 *Armeniaca vulgaris* 'cao' 蔷薇科 Rosaceae 杏属 *Armeniaca*

2011年经宁夏林木品种审定委员会审定为宁夏林木良种。

形态特征：乔木，树势强，树冠较开张，圆头形。果实中大，扁圆形，平均单果重35 g，最大单果重62.5 g。果顶圆，缝合线中深，两侧不对称，顶部较凹，梗洼中深。果皮底色橙黄，向阳面鲜红色，皮较薄，中韧，茸毛少。果肉橙黄色，肉质柔软致密，纤维极少，味甜，香气较浓。果实7月中下旬成熟。

生活习性：抗寒力较强，抗旱力中等，耐瘠薄。嫁接繁殖。

分布：宁夏贺兰县、海原县、原州区、彭阳县有栽培。

保护利用现状：宁夏部分地区有栽培。

开发利用前景：果实可鲜食、入药，荒山造林树种，用材、燃料树种。

一窝蜂 蔷薇科 Rosaceae　杏属 *Armeniaca*

一窝蜂又称小龙王帽，1994年从河北省引进。

形态特征：乔木。果实卵圆形，单果重10~15 g，出仁率30%~35%。果皮橙黄色，向阳面有红晕，缝合线深，梗洼有3~4条沟纹。果肉黄色，汁少，粗纤维多，酸涩，不可食用，可制干，离核。果实密集着生在短果枝和花束状结果枝上，呈一窝蜂状，故名“一窝蜂”。果实7月中旬成熟。

生活习性：极丰产，抗旱，耐寒，耐瘠薄，适应性强，树体较矮小，适合密植。嫁接繁殖。

分布：宁夏彭阳县有收集保存。

保护利用现状：宁夏个别地区有栽培。

开发利用前景：果实可制杏干、入药。

围选1号 Weixuan 1 蔷薇科 Rosaceae　杏属 *Armeniaca*

2007年河北省林木品种审定委员会审定为河北林木良种。

形态特征：乔木，干性较强，树姿开张，树冠自然圆头形。果实阔卵圆形，底色绿黄，向阳面有红色。平均单果重13.6 g（果皮绿色时）。果肉浅黄色，肉质绵，味酸，粗纤维多，离核，核长宽比1∶1.4。

生活习性：花期抗寒性较强，抗性较好。嫁接繁殖。

分布：宁夏彭阳县有收集保存。

保护利用现状：宁夏有零星栽培。

开发利用前景：果实可制干，杏仁食用、药用均可。

珍珠油杏 蔷薇科 Rosaceae 杏属 *Armeniaca*

形态特征：小乔木，树势较强，树姿半开张。果实椭圆形，果形端正。果顶稍平，缝合线明显，两半部对称。平均单果重26.3 g，最大单果重38 g。幼果绿色，成熟后黄色，半透明，果面光洁，油亮，故名“油杏”。果肉橙黄色，韧而硬，味浓甜，具香气，可溶性固形物含量23.5%。离核，种仁饱满，味香甜。果实6月成熟。

生活习性：适应性强，抗寒，耐旱，耐瘠薄，耐贮运。嫁接繁殖。

分布：宁夏大武口区、原州区、彭阳县等地有栽培。

保护利用现状：宁夏部分地区有栽培。

开发利用前景：果实鲜食、制干、仁用均可。

龙王帽 蔷薇科 Rosaceae 杏属 *Armeniaca*

形态特征：乔木。果实长扁圆形，缝合线深而明显。果面橙黄色，向阳面微有红晕。果肉薄、软，橙黄色，纤维多，汁液少，味酸。平均单果重13.7 g。离核，核大；甜仁，仁肥大，香脆，为仁用杏中粒形最大者之一。种仁含蛋白质23% 以上，粗脂肪58% 以上。果实7月中下旬成熟。

生活习性：适应性强，耐寒，耐旱，对土壤要求不严，耐瘠薄，尤宜在山区种植。嫁接繁殖。

分布：宁夏彭阳县有收集保存。

保护利用现状：宁夏有零星栽培。

开发利用前景：仁用品种。

骆驼黄 蔷薇科 Rosaceae 杏属 *Armeniaca*

形态特征：落叶乔木，树势强。果实圆形，平均单果重49.5 g，最大单果重78 g。果面橙黄色，向阳面具暗红晕。果肉橙黄色，肉质软，纤维稍多，甜酸适度，汁液多，有香气，含可溶性固形物11.5%。黏核，甜仁。极早熟品种，果实发育期55 d左右。

生活习性：适应性强，抗寒，耐旱，丰产，不耐贮运。嫁接繁殖。

分布：宁夏彭阳县有收集保存。

保护利用现状：宁夏有少量栽培。

开发利用前景：鲜食杏品种。

红荷包 蔷薇科 Rosaceae 杏属 *Armeniaca*

形态特征：乔木，树势强，树姿开张，树冠自然圆头形。果实中等偏小，平均单果重43 g，最大单果重55 g。果实椭圆形，顶端微凹，缝合线明显，梗洼狭。果面底色黄，向阳面稍具红色。果皮厚，不易剥离。果肉淡黄色，汁液较少，肉质韧，稍粗，纤维中多，可溶性固形物含量10% ~13%，味甜酸；离核，苦仁。果实5月底6月初成熟。

生活习性：适应性强，抗病虫害，耐贮运，宜在土层较厚的温暖阳坡地或丘陵地栽培。嫁接繁殖。

分布：宁夏彭阳县有收集保存。

保护利用现状：宁夏有零星栽培。

开发利用前景：果实鲜食。

兰州大结杏

蔷薇科 Rosaceae　杏属 *Armeniaca*

形态特征：乔木，树势强，树姿半开张。果实大，长卵圆形，大小匀称，两侧对称。平均单果重84 g，最大单果重180 g。果面黄色，向阳面红色，并有明显的朱砂点。果肉金黄色，肉质细、柔软，汁液多，香甜浓郁，纤维少，可溶性固形物含量达14.5%，品质极佳；离核或半离核，甜仁，仁饱满，单仁重0.69 g，出仁率23.8%，甜脆。果实6月中旬成熟。

生活习性：抗寒，抗旱，适应性强，丰产性好。嫁接繁殖。

分布：宁夏哈巴湖、灵武市、利通区、青铜峡市、海原县、彭阳县等地有栽培。

保护利用现状：宁夏部分地区有栽培。

开发利用前景：果实鲜食、制脯、制干和仁用均可。

华县大结杏

蔷薇科 Rosaceae　杏属 *Armeniaca*

形态特征：乔木，树势较强，树姿开张，树冠半圆形，呈半矮化状。果实扁圆形，果个大，平均单果重84 g，最大单果重150 g。果顶平、微凹；柱头残存，梗洼深而广，缝合线浅而明显。果皮黄色，有淡红色晕和紫红色细点。皮薄而韧，不易剥离，茸毛少，两侧对称。果肉橙黄色，肉质柔软，汁液多，纤维少，味甜，芳香，可溶性固形物含量13%；离核。中熟品种。

生活习性：喜土层深厚的土壤，抗逆性较强。嫁接繁殖。

分布：宁夏灵武市、彭阳县有收集保存。

保护利用现状：宁夏有少量栽培。

开发利用前景：果实可鲜食，园林绿化树种。

口外杏 蔷薇科 Rosaceae　杏属 *Armeniaca*

200多年前从新疆库车引入，原名阿克西米西，因当地群众习称新疆为“口外”而得名。宁夏灵武园艺试验场在1949年以前就有栽培，已成为宁夏灵武优良的地方品种。

形态特征：乔木，树势强，树冠开张。果实广卵圆形，果个小，平均单果重30 g。果面黄白色或淡橙黄色，光滑无毛。果肉黄白色，肉质细，汁液多，纤维少，味酸甜。分为红口外、黄口外、白口外3种，以黄口外最优。果皮中厚、脆，难剥离，仁较饱满。白口外汁液较多，离核，成熟前易落果。果实7月上中旬成熟。

生活习性：耐旱，抗寒。嫁接繁殖。

分布：宁夏灵武市和彭阳县有收集保存。

保护利用现状：宁夏有零星栽培。

开发利用前景：果实可鲜食、加工和仁用。

丰园红杏 蔷薇科 Rosaceae　杏属 *Armeniaca*

形态特征：乔木，树干基脚小，树姿半开张。果实卵圆形，单果重40~50 g。果皮底色橙黄，向阳面着片状浓红色，果顶圆形，缝合线不明显，两侧对称或稍不对称。果肉较硬，完全成熟后肉质细密，纤维中等，汁液多，有香气，可溶性固形物含量13.29%；离核，仁甜。果实6月中旬成熟。

生活习性：果实成熟早，丰产，抗逆性强，耐贮运。嫁接繁殖。

分布：宁夏灵武市和利通区有收集保存。

保护利用现状：宁夏有少量栽培。

开发利用前景：果实鲜食。

大黄杏 蔷薇科 Rosaceae 杏属 *Armeniaca*

形态特征：乔木，树势强，树姿半开张。果实较大，平均单果重56 g，最大单果重80 g。果实近圆形，果形端正，果顶平，缝合线中深。果面金黄色，果肉淡黄白色，汁液多，味甜微酸，品质中等。果实6月中下旬成熟。

分布：宁夏灵武市和白芨滩有收集保存。

保护利用现状：宁夏有少量栽培。

开发利用前景：果实鲜食。

丰园黄杏 蔷薇科 Rosaceae 杏属 *Armeniaca*

形态特征：乔木，长势中庸，树姿开张。果实圆形，底色橙黄，向阳面具红色晕，缝合线不明显。果实中等大小，单果重40~50 g，味酸甜，有香气，品质上等；离核，甜仁。果实6月中旬成熟。

生活习性：丰产。嫁接繁殖。

分布：宁夏灵武市和利通区有收集保存。

保护利用现状：宁夏有少量栽培。

开发利用前景：果实鲜食和仁用。

临香白杏

蔷薇科 Rosaceae　杏属 *Armeniaca*

形态特征：乔木，树势强，树姿开张。果实圆形，大而整齐，平均单果重60 g。果面底色浅黄，果肉黄色。质细，纤维少，汁液多，香味浓郁，甜酸适口，品质上等；离核。果实7月上旬成熟。

生活习性：耐寒，抗旱，适应性强，不耐贮运。嫁接繁殖。

分布：宁夏灵武市有收集保存。

保护利用现状：宁夏有少量引种栽培。

开发利用前景：鲜食杏品种。

银白杏

蔷薇科 Rosaceae　杏属 *Armeniaca*

形态特征：乔木，树势强，树姿半开张。果实圆形，缝合线显著，果顶平，稍凹。单果重50~60 g，最大单果重80 g。果皮底色浅黄白，蜡质中等，茸毛中多，厚度中等，较脆，难剥离。果肉黄白色，近核部白色，汁液中多，肉质细，纤维较少，味酸甜，有香味；离核，核扁圆，甜仁。果实7月上中旬成熟。

生活习性：丰产。嫁接繁殖。

分布：宁夏灵武市有收集保存。

保护利用现状：宁夏有少量栽培。

开发利用前景：鲜食兼仁用品种。

晚红杏 蔷薇科 Rosaceae 杏属 *Armeniaca*

形态特征：乔木，树姿半开张，干性较强。主干老皮粗糙，纵裂，灰褐色；多年生枝灰褐色。叶片卵圆形，稍纵卷，深绿色，光滑无毛，叶尖突尖。果实近圆形，大小均匀，平均单果重68 g，最大单果重100 g。果皮底色黄色，全面着色，果皮光滑，茸毛少，有光泽。果肉黄色，质地硬韧，纤维中粗，汁液中多，味甜酸，具少许香味。离核，仁饱满、味苦。

生活习性：丰产性好，不裂果，抗寒，耐晚霜，雌蕊败育率低。嫁接繁殖。

保护利用现状：宁夏部分地区有栽培。

开发利用前景：鲜食、加工均可。

三原曹杏 蔷薇科 Rosaceae 杏属 *Armeniaca*

形态特征：乔木。果实圆形，果顶平，微凹，花柱残存，缝合线明显且深，两侧对称。平均单果重80 g。果皮底色黄色，向阳面具红晕。果肉橙黄色，肉质柔软，汁液多，味甜，品质极上乘；离核，甜仁。果实7月上旬成熟，发育期70 d左右。

生活习性：丰产。嫁接繁殖。

分布：宁夏彭阳县有栽培。

保护利用现状：宁夏有零星栽培。

开发利用前景：果实鲜食，亦可加工成杏制品。

宁夏彭阳县、中宁县、贺兰县、灵武市、海原县等地引种栽培有板杏、玉皇杏、薄壳杏、吊干杏、新世纪杏、大扁头杏等杏优良品种。

野　杏 *Armeniaca vulgaris* var. *ansu* 蔷薇科 Rosaceae　杏属 *Armeniaca*

形态特征：本变种与正种杏的区别主要是叶较小，长3~3.5 cm，宽2~3.5 cm，基部宽楔形或截形，果实较小，径1.5~2 cm。

生活习性：抗旱，耐瘠薄。播种繁殖。

分布：野生资源分布于宁夏贺兰山、南华山、原州区，生于山坡灌丛或沟谷林缘。分布于我国华北及辽宁、山东、陕西、甘肃、青海、宁夏、四川等地。

保护利用现状：部分野生资源得到保护，未开发利用。

开发利用前景：杏仁味苦，入药。

山　杏 *Armeniaca sibirica* 蔷薇科 Rosaceae　杏属 *Armeniaca*

山杏又称西伯利亚杏。宁夏野生资源分布少，属于宁夏重点保护植物。2007年经宁夏林木品种审定委员会审定为宁夏林木良种——山杏彭阳种源。

形态特征：小乔木或灌木，高2~5 m。小枝灰褐色，嫩枝红褐色，无毛。叶宽卵形或近圆形，长3~7 cm，宽3~5 cm，先端尾状长渐尖，基部圆形或宽楔形，边缘具细钝锯齿，两面无毛或背面仅沿脉疏被柔毛；叶柄长2~3 cm。花单生，近无梗；花萼钟形；花瓣白色或粉红色，宽倒卵形或近圆形；雄蕊多数，较花瓣短；子房被短柔毛，花柱与雄蕊近等长，下部有时被短毛。核果扁球形，径约2.5 cm，被短柔毛，果肉薄，成熟时开裂。花期5月，果期7—8月。

生活习性：抗旱，耐寒，适应性强，根系发达。播种繁殖。

分布：野生资源分布于宁夏六盘山、贺兰山、罗山、南华山、原州区、中宁县、西吉县、海原县、彭阳县、同心县、隆德县、泾源县等地，常生于海拔2 400 m左右的山坡灌丛中，宁夏各地均有栽培。分布于我国宁夏及东北、华北等地。

保护利用现状：部分野生资源得到保护，宁夏广泛用于生态造林，可用作耐寒杏品种的砧木，杏仁食用和药用。

开发利用前景：水土保持树种，蜜源植物，可用作砧木，杏仁除食用外，还可药用，种子含油及淀粉。

杏　梅 *Armeniaca mume* var. *bungo*

蔷薇科 Rosaceae　杏属 *Armeniaca*

杏梅又称欧梅、丰后梅。

形态特征：乔木，枝叶介于梅、杏之间，花托肿大，梗短，花不香。果个大，单果重70~80 g，最大单果重139.8 g。果实卵圆形，缝合线浅而明显，一侧稍扁。果皮一般橙黄色，完熟果实有的具红晕；果皮较杏、李厚且有韧性，光滑洁净，有透明感。果肉黄色，肉质细腻，汁液多，具有杏的芳香味且极浓，含可溶性固形物16%、酸1.8%，酸甜可口。

生活习性：抗寒性强，极耐贮运。嫁接繁殖。

分布：宁夏大武口区、利通区、中宁县、西吉县、彭阳县等地有栽培。

保护利用现状：宁夏有少量栽培。

开发利用前景：重要的观花植物，果实可鲜食，也可加工成果脯、果酱、果汁、罐头等。

照水梅 *Armeniaca mume* var. *pendula*

蔷薇科 Rosaceae　杏属 *Armeniaca*

形态特征：小乔木或灌木，高4~10 m。树皮浅灰色或带绿色，平滑。小枝绿色，光滑无毛。叶片卵形或椭圆形，先端尾尖，基部宽楔形至圆形。花萼通常红褐色，萼筒宽钟形，萼片卵形或近圆形；花瓣倒卵形，白色至粉红色；雄蕊短或稍长于花瓣；子房密被柔毛。果实近球形，黄色，黏核；核椭圆形，顶端圆形且有小突尖头，基部渐狭呈楔形，两侧微扁，腹棱稍钝，腹面和背棱上均有明显纵沟，表面具蜂窝状孔穴。花期冬春季，果期5—6月。

生活习性：喜光，较耐寒，较耐旱，怕涝。播种繁殖。

保护利用现状：宁夏有少量栽培。

开发利用前景：露地栽培供观赏，也可盆栽，还可用作核果类果树的砧木。

李 *Prunus salicina* 蔷薇科 Rosaceae 李属 *Prunus*

形态特征：乔木，高3~5 m。小枝红褐色，无毛。叶倒卵状椭圆形至倒卵状披针形，长3~8 cm，宽1~2.5 cm，先端渐尖，基部楔形，边缘具细锐浅锯齿；叶柄长5~15 mm，被短柔毛。花2~3朵簇生；花梗长1~1.5 cm，被短柔毛；花萼钟形，长5~7 mm，外面无毛，萼裂片卵状三角形，较萼筒稍长，无毛；花瓣倒卵形或椭圆形，白色，长约8 mm。核果近球形，栽培的直径2~4 cm，红色或橙红色，野生的直径1~1.5 cm，绿色或黄绿色，干后黑色，被白霜。花期4—5月，果期4—8月。

生活习性：对气候的适应性强，极不耐积水。嫁接繁殖。

分布：野生资源分布于宁夏六盘山、西吉县、隆德县、泾源县、彭阳县等地，生于海拔2 200~2 400 m 的石质河滩地、灌丛或山坡林缘，宁夏各地均有栽培。我国各地均有栽培。

保护利用现状：部分野生资源得到保护，宁夏广泛栽培。

开发利用前景：果实食用，核仁药用，蜜源植物。

‘玉皇’李 *Prunus salicina* ‘Yuhuang’ 蔷薇科 Rosaceae 李属 *Prunus*

2023年经宁夏林木品种审定委员会审定为宁夏林木良种。宁夏地方特色经济林品种。

形态特征：乔木，树势中庸，树姿半开张，树冠圆头形。果实圆形或近圆形，顶部圆或微凹，缝合线浅，梗洼中深。平均单果重60 g，最大单果重85 g以上。果实黄色，果粉较多，银灰色。果肉黄色，肉质细腻，纤维少，汁液中多，味甜微酸，香气浓，含可溶性固形物10%~14%、总糖11.6%；离核，核小。果实8月上中旬成熟。

生活习性：萌芽力较弱，成枝力较强，丰产，适应性强，抗旱力较强，对红蜘蛛危害抗性较差，花期遇晚霜偶有冻害。嫁接繁殖。

分布：宁夏灵武市、永宁县、贺兰县、大武口区、平罗县、利通区、青铜峡市、沙坡头区、白芨滩等地有栽培。

保护利用现状：宁夏部分地区有栽培。

开发利用前景：果实可鲜食，也可加工成罐头。

黑宝石李

蔷薇科 Rosaceae　李属 *Prunus*

山东省果树研究所培育，2008年宁夏引进。

形态特征：乔木，树势旺，枝条直立，树冠紧凑。以长果枝和短果枝结果为主，自花结实率高，早实。果实扁圆形，果顶平圆，缝合线不明显。平均单果重72.2 g，最大单果重127 g。果柄中长，梗洼深。果面紫黑色，果粉少，无果点。果肉乳白色，硬而细嫩，汁液较多，味甜爽口，品质上等，含可溶性固形物11.5%。果实肉厚核小，离核，可食率97%。果实9月上中旬成熟。

生活习性：丰产，果实货架期25~30 d，耐贮运，晚熟。嫁接繁殖。

分布：山东等地有栽培。

保护利用现状：宁夏部分地区有栽培。

开发利用前景：优良的鲜食品种。

红宝石李

蔷薇科 Rosaceae　李属 *Prunus*

形态特征：乔木，树势中等偏旺，树冠半开张。果面鲜红色，底色黄。果实晶莹剔透，略长圆形，外观美。单果重70~80 g。果肉淡黄白色，肉质细腻，汁液多，味甜，有香味；黏核。果实8月上中旬成熟。

生活习性：萌芽力中等，成枝力强，抗病力强，耐贮运。嫁接繁殖。

分布：宁夏灵武市和沙坡头区有栽培。

保护利用现状：宁夏有少量栽培。

开发利用前景：优良的鲜食品种。

幸运李 Fortune　蔷薇科 Rosaceae　李属 *Prunus*

原产于美国，辽宁省果树科学研究所2001年从辽宁盖州陈屯引入。

形态特征：乔木，树冠纺锤形，树姿直立。果实个大而整齐，椭圆形，果顶尖，果把长，缝合线浅，两半部对称。平均单果重90 g，最大单果重110 g。果面前期艳红色，成熟时紫红色，果皮厚，易剥离。果肉黄色，肉质硬，纤维少，汁液较多，味甜清香，含可溶性固形物12.5%。离核，核极小，可食率高达97%。果实8月中下旬成熟。

生活习性：自花结实，坐果率高达80%，无落花、落果现象，丰产性好，耐贮运。嫁接繁殖。

分布：宁夏灵武市、永宁县、贺兰县、彭阳县等地有栽培。

保护利用现状：宁夏有少量栽培。

开发利用前景：鲜食品种。

安哥诺李 Angeleno　蔷薇科 Rosaceae　李属 *Prunus*

安哥诺李从山东省引进。

形态特征：乔木，树势中庸，树姿开张。果实扁圆形，果个大，平均单果重96 g，最大单果重152 g。果顶平，缝合线浅而不明显。果面紫黑色，光亮美观。果皮较厚，果粉少，果点小。果肉淡黄色，近核处微红色，质细，不溶质，汁液多，味甜，富香气，含可溶性固形物14%~15%。离核，核小。晚熟品种，果实9月下旬成熟。

生活习性：丰产，耐贮藏。嫁接繁殖。

分布：宁夏灵武市有收集保存。

保护利用现状：宁夏有少量栽培。

开发利用前景：优良的鲜食品种。

美丽李 Beauty

蔷薇科 Rosaceae　李属 *Prunus*

原产于美国。

形态特征：小乔木，树势强，树姿半开张。果实近圆形或心形，单果重45~50 g。果实纵径5.01 cm，横径4.94 cm，侧径5.23 cm。果顶尖或平，缝合线浅，梗洼深。果皮底色黄绿，果面紫红色，果粉厚，灰白色。果肉黄色，肉质致密，汁液丰富，纤维多而细，味酸甜，具浓香，含可溶性固形物12.5%；半离核。果实7月下旬成熟。

生活习性：不耐贮运。嫁接繁殖。

分布：宁夏灵武市、西夏区、永宁县、贺兰县、平罗县、彭阳县、海原县等地有栽培。

保护利用现状：宁夏部分地区有栽培。

开发利用前景：优良的鲜食品种。

早红李

蔷薇科 Rosaceae　李属 *Prunus*

形态特征：乔木。果实卵圆形，平均单果重76 g。果面全红色，着色鲜艳。果肉黄色，肉质脆，汁液中多，味甜、爽口，品质较好。果实6月下旬成熟。

生活习性：早实、早熟，果大，高产，抗性强。嫁接繁殖。

分布：宁夏海原县和彭阳县有少量栽培。

保护利用现状：宁夏有少量栽培。

开发利用前景：果实鲜食。

尤萨李 Usa

蔷薇科 Rosaceae　李属 *Prunus*

属欧洲李系统，从美国引入。

形态特征：乔木，树势强，树姿直立，坐果率高。果实长椭圆形，平均单果重100 g，半离核。果顶圆平，缝合线浅，两侧对称。果面100% 蓝黑色，果粉厚。果肉橙色，肉质硬韧，味浓甜，可溶性固形物含量14%。晚熟品种，果实8月上旬成熟。

生活习性：抗病虫害能力强，极耐贮运，特丰产。嫁接繁殖。

分布：宁夏灵武市、兴庆区、永宁县有栽培。

保护利用现状：宁夏有少量引种栽培。

开发利用前景：果实鲜食，观赏树种。

兰蜜李 Romania

蔷薇科 Rosaceae　李属 *Prunus*

兰蜜李又称罗马尼亚李。

形态特征：乔木，树势强，枝条粗壮。果实长卵圆形，果顶圆平，缝合线深，两侧稍不对称。平均单果重110 g。果面100% 蓝黑色，果粉厚，灰白色，果皮厚。果肉黄色，肉质硬韧，纤维少，汁液多，味甜，可溶性固性物含量16%。核小，离核。晚熟品种，果实9月中旬成熟。

生活习性：坐果率高，极丰产，抗病虫害能力强，耐贮藏。嫁接繁殖。

分布：宁夏灵武市有栽培。

保护利用现状：宁夏有零星栽培。

开发利用前景：果实鲜食，观赏树种。

圣玫瑰李

蔷薇科 Rosaceae　李属 *Prunus*

形态特征：乔木，树势强，自花授粉，是大多数李品种的良好授粉树。果实倒卵圆形，端正，果顶稍凹，缝合线浅，两侧对称。平均单果重110 g。果面紫红色，果粉厚，果皮薄。果肉黄色，肉质细嫩，汁液多，味甜，微香。核小，离核。晚熟品种，果实8月下旬成熟。

生活习性：坐果率高，丰产。嫁接繁殖。

分布：宁夏灵武市和永宁县有栽培。

保护利用现状：宁夏有零星栽培。

开发利用前景：果实鲜食，观赏树种。

秋姬李 Akihime

蔷薇科 Rosaceae　李属 *Prunus*

从日本引进的特大李新品种。

形态特征：乔木，树势强，分枝力强，幼树生长旺盛，新梢较直立。果实长圆形，缝合线明显，两侧对称。果面光滑，完全着色时呈浓红色，其上分布黄色果点和果粉。平均单果重150 g，最大单果重350 g。果肉厚，橙黄色，肉质细密，味浓甜且具香味，含可溶性固形物13.5%。离核，核极小，可食率97%。晚熟品种，果实9月中旬成熟。

生活习性：丰产性好，抗病，耐贮藏，易受李小食心虫危害。嫁接繁殖。

分布：宁夏永宁县和彭阳县有栽培。

保护利用现状：宁夏有零星栽培。

开发利用前景：果实鲜食。

美国蛇李 蔷薇科 Rosaceae 李属 *Prunus*

形态特征：乔木。果实较大，圆球形。平均单果重139 g，最大单果重210.2 g。果皮鲜红色至紫红色，有果粉。果肉淡黄色，随着成熟由外向内渐变红，颜色漂亮。果肉不溶质，清脆爽口，肉质细腻，香味较浓，味甜，可溶性固形物含量15.2%，品质极上。果核极小，半黏核。果实7月下旬8月初成熟。

生活习性：耐贮存。嫁接繁殖。

分布：宁夏彭阳县有少量栽培。

保护利用现状：宁夏有零星栽培。

开发利用前景：优良的鲜食品种。

红西梅李 蔷薇科 Rosaceae 李属 *Prunus*

形态特征：乔木，树势较旺。果实卵圆形，缝合线浅，两侧对称。平均单果重75 g，最大单果重120 g。果皮玫瑰红色，果皮厚，半离核。果肉淡黄色，肉质韧而细，纤维少，汁液少，味极甜，有香气，品质优；可溶性固形物含量18.5%~23%，可食率96.7%。果实8月上中旬成熟，无裂果或落果现象，自花结实。

生活习性：早实，丰产，不耐储存。嫁接繁殖。

分布：宁夏灵武市有收集保存。

保护利用现状：宁夏有零星栽培。

开发利用前景：鲜食品种。

龙园秋李 *Prunus salicina* 'Longyuanqiuli' 蔷薇科 Rosaceae 李属 *Prunus*

形态特征：乔木，树势强，树姿半开张，自然半圆形。果实扁圆形，果个大，果顶平或微凹。平均单果重76.2 g，最大单果重110 g。果皮底色黄绿，着鲜红色，果粉中多，果点大而明显。果肉橙黄色，肉质致密，纤维少，汁液多，味酸甜，微香；含可溶性固形物14.8%~16%，可食率98.2%。半离核、核小。晚熟品种，果实8月底成熟。

生活习性：极丰产，采前不落果、不裂果，抗寒，抗红点病，果实较耐贮藏。嫁接繁殖。

分布：宁夏灵武市有收集保存。

保护利用现状：宁夏有零星栽培。

开发利用前景：果实鲜食。

西梅李 蔷薇科 Rosaceae 李属 *Prunus*

形态特征：乔木，干性弱。果实中等大小，长椭圆形。果皮深紫色，果肉琥珀色，肉质细，汁液多，味甜略酸，芳香味浓，口感润滑，品质中上等。果实8月上中旬成熟。

生活习性：成枝力强，枝条密集，不耐贮藏。嫁接繁殖。

分布：宁夏灵武市、平罗县、利通区等地有栽培。

保护利用现状：宁夏有少量栽培。

开发利用前景：果实可加工成饮料。

宁夏贺兰县、永宁县、兴庆区、灵武市、平罗县、惠农区、利通区、海原县、中宁县、彭阳县等地引进栽培有红布朗李、黑布朗李、巨李、女神、兰西梅李等李品种。

紫叶矮樱 *Prunus* × *cistena* 'Pissardii'

蔷薇科 Rosaceae　李属 *Prunus*

紫叶矮樱为紫叶李和矮樱杂交种，经过多年的驯化和栽培利用，于2010年经宁夏林木品种审定委员会审定为宁夏林木良种。

形态特征：灌木或小乔木，高2.5 m左右。幼枝紫褐色，通常无毛，老枝有皮孔，并分布于整个枝条。初生叶片紫红色，后变深紫红色，叶背面紫红色更深。当年生枝条木质部红色。花单生，中等偏小，淡粉红色，花瓣5，微香。初花期4—5月，无授粉树花后无果。

生活习性：适应性强，喜光，耐寒，耐阴，耐盐碱，生长快，耐修剪。嫁接繁殖。

分布：宁夏各地均有栽培。

保护利用现状：宁夏广泛栽培利用。

开发利用前景：园林绿化树种。

紫叶李 *Prunus cerasifera* f. *atropurpurea*

蔷薇科 Rosaceae　李属 *Prunus*

紫叶李又称红叶李。

形态特征：灌木或小乔木，高可达8 m。多分枝，枝条细长，开展，暗灰色。叶片椭圆形、卵形或倒卵形，长3~6 cm，宽2~4 cm，先端急尖，基部楔形或近圆形，边缘有圆钝锯齿；萼筒钟状，萼片长卵形，先端圆钝，边缘有疏浅锯齿。花瓣白色，长圆形或匙形，边缘波状，基部楔形，着生在萼筒边缘；雄蕊25~30，花丝长短不等。核果近球形或椭圆形，直径2~3 cm，黄色、红色或黑色，微被蜡粉，具有浅侧沟，黏核。花期4月，果期8月。

生活习性：喜光，喜温暖、湿润气候，较耐水湿，不耐干旱，不耐碱，在中性、酸性黏质土壤中生长良好，以砂砾土为好，根系较浅，萌生力较强。嫁接繁殖。

分布：宁夏各地均有栽培。

保护利用现状：宁夏广泛栽培利用。

开发利用前景：优良的园林绿化树种。

太阳李

蔷薇科 Rosaceae　李属 *Prunus*

太阳李又称中华太阳李。

形态特征：小乔木。枝叶繁茂，树叶红色而光滑，叶自开春至深秋呈红色，春季最为鲜艳，花小，树体优美，全年红叶期可达260 d。

生活习性：耐寒性强，耐修剪，适应性广，生长快。嫁接繁殖。

分布：宁夏大武口区、彭阳县、中宁县等地有栽培。

保护利用现状：宁夏大部分地区有栽培。

开发利用前景：良好的观叶树种。

密枝红叶李

蔷薇科 Rosaceae　李属 *Prunus*

密枝红叶李为俄罗斯红叶李变异品系。

形态特征：小乔木，干皮紫红色，小枝淡红褐色，均光滑无毛。单叶互生，叶卵圆形或长圆状披针形，长4.5~6 cm，宽2~4 cm，先端短尖，基部楔形，叶缘具尖细锯齿，羽状脉5~8对，两面无毛或背面脉腋有毛，暗绿色或紫红色，叶柄光滑，多无腺体。花单生，白色，雄蕊约25，略短于花瓣。核果扁球形，径1~3 cm，腹缝线上微见沟纹，无梗洼，成熟时黄色、红色或紫色，光亮或微被白粉。花与叶同时开放。花期3—4月，果常早落。

生活习性：抗寒、耐寒性强，抗病性强，生长速度较快，萌芽力较强。嫁接繁殖。

分布：宁夏彭阳县和中宁县有栽培。

保护利用现状：宁夏有少量引种栽培。

开发利用前景：优良的园林绿化树种。

宁夏原州区、彭阳县等地引种栽培有丛生紫叶李。

杏　李 *Prunus simonii*　蔷薇科 Rosaceae　李属 *Prunus*

我国特有植物。

形态特征：乔木，高5~8 m，树冠金字塔形，分枝直立。枝浅红色，粗壮，节间短，无毛。叶片长圆状倒卵形或长圆状披针形，长7~10 cm，宽3~5 cm，先端渐尖或急尖，基部楔形或宽楔形，边缘有细密圆钝锯齿。花梗长2~5 mm，无毛；花直径1.5~2 cm，萼筒钟状，萼片长圆形，先端圆钝，边缘有带腺细齿；花瓣白色，长圆形，先端圆钝，基部楔形，有短爪，着生在萼筒边缘；雄蕊多数，花丝长短不等。核果顶端扁球形，红色；果肉淡黄色，黏核，微涩；核小，扁球形，有纵沟。果期6—7月。

生活习性：适应性比较强，耐旱，耐瘠薄，耐贮藏。嫁接繁殖。

分布：宁夏彭阳县、原州区、中宁县有栽培。

保护利用现状：宁夏有少量引种栽培。

开发利用前景：果实鲜食。

西部沙樱 *Prunus pumila* var. *besseyi*　蔷薇科 Rosaceae　李属 *Prunus*

形态特征：灌木，高1~2.5 m。根盘旋状，根上有节茎，侧根、毛根发达，根皮红色。多分枝，枝开展，枝条棕红褐色，稍纵向剥裂，嫩枝浅褐色，常被短柔毛。单叶互生或簇生于短枝上，叶片倒卵形或椭圆形，小枝上叶片21~23；叶背面有蜡质，边缘有锯齿状缺刻；平行脉，有托叶，托叶早落。花单生于短枝上，花瓣5，花白色。核果球形，稍扁，成熟时暗紫红色。花期4—5月，果期7—9月。

生活习性：喜光，抗风沙，耐干旱，适应性强。嫁接繁殖。

分布：宁夏盐池县、彭阳县、沙坡头区等地有栽培。

保护利用现状：宁夏有少量引种栽培。

开发利用前景：观花、观果灌木，常用作沙漠绿化树种，果实可鲜食。

美人梅 *Prunus × blireana* 蔷薇科 Rosaceae 李属 *Prunus*

形态特征：小乔木或灌木。叶片卵圆形，长5~9 cm，叶柄长1~1.5 cm，叶缘有细锯齿，叶被短柔毛。花浅紫色，重瓣，先叶开放，萼筒宽钟状，萼片5，近圆形至扁圆形，花瓣15~17，小瓣5~6，花梗长1.5 cm；雄蕊多数，紫红色。花期3—4月。

生活习性：抗寒性强，喜光，抗旱性较强，喜空气湿度大，不耐水涝。嫁接、压条、扦插繁殖。

分布：宁夏兴庆区、西夏区、金凤区、大武口区、同心县、青铜峡市、彭阳县、泾源县、沙坡头区等地有栽培。

保护利用现状：宁夏各地均有栽培。

开发利用前景：优良的园林观赏、绿化树种。

毛樱桃 *Cerasus tomentosa* 蔷薇科 Rosaceae 樱属 *Cerasus*

毛樱桃又称野樱桃、山樱桃。

形态特征：灌木，高3~5 m。小枝灰褐色，微具纵棱，密被短柔毛。叶片卵状椭圆形或倒卵状椭圆形，长1.5~5 cm，宽0.8~2.5 cm，先端急尖或渐尖，基部宽楔形至近圆形；叶柄长2~5 mm，被茸毛。花单生或2朵簇生于叶腋；花梗长2~4 mm，被开展的短柔毛；花萼筒形，长约7 mm，萼裂片三角状卵形，长约2.5 mm，外面无毛或被稀疏的短柔毛；花瓣狭倒卵形，白色或带淡红色，长7~8 mm；雄蕊多数，长4~7 mm；子房被柔毛，花柱细，无毛。果实椭圆形，红色，先端尖，被柔毛。花期5月，果期6—8月。

生活习性：喜光，喜温，喜湿，喜肥。播种、扦插、嫁接繁殖。

分布：野生资源分布于宁夏贺兰山、六盘山、西吉县、泾源县、南华山等地，生于海拔2 200 m的山谷灌丛中，兴庆区、金凤区、灵武市、利通区、青铜峡市、西吉县、隆德县、泾源县、彭阳县、中宁县等地有栽培。分布于我国东北、华北及山东、陕西、甘肃、青海、宁夏、四川、云南、西藏等地。

保护利用现状：部分野生资源得到保护，已驯化利用。

开发利用前景：果实可食，亦可酿酒，果实和种子可供药用。

宁夏彭阳县引种栽培有白果毛樱桃。

樱　桃 *Cerasus pseudocerasus* 蔷薇科 Rosaceae　樱属 *Cerasus*

形态特征：乔木，高2~6 m，树皮灰白色。小枝灰褐色，无毛或疏被柔毛。叶片卵形或长圆状卵形，长5~12 cm，宽3~5 cm，先端渐尖或尾状渐尖，基部圆形，边缘有尖锐重锯齿，上面暗绿色，近无毛，下面淡绿色。花序伞房状或近伞形，有花3~6朵，先叶开放；花梗长0.8~1.9 cm，疏被柔毛；萼筒钟状，长3~6 mm，宽2~3 mm，外面疏被柔毛；花瓣白色，卵圆形，花柱与雄蕊近等长，无毛。核果近球形，红色，直径0.9~1.3 mm。花期3—4月，果期5—6月。

生活习性：喜光，喜温，喜湿，喜肥。嫁接繁殖。

分布：宁夏兴庆区、西夏区、永宁县、贺兰县、原州区、西吉县、隆德县、泾源县、彭阳县、沙坡头区、中宁县等地有栽培。

保护利用现状：部分野生资源得到保护，宁夏各地引种设施栽培。

开发利用前景：果实食用、酿酒，枝、叶、根、花供药用。

美国大樱桃 蔷薇科 Rosaceae　樱属 *Cerasus*

美国大樱桃又称车厘子，是樱桃的一个类群。

形态特征：乔木。果大，水分多。

生活习性：易受春季晚霜冻而发生冻害。嫁接繁殖。

分布：宁夏金凤区、贺兰县、隆德县、彭阳县等地有栽培。

保护利用现状：宁夏有引种设施栽培。

开发利用前景：果实鲜食、酿酒或做罐头等。

美早樱桃 **Tieton** 蔷薇科 Rosaceae 樱属 *Cerasus*

从美国引种到中国。

形态特征：乔木，树势强，树姿半开张。果实大，平均单果重9 g。果实宽心形，大小整齐，果顶稍平，果柄较粗短。果皮全紫红色，有光泽，鲜艳美观，充分成熟时紫色。果实6月成熟。

生活习性：喜光，喜温，喜湿，喜肥，耐贮运，丰产。嫁接繁殖。

分布：宁夏灵武市有收集保存。

保护利用现状：宁夏有少量引种栽培。

开发利用前景：观赏树种，果实可食用。

黑珍珠樱桃 蔷薇科 Rosaceae 樱属 *Cerasus*

黑珍珠樱桃是山东省烟台市从栽培樱桃中发现的优良实生单株。

形态特征：乔木，树势中庸，树冠开张。果实大，平均单果重4.5 g。果实近圆形，果顶乳头状。果皮中厚，蜡质层中厚，底色红，果面紫红色，充分成熟时紫黑色，外表光亮似珍珠。果肉橙黄色，质地松软，汁液中多，可溶性固形物含量22.6%，半离核，可食率90.3%。果实4月中下旬成熟。

生活习性：适应性强，抗病力强，不裂果。嫁接繁殖。

分布：宁夏灵武市有收集保存。

保护利用现状：宁夏有少量引种栽培。

开发利用前景：果实鲜食或制成樱桃酱、樱桃酒、樱桃罐头等加工品。

桑提娜 Santina 蔷薇科 Rosaceae 樱属 *Cerasus*

烟台市农业科学研究院1989年从加拿大引进。

形态特征：乔木。果实心形，果形端正，平均单果重8.6 g。果皮紫红色至紫黑色，有光泽。果肉淡红色，较硬，味甜，可溶性固形物含量18%。自花结实，果实6月下旬成熟，发育期50 d 左右，成熟期集中。

生活习性：耐寒力不强，忌积水。嫁接繁殖。

分布：宁夏灵武市有收集保存。

保护利用现状：宁夏有少量引种栽培。

开发利用前景：观赏树种，果实可食用。

福　星 蔷薇科 Rosaceae 樱属 *Cerasus*

为萨米脱与撒帕克里杂交选育的品种。

形态特征：乔木。果实短心形，缝合线一面较平，果顶凹，果实脐点大。果皮浓红色。果肉红色，可溶性固形物含量16.3%。果柄短粗，柄长2.48 cm。

生活习性：易形成大量短果枝和花束状果枝，自然结实率为7.2%，生产栽培中需配置授粉树，早果。嫁接繁殖。

分布：宁夏灵武市有收集保存。

保护利用现状：宁夏有少量引种栽培。

开发利用前景：果实鲜食。

宁夏还引种栽培有红清、红秀峰、拿破仑、佐藤锦、布鲁克斯、萨米脱、吉美、艳阳等樱桃品种。

刺毛樱桃 *Cerasus setulosa*

蔷薇科 Rosaceae　樱属 *Cerasus*

形态特征：灌木或小乔木，高1~3 m，枝红褐色，无毛。叶片倒卵形或倒卵状椭圆形，长2~5 cm，宽1.5~3.5 cm，先端尾状渐尖，基部圆形，边缘具不规则重锯齿；叶柄长5~15 mm，疏被长柔毛。花序伞形，有花2~3朵，总花梗长5~10 mm，被柔毛，具2~3叶状苞片，苞片边缘具重锯齿；花梗长1~1.5 mm，疏被柔毛，萼筒管状，长5~6 mm，外面被短糙毛，萼裂片卵状披针形，长约2 mm，先端急尖；花瓣倒卵形或近圆形，粉红色；花柱与雄蕊近等长。果实卵状椭圆形，长约7 mm，红色。花期5月，果期6—7月。

生活习性：压条、扦插、嫁接繁殖。

分布：野生资源分布于宁夏六盘山、南华山、海原县、西吉县、隆德县、泾源县等地，生于海拔2 000~2 200 m 的河谷林缘或山坡杂木林中，西夏区、泾源县有驯化栽培。分布于我国陕西、甘肃、宁夏、四川、贵州等省（区）。

保护利用现状：部分野生资源得到保护，零星驯化栽培。

开发利用前景：果实药用。

四川樱桃 *Cerasus szechuanica*

蔷薇科 Rosaceae　樱属 *Cerasus*

四川樱桃又叫盘腺樱桃。

形态特征：灌木或小乔木，高4~5 m，小枝红褐色或灰褐色，无毛。叶倒卵状矩圆形或狭倒卵形，长4~9 cm，宽2.5~6 cm，先端尾状渐尖，基部圆形；叶柄长1~2 cm，无毛。短总状花序具花3~9朵；苞片卵形或圆卵形，长0.8~3 cm，宽5~18 mm，先端圆钝或渐尖，两面无毛；花梗长1~1.5 cm，无毛；花瓣白色，近圆形，径6~8 mm；雄蕊多数，与花瓣等长或稍长。果实卵形或椭圆形，紫红色，长8~10 mm，径5~6 mm，无毛。花期4—5月，果期6—7月。

生活习性：耐旱，耐寒。

分布：野生资源分布于宁夏六盘山、隆德县、泾源县等地，生于海拔2 100~2 300 m 的山坡杂木林中，泾源县有栽培。分布于我国陕西、甘肃、宁夏、湖北、四川等省（区）。

保护利用现状：部分野生资源得到保护，宁夏零星驯化栽培。

开发利用前景：庭院栽培树种，天然蜜源植物，果实可入药。

毛叶欧李 *Cerasus dictyoneura* 蔷薇科 Rosaceae 樱属 *Cerasus*

形态特征：灌木，高1.5~2 m。小枝棕褐色，被短柔毛。叶倒卵状椭圆形，长2~6 cm，宽7~25 mm，先端长渐尖，有时急尖，基部圆形至楔形，边缘具细钝锯齿或浅的重锯齿；叶柄长5~8 mm，被短柔毛。花单生或2朵簇生于叶腋，先叶开放；花梗长5~8 mm，被短柔毛；萼筒钟形，长4~6 mm，外面被短柔毛；花瓣粉红色，宽倒卵形，径约6 mm；花丝淡紫色。果实球形，红色，先端具短尖头。花期5月，果期7—8月。

生活习性：耐旱，耐瘠薄，耐寒，耐盐碱。扦插、嫁接、播种繁殖。

分布：产于宁夏六盘山，生于海拔2 100~2 300 m 的山地路边或地边灌丛中，西吉县、永宁县和彭阳县有栽培。分布于我国山西、河北、河南、陕西、甘肃、宁夏等省（区）。

保护利用现状：部分野生资源得到保护，宁夏少量栽培利用。

开发利用前景：果实可食，亦可酿酒，种仁、根皮供药用。

欧　李 *Cerasus humilis* 蔷薇科 Rosaceae 樱属 *Cerasus*

欧李又称钙果。

形态特征：灌木，高0.4~1.5 m。小枝灰褐色或棕褐色，被短柔毛。叶片倒卵状长椭圆形或倒卵状披针形，长2.5~5 cm，宽1~2 cm，先端急尖或短渐尖，基部楔形，边缘有单锯齿或重锯齿；叶柄长2~4 mm，无毛或被稀疏短柔毛。花单生或2~3朵簇生，花与叶同时开放；花梗长5~10 mm，被稀疏短柔毛；萼筒长宽近相等，约3 mm，外面被稀疏柔毛，萼片三角状卵圆形，先端急尖或圆钝；花瓣白色或粉红色，长圆形或倒卵形。核果成熟后近球形，红色或紫红色，直径1.5~1.8 cm。花期4—5月，果期6—10月。

生活习性：抗旱，适合在干旱地区种植。扦插繁殖。

分布：宁夏永宁县、贺兰县、惠农区、原州区、西吉县等地有栽培。

保护利用现状：宁夏部分地区有引种栽培。

开发利用前景：园林绿化和荒山造林树种，果实可食用。

宁夏海原县栽培有麦李、白花重瓣麦李、粉花重瓣麦李等。

樱　花 *Cerasus serrulata* var. *lannesiana*

蔷薇科 Rosaceae　樱属 *Cerasus*

樱花又称山樱花、日本晚樱。

形态特征：乔木，高4~16 m，树皮灰色。小枝淡紫褐色，无毛。叶片椭圆状卵形或倒卵形，长5~12 cm，宽2.5~7 cm，先端渐尖或骤尾尖，基部圆形，边有尖锐重锯齿，齿端渐尖；叶柄长1.3~1.5 cm，密被柔毛。花序伞形总状，总梗极短，有花3~4朵，先叶开放，花直径3~3.5 cm；花梗长2~2.5 cm，被短柔毛；萼筒管状，长7~8 mm，宽约3 mm，疏被柔毛；花瓣白色或粉红色，椭圆状卵形。核果近球形，直径0.7~1 cm，黑色，核表面略具棱纹。花期4月，果期5月。

生活习性：有一定的耐寒力和耐旱力，对烟及风抗性弱，对土壤要求不严，不耐盐碱，忌积水。嫁接繁殖。

分布：宁夏各地有少量栽培。

保护利用现状：宁夏有零星引种栽培。

开发利用前景：观花树种，树皮可药用。

东京樱花 *Cerasus yedoensis*

蔷薇科 Rosaceae　樱属 *Cerasus*

东京樱花又称日本樱花。

形态特征：乔木，高4~16 m，树皮灰色。小枝淡紫褐色，无毛。叶片椭圆状卵形或倒卵形，长5~12 cm，宽2.5~7 cm，先端渐尖或骤尾尖，基部圆形，叶柄长1.3~1.5 cm，密被柔毛。花序伞形总状，总梗极短，有花3~4朵，先叶开放，花直径3~3.5 cm；花梗长2~2.5 cm，被短柔毛；萼筒管状，长7~8 mm，宽约3 mm，疏被柔毛；花瓣白色或粉红色，椭圆状卵形，先端下凹，全缘2裂；雄蕊约32，短于花瓣；花柱基部有疏柔毛。核果近球形，直径0.7~1 cm，黑色，核表面略具棱纹。花期4月，果期5月。

生活习性：喜光，喜温，喜湿，喜肥。播种、扦插、压条、嫁接繁殖。

分布：宁夏大武口区、惠农区、泾源县、彭阳县有栽培。

保护利用现状：宁夏有零星引种栽培。

开发利用前景：园林绿化树种。

棣棠花 *Kerria japonica*

蔷薇科 Rosaceae　棣棠花属 *Kerria*

形态特征：灌木，高1~2 m，稀3 m。小枝绿色，圆柱形，无毛，常拱垂，嫩枝有棱角。叶互生，三角状卵形或卵圆形，顶端长渐尖，基部圆形、截形或微心形，边缘有尖锐重锯齿，两面绿色，上面无毛或有稀疏柔毛，下面沿脉或脉腋有柔毛；叶柄长5~10 mm，无毛；托叶膜质，带状披针形，有缘毛，早落。单花，着生在当年生侧枝顶端，花梗无毛；花直径2.5~6 cm；萼片卵状椭圆形，顶端急尖，有小尖头，全缘，无毛，果时宿存；花瓣黄色，宽椭圆形，顶端下凹，比萼片长1~4倍。瘦果倒卵形至半球形，褐色或黑褐色，表面无毛，有皱褶。花期4—6月，果期6—8月。

生活习性：喜温暖、湿润和半阴环境，耐寒性较差，对土壤要求不严，以肥沃、疏松的砂壤土生长最好。分株、扦插、播种繁殖。

分布：宁夏原州区和泾源县等地有栽培。

保护利用现状：宁夏有少量引种栽培。

开发利用前景：庭院绿化树种，花、枝叶可药用。

无毛风箱果 *Physocarpus opulifolius*

蔷薇科 Rosaceae　风箱果属 *Physocarpus*

无毛风箱果又称美国风箱果。

形态特征：灌木，高2~3 m，树皮纵向剥裂。小枝圆柱形，有疏短柔毛，幼时绿色，老时黄褐色。冬芽长卵形，先端尖，被短柔毛。叶阔披针形，长约7 cm，宽约4 cm，叶柄长1~2 cm，微被短柔毛。花瓣倒卵形，长4 mm，宽2 mm；花药紫色，子房2~3，外被密毛。蓇葖果无毛，幼果先端淡红色。花期7月，果熟期8月。

生活习性：喜光，耐寒，生长势弱。播种、扦插繁殖。

分布：宁夏西吉县有栽培。

保护利用现状：宁夏有零星引种栽培。

开发利用前景：园林绿化树种。

金叶风箱果 *Physocarpus opulifolius* var. *luteus*

蔷薇科 Rosaceae　风箱果属 *Physocarpus*

形态特征：灌木，高1~2 m，冠幅2 m。枝条黄绿色，老枝褐色，较硬，多分枝。叶互生，三角形，具浅裂，基部广楔形，叶缘有复锯齿，叶片生长期金黄色，落前黄绿色。1~8片初生叶为金黄色，夏季至秋季叶为黄色或黄绿色，秋末黄、红相间色，长3~4 cm。花白色，伞形总状花序顶生，直径0.5~1 cm，雌蕊1，雄蕊多数。蓇葖果膨大呈卵形，果皮光滑，果在夏末时呈红色。花期5月中下旬，果期7—8月。

生活习性：生长势强，喜光，耐寒，也耐阴，耐旱，耐瘠薄。播种、扦插繁殖。

分布：宁夏泾源县和白芨滩有引种栽培。

保护利用现状：宁夏有少量引种栽培。

开发利用前景：叶、花、果均有观赏价值，可用于城市绿化。

紫叶风箱果 *Physocarpus opulifolius* 'Summer Wine'

蔷薇科 Rosaceae　风箱果属 *Physocarpus*

形态特征：灌木，高2~3 m。叶三角状卵形，具浅裂，先端尖，基部广楔形，叶缘有复锯齿。整个生长季枝叶一直是紫红色，春季和初夏颜色略浅，仲夏至秋季为深紫红色。伞形总状花序顶生，花多而密，每个花序具小花20~60朵，小花直径0.5~1 cm，花白色，萼片三角形。蓇葖果膨大，夏末时呈红色。花期6月下旬至7月下旬，果实9—10月成熟、开裂、宿存。

生活习性：喜光，耐寒，生长势强，不择土壤。播种、扦插繁殖。

分布：宁夏大武口区、西吉县、泾源县、彭阳县、沙坡头区、白芨滩等地有栽培。

保护利用现状：宁夏有少量引种栽培。

开发利用前景：可用于制作彩篱，也可片植、丛植。

宁夏西吉县还引种栽培有红叶风箱果。

臭　樱 *Maddenia hypoleuca*

蔷薇科 Rosaceae　臭樱属 *Maddenia*

臭樱又称假稠李。

形态特征：小乔木或灌木，高2~7 m。多年生小枝紫褐色，有光泽，无毛。叶片卵状长圆形，长4~9 cm，宽2~4 cm，先端长渐尖或长尾尖，基部近心形或圆形；叶柄长2~4 mm，无毛或上面幼时有短柔毛。总状花序密集，多花，长3~5 cm，生于侧枝顶端，花柱基部的叶通常较小。核果卵球形，直径约8 mm，顶端急尖，黑色，光滑；果梗短粗，无毛；萼片脱落，仅基部宿存。

生活习性：生于海拔1 200~1 800 m的山坡疏林中。

分布：野生资源分布于宁夏六盘山。

保护利用现状：野生资源得到保护，未开发利用。

开发利用前景：观赏树种。

锐齿臭樱 *Maddenia incisoserrata*

蔷薇科 Rosaceae　臭樱属 *Maddenia*

形态特征：灌木或小乔木，高2~6 m。树皮灰褐色，小枝圆柱形，无毛，当年生小枝红褐色，密被棕褐色柔毛，逐渐脱落。叶片卵状长圆形或长圆形，稀椭圆形，长5~10 cm，宽3~5 cm，先端急尖或尾尖，基部近圆形或宽楔形，边缘有缺刻状重锯齿，上面深绿色，下面淡绿色，无毛。总状花序，长3~5 cm，花多数密集，两性花。核果卵球形，紫黑色。花期5月，果期6月。

生活习性：生于海拔1 800~2 900 m的山坡、灌丛中或山谷密林下及河沟边。

分布：野生资源分布于宁夏六盘山，生于山谷林缘或灌木丛中。分布于我国陕西、甘肃、宁夏、四川、湖北等省（区）。

保护利用现状：部分野生资源得到保护，未开发利用。

开发利用前景：园林观赏树种。

二球悬铃木 *Platanus acerifolia*

悬铃木科 Platanaceae　悬铃木属 *Platanus*

二球悬铃木又称英国梧桐。

形态特征：乔木，高30 m，树皮光滑。叶阔卵形，长10~24 cm，宽12~25 cm，上下两面嫩时被灰黄色毛，下面的毛更厚而密，以后变秃净，仅在叶背脉腋内有毛；叶柄长3~10 cm，密被黄褐色毛。花通常4数，雄花的萼片卵形，被毛；花瓣矩圆形，长为萼片的2倍；雄蕊比花瓣长，盾形药隔有毛。果枝有头状果序1~2个，稀3个，常下垂；头状果序直径约2.5 cm，宿存花柱长2~3 mm，刺状，坚果之间无突出的茸毛，或有极短的毛。花期5月，果期9—10月。

生活习性：喜光，耐寒，耐旱，也耐湿，耐盐碱，适应性强，萌芽力强，耐修剪。播种、扦插繁殖。

分布：宁夏灵武市、大武口区、惠农区、利通区、中宁县、海原县、彭阳县等地有栽培。

保护利用现状：宁夏有少量引种栽培。

开发利用前景：优良的行道树种，可用于城市、街道、厂矿绿化。

三球悬铃木 *Platanus orientalis*

悬铃木科 Platanaceae　悬铃木属 *Platanus*

三球悬铃木又称法国梧桐、裂叶悬铃木。

形态特征：乔木，高达30 m。树皮薄片状脱落。叶大，轮廓阔卵形，长8~16 cm，宽9~18 cm，基部浅三角状心形，或近平截；叶柄长3~8 cm，圆柱形，被茸毛，基部膨大。花4数，雄性球状花序无柄，基部有长茸毛，萼片短小，雄蕊比花瓣长；雌性球状花序常有柄，萼片被毛，花瓣倒披针形，心皮4，花柱伸长，先端卷曲。果枝长10~15 cm，有圆球形头状果序3~5个，稀2个；头状果序直径2~2.5 cm，宿存花柱突出，刺状，长3~4 mm，小坚果之间有黄色茸毛，突出头状果序外。花期5月，果期9—10月。

生活习性：喜光，喜湿润、温暖气候，较耐寒，适应性强，易成活，耐修剪，抗烟尘。播种、扦插繁殖。

分布：宁夏兴庆区、金凤区、贺兰县、永宁县、平罗县、青铜峡市、泾源县、彭阳县、沙坡头区、中宁县等地有栽培。

保护利用现状：宁夏有少量栽培。

开发利用前景：行道绿化树种，果可入药，木材可制作家具。

一球悬铃木 *Platanus occidentalis*

悬铃木科 Platanaceae　悬铃木属 *Platanus*

一球悬铃木又称美国梧桐。

形态特征：乔木，高40 m。叶大，阔卵形，宽10~22 cm；基部截形、阔心形，或稍呈楔形；叶柄长4~7 cm，密被茸毛。花通常4~6数，单性，聚成圆球形头状花序。雄花的萼片及花瓣均短小，花丝极短，花药伸长，盾状药隔无毛；雌花基部有长茸毛，萼片短小，花瓣比萼片长4~5倍；心皮4~6，花柱伸长，比花瓣长。头状果序圆球形，单生，稀2个，直径约3 cm，宿存花柱极短；小坚果先端钝，基部的茸毛长为坚果的一半，不突出头状果序外。花期5月，果期9—10月。

生活习性：喜湿润、温暖气候，较耐寒，适生于酸性或中性、排水良好、土层深厚、肥沃的土壤。扦插繁殖。

分布：宁夏大武口区、西吉县、中宁县有栽培。

保护利用现状：宁夏有少量栽培。

开发利用前景：可观赏，并能吸收有害气体，作为街道、厂矿绿化树种。

合　欢 *Albizia julibrissin*

豆科 Leguminosae　合欢属 *Albizia*

形态特征：乔木，高可达15 m。树皮黄褐色。小枝有棱角，嫩枝、花序和叶轴被茸毛或短柔毛。二回羽状复叶，羽片4~12对，栽培的有时达20对；小叶10~30对，线形至长圆形，长6~12 mm，宽1~4 mm，向上偏斜，先端有小尖头，有缘毛，有时在下面或仅中脉上有短柔毛；中脉紧靠上边缘。头状花序于枝顶排成圆锥花序，花粉红色。荚果带状，嫩荚有柔毛，老荚无毛。花期6—8月，果期9—10月。

生活习性：喜光，抗旱，耐瘠薄。播种繁殖。

分布：宁夏兴庆区、金凤区、西夏区、永宁县、贺兰县、灵武市、大武口区、惠农区、平罗县、利通区、青铜峡市、同心县、原州区、中宁县、沙坡头区、海原县等地有栽培。分布于我国华东、华南、西南及辽宁、河北、河南、陕西、甘肃等地。

保护利用现状：宁夏广泛用于庭院绿化和城市绿化。

开发利用前景：庭院绿化和公园绿化树种，可作为家具等用材，种子含油，树皮和花可药用。

槐 *Sophora japonica*

豆科 Leguminosae 槐属 *Sophora*

槐又称国槐。

形态特征：乔木，高8~20 m。干皮暗灰色，小枝绿色，皮孔明显。奇数羽状复叶，长15~25 cm；叶轴有毛，基部膨大；小叶7~15，卵状长圆形，长2.5~7.5 cm，宽1.5~3 cm，顶端渐尖而有细突尖，基部阔楔形，下面灰白色，疏生短柔毛。圆锥花序顶生；花萼浅钟状，花冠乳白色或黄白色，旗瓣近圆形，有紫色脉纹，具短爪，翼瓣较龙骨瓣稍长，有爪；子房圆筒形，近无毛。荚果串珠状，种子肾形，淡黄绿色，干后褐色。花期7—8月，果期8—10月。

生态习性：耐寒，抗旱，喜光，稍耐阴，不耐阴湿。播种繁殖。

分布：宁夏各地均有栽培。产于我国，现全国各地广泛栽培。

保护利用现状：宁夏广泛用于生态防护、道路绿化和园林绿化，用作槐属品种的嫁接砧木。

开发利用前景：生态造林和园林绿化树种，用材树种，花可入药和制作颜料，种子可榨油制皂，常用作龙爪槐、金叶国槐、蝴蝶槐等品种的砧木。

金枝国槐 *Sophora japonica* 'Golden Stem'

豆科 Leguminosae 槐属 *Sophora*

金枝国槐是槐属的变种植物。

形态特征：乔木。老枝暗灰色，小枝黄绿色，皮孔明显。奇数羽状复叶，长15~25 cm；叶片矩圆形，顶端很尖。幼芽及嫩叶淡黄色，5月上旬转绿黄色，9月后又转黄色，每年11月至第二年5月枝干金黄色。

生活习性：发芽早，抗寒，耐旱，耐涝，抗腐烂病，适应性强。嫁接繁殖。

分布：宁夏兴庆区、金凤区、西夏区、永宁县、贺兰县、大武口区、平罗县、盐池县、青铜峡市、原州区、泾源县、彭阳县、沙坡头区等地广泛栽培。主要分布在我国北方区域。

保护利用现状：宁夏广泛用于庭院绿化和园林绿化。

开发利用前景：观赏树种和绿化树种。

金叶槐 *Sophora japonica* 'Jinye'

豆科 Leguminosae　槐属 *Sophora*

金叶槐由槐芽变选育而成。

形态特征：乔木，树冠伞形。当年生枝条的向阳面黄色，背阳面绿色。奇数羽状复叶，有17~21单叶，叶片卵形，全缘，比槐舒展，平均长2.5 cm，宽2 cm，从端部到顶部大小均匀。春季萌发的新叶及后期长出的新叶在生长期的前4个月均为金黄色，生长后期及树冠下部见光少的老叶呈现淡绿色，所以其树冠在8月前为金黄色，在8月后上半部为金黄色、下半部为淡绿色。

生活习性：喜光，耐旱，耐寒，适应性强。嫁接繁殖。

分布：宁夏西夏区、金凤区、永宁县、平罗县、彭阳县、原州区、西吉县、泾源县、中宁县等地有栽培。我国多省（区）均有栽培。

保护利用现状：宁夏广泛用于庭院绿化和园林绿化。

开发利用前景：观赏树种和绿化树种。

龙爪槐 *Sophora japonica* f. *pendula*

豆科 Leguminosae　槐属 *Sophora*

龙爪槐是槐属的变种植物，由槐芽变选育而成。

形态特征：乔木，树冠如伞，枝条盘状，上部盘曲如龙，老树奇特苍古。主侧枝差异不明显，大枝弯曲扭转，小枝下垂，冠层可达50~70 cm厚，层内小枝易干枯。枝条柔软、下垂，萌发力强，生长快，老枝灰褐色，当年生枝绿色，无毛。羽状复叶，长达25 cm，小叶4~7对，对生或近互生，卵状披针形或卵状长圆形，先端渐尖，具小尖头，基部宽楔形或近圆形。圆锥花序顶生。荚果串珠状，种子卵球形，淡黄绿色，干后黑褐色。花期7—8月，果期8—10月。

生活习性：喜光，稍耐阴，能适应干冷气候。嫁接繁殖。

分布：宁夏各地普遍栽培。产于我国，现南北各省（区）广泛栽培。

保护利用现状：宁夏广泛用于道路绿化、乡村绿化和园林绿化。

开发利用前景：观赏树种和绿化树种。

五叶槐 *Sophora japonica* f. *oligophylla* 豆科 Leguminosae 槐属 *Sophora*

五叶槐又称蝴蝶槐，由槐芽变选育而成。

形态特征：乔木。小叶3~5簇生，顶生小叶常3裂，侧生小叶下部常有大裂片，叶背有毛，叶似蝴蝶落于枝头。花黄绿色。果绿色。花期6—8月，果期9—11月。

生活习性：在石灰性、酸性及轻盐碱土上均可正常生长，抗烟尘，能适应城市街道环境，对二氧化硫、氯气、氯化氢均有较强的抗性。嫁接繁殖。

分布：宁夏兴庆区、金凤区、贺兰县、大武口区、彭阳县、沙坡头区、中宁县、海原县等地有栽培。主要分布于我国长江流域。

保护利用现状：宁夏少量用于庭院绿化和园林绿化。

开发利用前景：观赏树种和绿化树种。

白刺花 *Sophora davidii* 豆科 Leguminosae 槐属 *Sophora*

宁夏野生资源分布少，属于宁夏重点保护植物。

形态特征：灌木或小乔木，高1~3 m。枝多开展，小枝初被毛，不育枝末端明显变成刺，有时分叉。奇数羽状复叶，长4~7 cm，叶柄基部不膨大；托叶钻状，部分变成刺，疏被短柔毛；小叶一般为椭圆状卵形或倒卵状长圆形，长5~15 mm，宽4~5 mm，先端圆或微缺，常具芒尖，基部钝圆形，上面几无毛，下面中脉隆起，疏被长柔毛或近无毛。总状花序着生于小枝顶端，被柔毛，花萼筒形。荚果串珠状，疏生毛或近无毛，具3~5粒种子，种子卵圆形。花期6—8月，果期7—9月。

生活习性：喜光，耐旱，对土壤要求不严，土石山地的阳坡、半阳坡均可生长。播种繁殖。

分布：野生资源分布于宁夏六盘山、大武口区、泾源县、彭阳县等地。分布于我国华北、陕西、甘肃、宁夏、河南、江苏、浙江、湖北、西藏等地，在海拔2 500 m以下的河谷沙丘和山坡路边的灌木丛中均可生长。

保护利用现状：部分野生资源得到保护。

开发利用前景：水土保持及蜜源树种，种子含油及淀粉。

双季槐 *Sophora japonica* 'Shuangji' 豆科 Leguminosae 槐属 *Sophora*

双季槐是槐的变种。

生活习性：喜光，抗旱，耐瘠薄，对土壤要求不严。嫁接繁殖。

分布：宁夏利通区有少量引种栽培。分布于山西、陕西、甘肃、山东、河南、河北、广东、广西等省（区）。

保护利用现状：宁夏有零星引种栽培。

开发利用前景：经济林树种，可生产槐米，供药用。

沙冬青 *Ammopiptanthus mongolicus*

豆科 Leguminosae 沙冬青属 *Ammopiptanthus*

宁夏野生资源分布较少，属于宁夏重点保护植物，被国家列为二级保护植物。经多年的驯化和栽培利用，于2008年经宁夏林木品种审定委员会审定为宁夏林木良种。

形态特征：灌木，高1~2 m，多叉状分枝，枝皮黄绿色，幼时被灰白色短柔毛。掌状三出复叶，少为单叶，小叶或叶菱状椭圆形或宽披针形，长2~3.5 cm，先端急尖或钝，微凹，基部楔形或宽楔形，两面密被银白色茸毛，全缘，羽状脉，侧脉不明显。总状花序顶生于枝端，花互生，8~12朵密集，花冠黄色，花瓣具长瓣柄，旗瓣倒卵形，长约2 cm，翼瓣比龙骨瓣短，长圆形；子房具柄，线形，无毛。种子圆肾形。花期4—5月，果期5—6月。

生活习性：抗旱，耐瘠薄，根系发达。播种繁殖。

分布：野生资源分布于宁夏白芨滩、六盘山、贺兰山、须弥山、兴庆区、灵武市、平罗县、利通区、红寺堡区、青铜峡市、同心县、原州区、沙坡头区等地，大武口区、利通区、盐池县、沙坡头区、中宁县、白芨滩等地有栽培。分布于我国内蒙古、宁夏及甘肃等省（区）。

保护利用现状：野生资源已保护，主要用于水土保持、固沙、观赏。

开发利用前景：水土保持、固沙、观赏和荒漠治理树种，枝、叶可入药。

河北木蓝 *Indigofera bungeana*

豆科 Leguminosae　木蓝属 *Indigofera*

河北木蓝又称本氏木蓝。

形态特征：直立灌木，高30~100 cm。茎褐色，圆柱形，有皮孔。枝银灰色，被灰白色丁字毛。羽状复叶长2.5~5 cm；叶柄长达1 cm，叶轴上面有槽，与叶柄均被灰色平贴丁字毛；托叶三角形，长约1 mm，早落；小叶2~4对，对生，椭圆形，稍倒阔卵形。总状花序腋生，长4~8 cm；总花梗较叶柄短，花冠紫色或紫红色。荚果褐色，线状圆柱形，长约3.5 cm，无毛或近无毛。种子椭圆形。花期6—7月，果期7—9月。

生活习性：耐旱，耐瘠薄。播种繁殖。

分布：野生资源分布于宁夏六盘山、须弥山、西吉县等地，常生于海拔600~1 000 m 的山坡、草地或河滩地。分布于我国辽宁、内蒙古、宁夏、河北、山西、陕西。

保护利用现状：部分野生资源未得到保护。

开发利用前景：荒山绿化和观赏树种，全株可入药。

四川木蓝 *Indigofera szechuensis*

豆科 Leguminosae　木蓝属 *Indigofera*

四川木蓝又称甘肃木蓝。

形态特征：灌木，高达1 m。茎红褐色，圆柱形，有皮孔。幼枝具棱，密被白色并间生棕褐色平贴或近平贴丁字毛，后变无毛或近无毛。羽状复叶，长5~10 cm；小叶2~4对，对生，长圆形或倒卵状长圆形，长1.5~3 cm，宽6~9 mm，先端圆钝或急尖，基部楔形或宽楔形，上面绿色，下面淡绿色，两面被白色丁字毛，下面稀间生棕褐色毛。总状花序，总花梗长约5 cm，有丁字毛，花冠紫色或紫红色，旗瓣阔卵状椭圆形。荚果褐色，近无毛。花期6—7月，果期7—9月。

生活习性：喜光，耐寒，耐旱。播种繁殖。

分布：野生资源分布于宁夏六盘山。分布于我国甘肃和宁夏。

保护利用现状：野生资源得到保护，未开发利用。

开发利用前景：园林观赏和荒山造林树种，枝条可制人造棉、纤维板、造纸、编筐。

紫穗槐 *Amorpha fruticosa* 豆科 Leguminosae 紫穗槐属 *Amorpha*

经过多年的引种驯化和栽培利用，于2007年经宁夏林木品种审定委员会审定为宁夏林木良种。

形态特征：灌木，丛生，高1~3 m。小枝灰褐色，疏被毛，后变无毛，嫩枝密被短柔毛。叶互生，奇数羽状复叶，长10~15 cm，有小叶11~25，基部有线形托叶；叶柄长1~2 cm；小叶卵形或椭圆形，长1~4 cm，宽0.6~2 cm，先端圆形，锐尖或微凹，有1短而弯曲的尖刺，基部宽楔形或圆形，上面无毛或被疏毛，下面有白色短柔毛，具黑色腺点。穗状花序常1至数个顶生和枝端腋生，长7~15 cm，密被短柔毛；花有短梗。荚果长圆形，弯曲，下垂，棕褐色，表面有凸起的疣状腺点。花期5—7月，果期7—9月。

生活习性：喜光，耐旱，耐寒，耐水湿，耐轻度盐碱，对土壤要求不严。播种、扦插、分株繁殖。

分布：宁夏各地普遍栽培。我国东北、华北、西北及山东、安徽、江苏、河南、湖北、广西、四川等地均有分布。

保护利用现状：宁夏广泛用于生态防护和园林绿化。

开发利用前景：绿化、护堤固土、防风固沙树种，蜜源植物，枝条可编制篓筐、用作饲料和绿肥，种子含油。

刺　槐 *Robinia pseudoacacia* 豆科 Leguminosae 刺槐属 *Robinia*

刺槐又称洋槐。宁夏常规绿化树种，经过多年的驯化和栽培利用，于2007年和2010年经宁夏林木品种审定委员会审定为宁夏林木良种。

形态特征：乔木，高10~25 m。树皮灰褐色至黑褐色，浅裂至深纵裂，稀光滑。小枝灰褐色，幼时有棱脊，微被毛，后无毛；具托叶刺，长达2 cm。奇数羽状复叶，长10~25 cm，叶轴上面具沟槽，小叶2~12对，常对生，椭圆形、长椭圆形或卵形，长2~5 cm，宽1.5~2.2 cm，先端圆，微凹，具小尖头。总状花序腋生，下垂，花多数，芳香；苞片早落，花冠白色，各瓣均具瓣柄，旗瓣近圆形。荚果褐色，或具红褐色斑纹，线状长圆形，扁平。种子褐色至黑褐色，微具光泽，有时具斑纹，近肾形。花期4—6月，果期8—9月。

生活习性：喜光，抗旱，抗寒，耐瘠薄。播种繁殖。

分布：宁夏各地普遍栽培。原产于美国东部，17世纪传入欧洲及非洲，我国于18世纪末从欧洲引入青岛栽培，现分布于全国各地。

保护利用现状：宁夏广泛用于生态防护、道路绿化和城市绿化。

开发利用前景：绿化树种和防护树种，可作为建筑、家具等用材，蜜源植物；种子含油，可用作化工原料。

香花槐 *Robinia pseudoacacia* 'idaho'

豆科 Leguminosae　刺槐属 *Robinia*

原产于西班牙，1992年我国试种成功，从河北引种到宁夏。

形态特征：乔木，高10~12 m，树干褐色至灰褐色。叶互生，7~19片组成羽状复叶，叶椭圆形至卵状长圆形，长3~6 cm，比刺槐叶大；叶片对称，深绿色，有光泽。花密生，组成总状花序，下垂；花被红色，有浓郁的芳香气味，可以同时盛开小红花200~500朵。无荚果，不结种子。花期5月、7月或连续开花，花期长。

生活习性：喜光，抗旱，耐瘠薄。根蘖、嫁接繁殖。

分布：宁夏各地普遍栽培。分布于我国华北、西北、东北等地区。

保护利用现状：宁夏广泛用于道路绿化和园林绿化。

开发利用前景：道路绿化和园林绿化树种，也可作为蜜源植物。

红花刺槐 *Robinia pseudoacacia* f. *decaisneana*

豆科 Leguminosae　刺槐属 *Robinia*

形态特征：乔木，高15~25 m，树冠椭圆状倒卵形；树皮褐色，有纵裂纹。奇数羽状复叶，小叶7~25，互生，椭圆形或卵形，长2~5.5 cm，宽1~2 cm，顶端圆或微凹，有小尖头，基部圆形。总状花序，花冠蝶形。花期5—6月，个别植株于7月二次开花，花量少。

生活习性：喜光，怕荫蔽和水湿，耐寒，喜排水良好的土壤，浅根性，侧根发达。嫁接繁殖。

分布：宁夏灵武市、西吉县广泛栽培。我国东北铁岭以南、辽东半岛、华中、内蒙古、四川、云南、福建、新疆均有栽培。

保护利用现状：宁夏用于道路绿化和园林绿化。

开发利用前景：园林绿化、用材树种，蜜源植物，种子含油，可制肥皂及油漆原料，茎皮、根、叶可供药用。

扭枝刺槐 *Robinia pseudoacacia* var. *tortuosa*

豆科 Leguminosae 刺槐属 *Robinia*

扭枝刺槐是刺槐的栽培变种，20世纪90年代从北京引进到宁夏。

形态特征：乔木，高10~20 m。树皮灰黑褐色，纵裂。枝具托叶性针刺，枝条扭曲，小枝灰褐色，无毛或幼时具微柔毛。奇数羽状复叶，互生，具9~19小叶，叶柄长1~3 cm，小叶柄长约2 mm，被短柔毛，小叶片卵形或卵状长圆形，基部广楔形或近圆形，先端圆或微凹，具小刺尖，全缘，表面绿色，被微柔毛，背面灰绿色，被短毛。总状花序腋生，比叶短，花序轴黄褐色，疏被短毛；花冠白色，芳香，旗瓣近圆形。荚果扁平，线状长圆形，褐色，光滑。花果期5—9月。

生活习性：喜光，较抗旱，不耐水湿，喜温暖、湿润气候，怕风，浅根性。嫁接繁殖。

分布：宁夏金凤区、西吉县有引种栽培。

保护利用现状：宁夏少量用于庭院绿化和公园绿化。

开发利用前景：公园绿化树种。

毛洋槐 *Robinia hispida*

豆科 Leguminosae 刺槐属 *Robinia*

毛洋槐又称红花槐、江南槐、毛刺槐。20世纪90年代由河北引入宁夏。

形态特征：乔木或灌木，高1~5 m。幼枝绿色，密被紫红色硬腺毛及白色曲柔毛，2年生枝深灰褐色，密被褐色刚毛，毛长2~5 mm。奇数羽状复叶，长15~30 cm；小叶5~8对，椭圆形、卵形、阔卵形至近圆形。总状花序腋生，除花冠外，均被紫红色腺毛及白色细柔毛，花3~8朵；花冠蝶形，红色至玫瑰红色，花瓣具柄，旗瓣近肾形，长约2 cm，宽约3 cm，先端凹缺，开花一般不孕。部分树结实，荚果线形。花期5月和9月或连续开花，花期长，果期7—10月。

生活习性：喜光，耐旱，不耐水湿，喜排水良好的砂质壤土，耐轻度盐碱，耐修剪。嫁接繁殖。

分布：宁夏兴庆区、金凤区、灵武市、大武口区、平罗县、红寺堡区、同心县、青铜峡市、利通区、西吉县、原州区、彭阳县、中宁县、沙坡头区等地均有栽培。原产于北美洲，广泛分布于我国东北南部、华北、华东、华中、西南等地区。

保护利用现状：宁夏广泛用于城市绿化和公园绿化。

开发利用前景：城市绿化和公园绿化树种，也可作为蜜源植物。

白毛锦鸡儿 *Caragana licentiana*

豆科 Leguminosae　锦鸡儿属 *Caragana*

形态特征：灌木，高40~60 cm。老枝绿褐色或红褐色，稍有光泽，嫩枝密被白色柔毛。托叶披针形，长2~7 mm，硬化成针刺，密被灰白色短柔毛；叶柄长2~3 mm，硬化成针刺，宿存；叶假掌状；小叶4，倒卵状楔形或倒披针形。花冠黄色，长20~22 mm，旗瓣宽倒卵形或近圆形，中部有橙黄色斑；子房密被白色柔毛。荚果圆筒形，密被白色柔毛。花期5—6月，果期7—8月。

生活习性：喜光，抗旱，抗寒，耐瘠薄。播种繁殖。

分布：野生资源分布于宁夏贺兰山、盐池县、同心县、西吉县、海原县等地。分布于我国甘肃和宁夏。

保护利用现状：野生资源未得到保护，未开发利用。

开发利用前景：水土保持、固沙、观赏和荒漠治理树种。

甘肃锦鸡儿 *Caragana kansuensis*

豆科 Leguminosae　锦鸡儿属 *Caragana*

甘肃锦鸡儿又称母猪刺。

形态特征：小灌木，高40~60 cm，基部多分枝，开展。枝条细长，灰褐色，疏被伏生柔毛，具凸起纵条纹。假掌状复叶有4小叶，托叶长1~3 mm，在长枝者硬化成针刺，宿存；小叶线状倒披针形，长5~12 mm，宽1~2 mm，先端锐尖，具针刺，基部渐狭，两面绿色，无毛或疏被短柔毛。花梗关节在中部以上，无毛或疏被柔毛；花萼管状，绿色或稍带红色，萼齿三角形，边缘有毛；花冠黄色。荚果圆筒形，先端尖。花期4—6月，果期6—8月。

生活习性：喜光，抗旱，抗寒。播种繁殖。

分布：野生资源分布于宁夏南华山、灵武市、利通区、西吉县、隆德县、原州区、海原县等地。分布于我国内蒙古、山西北部、陕西北部、宁夏、甘肃东北部等地区。

保护利用现状：部分野生资源得到保护，未开发利用。

开发利用前景：水土保持、固沙、观赏和荒漠治理树种，花可食用和药用。

甘蒙锦鸡儿 *Caragana opulens*

豆科 Leguminosae　锦鸡儿属 *Caragana*

形态特征：小灌木，高40~60 cm。树皮灰褐色，有光泽。小枝细长，稍呈灰白色，有明显条棱。假掌状复叶有4小叶，托叶在长枝者硬化成针刺，直或弯，针刺长3~5 mm，在短枝者较短，脱落；小叶倒卵状披针形，长5~8 mm，宽1~1.5 mm，先端圆形或平截，有短刺尖，近无毛或稍被毛，绿色。花冠黄色，旗瓣宽倒卵形或菱状倒卵形；子房无毛或疏被柔毛。荚果圆筒形，先端短渐尖，无毛。花期5—6月，果期7—8月。

生活习性：喜光，耐旱，耐瘠薄，适应性强。播种繁殖。

分布：野生资源分布于宁夏贺兰山、南华山、罗山、盐池县、同心县、红寺堡区、利通区、西吉县、沙坡头区、海原县等地，沙坡头区有少量栽培。分布于我国内蒙古、河北、山西、陕西、甘肃、宁夏、青海、西藏、四川等省（区）。

保护利用现状：部分野生资源得到保护，宁夏少量用于荒山造林。

开发利用前景：水土保持、固沙、观赏树种，茎干可做薪柴，叶可做饲料。

毛刺锦鸡儿 *Caragana tibetica*

豆科 Leguminosae　锦鸡儿属 *Caragana*

毛刺锦鸡儿又称藏锦鸡儿、康青锦鸡儿。

形态特征：小灌木，高20~30 cm，常呈垫状。老枝灰黄色或灰褐色，多裂；小枝密集，淡灰褐色，密被长柔毛。羽状复叶有3~4对小叶；托叶卵形或近圆形；叶轴硬化成针刺，长2~3.5 cm，宿存，淡褐色，无毛；小叶线形，长8~12 mm，宽0.5~1.5 mm，先端尖，有刺尖，基部狭，近无柄，密被灰白色长柔毛。花单生，近无梗；花萼管状，长8~15 mm，宽约5 mm；花冠黄色，长22~25 mm，旗瓣倒卵形，先端稍凹，瓣柄长约为瓣片的1/2，耳短小，齿状；子房密被柔毛。荚果椭圆形，长7~8 mm，外面密被柔毛，里面密被茸毛。花期5—7月，果期7—8月。

生活习性：喜光，抗旱，耐瘠薄，忌湿涝。播种繁殖。

分布：野生资源分布于宁夏贺兰山、南华山、罗山、白芨滩、哈巴湖、灵武市、利通区、盐池县、同心县、青铜峡市、红寺堡区、西吉县、隆德县、沙坡头区、海原县等地，多生于干旱山坡及石质滩地。分布于我国甘肃、宁夏、西藏、青海、四川等省（区）。

保护利用现状：部分野生资源得到保护，未开发利用。

开发利用前景：水土保持、观赏树种。

矮脚锦鸡儿 *Caragana brachypoda* 豆科 Leguminosae 锦鸡儿属 *Caragana*

矮脚锦鸡儿又称短角锦鸡儿。

形态特征：灌木。老枝黄褐色，有光泽，幼枝褐色或黄褐色，密被短柔毛。长枝上的托叶硬化成针刺，短枝上的托叶脱落，长枝上的叶轴硬化成针刺，长3~4 mm，短枝上的叶轴常脱落。小叶4，假掌状着生，狭倒卵形，长3~8 mm，宽1~3 mm，先端急尖或圆钝，具小刺尖，基部渐狭，两面被柔毛，上面稍密。花单生，花梗短，基部具关节，稀中部具关节，被柔毛；花萼管状钟形，基部偏斜，呈浅囊状，带紫红色，无毛，齿三角形，边缘被柔毛；花冠黄色，旗瓣宽倒卵形，长约2 cm，宽15~17 mm，先端凹，基部渐狭成短爪；子房被柔毛。花期5月，在宁夏未见果。

生活习性：喜光，抗旱，耐瘠薄。播种繁殖。

分布：野生资源分布于宁夏贺兰山、南华山、白芨滩、兴庆区、西夏区、永宁县、贺兰县、灵武市、惠农区、利通区、红寺堡区、青铜峡市、盐池县、西吉县、沙坡头区、海原县、中宁县等地，多生于向阳山坡及山麓路旁。分布于我国甘肃、内蒙古、宁夏等省（区）。

保护利用现状：部分野生资源得到保护，未开发利用。

开发利用前景：水土保持、固沙、观赏树种，春季嫩枝叶及花可做饲料。

狭叶锦鸡儿 *Caragana stenophylla* 豆科 Leguminosae 锦鸡儿属 *Caragana*

狭叶锦鸡儿又称皮溜刺。

形态特征：灌木。老枝灰绿色或灰黄色，幼枝淡灰褐色，有时带红色，被短柔毛，后渐无毛。长枝上的托叶硬化成针刺，长2~4 mm；长枝上的叶轴宿存并硬化成针刺，长5~7 mm，短枝上的叶无叶轴。小叶4，假掌状着生，线状倒披针形，长8~17 mm，宽1~1.5 mm，先端急尖，具小尖头，基部渐狭，两面无毛或疏被柔毛。花单生；花梗长约1 cm，无毛，近中部具关节。荚果线形，膨胀，长3~4 cm，径约5 mm，无毛，成熟时红褐色。花期6—7月，果期7—8月。

生活习性：喜光，抗旱，耐瘠薄。播种繁殖。

分布：野生资源分布于宁夏贺兰山、白芨滩、西夏区、永宁县、贺兰县、灵武市、平罗县、惠农区、红寺堡区、利通区、青铜峡市、同心县、盐池县、沙坡头区、中宁县、海原县、彭阳县等地，多生于向阳干旱山坡。分布于我国东北、内蒙古、宁夏、河北、山西、陕西、甘肃西部、新疆东部等地区。

保护利用现状：部分野生资源得到保护，未开发利用。

开发利用前景：水土保持、固沙、观赏树种。

鬼箭锦鸡儿 *Caragana jubata* 豆科 Leguminosae　锦鸡儿属 *Caragana*

形态特征：灌木，直立或伏卧于地面呈垫状，高50~100 cm，多分枝。树皮灰黑色。叶密生，叶轴宿存并硬化成针刺，长5~7 cm，灰白色；托叶锥形，先端刺状，被白色长柔毛；小叶4~6对，无柄，羽状着生，长椭圆形或倒卵状长椭圆形，长6~12 mm，宽2~5 mm，先端急尖或圆，具小刺尖，基部圆形，表面近无毛，边缘密被白色长柔毛，背面疏被柔毛。花单生，近无梗，花冠淡红色或白色。荚果长椭圆形，长约3 cm，密生长柔毛。花期5—6月，果期6—7月。

生活习性：喜光，抗旱，耐瘠薄。播种繁殖。

分布：野生资源分布于宁夏贺兰山、六盘山，多生于海拔2 400~3 000 m的山坡灌丛或高山林缘，泾源县有驯化栽培。分布于我国华北、西北及四川等地。

保护利用现状：部分野生资源得到保护，少量驯化利用。

开发利用前景：水土保持、固沙、观赏树种，全株可入药。

青甘锦鸡儿 *Caragana tangutica* 豆科 Leguminosae　锦鸡儿属 *Caragana*

形态特征：灌木，高达3 m。枝条绿褐色，无毛。叶轴宿存并硬化成针刺，长2~5 cm，幼时疏被长柔毛；托叶卵形，膜质，边缘具白色短柔毛；小叶3对，羽状着生，顶端小叶较大，基部1对小叶较小，长椭圆形或倒卵状椭圆形，长1.5~2 cm，宽5~10 mm，先端圆，具小尖头，基部楔形或近圆形，表面无毛，边缘具白色细柔毛，背面疏被柔毛。花单生，花冠黄色，耳线形，长为爪的1/2，龙骨瓣的爪与瓣片等长，耳短；子房被毛。荚果线形，密被柔毛，具宿存的花柱。花期5月，果期6月。

生活习性：喜光，抗旱，耐瘠薄。播种繁殖。

分布：野生资源分布于宁夏六盘山、隆德县等地，多生于海拔2 200 m左右的山坡林缘，沙坡头区有驯化栽培。分布于我国甘肃、青海、宁夏、四川等省（区）。

保护利用现状：部分野生资源得到保护，少量驯化利用。

开发利用前景：水土保持、固沙、观赏树种。

川西锦鸡儿 *Caragana erinacea* 豆科 Leguminosae 锦鸡儿属 *Caragana*

川西锦鸡儿又称西藏锦鸡儿。

形态特征：灌木。老枝黑褐色，具纵棱，多条裂，幼枝灰褐色，被短柔毛。托叶三角状披针形，不硬化成针刺，长枝上的叶轴宿存并硬化成针刺，长1~1.5 cm；小叶2~3对，羽状着生，倒披针形，长0.5~1 cm，宽1~2.5 mm，先端尖，具小刺尖，表面无毛，背面被短柔毛；短枝上的叶假掌状着生，具短叶轴。花单生，几无梗。荚果长约2 cm，外面疏被柔毛，里面密被茸毛。花期5—6月，果期6—7月。

生活习性：喜光，抗旱，耐瘠薄。播种繁殖。

分布：野生资源分布于宁夏贺兰山、南华山、罗山、同心县、红寺堡区、海原县、西吉县、隆德县等地，多生于干旱山坡及石质滩地。分布于我国甘肃、西藏、宁夏等省（区）。

保护利用现状：部分野生资源得到保护，未开发利用。

开发利用前景：水土保持、固沙、观赏树种。

荒漠锦鸡儿 *Caragana roborovskyi* 豆科 Leguminosae 锦鸡儿属 *Caragana*

荒漠锦鸡儿又称猫耳刺、洛氏锦鸡儿。

形态特征：小灌木，高30~50 cm。树皮黄色，条状剥落。枝淡灰褐色，密被灰白色柔毛。托叶膜质，三角状披针形，中脉明显，先端具硬刺尖；叶轴全部宿存并硬化成针刺，长1.5~2.5 cm，灰黄色或浅棕色，幼时密被长柔毛；小叶4~6对，羽状着生，倒卵形或倒卵状披针形，长4~8 mm，宽2~5 mm，先端圆形，具小刺尖，基部楔形，两面密被长柔毛。花单生，花梗短，花冠黄色；子房密被长柔毛。荚果圆筒形，长2~2.5 cm，径5~6 mm，密被柔毛。花期4—5月，果期6—7月。

生活习性：喜光，抗旱，抗寒，耐瘠薄。播种繁殖。

分布：野生资源分布于宁夏贺兰山、南华山、罗山、白芨滩、哈巴湖、西夏区、永宁县、贺兰县、灵武市、惠农区、平罗县、利通区、红寺堡区、青铜峡市、同心县、盐池县、沙坡头区、中宁县、海原县、西吉县等地，多生于干旱山坡或山麓石砾滩地，沙坡头区、西夏区、哈巴湖有驯化栽培。分布于我国内蒙古、甘肃、宁夏、青海、新疆等省（区）。

保护利用现状：部分野生资源得到保护。

开发利用前景：水土保持、固沙、观赏树种，枝叶可饲用。

柠条锦鸡儿 *Caragana korshinskii*

豆科 Leguminosae　锦鸡儿属 *Caragana*

柠条锦鸡儿又称毛条、白柠条。宁夏野生资源分布较少，属于宁夏重点保护植物。2007年经宁夏林木品种审定委员会审定为宁夏林木良种——毛条灵武种源。

形态特征：灌木，高达1.5~3 m。枝条淡黄色，无毛。长枝上的托叶宿存并硬化成针刺，长3~5 mm，叶轴长3~5.5 cm，幼时被短毛，后脱落无毛；小叶5~10对，羽状排列，无小叶柄，倒卵状长椭圆形或长椭圆形，长6~10 mm，宽3~4 mm，先端有细尖刺。花单生，花梗长1~2 cm，疏被短茸毛，花冠黄色，旗瓣卵形，长23~25 mm。荚果扁，长条形，长2~3 cm，宽5~7 mm，红褐色，先端尖，无毛，含种子4粒或更多。种子扁长圆形，长0.7 cm，宽0.4 cm，排列紧密，一端往往有一个被挤压的平滑斜面，种皮黄棕色至栗褐色。花期5—6月，果期6—7月。

生活习性：喜光，抗旱，抗寒，耐瘠薄。播种繁殖。

分布：野生资源分布于宁夏灵武市、大武口区、盐池县、同心县、中卫市、海原县等地，多生于沙区，宁夏各地均有栽培。分布于我国内蒙古、甘肃、宁夏等省（区）。

保护利用现状：部分野生资源得到保护，宁夏广泛用于沙地、荒漠造林。

开发利用前景：水土保持、固沙、观赏树种，枝叶可用作绿肥和饲料，也可作为蜜源植物。

小叶锦鸡儿 *Caragana microphylla*

豆科 Leguminosae　锦鸡儿属 *Caragana*

小叶锦鸡儿又称柠条。宁夏野生资源分布较少，属于宁夏重点保护植物。2007年经宁夏林木品种审定委员会审定为宁夏林木良种——柠条盐池种源。

形态特征：灌木，高50~70 cm。老枝黑灰色，幼枝灰黄色或黄白色，疏生短柔毛。长枝上的托叶宿存并硬化成针刺，长7~10 mm，较粗壮，直伸或稍弯曲；叶轴长3~5 cm，上面具浅沟槽，被短毛，后脱落无毛。小叶6~10对，羽状排列，宽倒卵形或三角状宽倒卵形，长4~8 mm，宽3~7 mm，先端有细尖刺，两面疏被短伏毛。花单生，花冠长约25 mm，黄色，旗瓣近圆形，爪长6 mm，旗瓣长1.5 cm。荚果圆筒形，长约4 cm，径约5 mm，先端尖，无毛，棕褐色。种子肾形，千粒重37 g。花期5—6月，果期7—8月。

生活习性：喜光，抗旱，抗寒，耐瘠薄。播种繁殖。

分布：野生资源分布于宁夏贺兰山、哈巴湖、罗山、灵武市、平罗县、盐池县、同心县、中宁县、海原县、沙坡头区、原州区、彭阳县等地，多生于干旱山坡，灵武市、大武口区、青铜峡市、盐池县、沙坡头区、海原县、原州区、彭阳县、南华山、哈巴湖、罗山、白芨滩等地有大量栽培。分布于我国东北、华北及陕西、宁夏等地。

保护利用现状：部分野生资源得到保护，宁夏广泛用于沙地、荒漠造林。

开发利用前景：水土保持、固沙、观赏树种，枝叶可用作绿肥和饲料，根、花及果实可入药。

中间锦鸡儿 *Caragana intermedia*

豆科 Leguminosae　锦鸡儿属 *Caragana*

形态特征：灌木，高0.7~1.5 m。老枝黄灰色或灰绿色，幼枝被柔毛。羽状复叶有3~8对小叶；托叶在长枝者硬化成针刺，长4~7 mm，宿存；叶轴长1~5 cm，密被白色长柔毛，后脱落；小叶椭圆形、倒卵状椭圆形，长3~10 mm，宽4~6 mm，先端圆或锐尖，很少截形，有短刺尖，基部宽楔形，两面密被长柔毛。花梗长10~16 mm，关节在中部以上，很少在中下部；花冠黄色，长20~25 mm，旗瓣宽卵形或近圆形，子房无毛。荚果披针形或长圆状披针形，长2.5~3.5 cm，宽5~6 mm，先端短渐尖。花期5月，果期6月。

生活习性：喜光，抗旱，抗寒，耐瘠薄。播种繁殖。

分布：野生资源分布于宁夏白芨滩、罗山、南华山、盐池县、同心县、中宁县、西吉县、沙坡头区等地，多生于固定及半固定沙丘上，惠农区、利通区、红寺堡区、同心县、沙坡头区、海原县、西吉县、泾源县、哈巴湖、南华山等地大量栽培。分布于我国内蒙古、宁夏、陕西等省（区）。

保护利用现状：部分野生资源得到保护，宁夏广泛用于沙地、荒漠造林。

开发利用前景：水土保持、固沙、观赏树种，枝叶可用作绿肥和饲料，种子可榨油。

短叶锦鸡儿 *Caragana brevifolia*

豆科 Leguminosae　锦鸡儿属 *Caragana*

形态特征：灌木，高1~2 m，全株无毛。树皮深灰褐色，稍有光泽，老时龟裂。小枝有棱，有时弯曲。假掌状复叶有4小叶，托叶硬化成针刺，长3~6 mm，宿存；长枝上的叶轴长3~8 mm，短枝上的叶柄极短，有时近无柄；小叶披针形或倒卵状披针形，长2~8 mm，宽1~4 mm，先端锐尖，基部楔形。花梗单生于叶腋，长5~8 mm，关节在中部或下部；花萼管状钟形，长5~6 mm，宽3~4 mm，带褐色，常被白粉，萼齿三角形，锐尖，长约1 mm；花冠黄色，长14~16 mm，旗瓣宽卵形。荚果圆筒形，长1~2.5 cm，径2~2.5 cm，成熟时黑褐色。花期6—7月，果期8—9月。

生活习性：喜光，抗旱，抗寒，耐瘠薄。播种繁殖。

分布：野生资源分布于宁夏贺兰山和盐池县，多生于河岸、山谷、山坡。分布于我国四川、西藏、甘肃、青海、宁夏等省（区）。

保护利用现状：部分野生资源得到保护，未开发利用。

开发利用前景：水土保持、固沙、观赏树种，根可入药。

矮锦鸡儿 *Caragana pygmaea* 豆科 Leguminosae 锦鸡儿属 *Caragana*

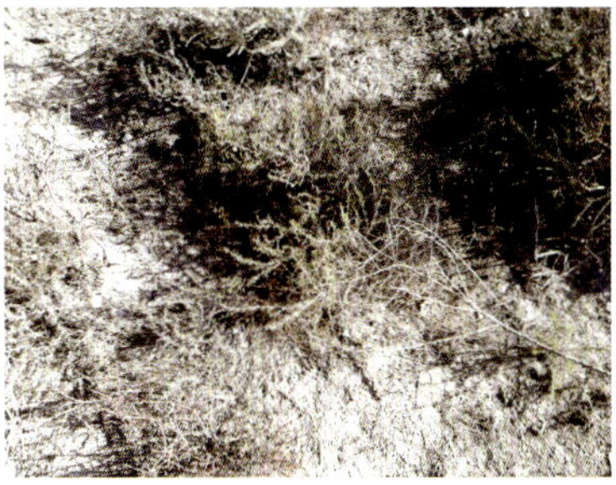

形态特征：灌木，高30~50 cm。树皮金黄色，有光泽。小枝有条棱，嫩时被短柔毛，后渐无毛。假掌状复叶有4小叶；托叶顶端针刺状，长2~4 mm，硬化，宿存；叶柄在长枝者长4~6 mm，硬化，宿存；短枝上的小叶无柄，簇生，狭倒披针形，长7~10 mm，宽1~3 mm，先端钝或锐尖，基部楔形，两面绿色，无毛。花梗长6~10 mm，花冠黄色，长15~16 mm，旗瓣宽倒卵形，先端圆形，基部有短瓣柄，翼瓣长圆形，耳短；子房有密毛。荚果线形，长2~3 cm，稍扁，被柔毛。花期5月，果期6月。

生活习性：喜光，抗旱，抗寒，耐瘠薄。播种繁殖。

分布：野生资源分布于宁夏贺兰山和盐池县，多生于沙地。分布于我国内蒙古和宁夏。

保护利用现状：部分野生资源得到保护，未开发利用。

开发利用前景：水土保持、固沙、观赏树种，嫩枝叶可做饲料。

树锦鸡儿 *Caragana arborescens* 豆科 Leguminosae 锦鸡儿属 *Caragana*

形态特征：小乔木或灌木，高2~6 m。老枝深灰色，平滑，稍有光泽，小枝有棱，幼时被柔毛，绿色或黄褐色。羽状复叶有4~8对小叶；托叶针刺状，长5~10 mm，在长枝者脱落，极少宿存；叶轴细瘦，长3~7 cm，幼时被柔毛；小叶长圆状倒卵形、狭倒卵形或椭圆形，长1~2 cm，宽5~10 mm，先端圆钝，具刺尖，基部宽楔形，幼时被柔毛，或仅下面被柔毛。花梗2~5个簇生，花萼钟状，长6~8 mm，宽7~8 mm，子房无毛或被短柔毛。荚果圆筒形，长3.5~6 cm，径3~6.5 mm，先端渐尖，无毛。花期5—6月，果期8—9月。

生活习性：喜光，抗旱，抗寒，耐瘠薄，对土壤要求不严，在轻度盐碱土中能正常生长。播种繁殖。

分布：多生于沙地，宁夏兴庆区、西夏区、海原县、彭阳县、西吉县有栽培。分布于我国黑龙江、内蒙古、河北、山西、陕西、甘肃、新疆等省（区）。

保护利用现状：宁夏用于沙地、荒漠造林。

开发利用前景：水土保持、固沙、观赏、绿篱树种，全株可入药。

多刺锦鸡儿 *Caragana spinosa* 豆科 Leguminosae 锦鸡儿属 *Caragana*

形态特征：小灌木，高20~50 cm。枝条伸展，多刺；老枝黄褐色，有棱条；小枝红褐色，粗壮，嫩时有毛。托叶三角状卵形，无针刺或极短，边缘有毛；叶轴在长枝者长1~5 cm，红褐色或黄褐色，粗壮，嫩时有毛，硬化，宿存，短枝上的叶无柄；小叶在长枝者常3对，羽状，在短枝者2对，簇生或具长2~3 mm的叶柄，狭倒披针形或线形，长1.5~2 cm，宽2~3 mm，被贴伏柔毛，灰绿色。花梗单生或2个并生，花萼管状，花冠黄色，长20~22 mm，子房近无毛。荚果长2~2.5 cm，宽3~4 mm。花期6—7月，果期9月。

生活习性：喜光，抗旱，抗寒，耐瘠薄。播种繁殖。

分布：野生资源分布于宁夏西吉县等地，多生于山坡、滩地，银川市、贺兰县和西吉县有栽培。分布于我国新疆和宁夏。

保护利用现状：野生资源未保护，少量开发利用。

开发利用前景：水土保持、固沙、观赏树种。

红花锦鸡儿 *Caragana rosea* 豆科 Leguminosae 锦鸡儿属 *Caragana*

红花锦鸡儿又称黄枝条、金雀儿。

形态特征：灌木，高0.4~1 m。树皮绿褐色或灰褐色。小枝细长，具条棱。托叶假掌状，在长枝者硬化成细针刺，长3~4 mm，在短枝者脱落；叶柄长5~10 mm，脱落或宿存成针刺；小叶4，楔状倒卵形，长1~2.5 cm，宽4~12 mm，先端圆钝或微凹，具刺尖，基部楔形，近革质，上面深绿色，下面淡绿色，无毛，有时小叶边缘、小叶柄、小叶下面沿脉疏被柔毛。花梗单生，花萼管状，花冠常紫红色或淡红色，凋时变为红色，长20~22 mm，子房无毛。荚果圆筒形，长3~6 cm，具渐尖头。花期4—6月，果期6—7月。

生活习性：喜光，抗旱，抗寒，耐瘠薄。播种、扦插、分株繁殖。

分布：宁夏西吉县有栽培。分布于我国东北、华北、华东及河南、甘肃等地。

保护利用现状：宁夏有少量引种栽培。

开发利用前景：水土保持、固沙、观赏树种。

秦晋锦鸡儿 *Caragana purdomii* 豆科 Leguminosae 锦鸡儿属 *Caragana*

秦晋锦鸡儿又称马柠条、普氏锦鸡儿。

形态特征：灌木，高1.5~3 m。老枝深灰绿色或褐色，嫩枝疏被贴伏柔毛。羽状复叶有5~8对小叶；托叶硬化成针刺，长5~12 mm，开展或反曲；叶轴长2~4 cm，后脱落；小叶倒卵形、椭圆形或长圆形，长3~8 mm，宽3~5 mm，先端圆，凹入或锐尖，具刺尖，基部楔形或稍圆，两面疏被柔毛，下面淡绿色。花梗单生或2~4个簇生，长1~2 cm，花冠黄色，长25~28 mm。荚果长4~5 cm，宽6~7 mm。花期5月，果期7—9月。

生活习性：喜光，抗旱，抗寒，耐瘠薄。播种繁殖。

分布：宁夏西吉县有栽培。分布于我国内蒙古、山西、陕西等省（区）。

保护利用现状：野生资源未保护，少量驯化栽培。

开发利用前景：水土保持、固沙、观赏树种。

细枝岩黄芪 *Hedysarum scoparium* 豆科 Leguminosae 岩黄芪属 *Hedysarum*

细枝岩黄芪又称花棒、细枝山竹子。经多年的驯化和栽培利用，于2008年经宁夏林木品种审定委员会审定为宁夏林木良种——花棒宁夏种源。

形态特征：小灌木，高0.8~3 m。茎直立，茎皮亮黄色，呈纤维状剥落。多分枝，幼枝绿色或淡黄绿色，疏被长柔毛。托叶卵状披针形，褐色，干膜质，长5~6 mm，下部合生，易脱落。茎下部的叶具小叶7~11，上部的叶通常具小叶3~5，最上部的叶轴完全无小叶或仅具1顶生小叶；小叶片灰绿色，线状长圆形或狭披针形，长15~30 mm，宽3~6 mm，无柄或近无柄，先端锐尖，具短尖头，基部楔形，表面被短柔毛或无毛，背面被较密的长柔毛。总状花序腋生，花少数，长15~20 mm，外展或平展，疏散排列，花冠紫红色。荚果2~4节，具明显细网纹和白色密毡毛。种子圆肾形，淡棕黄色，光滑。花期6—9月，果期8—10月。

生活习性：喜光，抗旱，抗寒，耐瘠薄。播种繁殖。

分布：野生资源分布于宁夏白芨滩、哈巴湖、兴庆区、灵武市、大武口区、平罗县、红寺堡区、盐池县、青铜峡市、沙坡头区等地，多生于半荒漠的沙丘或沙地，兴庆区、灵武市、大武口区、惠农区、平罗县、红寺堡区、利通区、沙坡头区、海原县、白芨滩、哈巴湖等地有栽培。分布于我国新疆、青海、甘肃、宁夏、内蒙古等省（区）。

保护利用现状：部分野生资源得到保护，宁夏广泛用于沙地、荒漠造林。

开发利用前景：水土保持、固沙、观赏树种，嫩枝叶可做饲料，种子可榨油。

蒙古岩黄芪 *Hedysarum mongolicum*

豆科 Leguminosae　岩黄芪属 *Hedysarum*

蒙古岩黄芪又称杨柴。经多年的驯化和栽培利用，于2008年经宁夏林木品种审定委员会审定为宁夏林木良种——杨柴盐池种源。

形态特征：小灌木，高0.5~1.5 m。树皮灰褐色，常呈纤维状剥落。小枝淡绿色，幼时密被平伏短毛，后渐脱落。奇数羽状复叶，具9~17小叶，枝下部的小叶椭圆形或长椭圆形，长10~25 cm，宽3~6 mm，先端圆，基部楔形，枝上部的小叶线状椭圆形或线状披针形，先端尖，上面密具褐色腺点，两面被平伏短毛；托叶三角形，长约1 mm，基部连合，外面疏被白色柔毛。总状花序腋生，与叶近等长，具花4~10朵，稍疏散，花序轴密被白色短伏毛；苞片小，披针形，长1~1.5 mm，褐色；花梗长3~4 mm，花冠紫红色。荚果2~3节，两面稍凸起，被毛。花期7—9月，果期9—10月。

生活习性：喜光，抗旱，抗寒，耐风蚀，耐瘠薄。播种繁殖。

分布：野生资源分布于宁夏哈巴湖、白芨滩、兴庆区、灵武市、平罗县、大武口区、红寺堡区、盐池县、沙坡头区、中宁县等地，多生于半流动沙地、半固定和固定沙地，盐池县、大武口区、平罗县、沙坡头区、哈巴湖、白芨滩有栽培。分布于我国东北及河北、内蒙古、宁夏、陕西等省（区）。

保护利用现状：部分野生资源得到保护，宁夏广泛用于沙地、荒漠造林。

开发利用前景：水土保持、固沙、观赏树种，嫩枝叶可做饲料。

红花岩黄芪 *Hedysarum multijugum*

豆科 Leguminosae　岩黄芪属 *Hedysarum*

红花岩黄芪又称红花山竹子。

形态特征：小灌木，高20~50 cm。茎直立，多分枝，具纵条棱，被平伏白色短毛。奇数羽状复叶，具小叶23~37，小叶矩圆形至卵状矩圆形，长7~15 mm，宽4~8 mm，先端圆，稍微凹，基部近圆形，表面无毛，背面被平伏短毛；托叶三角形，浅褐色，膜质，外面被毛。总状花序腋生，长10~30 cm，花序轴疏被短毛，具花5~20朵，疏散；花梗长约2 mm，被短毛，花冠紫红色。荚果2~3节，具网纹，被毛和小刺。花期6—7月，果期7—8月。

生活习性：喜光，抗旱，抗寒，耐风蚀，耐瘠薄。播种繁殖。

分布：野生资源分布于宁夏罗山、南华山、六盘山、海原县、西吉县、隆德县、泾源县等地，多生于干旱向阳山坡。分布于我国西北及山西、河南、湖北、西藏等省（区）。

保护利用现状：部分野生资源得到保护，未开发利用。

开发利用前景：水土保持、固沙、观赏树种，根、茎可入药。

胡枝子 *Lespedeza bicolor* 豆科 Leguminosae 胡枝子属 *Lespedeza*

胡枝子又称随军茶、萩。

形态特征：直立灌木，高1~1.3 m。多分枝，小枝黄色或暗褐色，老枝灰褐色，有条棱，疏被短毛。芽卵形，长2~3 mm，具数枚黄褐色鳞片。羽状三出复叶，托叶2，线状披针形；小叶质薄，卵形、倒卵形或卵状长圆形，长1.5~6.5 cm，宽1~4 cm，先端钝圆或微凹，稀稍尖，具短刺尖，基部近圆形或宽楔形，全缘，上面绿色，无毛，下面色淡，疏被柔毛，老时渐无毛。总状花序腋生，花冠紫红色，长约10 mm。荚果斜倒卵形，稍扁，表面具网纹，密被短柔毛。花期7—8月，果期9—10月。

生活习性：喜光，抗旱，抗寒，耐风蚀，耐瘠薄，耐酸性，耐盐碱，耐刈割。播种、扦插繁殖。

分布：野生资源分布于宁夏六盘山、罗山、盐池县、海原县、西吉县、原州区、泾源县等地，多生于海拔150~1 000 m 的山坡、林缘、路旁、灌丛及杂木林间，大武口区、沙坡头区、西吉县、泾源县、彭阳县有栽培。分布于我国东北、华北及山东、河南、陕西、甘肃、宁夏等地。

保护利用现状：部分野生资源得到保护，宁夏少量用于荒山造林。

开发利用前景：水土保持、固沙、观赏树种，叶可代茶，枝可编筐，种子含油。

多花胡枝子 *Lespedeza floribunda* 豆科 Leguminosae 胡枝子属 *Lespedeza*

多花胡枝子又称四川胡枝子。

形态特征：小灌木，高30~60 cm。枝有条棱，被灰白色茸毛。托叶线形，长4~5 mm，先端刺芒状；羽状复叶具3小叶；小叶具柄，倒卵形、宽倒卵形或长圆形，长1~1.5 cm，宽6~9 mm，先端微凹、钝圆或近截形，具小刺尖，基部楔形，上面疏被伏毛，下面密被白色伏柔毛；侧生小叶较小。总状花序腋生，总花梗细长，显著超出叶；花多数，小苞片卵形，长约1 mm，先端急尖；花萼长4~5 mm，花冠紫色、紫红色或蓝紫色。荚果宽卵形，长约7 mm，有网状脉。花期6—9月，果期9—10月。

生活习性：喜光，抗旱，抗寒，耐瘠薄。播种繁殖。

分布：野生资源分布于宁夏贺兰山、六盘山、须弥山、中宁县、海原县、西吉县、泾源县、彭阳县、原州区等地，多生于海拔1 300 m 以下的石质山坡。分布于我国东北、华北、华东及甘肃、宁夏、四川等地。

保护利用现状：部分野生资源得到保护。

开发利用前景：水土保持、观赏树种，全株可入药，嫩枝叶可做饲料和绿肥。

兴安胡枝子 *Lespedeza davurica* 豆科 Leguminosae 胡枝子属 *Lespedeza*

兴安胡枝子又称达呼里胡枝子。

形态特征：小灌木，高30~60 cm。茎单一或数条丛生，枝具棱，被白色短柔毛。羽状三出复叶，叶轴长3~6 mm，上面有槽，密被白色短伏毛；托叶刺芒状，长达6 mm；顶生小叶较侧生小叶大，矩圆状长椭圆形，长1~2 cm，宽4~7 mm，先端圆，具小尖头，基部圆形，表面绿色，背面灰绿色，被短伏毛。总状花序腋生，较叶短或与叶等长，被白色短伏毛；小苞片线形，长为花萼的一半，花萼钟形。荚果倒卵状矩圆形，长3~4 mm，宽2~3 mm，具网纹，被白色柔毛。花期6—8月，果期9—10月。

生活习性：喜光，抗旱，抗寒，耐风蚀，耐瘠薄。播种繁殖。

分布：野生资源分布于宁夏贺兰山、罗山、西夏区、永宁县、灵武市、贺兰县、石嘴山市、盐池县、同心县、西吉县、泾源县、中宁县、海原县等地，多生于沙质地及干旱山坡上。分布于我国东北、华北、西北、华中及西南等地。

保护利用现状：部分野生资源得到保护。

开发利用前景：水土保持、观赏树种，嫩枝叶可做饲料和绿肥。

截叶铁扫帚 *Lespedeza cuneata* 豆科 Leguminosae 胡枝子属 *Lespedeza*

截叶铁扫帚又称夜关门。

形态特征：小灌木，高达1 m，茎被柔毛。叶具3小叶，密集，叶柄短，小叶楔形或线状楔形，长1~3 cm，宽2~7 mm，先端平截或近平截，具小刺尖，基部楔形，上面近无毛，下面密被贴伏毛。总状花序，花具2~4朵；花序梗极短；花萼5深裂，裂片披针形，密被贴伏柔毛；花冠淡黄色或白色，旗瓣基部有紫斑，翼瓣与旗瓣近等长，龙骨瓣稍长，先端带紫色；闭锁花簇生于叶腋。荚果宽卵形或近球形，被伏毛，长2.5~3.5 mm，宽约2.5 mm。花期7—8月，果期9—10月。

生活习性：耐旱，耐瘠薄，对土壤要求不严。播种繁殖。

分布：野生资源分布于宁夏六盘山、南华山、须弥山、西吉县等地，常生于海拔2 500 m以下的山坡路旁。分布于我国陕西、甘肃、宁夏、山东、台湾、河南、湖北、湖南、广东、四川、云南、西藏等省（区）。

保护利用现状：部分野生资源未得到保护。

开发利用前景：荒山绿化和观赏树种，全株可入药。

尖叶铁扫帚 *Lespedeza juncea*

豆科 Leguminosae　胡枝子属 *Lespedeza*

尖叶铁扫帚又称尖叶胡枝子。

形态特征：小灌木，高可达1 m。全株被伏毛，分枝或上部分枝呈扫帚状。托叶线形，长约2 mm；叶柄长0.5~1 cm；羽状复叶具3小叶；小叶倒披针形、线状长圆形或狭长圆形，长1.5~3.5 cm，宽3~7 mm，先端稍尖或钝圆，有小刺尖，基部渐狭，边缘稍反卷，上面近无毛，下面密被伏毛。总状花序腋生，稍超出叶，有3~7朵排列较密集的花，近似伞形花序；花冠白色或淡黄色，旗瓣基部带紫斑，花期不反卷或稀反卷。荚果宽卵形，两面被白色伏毛，稍超出宿存花萼。花期7—9月，果期9—10月。

生活习性：喜光，抗旱，抗寒，耐瘠薄。播种繁殖。

分布：野生资源分布于宁夏贺兰山、罗山、盐池县、西吉县、原州区等地，多生于海拔1 500 m以下的山坡灌丛间。分布于我国黑龙江、吉林、辽宁、内蒙古、河北、山西、甘肃、宁夏及山东等省（区）。

保护利用现状：野生资源未保护，未开发利用。

开发利用前景：水土保持、观赏树种，嫩枝叶可做饲料和绿肥。

牛枝子 *Lespedeza potaninii*

豆科 Leguminosae　胡枝子属 *Lespedeza*

形态特征：小灌木，高20~60 cm。茎斜升或平卧，基部多分枝，有细棱，被粗硬毛。托叶刺毛状，长2~4 mm；羽状复叶具3小叶，小叶狭长圆形，稀椭圆形至宽椭圆形，长8~15 mm，宽3~5 cm，先端钝圆或微凹，具小刺尖，基部稍偏斜，上面苍白绿色，无毛，下面被灰白色粗硬毛。总状花序腋生，总花梗长，明显超出叶，花疏生，小苞片锥形，长1~2 mm；花冠黄白色，稍超出萼裂片。荚果倒卵形，长3~4 mm，双凸镜状，密被粗硬毛。花期7—9月，果期9—10月。

生活习性：喜光，抗旱，抗寒，耐瘠薄。播种繁殖。

分布：野生资源分布于宁夏贺兰山、白芨滩、兴庆区、西夏区、永宁县、贺兰县、灵武市、惠农区、平罗县、利通区、青铜峡市、红寺堡区、盐池县、同心县、沙坡头区、海原县、西吉县、隆德县、彭阳县等地，多生于沙地、砾石地、丘陵、石质山坡及山麓。分布于我国辽宁、内蒙古、河北、山西、陕西、宁夏、甘肃、青海、山东、江苏、河南、四川、云南、西藏等省（区）。

保护利用现状：部分野生资源得到保护，未开发利用。

开发利用前景：水土保持、观赏树种，嫩枝叶可做饲料。

红花羊柴 *Corethrodendron multijugum*

豆科 Leguminosae　羊柴属 *Corethrodendron*

红花羊柴又称红花山竹子。

野生资源分布于宁夏罗山、六盘山、南华山、同心县等地。

皂　荚 *Gleditsia sinensis*

豆科 Leguminosae　皂荚属 *Gleditsia*

形态特征：乔木，高可达30 m。枝灰色至深褐色，刺粗壮，圆柱形，常分枝，多呈圆锥状，长达16 cm。一回羽状复叶，长10~18 cm；小叶3~9对，纸质，卵状披针形至长圆形，长2~8.5 cm，宽1~4 cm，先端急尖或渐尖，顶端圆钝，具小尖头，基部圆形或楔形，有时稍歪斜，边缘具细锯齿，上面被短柔毛，下面中脉上稍被柔毛；小叶柄长1~2 mm，被短柔毛。花杂性，黄白色，总状花序，腋生或顶生；两性花，花瓣长5~6 mm，雄蕊8。荚果带状，劲直或扭曲，果肉稍厚，两面鼓起。种子多粒，长圆形或椭圆形，长11~13 mm，宽8~9 mm，棕色，光亮。花期3—5月，果期5—12月。

生活习性：喜光，抗旱，抗寒，稍耐阴，在微酸性、石灰质、轻盐碱土甚至黏土或砂土上均能正常生长。播种繁殖。

分布：宁夏兴庆区、金凤区、灵武市、大武口区、惠农区、平罗县、利通区、青铜峡市、沙坡头区、中宁县、海原县、西吉县、白芨滩等地有少量栽培。分布于我国山东、河南、山西、陕西、甘肃、江苏、安徽、浙江、江西、湖南、湖北、福建、广东、广西、四川、贵州、云南等省（区）。

保护利用现状：宁夏少量用于道路绿化和城市绿化。

开发利用前景：道路绿化、城市绿化、用材树种，荚果、种子、皂刺可入药，种子可做化工原料。

山皂荚 *Gleditsia japonica*

豆科 Leguminosae　皂荚属 *Gleditsia*

山皂荚又称日本皂荚、皂荚树、山皂角。

形态特征：乔木，高可达25 m。小枝微有棱，光滑无毛，粗壮，常分枝。羽状复叶，叶片先端圆钝，有时微凹，微粗糙，网脉不明显；小叶柄极短。花黄绿色，穗状花序，腋生或顶生，雄花深棕色，萼片三角状披针形，花瓣椭圆形，子房无毛，花柱短，胚珠多数。荚果带形，扁平，长20~35 cm，不规则旋扭或弯曲呈镰刀状。种子多数，椭圆形，深棕色，光滑。花期4—6月，果期6—11月。

生活习性：喜光，抗旱，抗寒。播种繁殖。

分布：宁夏兴庆区、同心县有栽培。分布于我国辽宁、河北、山东、河南、江苏、安徽、浙江、江西、湖南等省。

保护利用现状：宁夏少量引种用于城市绿化和庭院绿化。

开发利用前景：道路绿化、城市绿化、用材树种，嫩叶可食，种子可入药，荚果可做染料。

胶黄芪状棘豆 *Oxytropis tragacanthoides*

豆科 Leguminosae　棘豆属 *Oxytropis*

形态特征：小灌木，高5~20 cm。根粗壮而深，褐色。茎很短，分枝多。奇数羽状复叶，长3~7 cm；托叶膜质，锈色，无毛，上部边缘具白色纤毛，与叶柄贴生至1/3处；叶轴钻形，初时密被贴伏白色柔毛，叶落后变成无毛的扁粗刺，宿存；小叶7~11，椭圆形、长圆形、卵形或线形，长6~9 mm，宽2~3.5 mm。2~5朵花组成短总状花序，花萼筒状，花冠紫色或紫红色。荚果球状卵形，疏被白色和褐色柔毛。花期6—8月，果期7—8月。

生活习性：喜光，抗旱，耐瘠薄。播种繁殖。

分布：野生资源分布于宁夏贺兰山。分布于我国甘肃、青海、宁夏、新疆等省（区）。

保护利用现状：野生资源未保护。

开发利用前景：水土保持、观赏树种。

猫头刺 *Oxytropis aciphylla* 豆科 Leguminosae 棘豆属 *Oxytropis*

猫头刺又称刺叶柄棘豆。

形态特征：小灌木，高10~20 cm。根粗壮，圆柱形。地上茎短而多，分枝呈垫状。偶数羽状复叶，长3~5 cm，叶轴密被白色平伏柔毛，先端硬化成刺，具小叶2~3对；小叶线形，长5~15 mm，宽约1 mm，先端渐尖，两面密被白色平伏柔毛；托叶膜质，下部与叶柄合生，上部常撕裂状，背面被白色长柔毛。总状花序腋生，花冠蓝紫色，旗瓣倒卵形，长20~24 mm，子房无毛。荚果矩圆形，长1~1.5 cm，宽4~5 mm，密生白色平伏柔毛。花期5—6月，果期6—7月。

生活习性：喜光，抗旱，耐瘠薄。播种繁殖。

分布：野生资源分布于宁夏贺兰山、罗山、白芨滩、哈巴湖、灵武市、石嘴山市、盐池县、中宁县、同心县、中卫市等地，多生于石质山地、石质滩地及沙地。分布于我国内蒙古、陕西、甘肃、青海、宁夏、新疆等省（区）。

保护利用现状：部分野生资源得到保护。

开发利用前景：水土保持、观赏树种，叶可做饲料。

紫　藤 *Wisteria sinensis* 豆科 Leguminosae 紫藤属 *Wisteria*

形态特征：藤本。茎左旋，枝较粗壮，嫩枝被白色柔毛，后秃净；冬芽卵形。奇数羽状复叶，长15~25 cm；托叶线形，早落；小叶3~6对，纸质，卵状椭圆形至卵状披针形，上部小叶较大，基部1对最小，长5~8 cm，宽2~4 cm，先端渐尖至尾尖，基部钝圆或楔形，或歪斜；小叶柄长3~4 mm，被柔毛；小托叶刺毛状，长4~5 mm，宿存。总状花序发自上一年短枝的腋芽或顶芽，长15~30 cm，径8~10 cm，花长2~2.5 cm，芳香，花冠紫色。荚果倒披针形，长10~15 cm，宽1.5~2 cm，密被茸毛，悬垂于枝上不脱落。种子褐色，具光泽，圆形，宽1.5 cm，扁平。花期4月中旬至5月上旬，果期5—8月。

生活习性：喜光，抗旱，抗寒，耐水湿，耐阴，耐瘠薄。播种、扦插、压条、分株繁殖。

分布：宁夏兴庆区、金凤区、西夏区、永宁县、贺兰县、灵武市、大武口区、平罗县、利通区、青铜峡市、盐池县、沙坡头区、海原县有栽培。分布于我国河北以南、黄河及长江流域、陕西、河南、广西、贵州、云南等地。

保护利用现状：宁夏用于庭院绿化和公园绿化。

开发利用前景：庭院绿化、道路绿化和城市绿化树种，茎、皮、叶、种子均可入药。

毒豆 *Laburnum anagyroides* 豆科 Leguminosae 毒豆属 *Laburnum*

毒豆又称金链花。

形态特征：小乔木，高2~5 m。嫩枝被黄色贴伏毛，后渐脱落，枝条平展或下垂，老枝褐色，光滑。三出复叶，具长柄，长3~8 cm；托叶细小，早落；小叶椭圆形至长圆状椭圆形，长3~8 cm，宽1.5~3 cm，纸质，先端钝圆，具细尖，基部阔楔形，上面平滑近无毛，下面被贴伏细毛。总状花序顶生，下垂，长10~30 cm；花序轴被银白色柔毛，花长约2 cm，多数；花冠黄色，无毛，雄蕊单体。荚果线形，长4~8 cm，先端锐尖，基部楔形，缝线增厚，被贴伏柔毛。种子黑色。花期4—6月，果期8月。

生活习性：喜光，抗旱，抗寒，耐半阴，耐瘠薄，不耐高温。播种繁殖。

分布：宁夏泾源县有栽培。分布于我国东北、西北。

保护利用现状：宁夏少量用于庭院绿化和长廊绿化。

开发利用前景：庭院绿化、道路绿化、城市绿化和长廊绿化树种，用材树种，种子可入药。

笐子梢 *Campylotropis macrocarpa* 豆科 Leguminosae 笐子梢属 *Campylotropis*

形态特征：灌木，高1~2 m。小枝贴生或近贴生或短或长柔毛，嫩枝毛密，稀具茸毛，老枝常无毛。羽状复叶具3小叶；托叶狭三角形、披针形或披针状钻形，长2~6 mm；叶柄长1~3.5 cm，稍密生短柔毛或长柔毛，稀毛少或无毛；小叶椭圆形或宽椭圆形，长3~7 cm，宽1.5~3.5 cm，先端圆形、钝或微凹，具小凸尖，基部圆形，稀近楔形。总状花序腋生或顶生，花冠紫红色或近粉红色，长10~12 mm。荚果长圆形、近长圆形或椭圆形，先端具短喙尖，无毛，具网脉，边缘生纤毛。花期6—8月，果期7—9月。

生活习性：喜光，抗寒，耐阴，耐瘠薄。播种繁殖。

分布：野生资源分布于宁夏六盘山，生长于路边灌丛、林缘、山谷沟边及林中。分布于我国河北、山西、陕西、甘肃、宁夏、山东、江苏、安徽、浙江、江西、福建、河南、湖北、湖南、广西、四川、贵州、云南、西藏等省（区）。

保护利用现状：野生资源得到保护，未开发利用。

开发利用前景：园林观赏和水土保持树种，枝条可做绳索、筐篓用材，嫩叶可做饲料及绿肥。

紫　荆 *Cercis chinensis* 豆科 Leguminosae　紫荆属 *Cercis*

紫荆又称满条红，从河北、河南和安徽引种到宁夏进行栽培。

形态特征：灌木，高2~5 m。树皮和小枝灰白色。叶纸质，近圆形或三角状圆形，长5~10 cm，宽与长相若或略短于长，先端急尖，基部浅心形至深心形，两面通常无毛，嫩叶绿色，仅叶柄略带紫色，叶缘膜质、透明，新鲜时明显可见。花紫红色或粉红色，2~10朵成束，簇生于老枝和主干上，尤以主干上花束较多，越到上部幼嫩枝条则花越少，通常先叶开放，嫩枝或幼株上的花则与叶同时开放，花长1~1.3 cm；花梗长3~9 mm。荚果扁狭长形，绿色，先端急尖或短渐尖；果颈长24 mm。种子2~6粒，阔长圆形，黑褐色。花期3—4月，果期8—10月。

生活习性：喜光，有一定的耐寒性，耐修剪，不耐水淹。播种、分株、压条、扦插繁殖。

分布：宁夏兴庆区、金凤区、永宁县、灵武市、平罗县、青铜峡市、利通区、沙坡头区、中宁县、隆德县、原州区有栽培。分布于我国山西、陕西、甘肃等省。

保护利用现状：宁夏用于庭院绿化和小区绿化。

开发利用前景：庭院绿化、城市绿化和小区绿化树种，木材可做家具、建筑用材，树皮和花入药。

小果白刺 *Nitraria sibirica* 蒺藜科 Zygophyllaceae　白刺属 *Nitraria*

小果白刺又称西伯利亚白刺。

形态特征：灌木，高50~100 cm。茎直立或弯曲，多分枝，枝铺散，少直立。小枝灰白色，不孕枝先端刺针状。叶近无柄，在嫩枝上4~6片簇生，倒披针形，长6~15 mm，宽2~5 mm，先端锐尖或钝。聚伞花序长1~3 cm，疏被柔毛；萼片5，绿色，花瓣黄绿色或近白色，矩圆形，长2~3 mm。果椭圆形或近球形，两端钝圆，长6~8 mm，成熟时暗红色，果汁暗蓝色，带紫色，味甜而微咸；果核卵形，先端尖，长4~5 mm。花期5—6月，果期7—8月。

生活习性：喜光，抗旱，抗寒，耐盐碱，耐瘠薄。播种、扦插、压条繁殖。

分布：野生资源分布于宁夏各地，多生长于低洼盐碱地、沟边、池沼旁及固定或半固定沙丘上。分布于我国东北、华北及西北。

保护利用现状：野生资源未保护。

开发利用前景：固沙和水土保持树种，果实可食、可入药，枝、叶、果可做饲料。

大白刺 *Nitraria roborowskii* 蒺藜科 Zygophyllaceae 白刺属 *Nitraria*

形态特征：灌木，高1~2 m。枝平卧，有时直立，不孕枝先端刺针状，嫩枝白色。叶2~3片簇生，矩圆状匙形或倒卵形，长25~40 mm，宽7~20 mm，先端圆钝，有时平截，全缘或先端具不规则2~3齿裂。花较其他种稀疏。核果卵形，长12~18 mm，直径8~15 mm，成熟时深红色，果汁紫黑色；果核狭卵形，长8~10 mm，宽3~4 mm。花期6月，果期7—8月。

生活习性：喜光，抗旱，抗寒，耐盐碱，耐瘠薄。播种、扦插、压条繁殖。

分布：野生资源分布于宁夏哈巴湖、银川市、平罗县、沙坡头区、盐池县、青铜峡市等地，多生长于盐碱沙地及河滩地上。分布于我国内蒙古、宁夏、甘肃、新疆、青海等省（区）。

保护利用现状：野生资源未保护。

开发利用前景：固沙和水土保持植物，果实可食、可入药，枝、叶、果可做饲料。

白　刺 *Nitraria tangutorum* 蒺藜科 Zygophyllaceae 白刺属 *Nitraria*

形态特征：灌木，高1~2 m。多分枝，弯、平卧或开展，不孕枝先端刺针状，嫩枝白色。叶在嫩枝上2~3片簇生，宽倒披针形，长18~30 mm，宽6~8 mm，先端圆钝，基部渐窄呈楔形，全缘，稀先端齿裂。花排列较密集。核果卵形，有时椭圆形，成熟时深红色，果汁玫瑰红色；果核狭卵形，长5~6 mm，先端短渐尖。花期5—6月，果期7—8月。

生活习性：喜光，抗旱，抗寒，耐盐碱，耐瘠薄。播种、扦插、压条繁殖。

分布：野生资源分布于宁夏贺兰山、白芨滩、哈巴湖、兴庆区、永宁县、平罗县、青铜峡市、盐池县、沙坡头区、中宁县等地，多生长于盐碱沙地及河滩地上。分布于我国内蒙古、宁夏、甘肃、新疆、青海等省（区）。

保护利用现状：野生资源未保护。

开发利用前景：固沙和水土保持植物，果实可食、可入药，枝、叶、果可做饲料。

霸　王 *Sarcozygium xanthoxylon*

蒺藜科 Zygophyllaceae　霸王属 *Sarcozygium*

形态特征：灌木，高70~150 cm。枝淡灰色，无毛，枝端具刺。叶在老枝上簇生，在嫩枝上对生；复叶，具2片小叶，小叶肉质，线形或匙形，长0.8~2.5 cm，宽3~5 mm，先端圆，基部渐狭。花单生于叶腋，黄白色，萼片4，倒卵形，长4~6 mm，绿色，边缘膜质；花瓣4，倒卵形或近圆形，长7~11 mm，先端圆，基部渐狭成爪；雄蕊8，较花瓣长，子房3室。蒴果通常具3宽翅，稀4或5，宽椭圆形或近圆形，不开裂。花期4—5月，果期5—9月。

分布：野生资源分布于宁夏贺兰山、白芨滩、兴庆区、永宁县、大武口区、惠农区、平罗县、利通区、青铜峡市、红寺堡区、沙坡头区等地，多生长于干旱石质山坡或半固定沙丘上。分布于我国西北及北部地区。

生活习性：喜光，抗旱，抗寒，耐瘠薄。播种繁殖。

保护利用现状：野生资源未保护。

开发利用前景：固沙和水土保持树种，根可入药。

四合木 *Tetraena mongolica*

蒺藜科 Zygophyllaceae　四合木属 *Tetraena*

我国特有孑遗单种属植物，被誉为植物的“活化石”和植物中的“大熊猫”，国家二级保护植物，濒危种。

形态特征：小灌木，高40~60 cm。茎由基部分枝，老枝弯曲，黑紫色或棕红色，光滑，1年生枝黄白色，被叉状毛。托叶卵形，膜质，白色；叶近无柄，老枝上的叶近簇生，当年生枝上的叶对生；叶片倒披针形，长5~7 mm，宽2~3 mm，先端锐尖，有短刺尖，两面密被伏生叉状毛，灰绿色，全缘。花单生于叶腋，花瓣白色，果瓣长卵形或新月形，两侧扁，灰绿色，花柱宿存。种子矩圆状卵形，表面被小疣状突起，无胚乳。花期5—6月，果期7—8月。

生活习性：喜光，抗旱，抗寒，耐瘠薄。播种、扦插、压条繁殖。

分布：野生资源分布于宁夏贺兰山、石嘴山市、惠农区等地，多生长于草原化荒漠黄河阶地、低山山坡。常为建群种。分布于我国内蒙古、宁夏。

保护利用现状：野生资源得到保护。

开发利用前景：固沙和水土保持树种。

花　椒 *Zanthoxylum bungeanum*

芸香科 Rutaceae　花椒属 *Zanthoxylum*

花椒又称蜀椒、秦椒。

形态特征：灌木或小乔木，高3~7 m。茎干上的刺常早落，枝有短刺，小枝上的刺基部宽且扁，当年生枝被短柔毛。叶有小叶5~13；小叶对生，无柄，卵形、椭圆形，稀披针形，叶缘有细裂齿，齿缝有油点。叶背基部中脉两侧有丛毛或小叶两面均被柔毛，叶背干后常有红褐色斑纹。花序顶生或生于侧枝顶端。果实紫红色，散生微凸起的油点，顶端有甚短的芒尖或无。花期5—6月，果期7—8月。

生活习性：喜光，抗旱，抗寒，抗病虫害，萌蘖性强。播种、嫁接繁殖。

分布：野生资源分布于宁夏六盘山、香山，多生长于海拔2 500 m左右的山坡灌丛中，兴庆区、大武口区、平罗县、利通区、同心县、沙坡头区、中宁县、海原县、原州区、西吉县、隆德县、泾源县、彭阳县、白芨滩有栽培。除我国东北及新疆外，全国各地均有分布。

保护利用现状：部分野生资源未得到保护，宁夏用于庭院绿化、公园绿化，还可用作经济林树种。

开发利用前景：观赏树种和绿化树种，种子可食用和药用。

毛叶花椒 *Zanthoxylum bungeanum* var. *pubescens*

芸香科 Rutaceae　花椒属 *Zanthoxylum*

毛叶花椒是花椒的变种。

形态特征：灌木或小乔木。新生嫩枝、叶轴及花序轴、小叶片两面均被柔毛，有时果梗及小叶腹面无毛。本变种分为两类，一类的小叶薄纸质，干后两面颜色明显不同，背面淡灰白色，果梗纤细而延长；另一类的小叶厚纸质，表面及果梗无毛，侧脉在叶面凹陷呈细裂沟状，小叶两面近同色，干后红棕色，果梗较粗。花期5—6月，果期10—11月。

生活习性：喜光，抗旱，抗寒，抗病虫害。播种、嫁接繁殖。

分布：宁夏彭阳县有少量栽培。分布于我国青海、甘肃、陕西、四川等省。

保护利用现状：宁夏有少量引种栽培。

开发利用前景：观赏树种和绿化树种，种子可食用和药用。

针枝芸香 *Haplophyllum tragacanthoides*

芸香科 Rutaceae　拟芸香属 *Haplophyllum*

我国特有树种，国家三级保护植物。

形态特征：小灌木。从茎的基部起有密集的二歧分枝，与长针状、已落叶的上年生枯枝并存。叶短线形或狭椭圆形，长3~9 mm，宽1~3 mm，灰绿色或绿色，散生油点，厚纸质，边缘有甚细小的裂齿，叶脉不显，无叶柄。花单生于枝顶；萼片基部合生，卵形，边缘被缘毛；花瓣黄色，长圆形，边缘不规则，散生半透明的大油点。成熟的果宿存，顶部开裂，果皮有油点。种子肾形，种皮有细皱纹。花期5—6月，果期7—8月。

生活习性：喜光，抗旱，抗寒，耐瘠薄。播种繁殖。

分布：野生资源分布于宁夏贺兰山、罗山、南华山、永宁县、盐池县、同心县、青铜峡市、沙坡头区等地，多生长于海拔约1 500 m的山坡较干旱地方。分布于我国内蒙古、甘肃、宁夏等省（区）。

保护利用现状：部分野生资源得到保护，未开发利用。

开发利用前景：固沙和水土保持树种。

黄　檗 *Phellodendron amurense*

芸香科 Rutaceae　黄檗属 *Phellodendron*

国家二级保护植物。

形态特征：乔木，高10~20 m。枝扩展，成年树的树皮有厚木栓层，浅灰色或灰褐色，深沟状或不规则网状开裂，内皮薄，鲜黄色，味苦，黏质，小枝暗紫红色，无毛。叶轴及叶柄均纤细，有小叶5~13，小叶薄纸质或纸质，卵状披针形或卵形，长6~12 cm，宽2.5~4.5 cm，顶部长渐尖，基部阔楔形，叶缘有细钝齿和缘毛，表面无毛或中脉有疏短毛，背面仅基部中脉两侧密被长柔毛，秋季落叶前叶色由绿转黄而明亮。花序顶生，萼片细小，阔卵形，长约1 mm；花瓣紫绿色，长3~4 mm；雄花的雄蕊比花瓣长，退化雌蕊短小。果圆球形，径约1 cm，蓝黑色，通常有5~8浅纵沟，干后较明显。种子通常5粒。花期5—6月，果期9—10月。

分布：宁夏西吉县有少量引种栽培。

保护利用现状：宁夏有少量引种栽培。

开发利用前景：果实可药用。

宁夏大武口区引种栽培有少量柠檬（*Citrus limon*）。

臭 椿 *Ailanthus altissima* 苦木科 Simaroubaceae 臭椿属 *Ailanthus*

臭椿又称椿树。

形态特征：乔木，高可达20 m，树皮平滑而有直纹。嫩枝有髓，幼时被黄色或黄褐色柔毛，后脱落。奇数羽状复叶，长40~60 cm，叶柄长7~13 cm，有小叶13~27，小叶对生或近对生，纸质，表面深绿色，背面灰绿色，揉碎后具臭味。圆锥花序，花淡绿色。翅果长椭圆形，种子位于翅的中间，扁圆形。花期5—6月，果期9—10月。

生活习性：喜光，抗旱，抗寒，耐瘠薄，耐盐碱，不耐阴，适应性强。播种繁殖。

分布：野生资源分布于宁夏贺兰山，宁夏各地普遍栽培。全国各地均有分布。

保护利用现状：野生资源得到保护，宁夏广泛用于生态防护、道路绿化和城市园林绿化。

开发利用前景：绿化、防护、用材树种，树皮、根皮、果实均可入药。

千头椿 *Ailanthus altissima* 'Qiantou' 苦木科 Simaroubaceae 臭椿属 *Ailanthus*

臭椿雄株的变种，由河北引种到宁夏。

形态特征：乔木，高6~30 m，树冠圆球形。树皮灰褐色，分枝较多。奇数羽状复叶互生，有小叶13~25，卵状披针形至椭圆状披针形，全缘。圆锥花序顶生。翅果扁平，褐黄色，幼时稍带红晕。花期5月中旬至6月上旬。

分布：宁夏大武口区、青铜峡市、西吉县有栽培。分布于我国黄河下游地区。

生活习性：喜光，抗旱，抗寒，耐瘠薄，耐轻度盐碱，适应性强。播种繁殖。

保护利用现状：宁夏引种用于庭院绿化和小区绿化。

开发利用前景：绿化树种和防护树种。

一叶萩 *Flueggea suffruticosa* 大戟科 Euphorbiaceae 白饭树属 *Flueggea*

一叶萩又称叶底珠。

形态特征：灌木，高1~3 m。多分枝，小枝浅绿色，近圆柱形，有棱槽，有不明显的皮孔，全株无毛。叶片纸质，椭圆形或长椭圆形，稀倒卵形，长1.5~8 cm，宽1~3 cm，顶端急尖至钝，基部钝至楔形，全缘或中间有不整齐的波状齿或细锯齿，下面浅绿色。花小，雌雄异株，簇生于叶腋。蒴果三棱状扁球形，直径约5 mm，成熟时淡红褐色，有网纹。种子卵形，褐色，有小疣状凸起。花期6—7月，果期8—9月。

生活习性：喜光，抗旱，抗寒，耐瘠薄，适应性强。播种繁殖。

分布：野生资源分布于宁夏贺兰山、沙坡头区、彭阳县，多生于海拔800~2 500 m的向阳石质山坡或山地灌丛中，西吉县、沙坡头区有栽培。分布于我国东北、华北及陕西、甘肃、宁夏、江苏、浙江、河南、湖北、四川、贵州等地。

保护利用现状：部分野生资源得到保护，宁夏少量用于山地造林。

开发利用前景：固沙和水土保持树种，枝条可编制用具，叶、花和果实均可入药。

火炬树 *Rhus typhina* 漆树科 Anacardiaceae 盐麸木属 *Rhus*

1959年由中国科学院植物研究所引种，1974年以来向全国各省（区）推广。

形态特征：小乔木，高1.5~5 m。小枝圆柱形，绿色，密生灰色茸毛。奇数羽状复叶，有小叶17~25，长椭圆形至披针形，长6~9 cm，宽1~2 cm，边缘有锯齿，先端长渐尖，基部圆形或宽楔形，上面深绿色，下面苍白色，两面有茸毛，老时脱落，叶轴无翅。圆锥花序顶生，密生茸毛，花淡绿色，雌花花柱有红色刺毛。核果深红色，密生茸毛。花期6—7月，果期8—9月。

生活习性：喜光，抗旱，抗寒，耐瘠薄，适应性强。播种、根蘖、分株繁殖。

分布：宁夏各地普遍栽培。分布于我国东北南部、华北、西北。

保护利用现状：宁夏广泛用于生态防护、道路和园林绿化。

开发利用前景：观赏、绿化、固沙和水土保持树种，叶含单宁，种子含油。

漆 *Toxicodendron vernicifluum*

漆树科 Anacardiaceae 漆属 *Toxicodendron*

形态特征：乔木，高达10 m。树皮灰白色，粗糙，呈不规则纵裂。小枝粗壮，被棕黄色柔毛，后变无毛。顶芽大而显著，被棕黄色茸毛。奇数羽状复叶互生，常螺旋状排列，有小叶4~6对，小叶膜质至薄纸质。圆锥花序腋生，被短柔毛，花杂性或雌雄异株，黄绿色。核果肾形或椭圆形，略压扁，果核棕色，与果同形。花期5—6月，果期7—10月。

生活习性：喜光，不耐阴、干风和严寒。播种繁殖。

分布：野生资源分布于宁夏六盘山，多生于海拔1 800~2 000 m的山谷杂木林中。除我国黑龙江、吉林、内蒙古和新疆外，其余省（区）均有分布。

保护利用现状：野生资源得到保护，未开发利用。

开发利用前景：城市绿化、经济林、用材树种，叶、花可入药，漆液是天然树脂涂料。

黄栌 *Cotinus coggygria*

漆树科 Anacardiaceae 黄栌属 *Cotinus*

形态特征：小乔木或灌木，高3~5 m。叶倒卵形或卵圆形，长3~8 cm，宽2.5~6 cm，先端圆形或微凹，基部圆形或阔楔形，全缘，两面尤其是背面显著被灰色柔毛，叶柄短。圆锥花序被柔毛；花杂性，花瓣卵形或卵状披针形。核果球形，稍扁，被柔毛和腺毛，成熟时红色。花期8—9月，果期10月。

生活习性：喜光，抗旱，抗寒，耐瘠薄，不耐水湿，适应性强。播种、分株繁殖。

分布：宁夏金凤区、西夏区、灵武市、大武口区、平罗县、利通区、青铜峡市、原州区、彭阳县、西吉县有栽培。除我国东北、内蒙古及新疆外，其他省（区）均有分布。

保护利用现状：宁夏广泛用于庭院绿化和公园绿化。

开发利用前景：观赏、绿化和水土保持树种，根、茎可入药。

美国红栌 *Cotinus obovatus* 漆树科 Anacardiaceae 黄栌属 *Cotinus*

美国红栌是黄栌的变种，原产于美国。

形态特征：灌木或小乔木，高3~5 m，树冠圆形至半圆形。小枝紫褐色。圆锥花序有暗紫色毛，花小，杂性，黄绿色，不孕花有紫红色羽状花梗宿存。小核果肾形。花期4—5月，果期6—7月。

生活习性：喜光，抗旱，抗寒，耐瘠薄，适应性强。嫁接繁殖。

分布：宁夏灵武市、彭阳县有引种栽培。

保护利用现状：宁夏少量用于庭院绿化和公园绿化。

开发利用前景：庭院绿化、城市绿化和小区绿化树种。

矮卫矛 *Euonymus nanus* 卫矛科 Celastraceae 卫矛属 *Euonymus*

形态特征：小灌木，直立或有时匍匐，高30~100 cm。小枝绿色，无毛，具多数纵棱。叶互生或3叶轮生，偶对生，线形或线状披针形，长1.5~3.5 cm，宽2.5~6 mm，先端钝，具短刺尖，基部钝或渐窄，边缘具稀疏短刺齿，常反卷，主脉明显，侧脉不明显。聚伞花序有花1~3朵，花紫绿色。蒴果粉红色，近球形。种子稍扁球形，种皮棕色，假种皮橙红色，包被种子一半。花期6—7月，果期8—9月。

生活习性：喜光，抗旱，抗寒，适应性强。播种、扦插繁殖。

分布：野生资源分布于宁夏六盘山、贺兰山、南华山、罗山、彭阳县、原州区、西吉县、隆德县等地，多生于河滩灌丛、崖下草地或路边草地。分布于我国内蒙古、山西、陕西、甘肃、宁夏、青海、四川、西藏等省（区）。

保护利用现状：部分野生资源得到保护。

开发利用前景：园林、道路绿化树种。

卫　矛 *Euonymus alatus* 卫矛科 Celastraceae　卫矛属 *Euonymus*

卫矛又称鬼箭羽。

形态特征：灌木，高1~3 m。小枝常具2~4列宽阔木栓翅。叶对生，卵状椭圆形、窄长椭圆形，偶为倒卵形，长2~8 cm，宽1~3 cm，边缘具细锯齿，两面光滑无毛。聚伞花序有花1~3朵，花序梗长约1 cm，小花梗长5 mm；花白绿色，直径约8 mm，4数；萼片半圆形，花瓣近圆形，雄蕊着生于花盘边缘处。蒴果1~4深裂，裂瓣椭圆形。种子椭圆形或阔椭圆形，种皮褐色或浅棕色，假种皮橙红色，全包种子。花期6—7月，果期7—10月。

生活习性：喜光，抗旱，抗寒，适应性强。播种、扦插繁殖。

分布：野生资源分布于宁夏六盘山、南华山、原州区、隆德县、泾源县、海原县等地，多生于海拔1 700~2 100 m 的山坡林下及林缘，西夏区、西吉县、贺兰县、大武口区、青铜峡市、原州区、泾源县、彭阳县等地有栽培。除我国东北、新疆、青海、西藏、广东及海南以外，其他省（区）均有分布。

保护利用现状：部分野生资源得到保护，宁夏用于园林绿化和荒山造林。

开发利用前景：园林、道路绿化树种，茎和叶可提制栲胶、榨油和入药。

疣点卫矛 *Euonymus verrucosoides* 卫矛科 Celastraceae　卫矛属 *Euonymus*

我国特有树种。

形态特征：灌木，高1~3 m。叶倒卵形、长卵形或椭圆形，枝端叶往往阔披针形，长3~7 cm，宽2~3 cm，先端渐尖或急尖，基部钝圆或渐窄；叶柄长2~5 mm。聚伞花序有花2~5朵，花紫色，4数，花瓣椭圆形，花盘近方形。蒴果1~4全裂，裂瓣平展，窄长，长8~12 mm，紫褐色。种子长椭圆形，近黑色，种脐一端紫红色，假种皮长约为种子的一半或稍长，一侧开裂。花期6—7月，果期8—9月。

生活习性：喜光，抗旱，抗寒，适应性强。播种、扦插繁殖。

分布：野生资源分布于宁夏六盘山、南华山、彭阳县，多生于海拔1 300~1 900 m 的山地林缘及山谷灌丛中。分布于我国湖北、四川、河南、陕西、甘肃、宁夏等省（区）。

保护利用现状：部分野生资源得到保护。

开发利用前景：园林、道路绿化树种。

栓翅卫矛 *Euonymus phellomanus*

卫矛科 Celastraceae　卫矛属 *Euonymus*

栓翅卫矛又称木栓翅、水银木。2015年经宁夏林木品种审定委员会审定为宁夏林木良种——栓翅卫矛“铮铮1号”和栓翅卫矛“铮铮2号”。

形态特征：灌木，高1.5~2 m。当年生枝条绿色，老枝灰褐色，常具4纵列厚木栓翅。叶对生，长椭圆形或略椭圆状倒披针形，长1~7 cm，宽0.6~4 cm，先端窄长渐尖，边缘具细密锯齿；叶柄长0.6~1.2 cm。聚伞花序有2~3次分枝，有花7~15朵；花白绿色。蒴果4棱，倒圆心形，长7~9 mm，直径约1 cm，粉红色。种子椭圆形，种脐、种皮棕色，假种皮橘红色，包被种子全部。花期6—7月，果期8—9月。

生活习性：喜光，抗旱，抗寒，适应性强。播种、扦插、嫁接繁殖。

分布：野生资源分布于宁夏六盘山、贺兰县、中宁县、沙坡头区、海原县、西吉县、隆德县、泾源县、彭阳县等地，多生于海拔2 000 m左右的山坡林缘或灌木丛中，宁夏各地普遍栽培。分布于我国甘肃、宁夏、陕西、河南及四川等省（区）。

保护利用现状：部分野生资源得到保护，宁夏广泛用于道路绿化和园林绿化。

开发利用前景：园林、道路绿化树种，枝皮可入药。

纤齿卫矛 *Euonymus giraldii*

卫矛科 Celastraceae　卫矛属 *Euonymus*

纤齿卫矛又称巴山卫矛、美丽卫矛。

形态特征：灌木，高1~3 m。叶纸质，卵形、阔卵形或长卵形，偶为长圆状倒卵形或椭圆形，长3~7 cm，宽1.5~3.5 cm，先端渐尖或稍钝，基部阔楔形至近圆形，边缘具细密浅锯齿或明显的纤毛状深锯齿，叶柄长3~5 mm。聚伞花序腋生，疏散，具花3~9朵，花淡绿色，有时稍带紫色。蒴果长方扁圆形，有4翅，翅狭三角形。种子椭圆状卵形，棕褐色，有光泽。花期5月，果期6—7月。

生活习性：喜光，抗旱，抗寒，适应性强。播种、扦插繁殖。

分布：野生资源分布于宁夏六盘山、南华山、泾源县等地，多生于海拔1 000~2 300 m的向阳山坡或路旁山坡林缘及灌木丛中，西吉县、泾源县有驯化栽培。分布于我国河北、河南、陕西、甘肃、宁夏、四川等省（区）。

保护利用现状：部分野生资源得到保护，宁夏少量用于道路绿化和园林绿化。

开发利用前景：园林、道路绿化树种，全株可入药。

白　杜 *Euonymus maackii* 卫矛科 Celastraceae　卫矛属 *Euonymus*

白杜又称丝棉木。20世纪40年代由陕西引种到宁夏。

形态特征：小乔木，高达6 m。树皮灰褐色，光滑或老时纵浅裂。小枝灰绿色。叶卵状椭圆形、卵圆形或窄椭圆形，长4~8 cm，宽2~5 cm，先端长渐尖，基部阔楔形或近圆形，边缘具细锯齿，有时极深而锐利；叶柄通常细长。聚伞花序腋生，花4数，淡白绿色或黄绿色，直径约8 mm。蒴果倒圆心形，4浅裂，成熟后果皮粉红色。种子长椭圆形，种皮棕黄色，假种皮橙红色，全包种子，成熟后顶端常有小口。花期5—6月，果期8—9月。

生活习性：喜光，抗旱，抗寒，稍耐阴，也耐水湿，适应性强。播种、扦插繁殖。

分布：宁夏各地普遍栽培。分布于我国东北、华中、华东等地。

保护利用现状：宁夏广泛用于道路绿化和园林绿化。

开发利用前景：园林、道路绿化树种，还可用作砧木，根、茎皮、枝叶均可入药。

金叶卫矛 *Euonymus fortunei* ‘Gold’ 卫矛科 Celastraceae　卫矛属 *Euonymus*

金叶卫矛又称金叶丝棉木，卫矛的一个变种。

形态特征：小灌木，生长季节叶片金黄色，休眠季节变红色，高30~50 cm，冠幅 60~80 cm。花期5—6月，果熟期9—10月。

生活习性：喜光，喜肥，抗旱，抗寒。扦插、嫁接繁殖。

分布：宁夏金凤区、西夏区、永宁县、大武口区、盐池县、原州区、彭阳县等地普遍栽培。分布于我国东北、华中、华东等地。

保护利用现状：宁夏用于园林绿化。

开发利用前景：园林、道路绿化树种，根、茎皮、枝叶均可入药。

中华瘤枝卫矛 *Euonymus verrucosus* var. *chinensis*

卫矛科 Celastraceae 卫矛属 *Euonymus*

形态特征：灌木，高1~1.5 m。小枝绿色，无毛，具多数黑褐色瘤状突起。叶对生，椭圆形、狭长椭圆形至卵状披针形，长3~8 cm，宽0.7~3 cm，先端渐尖，基部圆形至宽楔形，全缘，两面被平贴的白色毛，沿脉较密，边缘具白色缘毛；叶柄长约3 mm，密被白色毛。聚伞花序腋生，具花1~3朵；花暗紫红色，花瓣近圆形，边缘反卷，腹面上部密被极短的茸毛。蒴果倒圆锥形，长5~10 mm。花期6—7月，果期8—9月。

生活习性：喜光，抗旱，抗寒，适应性强。播种、扦插繁殖。

分布：野生资源分布于宁夏六盘山、中卫市、海原县等地，多生于海拔2 000~2 200 m的山坡杂木林下，彭阳县有少量栽培。分布于我国陕西、甘肃、宁夏等省（区）。

保护利用现状：部分野生资源得到保护，宁夏少量用于荒山造林和城市绿化。

开发利用前景：园林、道路绿化树种，树皮含硬橡胶，种子可榨油。

石枣子 *Euonymus sanguineus*

卫矛科 Celastraceae 卫矛属 *Euonymus*

石枣子又称披针叶石枣子。

形态特征：灌木，高1~2 m。小枝灰绿色，具纵条棱，老枝灰黑色，圆柱形。叶厚纸质至近革质，卵形、卵状椭圆形或长方椭圆形，长1.5~5 cm，宽1~3 cm，先端短渐尖或渐尖，基部阔楔形或近圆形，常稍平截，叶缘具细密锯齿。聚伞花序腋生，具长梗，除中央枝单生花，其余常具1对3花小聚伞花序；花白绿色，4数。蒴果扁球形，4翅略呈三角形。种子狭卵形，黑褐色，外被橙红色假种皮。花期5—6月，果期7—8月。

生活习性：喜光，抗寒，耐阴，适应性强。播种繁殖。

分布：野生资源分布于宁夏六盘山、西吉县，多生于向阳山坡林缘或灌木丛中。分布于我国甘肃、宁夏、陕西、山西、河南、湖北、四川、贵州和云南等省（区）。

保护利用现状：部分野生资源得到保护。

开发利用前景：观赏、绿化和水土保持树种。

紫花卫矛 *Euonymus porphyreus* 卫矛科 Celastraceae 卫矛属 *Euonymus*

紫花卫矛又称大理卫矛。

形态特征：灌木，高1~3 m。叶纸质，卵形、长卵形或阔椭圆形，长3~7 cm，宽1.5~3.5 cm，先端渐尖至长渐尖，基部阔楔形或近圆形，边缘具细密小锯齿，齿尖常稍内曲，叶柄长3~7 mm。聚伞花序具细长花序梗，梗端有3~5分枝，每枝有3出小聚伞花序；花4数，深紫色，直径6~8 mm，花瓣长方椭圆形或窄卵形。蒴果近球形，4翅窄长，先端常稍窄并稍向上内曲。花期5月，果期8—9月。

生活习性：喜光，抗寒，耐阴，适应性强。播种繁殖。

分布：野生资源分布于宁夏六盘山、西吉县，多生于山地丛林及山溪旁侧的丛林中。分布于我国陕西、甘肃、宁夏、青海、湖北、四川、贵州、云南和西藏等省（区）。

保护利用现状：部分野生资源未得到保护，宁夏用于荒山造林。

开发利用前景：观赏、绿化和水土保持树种。

陕西卫矛 *Euonymus schensianus* 卫矛科 Celastraceae 卫矛属 *Euonymus*

陕西卫矛又称金丝吊蝴蝶。

形态特征：灌木，高达数米。枝条稍带灰红色。叶花时薄纸质，果时纸质或稍厚，披针形或窄长卵形，长4~7 cm，宽1.5~2 cm，先端急尖或短渐尖，边缘有纤毛状细齿，基部阔楔形；叶柄细，长3~6 mm。聚伞花序，花4数，黄绿色；花瓣常稍带红色。蒴果方形或扁圆形，具4翅。种子黑色或棕褐色，全部被橘黄色假种皮包围。花期4—5月，果期6—8月。

生活习性：喜光，抗寒，抗旱，耐阴，耐修剪，适应性强。播种繁殖。

分布：野生资源分布于宁夏六盘山、隆德县，多生长于海拔600~1 000 m 的沟边丛林中，西夏区、青铜峡市、沙坡头区有栽培。分布于我国陕西、甘肃南部、宁夏、四川、湖北、贵州等地。

保护利用现状：部分野生资源得到保护，宁夏少量用于庭院绿化和公园绿化。

开发利用前景：观赏、城市绿化、庭院绿化和公园绿化树种。

胶东卫矛 *Euonymus kiautschovicus*

卫矛科 Celastraceae　卫矛属 *Euonymus*

由山东引种到宁夏进行栽培利用。

形态特征：灌木，高3~8 m。小枝圆形。叶片近革质，长圆形、宽倒卵形或椭圆形，顶端渐尖，基部楔形，边缘有粗锯齿。聚伞花序具二歧分枝；花淡绿色，4数，雄蕊有细长分枝。蒴果扁球形，粉红色，4纵裂，有浅沟。种子被黄红色假种皮包围。花期8—9月，果期9—10月。

生活习性：喜光，抗旱，抗寒，耐修剪，适应性强。嫁接、扦插、压条繁殖。

分布：宁夏各地普遍栽培，多生于山谷、林中多岩石处。分布于我国江苏、山东、安徽、江西、湖北等省。

保护利用现状：宁夏广泛用于道路绿化和园林绿化。

开发利用前景：园林、道路绿化树种。

冬青卫矛 *Euonymus japonicus*

卫矛科 Celastraceae　卫矛属 *Euonymus*

由陕西、浙江、安徽引种到宁夏进行栽培利用。

形态特征：灌木或小乔木，高可达3 m。小枝4棱，具细微皱突。叶革质，有光泽，倒卵形或椭圆形，长3~5 cm，宽2~3 cm，先端圆阔或急尖，基部楔形，边缘具浅细钝齿；叶柄长约1 cm。聚伞花序有花5~12朵，花白绿色，花瓣近卵圆形。蒴果近球形，淡红色。种子椭圆形，假种皮橘红色，全包种子。花期6—7月，果熟期9—10月。

生活习性：喜光，抗旱，抗寒，耐阴，耐修剪，适应性强。扦插繁殖。

分布：宁夏灵武市、中宁县、海原县、原州区有引种栽培。分布于我国陕西、浙江、安徽、江西等省。

保护利用现状：宁夏广泛用于城市园林绿化。

开发利用前景：观赏、园林及道路绿化树种。

北海道黄杨 *Euonymus japonicus* 'Beihaidao'

卫矛科 Celastraceae　卫矛属 *Euonymus*

北海道黄杨是冬青卫矛的变种。

形态特征：乔木，高8~10 m。叶革质，表面深绿色，背面浅绿色，在严寒的冬天叶片碧绿色，没有落叶现象。叶卵形或长椭圆形，叶缘浅波状。花浅黄色。蒴果近球形，有4浅沟，果嫩时浅绿色，向阳面褐红色。种子近圆球形。花期6—7月，果熟期9—10月。

生活习性：喜光，抗旱，抗寒，耐阴，适应性强。播种繁殖。

分布：宁夏多地引种栽培。我国南北各省（区）均有栽培。

保护利用现状：宁夏广泛用于园林绿化。

开发利用前景：观赏、园林及道路绿化树种。

小卫矛 *Euonymus nanoides*

卫矛科 Celastraceae　卫矛属 *Euonymus*

小卫矛又称山地卫矛。

形态特征：小灌木，高达2 m。枝条扩散，老枝常具栓翅，小枝具乳突状毛或近光滑无毛。叶椭圆状披针形、线状披针形，或窄长椭圆形，长1~2 cm，宽2~8 mm，叶背近脉处常具疏生短粗毛或乳突毛；叶柄长1~2 mm。聚伞花序有花1~2朵，花黄绿色，花瓣宽卵形，基部窄缩。蒴果成熟时紫红色，近圆球形，上部1~4浅裂。种子紫褐色，类球形，假种皮橙色，全包种子，仅顶端有小口。花期4—5月，果熟期8—9月。

生活习性：喜光，抗寒，抗旱，适应性强。播种繁殖。

分布：野生资源分布于宁夏六盘山、罗山、海原县、西吉县、原州区、彭阳县、泾源县、隆德县等地，多生于山林、峭壁等处。分布于我国河北、山西、内蒙古、甘肃、宁夏、四川、云南等省（区）。

保护利用现状：部分野生资源得到保护。

开发利用前景：观赏、绿化和水土保持树种。

瘤枝卫矛 *Euonymus verrucosus* 卫矛科 Celastraceae 卫矛属 *Euonymus*

瘤枝卫矛又称少花瘤枝卫矛、中华瘤枝卫矛。

形态特征：灌木，高1~3 m。树皮暗灰色，密生小黑瘤。枝多数，小枝圆柱形，黄绿色，具多数小黑瘤或黑褐色瘤。叶对生，纸质，倒卵形或长圆形，长3~10 cm，宽2~3 cm，先端突尖或渐尖，基部广楔形或近圆形，边缘有钝锯齿，上面暗绿色，下面淡绿色；叶柄短。聚伞花序腋生，有花1~3朵，花淡绿色，膜质，花瓣4，近圆形，边缘灰白色。蒴果近倒卵形，黄红色。种子粉红色，后变成黑紫色，有光泽，假种皮橘红色，先端开裂。花期6—7月，果期8—9月。

生活习性：喜光，抗寒，抗旱，适应性强。播种繁殖。

分布：野生资源分布于宁夏六盘山、西吉县、泾源县，多生于海拔2 000~2 200 m 的山坡杂木林下。分布于我国黑龙江、辽宁、吉林、宁夏等省（区）。

保护利用现状：部分野生资源得到保护。

开发利用前景：观赏、绿化和水土保持树种。

中亚卫矛 *Euonymus semenovii* 卫矛科 Celastraceae 卫矛属 *Euonymus*

中亚卫矛又称八宝茶。

形态特征：小灌木，高0.3~1.5 m。枝条常具4栓棱或窄翅。叶卵状披针形、窄卵形或线形，长1.5~6.5 cm，宽4~25 mm，先端渐窄，基部圆形或楔形，边缘有细密浅锯齿。聚伞花序多具2次分枝，7花，稀3花；花紫棕色，4数。蒴果稍呈倒心形，4浅裂。种子黑棕色，种脐近三角形，假种皮橙黄色，大部包围种子，近顶端一侧开裂。花期5—6月，果期8—9月。

生活习性：喜光，抗寒，适应性强。播种繁殖。

分布：野生资源分布于宁夏六盘山、西吉县，多生长于海拔2 000 m 以下的山地阴处林下或灌木丛中。分布于我国新疆西部、宁夏。

保护利用现状：部分野生资源未保护。

开发利用前景：观赏、绿化和水土保持树种。

桦叶四蕊槭 *Acer tetramerum* var. *betulifolium*

槭树科 Aceraceae　槭属 *Acer*

桦叶四蕊槭是四蕊槭的变种。

形态特征：乔木，高7~12 m。树皮平滑，灰褐色或深褐色。小枝细瘦，无毛及皮孔，紫色或紫绿色。叶菱形或长圆卵形，长5~7 cm，宽3~4 cm，基部阔楔形或近圆形，边缘有较粗的钝锯齿，下面无毛。总状花序长10~13 cm。翅果长3~4 cm，张开，常成钝角，翅较宽，1.2~1.6 cm。小坚果长卵圆形，凸起，具明显肋纹。花期5月，果期7—9月。

生活习性：较喜光，稍耐阴，喜温凉、湿润气候，较耐寒，耐旱，对土壤要求不严。播种繁殖。

分布：野生资源分布于宁夏六盘山，生于海拔2 000~2 400 m 的山地阴坡或沟谷杂木林中。分布于我国河南、陕西、甘肃、宁夏、四川和云南等省（区）。

保护利用现状：野生资源得到保护。

开发利用前景：枝可药用。

元宝槭 *Acer truncatum*

槭树科 Aceraceae　槭属 *Acer*

元宝槭又称元宝枫，是中国特有树种。

形态特征：乔木，高15~20 m。树皮灰色或灰褐色，粗糙，常纵裂。小枝细，叶椭圆形，单叶对生，掌状5裂，裂片先端渐尖，有时中裂片或中部3裂片又3裂，叶基通常截形，最下部2裂片有时向下开展。花小而黄绿色，花组成顶生聚伞花序。翅果扁平，翅较宽而略长于果核，因翅果形状像我国古代的“金锭元宝”而得名。花期5月，果期6—8月。

生活习性：深根性，萌蘖力强，寿命较长，较喜光，稍耐阴，较耐寒，耐旱，不耐涝。播种繁殖。

分布：野生资源分布于宁夏六盘山、贺兰山，生于海拔1 900~2 200 m 的山坡杂木林中，宁夏各地均有引种栽培。分布于我国华北或山东、江苏、河南、陕西、甘肃、宁夏等地。

保护利用现状：野生资源得到保护，宁夏有引种栽培。

开发利用前景：优良的园林绿化、用材树种，种子可榨油。

三尾青皮槭 *Acer cappadocicum* var. *tricaudatum*

槭树科 Aceraceae　槭属 *Acer*

形态特征：乔木，高7~20 m。小枝绿色，干后暗红褐色，无毛。叶椭圆形或近圆形，常5裂，有时3裂，裂片较小，三角形，先端锐尖，叶柄细瘦。伞房状聚伞花序。翅果黄绿色，有时稍带紫红色，张开成钝角至近水平。小坚果卵状宽椭圆形。花期5月，果期6—8月。

生活习性：较喜光，喜温凉、湿润气候，较耐寒，耐旱。播种繁殖。

分布：野生资源分布于宁夏六盘山，生于海拔2 000~2 300 m的山坡杂木林中或山谷林缘，彭阳县有栽培。分布于我国浙江、湖北、陕西、宁夏、四川、云南、西藏等省（区）。

保护利用现状：野生资源得到保护，宁夏少量栽培利用。

开发利用前景：园林绿化树种。

太白深灰槭 *Acer caesium* subsp. *giraldii*

槭树科 Aceraceae　槭属 *Acer*

形态特征：乔木，高10~15 m。树皮灰色，小枝淡紫褐色，无毛。叶圆形或肾形，5浅裂，裂片三角形。伞房花序。翅果长4~5 cm，张开近直立；小坚果凸起。花期6月，果期7—9月。

生活习性：较喜光，喜温凉、湿润气候，较耐寒，耐旱。播种繁殖。

分布：野生资源分布于宁夏六盘山，生于山谷杂木林中。分布于我国湖北、陕西、甘肃、宁夏、四川、云南和西藏等省（区）。

保护利用现状：野生资源得到保护。

开发利用前景：可用于小型庭院的造景或园林绿化。

茶条槭 *Acer ginnala* 　槭树科 Aceraceae　槭属 *Acer*

茶条槭又称茶条。

形态特征：小乔木，高4~6 m。树皮粗糙、微纵裂，深灰色或灰褐色，无毛。小枝细瘦，灰色或灰褐色，无毛。叶卵状长椭圆形或长圆状椭圆形，基部微心形，3~5浅裂。花杂性，雄花与两性花同株，伞房状聚伞花序。翅果紫红色或黄绿色，果翅平行或稍重叠；小坚果斜三角状卵形，凸起，具明显肋纹。花期5—6月，果期7—8月。

生活习性：稍喜光，较耐寒，耐旱。播种繁殖。

分布：野生资源分布于宁夏六盘山、西吉县、泾源县等地，生于海拔2 100 m 的阴坡杂木林中或山谷林缘，金凤区、西夏区、贺兰县、平罗县、利通区、沙坡头区、原州区、海原县、泾源县、彭阳县等地有引种栽培。分布于我国东北、华北及河南、陕西、甘肃、宁夏等地。

保护利用现状：部分野生资源得到保护，已开发利用。

开发利用前景：园林绿化树种，亦可用作行道树。

细裂槭 *Acer stenolobum* 　槭树科 Aceraceae　槭属 *Acer*

形态特征：小乔木，高5 m。小枝灰白色，当年生枝棕褐色，无毛。叶三角形，长3.5~6 cm，宽3.5~7 cm，基部近截形，3深裂。伞房花序。翅果长2~2.5 cm，张开成钝角。小坚果卵状椭圆形，凸起，被短茸毛。花未见，果期8—9月。

生活习性：喜光，耐寒，耐旱。播种繁殖。

分布：野生资源分布于宁夏贺兰山、香山、南华山，生于向阳山坡的疏林中，西夏区和平罗县有栽培。分布于我国内蒙古、山西、陕西、甘肃、宁夏等省（区）。

保护利用现状：野生资源得到保护，已开发利用。

开发利用前景：园林绿化树种。

青榨槭 *Acer davidii* 槭树科 Aceraceae 槭属 *Acer*

形态特征：乔木，高10~15 m。树皮绿色，有黑色条纹。小枝细瘦，圆柱形，无毛。叶卵形或宽卵形，基部圆形或近心形。总状花序下垂，顶生于着叶的嫩枝；花杂性，雄花与两性花同株。翅果长3.5~4 cm，张开水平或几水平。小坚果圆卵形，凸起，具明显肋纹。花期5月，果期6—7月。

生活习性：喜光，耐寒，耐旱。播种繁殖。

分布：野生资源分布于宁夏六盘山和泾源县，生于海拔2 000~2 100 m的向阳山坡林缘，彭阳县有驯化栽培。分布于我国宁夏及华北、华东、中南、西南各地。

保护利用现状：部分野生资源得到保护，少量驯化栽培。

开发利用前景：绿化造林树种，树皮可做工业原料，根、枝、叶可入药。

五尖槭 *Acer maximowiczii* 槭树科 Aceraceae 槭属 *Acer*

形态特征：小乔木，高5~7 m。树皮黑褐色，平滑。小枝紫褐色，无毛。叶卵形或三角状卵形，5裂，边缘微裂并有紧贴的双重锯齿，锯齿粗壮，齿端有小尖头，基部近心形。总状花序，花单性，雌雄异株。翅果紫色，成熟后黄棕色，张开成钝角；小坚果宽卵形，凸起，无毛。花期6月，果期7—8月。

生活习性：耐阴，抗旱，耐寒。播种繁殖。

分布：野生资源分布于宁夏六盘山和泾源县，生于海拔2 000~2 300 m的阴坡或山谷杂木林中，彭阳县有驯化栽培。分布于我国山西、河南、陕西、甘肃、宁夏、青海、湖南、四川和贵州等省（区）。

保护利用现状：部分野生资源得到保护，少量驯化栽培。

开发利用前景：园林观赏树种。

梣叶槭 *Acer negundo* 槭树科 Aceraceae 槭属 *Acer*

梣叶槭又称复叶槭、羽叶槭。

形态特征：乔木，高达20 m。小枝光滑，有白粉。奇数羽状复叶，有小叶3~7，卵形至椭圆状披针形，长8~10 cm，宽2~4 cm，常有3~5粗锯齿，顶生小叶3浅裂。雌雄异株，雄花序聚伞状，雌花序总状；花小，黄绿色，无花瓣及花盘，雄蕊4~6，子房无毛。果翅狭长，两翅成锐角或近直角。花期4—5月，果期8—9月。

生活习性：适应性强，喜光，耐寒，耐旱，耐干冷，耐轻度盐碱，抗烟尘，生长迅速。播种、嫁接繁殖。

分布：野生资源分布于宁夏六盘山，兴庆区、西夏区、贺兰县、大武口区、平罗县、盐池县、沙坡头区、中宁县、海原县、西吉县、原州区、泾源县、彭阳县等地有栽培。原产于北美洲，我国辽宁、内蒙古、宁夏、河北、山东、河南、陕西、甘肃、新疆、江苏、浙江、江西、湖北等省（区）有栽培。

保护利用现状：部分野生资源得到保护，宁夏广泛引种栽培。

开发利用前景：蜜源植物，行道树或庭院树。

金叶梣叶槭 *Acer negundo* 'Aureum' 槭树科 Aceraceae 槭属 *Acer*

金叶梣叶槭又称金叶复叶槭。

形态特征：乔木，最高可达18 m。树皮深黄色。小枝柱形，无茸毛，1年生枝条淡绿色，多年生枝条深黄色。羽状复叶，长8~26 cm，叶小，纸质，椭圆形，先端渐尖，基部楔形，边缘具齿。雌雄异株，雄花花序伞状，下垂，花梗长1~3.5 cm，花小，淡黄色，先叶开放，雄蕊4~6，花丝较长，子房无茸毛。坚果，椭圆形，无茸毛。花期4—6月，果期8—9月。

生活习性：喜光，较耐寒，耐旱，生长力极强。嫁接、扦插繁殖。

分布：宁夏各地均有栽培。原产于北美洲，我国华北、东北、西北、华南及华东地区均有栽培。

保护利用现状：宁夏广泛栽培应用。

开发利用前景：彩叶树种，供观赏，孤植、群植均可。

金边梣叶槭 *Acer negundo* 'Aureo marginatum'

槭树科 Aceraceae　槭属 *Acer*

形态特征：乔木，高6~7 m。羽状复叶很大，叶春季金黄色，渐变为黄绿色，叶背平滑，叶具金黄色花边。生长势非常旺盛，年生长量可达2~3 m，叶片夏季不焦边。花期4月，果期9月。

生活习性：抗寒力强，耐 −40℃ ~−45℃低温。扦插、嫁接繁殖。

分布：宁夏彭阳县有栽培。我国东北、华北北部、西北、江浙、华南地区均有栽培。

保护利用现状：宁夏有少量引种栽培。

开发利用前景：彩叶树种，适合园林绿化。

色木槭 *Acer mono*

槭树科 Aceraceae　槭属 *Acer*

色木槭又称五角枫。

形态特征：乔木，高可达20 m，树皮粗糙。叶片纸质，基部截形或近心形，轮廓近椭圆形，裂片卵形，先端锐尖或尾状锐尖，上面深绿色，无毛，下面淡绿色，叶柄细瘦，无毛。花多数，杂性，雄花与两性花同株，生于有叶的枝上，花与叶同时开放。翅果嫩时紫绿色，成熟时淡黄色；小坚果压扁状，翅长圆形。花期5月，果期9月。

生活习性：稍耐阴，深根性，喜湿润、肥沃土壤，在酸性、中性土壤及石灰岩上均可生长。播种繁殖。

分布：野生资源分布于宁夏六盘山，生于海拔800~1 500 m 的山坡或山谷疏林中，宁夏各地均有栽培。分布于我国东北、华北、宁夏和长江流域。

保护利用现状：野生资源得到保护，宁夏广泛栽培利用。

开发利用前景：优良的绿化、防火树种，枝叶可入药。

鸡爪槭 *Acer palmatum* 槭树科 Aceraceae 槭属 *Acer*

形态特征：小乔木，树冠伞形。树皮平滑，深灰色。小枝紫色或淡紫绿色，老枝淡灰紫色。叶近圆形，基部心形或近心形，掌状，常7深裂，密生尖锯齿。叶后开花，花紫色，杂性，雄花与两性花同株，伞房花序。幼果紫红色，成熟后褐黄色；果核球形，脉纹显著，两翅成钝角。花期5月，果期9月。

生活习性：喜温暖、湿润气候及排水良好之土壤，耐寒性强，耐酸碱，较耐燥，不耐水涝。播种、嫁接繁殖。

分布：宁夏中宁县、原州区、泾源县有引种栽培。分布于我国山东、河南南部、江苏、浙江、安徽、江西、湖北、湖南、贵州等地。

保护利用现状：宁夏有少量引种栽培。

开发利用前景：观赏树种，可用作行道树，枝叶可入药。

红　枫 *Acer palmatum* 'Atropurpureum' 槭树科 Aceraceae 槭属 *Acer*

红枫又称紫红鸡爪槭。

形态特征：小乔木，高约8 m。树皮平滑，深灰色。小枝细瘦，紫色或灰紫色。叶对生，红色或紫红色，掌状深裂，几达叶片基部；裂片5~9，长圆状披针形，边缘有重锯齿，紫红色。伞房花序顶生，花紫红色。花果期5—9月。

生活习性：喜温暖、湿润环境，耐寒，较耐旱，不耐水涝，适生于肥沃、土层深厚、排水良好的微酸性或中性土壤。播种、嫁接繁殖。

分布：宁夏金凤区、西夏区、原州区有引种栽培。分布于我国长江流域各省（区），山东、河南、浙江也有分布。

保护利用现状：宁夏有少量引种栽培。

开发利用前景：园林及城乡绿化树种。

三角枫 *Acer buergerianum* 槭树科 Aceraceae 槭属 *Acer*

形态特征：乔木，高5~10 m。树皮褐色或深褐色，粗糙。小枝细瘦，当年生枝紫色或紫绿色，近无毛；多年生枝淡灰色或灰褐色，稀被蜡粉。叶纸质，基部近圆形或楔形，长6~10 cm，通常3浅裂，裂片向前延伸，稀全缘。花多数，常组成顶生被短柔毛的伞房花序。翅果黄褐色，小坚果特别凸起，翅果张开成锐角或近直立。花期4月，果期8月。

生活习性：喜光，稍耐阴，喜温暖、湿润环境及中性至酸性土壤，耐寒，较耐水湿，萌芽力强，耐修剪。播种繁殖。

分布：野生资源分布于宁夏贺兰山，生于海拔300~1 000 m的阔叶林中，金凤区、中宁县、原州区、彭阳县、泾源县等地有栽培。分布于我国山东、河南、江苏、浙江、安徽、江西、湖北、湖南、贵州、宁夏和广东等省（区）。

保护利用现状：野生资源得到保护，宁夏广泛栽培。

开发利用前景：园林绿化、观赏、用材树种，行道树及护岸树。

红花槭 *Acer rubrum* 槭树科 Aceraceae 槭属 *Acer*

红花槭又称美国红枫。

形态特征：乔木，高12~18 m，树冠椭圆形或圆形，冠幅达10 m。单叶对生，叶片3~5裂，掌状，叶长10 cm，表面亮绿色，背面泛白，新生叶表面微红色，之后变成绿色，直至深绿色，背面灰绿色，部分有白色茸毛。花红色，稠密，簇生，少部分微黄色，先花后叶。翅果微红色，成熟时变为棕色。花期5月，果期9月。

生活习性：适应性较强，耐寒，耐旱，耐湿，耐酸性至中性的土壤。播种、扦插繁殖。

分布：宁夏兴庆区、西夏区、灵武市、利通区、同心县、海原县、沙坡头区、原州区、彭阳县、泾源县等地有栽培。原产于美国，主要在我国辽宁、山东、安徽一带栽培。

保护利用现状：宁夏广泛引种栽培。

开发利用前景：园林绿化树种。

紫叶挪威槭 *Acer platanoides* 'Crimson King'

槭树科 Aceraceae　槭属 *Acer*

紫叶挪威枫又称“红国王”挪威槭。

形态特征：乔木，高12~15 m，冠幅9~12 m，树冠圆形或卵圆形。枝条粗壮，叶片宽大浓密，单叶星形，春天叶片紫色或红色，夏天红褐色，秋季黄色、褐色、暗栗色或青铜色。早春开花，伞状花序黄绿色。

生活习性：喜光，耐干旱、盐碱能力中等，耐干热，能忍受空气污染。

分布：宁夏金凤区和彭阳县有引种栽培。原产于北欧，我国东北南部、西北、华北、华东、华中地区栽培应用。

保护利用现状：宁夏有少量引种栽培。

开发利用前景：行道树。

栾　树 *Koelreuteria paniculata*

无患子科 Sapindaceae　栾树属 *Koelreuteria*

栾树又称摇钱树、灯笼树。

形态特征：乔木或灌木。树皮厚，灰褐色至灰黑色，老时纵裂。小枝具疣点，与叶轴、叶柄均被皱曲的短柔毛或无毛。叶丛生于当年生枝上，长可达50 cm；小叶无柄或具极短的柄，对生或互生，纸质，卵形、阔卵形至卵状披针形。聚伞圆锥花序。蒴果圆锥形，具3棱；种子近球形。花期6—8月，果期9—10月。

生活习性：喜光，稍耐半阴，耐寒，耐干旱和瘠薄，适应性强，喜石灰质土壤，耐盐渍及短期水涝，抗风能力较强，抗烟尘。播种、扦插繁殖。

分布：宁夏兴庆区、金凤区、西夏区、贺兰县、灵武市、大武口区、平罗县、惠农区、红寺堡区、青铜峡市、中宁县、原州区、海原县、西吉县、泾源县、彭阳县等地有栽培。分布于我国北部及中部大部分省（区）。

保护利用现状：宁夏广泛栽培利用。

开发利用前景：绿化树种，宜做庭荫树、行道树及园景树，抗污染树种。

全缘叶栾树 *Koelreuteria bipinnata* var. *integrifoliola*

无患子科 Sapindaceae　栾树属 *Koelreuteria*

形态特征：乔木，高可达20 m。枝具小疣点。叶平展，二回羽状复叶，长45~70 cm；叶轴和叶柄向轴面常有一纵向皱曲的短柔毛；小叶9~17，互生，纸质或近革质，斜卵形。圆锥花序大型，长35~70 cm。蒴果椭圆形或近球形，具3棱，淡紫红色，老熟时褐色，果瓣椭圆形至近圆形。种子近球形。花期7—9月，果期8—10月。

生活习性：深根性，喜光，亦稍耐半阴，喜石灰岩土壤，耐寒，耐旱，耐瘠薄，并能耐短期水涝，对风、粉尘、二氧化硫、臭氧均有较强的抗性。播种、扦插繁殖。

分布：宁夏沙坡头区和利通区有引种栽培。产于我国云南、贵州、四川、湖北、湖南、广西、广东等省（区）。

保护利用现状：宁夏有少量引种栽培。

开发利用前景：观赏、防护、水土保持及荒山绿化树种，抗污染树种。

文冠果 *Xanthoceras sorbifolium*

无患子科 Sapindaceae　文冠果属 *Xanthoceras*

文冠果又称文冠树、木瓜。

形态特征：灌木或小乔木，高可达5 m。小枝褐红色，粗壮。叶连柄长可达30 cm；小叶对生，两侧稍不对称，顶端渐尖，基部楔形，边缘有锐利锯齿。两性花的花序顶生，雄花序腋生，直立，总花梗短，花瓣白色，基部紫红色或黄色，花盘的角状附属体橙黄色，花丝无毛。蒴果长6 cm，种子黑色而有光泽。春季开花，秋初结果。

生活习性：喜光，耐瘠薄，耐盐碱，抗寒力强，耐干旱，抗风沙，在石质山地、黄土丘陵、石灰性冲积土壤、固定或半固定沙丘均能生长。播种、分株、压条繁殖。

分布：野生资源分布于宁夏贺兰山、南华山、罗山、同心县、盐池县、彭阳县等地，宁夏各地均有栽培。分布于我国北部和东北部，西至宁夏、甘肃，东北至辽宁，北至内蒙古，南至河南。

保护利用现状：野生资源已保护利用，宁夏大量栽培利用。

开发利用前景：园林绿化树种，我国特有的木本油料树种，荒山绿化的首选树种，用材树种。

森淼金紫冠 *Xanthoceras sorbifolium* 'Senmiao Jinziguan'

无患子科 Sapindaceae　文冠果属 *Xanthoceras*

宁夏林业研究院股份有限公司选育的文冠果新品种，已列入国家植物新品种保护名录。

形态特征：灌木或小乔木，树落叶形开展，树势强。幼枝紫红色，光滑无毛。小叶绿色，叶片大，卵形，锯齿较宽，深裂，叶边缘向外卷曲。总状花序，圆锥形，开花繁茂，花色艳丽，花序轴紫色，光滑无毛。开花盛期同一植株会有黄色、红色、紫色三种颜色的花。结果稀疏，果实柱形或不规则形。成熟种子褐色，种粒大。春季开花，秋初结果。

生活习性：喜光，耐瘠薄，耐盐碱，抗寒力强，耐干旱。分株、压条繁殖。

分布：宁夏银川市、白芨滩、彭阳县等地有栽培。

保护利用现状：宁夏已少量栽培利用。

开发利用前景：园林绿化及观赏树种。

森淼桃红冠 *Xanthoceras sorbifolium* 'Senmiao Taohongguan'

无患子科 Sapindaceae　文冠果属 *Xanthoceras*

宁夏林业研究院股份有限公司选育的文冠果新品种，已列入国家植物新品种保护名录。

形态特征：灌木或小乔木，树形开展，树势强。枝条平展，幼枝紫红色，光滑无毛。小叶绿色，披针形，叶片无卷曲，小叶锯齿状。总状花序，圆柱形。开花繁密，花径大，花瓣倒卵状披针形，初期白色，开花中后期中部至先端渐变为粉红色，基部渐变为深紫色；盛花期花序顶部白色，花序基部桃红色，开花后期全部渐变为桃红色。果实倒卵形，心皮3；成熟种子褐色。春季开花，秋初结果。

生活习性：喜光，耐瘠薄，耐盐碱，抗寒力强，耐干旱。分株、压条繁殖。

分布：宁夏银川市和彭阳县等地栽培。

保护利用现状：宁夏少量栽培利用。

开发利用前景：经济林和园林绿化树种。

森淼文冠果 *Xanthoceras sorbifolium* 'Senmiao Yellowhorn'

无患子科 Sapindaceae　文冠果属 *Xanthoceras*

形态特征：灌木或小乔木，树形开展，树势强。混合芽自花序基部抽2~3新梢，新梢紫红色，平滑无毛；枝梢生长势强，当年生长量30~60 cm。叶片小且平展，叶深绿色。花序稀疏，但两性花数量多，雄花数量少，腋部花芽结果。果实穗状小球形，成熟后浅裂，心皮3。种子球形，褐色，千粒重714.13 g。春季开花，秋初结果。

生活习性：喜光，耐瘠薄，耐盐碱，抗寒力强，耐干旱。分株、压条、根插繁殖。

分布：宁夏彭阳县、吴忠市、灵武市及银川市有栽培。

保护利用现状：宁夏已少量栽培利用。

开发利用前景：果用和园林绿化兼用型品种。

枣 *Ziziphus jujuba*

鼠李科 Rhamnaceae　枣属 *Ziziphus*

形态特征：小乔木，高约10 m。树皮褐色或灰褐色。叶柄长1~6 mm，在长枝上者可达1 cm，无毛或有疏微毛，托叶刺纤细，后期常脱落。花黄绿色，两性，无毛，具短总花梗，单生或密集组成腋生聚伞花序。核果矩圆形或长卵圆形，长2~3.5 cm，直径1.5~2 cm，成熟后由红色变红紫色。种子扁椭圆形。花期5—7月，果期8—9月。

生活习性：喜光，对光反应较敏感，适应性强，耐瘠薄，耐盐碱，耐旱，耐涝，怕风。分株、根蘖、嫁接繁殖。

分布：产于我国，宁夏各地广泛栽培。

保护利用现状：宁夏广泛栽培利用。

开发利用前景：果实鲜食和制干。

灵武长枣 *Ziziphus jujuba* ‘Lingwuchangzao’

鼠李科 Rhamnaceae　枣属 *Ziziphus*

2005年经宁夏林木品种审定委员会审定为宁夏林木良种。

形态特征：乔木。果实长椭圆形，色艳、肉厚、脆甜适口、汁液多，平均单果重18.1 g，最大单果重40 g。花期5—7月，果期9—10月。

生活习性：喜光，耐旱，抗逆性强，在土层深厚、肥沃的砂壤土上生长良好。分株、嫁接繁殖。

分布：宁夏灵武市周边引黄灌区均有栽培。

保护利用现状：宁夏已保护利用。

开发利用前景：果实鲜食。

灵武长枣 2 号 *Ziziphus jujuba* ‘Lingwuchangzao-2’

鼠李科 Rhamnaceae　枣属 *Ziziphus*

从灵武长枣品种群体中选出的鲜食品种，2013年经宁夏林木品种审定委员会审定为宁夏林木良种。

形态特征：小乔木。果实长椭圆形（略扁），紫红色，果顶凹入或微凸。果肉淡绿色，肉质脆，汁液较多，味甜微酸，核内无仁，品质上等；平均单果重21 g，最大单果重40 g。花期5—7月，果实9月下旬成熟。

生活习性：喜光，耐旱，喜土层深厚、肥沃的砂壤土。分株、嫁接繁殖。

分布：宁夏灵武市有栽培。

保护利用现状：宁夏灵武市有栽培。

开发利用前景：果实鲜食。

同心圆枣 *Ziziphus jujuba* 'Tongxin Yuanzao'

鼠李科 Rhamnaceae　枣属 *Ziziphus*

宁夏地方特色品种，2007年经宁夏林木品种审定委员会审定为宁夏林木良种。

形态特征：小乔木，树势较强，树冠圆头形。果个大，果形近圆形，抗裂果，平均单果重19.7 g。可食率93%以上，制干率达50%。果皮中厚，果面平滑。果肉厚，肉质细而松脆，甘甜爽口。干枣果形饱满，有弹性，耐贮运，品质上等。花期5—7月，果实9月下旬成熟。

生活习性：适应性强，抗旱，抗寒，耐瘠薄，耐盐碱。嫁接、根蘖繁殖。

分布：宁夏各地均有栽培。

保护利用现状：宁夏保护利用。

开发利用前景：果实可鲜食，又可制干。

中宁圆枣 *Ziziphus jujuba* 'Zhongning Yuanzao'

鼠李科 Rhamnaceae　枣属 *Ziziphus*

宁夏地方特色品种，2007年经宁夏林木品种审定委员会审定为宁夏林木良种。

形态特征：小乔木，树势中庸，树体高大，树姿开张，树冠圆头形。果个小，圆筒形，大小均匀，平均单果重10.6 g。果肉绿白色，质地细脆，汁液多，酸甜适口，品质上等。制干率47%以上。6月上旬开花，果实8月下旬开始着色，9月中下旬成熟。

生活习性：耐寒，耐旱，适应性强，丰产稳产。嫁接繁殖。

分布：宁夏各地均有栽培。

保护利用现状：宁夏已保护利用。

开发利用前景：果实制干或鲜食。

骏　枣 *Ziziphus jujuba* 'Junzao'

鼠李科 Rhamnaceae　枣属 *Ziziphus*

形态特征：小乔木，树冠多呈圆头形，树体高大。主干灰褐色，干皮纵裂，裂纹浅，易剥落。枣头枝褐红色，枣股肥大，黑灰色，长圆锥形，通常抽生枣吊3~5个。枣吊有叶9~14片，叶片中大且厚，卵圆形。4月中旬发芽，5月下旬开花，6月中旬达盛花期，果实9月中下旬成熟。

生活习性：抗旱，抗寒，抗盐碱，抗病虫害，枣头萌发力强，进入结果期早。适生于平川、旱地、边山丘陵、河滩山地。嫁接繁殖。

分布：宁夏西夏区、贺兰县、灵武市、平罗县、大武口区、惠农区、中宁县、沙坡头区等地有栽培。主要分布在我国山西和新疆。

保护利用现状：宁夏部分地区已栽培利用。

开发利用前景：果实鲜食或入药。

灰　枣 *Ziziphus jujuba* 'Huizao'

鼠李科 Rhamnaceae　枣属 *Ziziphus*

形态特征：小乔木，因在成熟变红之前，通体发灰，好似挂了一层霜，所以得名“灰枣”。树体中等大，树冠自然圆头形。树势中强，成龄树树高6.5 m，冠径6 m。果实长倒卵形，胴部稍细，略歪斜。4月中旬萌芽，5月下旬开花，果实9月中旬成熟。

生活习性：喜光，抗旱，抗寒，进入结果期较早，产量高而稳定。嫁接繁殖。

分布：宁夏西夏区、灵武市、大武口区、惠农区、利通区、青铜峡市、彭阳县、沙坡头区、中宁县、哈巴湖、白芨滩等地有栽培。原产于我国河南新郑，后引种于全国各地。

保护利用现状：宁夏广泛栽培利用。

开发利用前景：果实鲜食和制干。

马牙枣 *Ziziphus jujuba* 'Maya'

鼠李科 Rhamnaceae　枣属 *Ziziphus*

形态特征：乔木，因果实长锥形至长卵形，下圆上尖，上部歪向一侧，形似马牙而得名。果实大小较均匀，果皮红色，果肉淡绿色，致密细嫩，汁多，味极甜。鲜枣含糖量35.3%，可食率92.94%，品质上等。花期5—7月，果实8月下旬至9月上旬成熟。

生活习性：喜光，抗旱，抗寒。嫁接繁殖。

分布：宁夏彭阳县有栽培。

保护利用现状：宁夏有少量引种栽培。

开发利用前景：果实鲜食或制干。

金丝小枣 *Ziziphus jujuba* 'Jinsixiaozao'

鼠李科 Rhamnaceae　枣属 *Ziziphus*

形态特征：乔木。果实长圆形，果皮棕红色，果肉青黄色，掰开能拉出缕缕晶莹的糖丝，由此得名"金丝小枣"。小枣皮薄、肉厚、核小、质细、味甜。含糖量高达67%，核肉比1∶5.6。果实含有蛋白质、脂肪、淀粉、钙、磷、铁以及多种维生素，维生素C的含量比苹果高70多倍。干枣果皮深红色，肉薄而坚韧，皱纹浅细，利于储存和运输。果熟期9月中下旬。

生活习性：喜光，抗旱，抗寒。嫁接繁殖。

分布：宁夏灵武市、青铜峡市、沙坡头区、中宁县有少量栽培。

保护利用现状：宁夏部分地区已栽培利用。

开发利用前景：果实鲜食或制干。

冬　枣 ***Ziziphus jujuba* 'Dongzao'** 鼠李科 Rhamnaceae　枣属 *Ziziphus*

形态特征：小乔木，稀灌木，高达10 m，树皮褐色或灰褐色。有长枝，短枝、无芽小枝（即新枝）比长枝光滑，紫红色或灰褐色，呈“之”字形弯曲，具2托叶刺；短枝短粗，矩状，自老枝发出。叶纸质，卵形、卵状椭圆形或卵状矩圆形。聚伞花序。核果矩圆形或长卵圆形，果皮肉质，厚，味甜，具1~2粒种子，种子扁椭圆形。无刺枣树的一个晚熟品种。花期5—7月，盛花期大约在6月上旬，果期8—9月。

生活习性：喜光，耐旱，早花、早果性强，有二次生长的习性。嫁接繁殖。

分布：宁夏永宁县、贺兰县、灵武市、大武口区、平罗县、中宁县等地有栽培。分布于我国山东、河北、山西、陕西等省。

保护利用现状：宁夏广泛栽培利用。

开发利用前景：优良的鲜食枣品种。

赞皇枣 ***Ziziphus jujuba* 'Zanhuangzao'** 鼠李科 Rhamnaceae　枣属 *Ziziphus*

我国发现的唯一的自然三倍体品种。

形态特征：小乔木，树体较高大，树冠多呈自然圆头形。树势强，骨干枝角度大。主干深灰色，有龟裂。当年生枝红褐色，多年生枝灰褐色，多年生枣股有分歧和弯曲现象。果个大，整齐，长圆形、短长圆形或卵圆形，成熟后果实深红紫色，有光泽。果核小，不具种仁。花期5—7月。果期9—10月。

生活习性：适应性强，耐旱，耐寒，耐瘠薄，在山区、丘陵、平原、沙荒地均能很好地生长。根蘖繁殖。

分布：宁夏灵武市、利通区、青铜峡市、沙坡头区有栽培。我国新疆、甘肃、陕西、山西、河南、辽宁、山东、广西、云南、上海等地均有栽培。

保护利用现状：宁夏有少量引种栽培。

开发利用前景：果实鲜食、制干。

团　枣 *Ziziphus jujuba* 'Tuanzao'

鼠李科 Rhamnaceae　枣属 *Ziziphus*

形态特征：小乔木，树体小，树枝开张，树冠多呈自然圆头形。果实小，长椭圆形，果肉白绿色，肉质粗软，纤维少，味酸甜适口。5月下旬始花，10月上旬果实成熟。

生活习性：喜光，耐旱。嫁接繁殖。

分布：宁夏平罗县、彭阳县、中宁县等地有栽培，全国各地均有栽培。

保护利用现状：宁夏有少量栽培。

开发利用前景：果实食用、药用等。

七月鲜 *Ziziphus jujuba* 'Qiyuexian'

鼠李科 Rhamnaceae　枣属 *Ziziphus*

形态特征：小乔木，树冠椭圆形。多年生枝光滑，绿黄色；新梢光滑无茸毛，浅紫褐色，脆硬。叶片黄绿色，长椭圆形，叶缘微向外卷，有明显皱起，具复锯齿。果实卵圆形，果肩棱起，平均单果重30 g。果肉松脆，汁液多，味甜酸，有香气。果实8月底至9月上旬成熟。

生活习性：抗寒性强，耐瘠薄，耐盐碱，适合在各类土壤上栽培，早熟，丰产稳产。树体矮小，适合矮化密植。嫁接繁殖。

分布：宁夏灵武市和中宁县有少量栽培。

保护利用现状：宁夏有少量引种栽培。

开发利用前景：果实鲜食、制干。

早脆王 *Ziziphus jujuba* 'Zaocuiwang'

鼠李科 Rhamnaceae　枣属 *Ziziphus*

沧县金丝小枣良繁场培育出的枣树优系，2001年通过河北省林木品种审定委员会审定。

形态特征：小乔木，树势中强。大枝开张，易管理，丰产性好。果面鲜红色，肉质酥脆，汁液多，味甜，可食率96.7%，品质极上。果熟期8月。

生活习性：抗逆性强，抗干旱、耐水涝和抗盐碱能力强，极少裂果和感染锈病。嫁接繁殖。

分布：宁夏贺兰县、灵武市、中宁县等地有栽培。

保护利用现状：宁夏有少量引种栽培利用。

开发利用前景：果实鲜食。

龙爪枣 *Ziziphus jujuba* 'Tortuosa'

鼠李科 Rhamnaceae　枣属 *Ziziphus*

龙爪枣又称蟠龙爪、龙须枣、龙枣、龙游枣、拐枣。

形态特征：小乔木，稀灌木，高达10 m。树皮褐色或灰褐色。有长枝，短枝和无芽小枝（即新枝）比长枝光滑，紫红色或灰褐色，呈"之"字形弯曲，具2托叶刺。叶纸质，卵形、卵状椭圆形或卵状矩圆形。聚伞花序。核果矩圆形或长卵圆形，果柄长，核果较小，直径5 mm，具1~2粒种子，种子扁椭圆形。花期5—7月，果期8—9月。

生活习性：喜光，耐寒，耐旱。嫁接繁殖。

分布：宁夏西夏区、金凤区、贺兰县、灵武市等地有栽培。

保护利用现状：宁夏有少量引种栽培利用。

开发利用前景：庭院绿化树种。

梨　枣 *Ziziphus jujuba* ‘Lizao’ 鼠李科 Rhamnaceae　枣属 *Ziziphus*

形态特征：小乔木，树冠小，树势中庸，发枝力强。定植当年可少量开花结果，3年后进入丰产期，4年后进入盛果期。果实特大，皮薄肉厚，清香甜脆，风味独特。4月萌芽，花期5月，果熟期9月上旬。

生活习性：喜光，耐旱，萌发力强，结果早，丰产稳产。嫁接繁殖。

分布：宁夏贺兰县、灵武市、大武口区、利通区、沙坡头区、海原县、中宁县等地有栽培。

保护利用现状：宁夏有少量引种栽培。

开发利用前景：果实鲜食。

金芒果枣 *Ziziphus jujuba* ‘Jinmangguozao’ 鼠李科 Rhamnaceae　枣属 *Ziziphus*

形态特征：小乔木，稀灌木，高达10 m。树皮褐色或灰褐色。叶柄长1~6 mm，在长枝上者可达1 cm，有疏微毛，托叶刺纤细，后期常脱落。聚伞花序。核果矩圆形或长卵圆形，成熟时红色，后变红紫色。种子扁椭圆形。花期6月，果期9—10月。

生活习性：喜疏松、土层深厚、肥水充足的土壤，生长于海拔1 700 m以下的山区、丘陵或平原。嫁接繁殖。

分布：宁夏永宁县和灵武市有栽培。产于我国河南。

保护利用现状：宁夏有少量引种栽培。

开发利用前景：果实鲜食、制干。

龙珠 2 号

鼠李科 Rhamnaceae　枣属 *Ziziphus*

形态特征：小乔木，植株较矮小，主干灰褐色。果实较大，近圆形，果面光滑，果皮较薄，果肉绿白色，酥脆，品质中上等。果实9月下旬成熟。

生活习性：喜光，耐旱。嫁接繁殖。

分布：宁夏中宁县、灵武市、金凤区有栽培。

保护利用现状：宁夏有少量栽培。

开发利用前景：果实鲜食。

猴头大脆枣 *Ziziphus jujuba* 'Houtoudacuizao'

鼠李科 Rhamnaceae　枣属 *Ziziphus*

猴头大脆枣是从山东省枣庄市山亭区大马牙枣中选出的品种。宁夏灵武园艺试验场2016年自平吉堡农场引进该品种。

形态特征：小乔木，树势强，树姿半开张。果实较大，近圆形，大小较整齐。平均单果重13 g，最大单果重18.2 g。果面光洁，果皮赭红色，富光泽。果肉绿白色，质地粗松，汁液少，鲜食品质不佳，干制品质中上等。4月中旬萌芽，5月下旬始花，9月下旬成熟。

生活习性：喜光，抗旱。嫁接繁殖。

分布：灵武市有少量收集保存。

保护利用现状：宁夏有少量引种栽培。

开发利用前景：果实制干。

大绿枣 *Ziziphus jujuba* 'Dalüzao' 鼠李科 Rhamnaceae 枣属 *Ziziphus*

产于山东省东阿县一带，1998年通过山东省品种审定委员会审定。宁夏灵武园艺试验场2016年自平吉堡农场引进该品种。

形态特征：小乔木，树势中庸。果个大，近圆形，果皮较薄，浅黄绿色。果肉黄白色，质地酥脆，风味较好，品质上等。花期5月，果实9月中下旬成熟。

生活习性：成枝力强，结果早，喜光，抗旱。嫁接繁殖。

分布：宁夏灵武市有少量收集保存。

保护利用现状：宁夏有少量引种栽培。

开发利用前景：果实鲜食。

木枣1号 *Ziziphus jujuba* 'Muzao 1' 鼠李科 Rhamnaceae 枣属 *Ziziphus*

产于山西省临县，从木枣品种群体中选育出，2007年被山西省林木品种审定委员会审定为山西良种。

形态特征：小乔木，树势强，树姿半开张。果实圆柱形，果个大，平均单果重24.3 g，腰部微凹。果实质地致密，味酸甜，品质中上。花期5月，果期9月。

生活习性：结果早，丰产性好。嫁接繁殖。

分布：宁夏灵武市、沙坡头区、中宁县有栽培。

保护利用现状：宁夏有少量引种栽培。

开发利用前景：果实制干。

伏脆蜜枣

鼠李科 Rhamnaceae　枣属 *Ziziphus*

山东省枣庄市果树科学研究所1996年从枣庄脆枣中选育的优良变异单株，宁夏灵武园艺试验场2016年从山东省烟台市引进。

形态特征：小乔木，树势强，树姿开张。果实短圆柱形，中等大小，果面鲜红色、洁净。果肉细，质地酥脆，味甜，汁液多，风味佳，品质上等。花期5月，果实9月上旬成熟。

生活习性：适应性强，抗旱，耐瘠薄。嫁接繁殖。

分布：宁夏灵武市有栽培。

保护利用现状：宁夏有少量引种栽培。

开发利用前景：果实鲜食。

仲秋红枣

鼠李科 Rhamnaceae　枣属 *Ziziphus*

山东选育的优良枣品种，2009年通过山东省林木品种审定委员会审定，宁夏灵武园艺试验场于2016年从山东省烟台市引进。

形态特征：小乔木，干性强，树姿开张。果实圆柱形，平均单果重23.5 g，大小整齐。果实紫红色，果面不整齐，有浅显的小块起伏。果肉绿白色，肉质硬脆，汁液中等，清甜味浓，略有酸味。花期5—7月，果实10月上中旬成熟。

生活习性：嫁接繁殖。

分布：宁夏灵武市有栽培。

保护利用现状：宁夏有少量引种栽培。

开发利用前景：果实鲜食、蒸食。

李府贡枣　鼠李科 Rhamnaceae　枣属 *Ziziphus*

2002年在安徽省合肥市肥东县店埠镇枣园筛选的早熟、丰产株系。2009年通过安徽省林木品种审定委员会审定，宁夏灵武园艺试验场2016年从平吉堡农场引进。

形态特征：小乔木，树姿半开张，干性强，生长健壮，针刺少。果实圆形，果个大，平均单果重13.97 g。果面光滑，皮薄，成熟后赭红色。果肉绿白色，汁液多，肉质酥脆、细腻、无渣，味酸甜，品质上等。果实8月中下旬成熟。

生活习性：嫁接繁殖。

分布：宁夏灵武市有栽培。

保护利用现状：宁夏有少量引种栽培。

开发利用前景：果实鲜食。

超甜蜜枣　鼠李科 Rhamnaceae　枣属 *Ziziphus*

平吉堡农场从山东引进，宁夏灵武园艺试验场2016年从平吉堡农场引进。

形态特征：小乔木。果个大，长椭圆形或圆柱形，平均单果重14.5 g，大小整齐。果面赭红色，果肉绿白色，汁液多，肉质酥脆，味甜。果熟期9—10月。

生活习性：嫁接繁殖。

分布：宁夏灵武市有栽培。

保护利用现状：宁夏有少量引种栽培。

开发利用前景：果实鲜食。

灵武长枣 4 号

鼠李科 Rhamnaceae　枣属 *Ziziphus*

灵武长枣无刺型无性系，2003年从灵武长枣中发现的变异单株。

形态特征：枣刺比灵武长枣短，2年生及多年生枣股刺退化、消失或变短、变小、变软，果实形状与灵武长枣相同。

生活习性：嫁接繁殖。

分布：宁夏灵武市有栽培。

保护利用现状：宁夏有少量栽培。

开发利用前景：果实鲜食。

灵武长枣 5 号

鼠李科 Rhamnaceae　枣属 *Ziziphus*

灵武长枣早熟型无性系，2003年从灵武长枣中发现的变异单株。比普通灵武长枣早熟10~15 d。

形态特征：与灵武长枣接近。

生活习性：嫁接繁殖。

分布：宁夏灵武市有栽培。

保护利用现状：宁夏有少量栽培。

开发利用前景：果实鲜食。

灵武圆枣 鼠李科 Rhamnaceae 枣属 *Ziziphus*

灵武圆枣又称蚂蚁枣、小圆枣。

形态特征：小乔木，树体高大，树姿开张，树冠圆头形。果个小，短圆柱形，平均单果重12 g，果实大小均匀。果肉绿白色，质地细脆，汁液多，酸甜适口。果实9月中下旬成熟。

生活习性：适应性强，抗寒力强，丰产稳产。嫁接繁殖。

分布：宁夏灵武市有栽培。

保护利用现状：宁夏有少量栽培。

开发利用前景：果实鲜食。制干。

油　枣 *Ziziphus jujuba* 'Youzao' 鼠李科 Rhamnaceae 枣属 *Ziziphus*

产于山西省兴县。

形态特征：小乔木。果实长圆形。果熟期9—10月。

生活习性：嫁接繁殖。

分布：宁夏灵武市有栽培。

保护利用现状：宁夏有少量引种栽培。

开发利用前景：果实制干、鲜食。

敦煌大枣 *Ziziphus jujuba* 'Dunhuangdazao'

鼠李科 Rhamnaceae　枣属 *Ziziphus*

敦煌大枣又称哈密大枣、五堡大枣。

形态特征：小乔木，树体较高大，干性较强，树姿半开张。果实中等偏大，近卵圆形，平均单果重14.7 g，大小不整齐。果肩宽，圆或平圆，略耸起，有数条宽深的沟棱，果顶稍瘦。果面不平整，有小块起伏。果皮较厚，紫红色。果点大，着色后呈浅褐色，密布，不明显。果肉浅绿色，肉质致密，较硬，汁液少，味酸甜，稍有苦味。果实9月上旬成熟。

生活习性：适应性强，抗寒，耐旱，抗病虫害，结果早，丰产稳产，耐贮运。嫁接繁殖。

分布：宁夏灵武市有栽培。

保护利用现状：宁夏有少量引种栽培。

开发利用前景：果实鲜食、制干，加工蜜枣、酒枣等。

壶瓶枣 *Ziziphus jujuba* 'Hupingzao'

鼠李科 Rhamnaceae　枣属 *Ziziphus*

形态特征：小乔木，树势强，树体高大。平均单果重19 g，果实长倒卵形，果皮薄，深红色，稍具苦辣味。果肉厚，质脆，汁液中多，味甜，可溶性固形物含量37%，制干率35%，含糖量71%。果实9月中旬成熟。

生活习性：结果早，丰产稳产，抗旱，抗寒，耐涝，耐盐碱，在山川或平地均可生长。生理落果严重，不耐贮运，成熟期遇雨后也易裂果腐烂。嫁接繁殖。

分布：宁夏灵武市和利通区有引种栽培。

保护利用现状：宁夏有少量引种栽培。

开发利用前景：可做蜜枣，也可鲜食或制干，还可入药。

板　枣 *Ziziphus jujuba* 'Banzao'

鼠李科 Rhamnaceae　枣属 *Ziziphus*

产于山西省稷山县。

形态特征：小乔木，树姿开张，树冠自然半圆形。果实中等大，扁倒卵形。平均单果重11.2 g，大小较整齐。果面不很平整，果皮紫褐色或紫黑色，中等厚，富光泽。果肉厚，绿白色，质地致密，稍脆，汁液中多，甜味浓，稍具苦味，品质上等。果实9月底10月初成熟。

生活习性：萌蘖力强，喜水肥，丰产稳产，适应性强，果实着色后落果严重。嫁接繁殖。

分布：宁夏灵武市有栽培。

保护利用现状：宁夏有少量引种栽培。

开发利用前景：生态防护树种，果实鲜食、制干。

扁核酸枣 *Ziziphus jujuba* 'Bianhesuanzao'

鼠李科 Rhamnaceae　枣属 *Ziziphus*

河北农业大学选育的品种，别名婆枣、酸铃，2005年通过河北省林木品种审定委员会良种审定。

形态特征：小乔木，树姿开张。果实椭圆形或圆形，侧面略扁，平均单果重10 g。果皮深红色，果面光滑，果点小，分布稀疏，不明显。果肉绿白色，质地疏松，汁液少，甜味较淡，略有酸味。花期5—7月，果期8—9月。

生活习性：耐旱，耐涝，耐盐碱，在贫瘠的砂质土壤上生长良好。嫁接繁殖。

分布：宁夏灵武市有栽培。

保护利用现状：宁夏有少量引种栽培。

开发利用前景：果实制干。

九龙金枣 *Ziziphus jujuba* 'Jiulongjinzao'

鼠李科 Rhamnaceae　枣属 *Ziziphus*

产于甘肃省庆阳市宁县，又名宁县晋枣，已有2000年的生产历史。

形态特征：小乔木。果实长圆形，个特大，平均单果重30 g。果皮薄，红色。果肉淡黄色，肉质致密、细嫩、酥脆，汁液多，甘甜清香，核小，品质极佳。干果香味浓郁，干后不瘪。

生活习性：嫁接繁殖。

分布：宁夏灵武市有栽培。

保护利用现状：宁夏有少量引种栽培。

开发利用前景：果实制干、加工和药用。

临泽小枣 *Ziziphus jujuba* 'Linzexiaozao'

鼠李科 Rhamnaceae　枣属 *Ziziphus*

产于甘肃省张掖市临泽县。

形态特征：小乔木，树势中庸。果实椭圆形，平均单果重6.1 g。果面平整光亮，深红色。果肉绿白色，肉质致密细脆，味甜略酸，汁液中多。果实9月底10月初成熟。

生活习性：产量较高而稳定。嫁接繁殖。

分布：宁夏灵武市有栽培。

保护利用现状：宁夏有少量引种栽培。

开发利用前景：果实制干和鲜食。

雪　枣 鼠李科 Rhamnaceae　枣属 *Ziziphus*

雪枣又称冬苹果枣。

形态特征：小乔木，树势强，干性较强。果实近圆形，果个大，平均单果重23 g。果皮赭红色，较厚。果肉绿色，始熟时质地稍硬，口感欠佳，终熟时甜脆可口。果核小，长圆形。成熟期晚，全面着色期在10月末至11月上旬。

生活习性：早果，丰产，耐贮藏。嫁接繁殖。

分布：宁夏灵武市有栽培。

保护利用现状：宁夏有少量引种栽培。

开发利用前景：果实鲜食。

淳安大圆枣 *Ziziphus jujuba* 'Dayuanzao' 鼠李科 Rhamnaceae　枣属 *Ziziphus*

大圆枣又称苹果枣，产于浙江省淳安县等地。

形态特征：小乔木，树体中等。果实近球形，平均单果重18 g。果皮薄，白熟期果肉绿白色，质地疏松，汁液极少，味淡，可食率96.9%，制干率37%左右，制作蜜枣品质上。果实9月初成熟，发育期约90 d。

生活习性：结果早，生理落果少，易裂果，8月中下旬进入白熟期，可采收加工。嫁接繁殖。

分布：宁夏灵武市有栽培。

保护利用现状：宁夏有少量引种栽培。

开发利用前景：果实鲜食。

靖远大枣 鼠李科 Rhamnaceae 枣属 *Ziziphus*

靖远大枣原名小口枣，产于甘肃省白银市靖远县。

形态特征：小乔木，树势强，成枝力强，树姿开张。果实圆筒形，平均单果重25.4 g，果面稍有突起，果点明显、较大而密。果皮中厚，紫红色，油亮。果肉绿白色，质地疏松，汁液多，味酸甜，品质上等。果实9月下旬成熟。

生活习性：适应性强，耐寒，耐盐碱，耐瘠薄，适合在中性和微碱性的砂壤土和黏壤土上生长，早果。嫁接繁殖。

分布：宁夏灵武市有栽培。

保护利用现状：宁夏有少量栽培。

开发利用前景：果实鲜食、制干和药用。

酸　枣 *Ziziphus jujuba* var. *spinosa* 鼠李科 Rhamnaceae 枣属 *Ziziphus*

形态特征：灌木或小乔木，高1~3 m，树势较强。树皮褐色或灰褐色。有长枝，短枝和无芽小枝（即新枝）比长枝光滑，紫红色或灰褐色，呈“之”字形弯曲。单叶互生，长椭圆状卵形至卵形，上面绿色，下面灰绿色，沿脉有茸毛。核果矩圆形或长卵圆形，成熟时红色，后变红紫色。种子扁椭圆形。花期5—7月，果期8—9月。

生活习性：适应性强，喜温暖、干燥的环境，低洼水涝地不宜栽培，对土质要求不严。播种繁殖。

分布：野生资源分布于宁夏罗山、贺兰山、白芨滩、兴庆区、西夏区、永宁县、贺兰县、灵武市、惠农区、平罗县、大武口区、利通区、红寺堡区、青铜峡市、沙坡头区、中宁县、海原县、彭阳县等地，生于干旱石质滩地或山谷，金凤区、贺兰县、灵武市、大武口区、沙坡头区、中宁县、白芨滩、彭阳县等地有栽培。

保护利用现状：部分野生资源得到保护，广泛用作绿化树种、砧木。

开发利用前景：枣树的砧木，蜜源植物，绿化树种，果实可药用。

宁夏还栽培有大武口枣、崇岗大枣、长枣优系3号（无刺枣）、长枣优系5号（早熟枣）、新疆狗头枣、水枣、夏枣、景泰大枣、早脆王、中卫大枣、SSI、阿克苏小枣、阿拉尔圆脆枣、安宁大枣、安阳团枣、八升胡、保德小枣、保德油枣、北碚小枣、北京笨枣、北京泡泡枣、北京坠子白、彬县黑疙瘩、彬县水枣、彬县圆枣、槟榔枣、沧县金丝小枣、沧县屯子枣、沧县小枣、沧县长小枣、串铃枣、脆酸枣、大白玲枣、大丹枣、大果算盘枣、大晋枣、大荔墩墩枣、大荔鸡蛋枣、大荔铃铃枣、大荔耙齿枣、大荔枣、大荔知枣、大令枣、定襄山枣、定襄小枣、定襄星星枣、二秋枣、阜陆尖枣、阜阳木头枣、甘肃吊吊枣、甘肃冬枣、干尾巴枣、狗头枣、姑苏小枣、观音枣、官滩枣、灌阳短枣、灌阳长枣、广东珍珠枣、广洋枣、哈八枣、哈密大枣、河北13号、河津晋枣、河津水枣、河津条枣、河南龙枣、核桃纹、衡山长大枣、衡阳珍珠枣、洪赵脆枣、洪赵葫芦枣、洪赵十月红、洪赵小枣、猴头枣、葫芦枣、湖北铃铛枣、湖北圆枣、湖南尖枣、湖南长枣、黄河滩枣、鸡心蜜枣、鸡心枣、稷山圆枣、佳县牙枣、交城骏枣、交城甜酸枣、金枣、金谷大枣、金铃圆枣、金丝特大枣、晋县木枣、晋枣、九月寒、九月青、糠头枣、苦柬枣、库尔勒小枣、昆明枣、辣椒枣、兰溪马枣、郎家园枣、郎溪牛奶枣、狼枣、乐金1号、乐金2号、乐陵无核小枣、乐陵小枣、乐陵长木枣、冷白玉枣、冷四、冷枣、黎成大马枣、黎城小枣、连县木枣、连县糖枣、聊城圆铃枣、林檎枣、临汾蜜枣、临汾木疙瘩、临汾团枣、临猗笨枣、临猗鸡蛋枣、临猗辣椒枣、临猗马铃酸枣、临猗水枣、临猗甜酸枣、临猗圆枣、临泽大枣、灵宝灵1号、柳罐枣、龙须枣、芦罐枣、白蒲枣、落地红、马连小枣、蚂蚁枣、密云小枣、蜜蜂枣、民勤小枣、旻枣、磨盘枣、穆山圆枣、南京大木枣、南京鸭枣、南京枣、宁阳大柿饼、宁阳暄玲枣、女水砂枣、平陆棒槌枣、平陆尖枣、平陆屯屯枣、平顺笨枣、平顺大枣、平顺骏枣、平遥苦端枣、苹果枣、婆枣枝变1号、蒲城绵枣、蒲城圆枣、濮阳糖枣、濮阳小枣、蒲城墩墩枣、乾陵大枣、清徐圆枣、汝城枣、晒枣、陕西面枣、韶关白枣、韶关大枣、深县串干枣、串鹿唐枣、苏木枣、苏南白蒲枣、酥圆玲、太谷大酸枣、太谷端子枣、太谷墩墩枣、太谷黑夜枣、太谷葫芦枣、太谷玲玲枣、太原驴粪蛋、太原秋团枣、太原十月红、太原圆枣、太原长枣、泰安灵枣、糖头枣、滕州大马枣、滕州长红枣、藤川躺枣、团圆枣、万荣脆枣、万荣福枣、万荣疙瘩枣、文水沙枣、无刺小枣、无头枣、吾库扎克小枣、吴县水团枣、五台绵枣、武乡乐枣、武乡甜枣、武乡牙枣、西双小枣、西营本枣、夏县圆脆枣、献县21号、献县大小枣、献县面枣、献县馒头枣、献县木枣、献县酸枣、献县圆小枣、襄汾木枣、襄汾崖枣、襄汾圆枣、小果算盘枣、新疆大马枣、新疆小圆枣、新疆长圆枣、新乐大枣、新郑大马牙、新郑大枣、新郑鸡心枣、新郑尖头枣、新郑齐头白枣、新郑小圆枣、新郑长鸡心、盱眙雁来红、溆浦薄皮枣、溆浦秤砣枣、溆浦六月枣、溆浦米枣、溆浦木枣、溆浦砂糖枣、溆浦柿饼枣、溆浦酸圆枣、溆浦糖枣、溆浦酸甜枣、溆浦香枣、溆浦岩枣、宣城尖枣、延川白枣、延川条枣、羊角枣、义乌大枣、义乌蛾子枣、义乌棉絮枣、义乌酸甜枣、义县木枣、璎珞枣、永成长红枣、永济鸡蛋枣、油荷枣、榆次九月青、榆次毛猴枣、榆次面枣、榆次团枣、榆次晚红枣、榆次牙枣、玉田小枣、垣曲枣、云南2号、运城绵枣、运城婆婆枣、赞皇常枣、赞新大枣、枣强婆枣、枣强傻枣、直社疙瘩枣、中草笨枣、中阳木枣、中阳团枣、遵义甜枣、肉兜枣、无核大枣、胎里红、大婆枣、黄口大枣、灵宝大枣、相枣、蛤蟆枣、大马牙枣、和田玉原枣、羌都红枣、沧县甜瓜枣、大铃铛枣、黄皮枣、民勤圆枣、奶头枣、酸团枣、酸玲枣、赞皇麻枣、斑枣、扁团圆枣、冰糖枣、彬县酥枣、茶壶枣、柴枣、长脆枣、脆脆枣、大瓜枣、勾勾枣、方头枣、兰州圆枣、文县小枣、新郑铃枣、星星枣、小油香枣等310个枣品种。

小叶鼠李 *Rhamnus parvifolia* 鼠李科 Rhamnaceae 鼠李属 *Rhamnus*

形态特征： 灌木，高1.5~2 m。小枝对生或近对生，紫褐色，枝端及分叉处有针刺。叶纸质，对生或近对生，稀兼互生，或在短枝上簇生，菱状倒卵形或菱状椭圆形，稀倒卵状圆形或近圆形，下面浅绿色，干时灰白色，无毛或脉腋窝孔内有疏微毛。花期5—7月，果期8—9月。

生活习性： 喜光，耐阴，耐寒，适应性强，常生于海拔400~2 300 m 的向阳山坡、草丛或灌丛中。

分布： 野生资源分布于宁夏六盘山、南华山、贺兰山、罗山、西吉县、隆德县、泾源县、海原县、彭阳县等地，泾源县有少量驯化栽培。分布于我国华北及辽宁、山东、甘肃、宁夏等地。

保护利用现状： 部分野生资源得到保护。

开发利用前景： 可以用作观果绿篱，也可以制作盆景。

黑桦树 *Rhamnus maximowicziana* 鼠李科 Rhamnaceae 鼠李属 *Rhamnus*

黑桦树又称钝叶鼠李、毛脉鼠李。

形态特征：灌木，高2~2.5 m。树皮暗灰褐色，具光泽。多分枝，小枝对生，枝端及分叉处具刺。叶纸质或厚纸质，对生或近对生，或在短枝上簇生，椭圆形、倒卵状椭圆形或倒卵形，顶端短渐尖或锐尖，稀近圆形，基部楔形，边缘具钝或细圆齿，上面深绿色，有白色疏短毛或近无毛，下面浅绿色，干时变黄色，无毛或仅脉腋内有疏短毛。核果倒卵状球形。花期5—6月，果期7—9月。

生活习性：耐旱，耐寒，耐瘠薄。

分布：野生资源分布于宁夏贺兰山、沙坡头区、西夏区、石嘴山市、同心县、西吉县、泾源县等地，生于海拔1 500~2 000 m的干山沟或干旱山坡。分布于我国华北及陕西、甘肃、宁夏、四川等地。

保护利用现状：部分野生资源得到保护。

开发利用前景：生态绿化树种。

圆叶鼠李 *Rhamnus globosa* 鼠李科 Rhamnaceae 鼠李属 *Rhamnus*

圆叶鼠李又称黑旦子、冻绿树、冻绿。

形态特征：灌木，高2 m。小枝对生或近对生，暗红褐色或灰褐色，顶端具针刺，幼枝和当年生枝被短柔毛。枝和叶均对生或近对生，在短枝上丛生。叶通常近圆形、椭圆形、长椭圆形或倒卵状长椭圆形。花单性，雌雄异株。核果球形或倒卵状球形，种子黑褐色。花期6—7月，果期7—8月。

生活习性：耐阴，耐干旱。

分布：野生资源分布于宁夏六盘山、南华山、西吉县、海原县、彭阳县等地，多生于山坡林缘或灌木丛中。分布于我国华北及山东、江苏、浙江、安徽、湖北、河南、陕西、甘肃、宁夏、青海、四川、云南等地。

保护利用现状：部分野生资源得到保护。

开发利用前景：种子可榨油，供制润滑油，还可做绿色染料、制药。

鼠　李 *Rhamnus davurica*

鼠李科 Rhamnaceae　鼠李属 *Rhamnus*

鼠李又名大绿、大脑头、大叶鼠李、黑老鸦刺。

形态特征：灌木，高达3 m。树皮灰褐色。小枝粗壮，对生，灰褐色，顶端具芽。叶在长枝上对生，在短枝上丛生，宽倒披针形、倒卵状长椭圆形、狭倒卵形至椭圆形，上面绿色，疏被短茸毛，下面淡绿色，被长茸毛。花单性，雌雄异株。核果球形，黑色；种子卵圆形，黄褐色。花期5—6月，果期7—8月。

生活习性：适应性强，耐寒，耐旱，耐瘠薄 。

分布：野生资源分布于宁夏六盘山、罗山、西吉县、原州区、泾源县、沙坡头区等地，生长于海拔1 800 m 以下的山坡林下、灌丛或林缘和沟边阴湿处，西夏区、原州区、泾源县、彭阳县有栽培。分布于我国东北、华北及河南、陕西、宁夏等地。

保护利用现状：部分野生资源得到保护，少量开发利用。

开发利用前景：用材树种和庭院绿化树种，优良的盆景树种，果肉可药用，树皮和叶可提取黄色染料。

甘青鼠李 *Rhamnus tangutica*

鼠李科 Rhamnaceae　鼠李属 *Rhamnus*

形态特征：灌木，稀小乔木，高2~6 m。枝红褐色或黑褐色，平滑，有光泽，对生或近对生，枝端和分叉处有针刺；短枝较长，幼枝绿色，无毛或近无毛。叶对生或近对生，或在短枝上簇生，椭圆形、倒卵状椭圆形或倒卵形，顶端短渐尖或锐尖，稀近圆形，基部楔形，边缘具钝或细圆齿，上面深绿色，有白色疏短毛或近无毛，下面浅绿色，干时变黄色。花单性，雌雄异株。核果倒卵状球形。花期5—6月，果期7—9月。

分布：野生资源分布于宁夏六盘山、南华山、罗山、泾源县等地，生于海拔2 300~2 500 m 的林缘、灌丛。分布于我国河南、陕西、甘肃、宁夏、青海、四川、西藏等省（区）。

保护利用现状：部分野生资源得到保护，未开发利用。

开发利用前景：生态绿化树种。

柳叶鼠李 *Rhamnus erythroxylon*

鼠李科 Rhamnaceae　鼠李属 *Rhamnus*

柳叶鼠李又称红木鼠李、黑疙瘩、黑格铃。

形态特征：灌木，稀乔木，高达2 m。幼枝红褐色或红紫色，平滑无毛，小枝互生，顶端具针刺。叶纸质，互生或在短枝上簇生，条形或条状披针形，顶端锐尖或钝，基部楔形，边缘有疏细锯齿，两面无毛。核果球形，成熟时黑色。种子倒卵圆形，淡褐色。花期5月，果期6—7月。

生活习性：生于干旱沙丘、荒坡、乱石中或山坡灌丛中。

分布：野生资源分布于宁夏贺兰山、西吉县、彭阳县，沙坡头区、彭阳县、原州区等地有栽培。

保护利用现状：部分野生资源得到保护，少量开发利用。

开发利用前景：叶有浓香味，在陕西民间用以代茶。

高山冻绿 *Rhamnus utilis* var. *szechuanensis*

鼠李科 Rhamnaceae　鼠李属 *Rhamnus*

形态特征：灌木，高1~1.5 m。小枝灰绿色，密被短茸毛，顶端具芽，对生或近对生。叶在长枝上对生，在短枝上丛生，椭圆形、长椭圆形或倒卵状椭圆形，上面绿色，疏被短伏毛，下面淡绿色，沿脉被茸毛。花单性，雌雄异株。核果球形，种子背面具纵沟。花期5—6月，果期7—9月。

生活习性：耐寒，耐阴，耐瘠薄。

分布：野生资源分布于宁夏六盘山，生于海拔1 800 m左右的山坡杂木林下，西吉县有栽培。分布于我国河北、山西、河南、湖北、陕西、甘肃、宁夏、四川、贵州、广西等省（区）。

保护利用现状：部分野生资源得到保护，少量开发利用。

开发利用前景：生态绿化树种。

少毛变叶葡萄 *Vitis piasezkii* var. *pagnucii*

葡萄科 Vitaceae　葡萄属 *Vitis*

变叶葡萄变种。

形态特征：木质藤本。幼茎具纵棱，无毛。三出复叶，有时植株上部的叶为单叶，中间小叶菱形或菱状卵形，先端渐尖。浆果球形，黑褐色。花期6月，果期7—8月。

生活习性：耐寒，耐阴，耐瘠薄。

分布：野生资源分布于宁夏六盘山和泾源县，生于海拔1 600~1 700 m的山谷杂木林缘或林下。分布于我国湖北、河南、河北、山西、陕西、甘肃、宁夏等省（区）。

保护利用现状：部分野生资源得到保护，未开发利用。

开发利用前景：果实鲜食或酿酒。

葡　萄 *Vitis vinifera*

葡萄科 Vitaceae　葡萄属 *Vitis*

形态特征：木质藤本。幼枝有毛或无毛。卷须分枝。单叶，圆形或卵圆形，基部心形，边缘具粗锯齿，两面无毛或下面有短柔毛。花杂性异株，花小。浆果球形、卵形或卵状长圆形，紫黑色、玫瑰紫色或淡绿色。花期4月，果期8—10月。

生活习性：喜光，喜温，抗逆性较强。扦插、嫁接繁殖。

分布：宁夏普遍栽培，品种较多。

保护利用现状：宁夏广泛栽培。

开发利用前景：果实鲜食、酿酒和药用。

大青葡萄

葡萄科 Vitaceae　葡萄属 *Vitis*

2008年经宁夏林木品种审定委员会审定为宁夏林木良种。

形态特征：木质藤本。果穗长圆锥形，穗大、粒大，平均单穗重850 g，最大单穗重2 100 g。果粒短椭圆形，平均单粒重8 g，最大单粒重13 g。可溶性固形物含量16%。果皮薄，黄绿色，汁多，酸甜适度，具清香味，鲜食品质极佳。中晚熟品种，果实9月上旬成熟。

生活习性：抗逆性较强，寿命长，喜光，喜温，容易栽培管理，不耐贮运。扦插繁殖。

分布：宁夏灵武市、永宁县、利通区、青铜峡市、彭阳县、沙坡头区、哈巴湖、白芨滩等地栽培。

保护利用现状：宁夏灌区乡土葡萄品种。

开发利用前景：果实鲜食。

葡萄'威代尔' *Vitis vinifera* 'Vidal blanc'

葡萄科 Vitaceae　葡萄属 *Vitis*

原产于法国，1999年由宁夏林业研究院股份有限公司从法国引入，于2015年经宁夏林木品种审定委员会审定为宁夏林木良种。

形态特征：木质藤本。平均单穗重249.62 g，果粒近圆形，果面有褐色斑点，平均单粒重2.08 g，最大单粒重2.95 g，果粒整齐，小青粒少。果皮黄绿色、较薄，果粉薄。香味浓，口感甜，品质上。9月末至10月初浆果成熟，9月中旬新梢开始木质化。

生活习性：成熟后果穗不落粒，果皮较厚，果粒脱水差，可长时间留存在树上，延迟采收期40 d以上。扦插、嫁接繁殖。

分布：宁夏永宁县和沙坡头区有栽培。

保护利用现状：宁夏有少量引种栽培。

开发利用前景：果实可用于酿造冰白葡萄酒，也可作为酿造贵腐酒、甜型酒、半甜型酒的原料。

红地球 *Vitis vinifera* 'Red Globe'

葡萄科 Vitaceae　葡萄属 *Vitis*

欧亚种，原产于美国。2009年新疆林木品种审定委员会审定为林木良种。

形态特征：木质藤本，植株生长旺盛。果穗长圆锥形，果粒着生紧密，单穗重800~1 200 g。果粒圆形或卵圆形，果粒大，单粒重

12~14 g。果皮厚，暗紫色或鲜红色。果肉硬脆，味甜，品质极佳。每粒果实有3~4粒种子，种子大。晚熟品种，果实9月下旬至10月初成熟。

生活习性：抗虫、抗病、抗寒性弱，极耐贮运。扦插、嫁接繁殖。

分布：宁夏葡萄种植区均有栽培。

保护利用现状：宁夏各地广泛栽培。

开发利用前景：优良的鲜食品种。

无核白鸡心 *Vitis vinifera* 'Centennial Seedless'

葡萄科 Vitaceae　葡萄属 *Vitis*

无核白鸡心又名森田尼无核，原产于美国，1986年引入我国，2009年经新疆林木品种审定委员会审定为林木良种。

形态特征：木质藤本。果穗圆锥形，平均单穗重480 g，果粒着生中等紧密，较整齐。果粒鸡心形，平均单粒重2.6 g，不落粒。果皮黄绿色，皮薄肉脆，较韧，浓甜，果皮不易分离，微有玫瑰香味，品质极佳。中熟无核品种，果实9月上旬成熟。

生活习性：丰产，适应性较强，耐运输，不宜长期冷藏。扦插、嫁接繁殖。

分布：宁夏惠农区、中宁县、彭阳县等葡萄种植区均有栽培。

保护利用现状：宁夏广泛引种栽培。

开发利用前景：果实鲜食和制干。

红宝石无核 *Vitis vinifera* 'Ruby Seedless'

葡萄科 Vitaceae　葡萄属 *Vitis*

欧亚种，美国培育的晚熟无核品种，1987年引入我国。

形态特征：木质藤本。果穗较大，长圆锥形，有歧肩，单穗重600~700 g，果粒着生中等紧密。果实宝石红色，具果霜，果粒椭圆形，平均单粒重5 g。果皮亮红紫色，皮薄。果肉脆，可溶性固形物含量17%，含酸量0.6%，味甜爽口。晚熟无核品种，果实9月下旬成熟。

生活习性：树势旺，丰产性好，抗病性较弱，适应性较强。扦插、嫁接繁殖。

分布：宁夏灵武市、贺兰县、惠农区、青铜峡市、彭阳县等葡萄种植区均有栽培。

保护利用现状：宁夏普遍栽培。

开发利用前景：果实鲜食和加工。

巨峰葡萄 *Vitis vinifera* 'Kyoho'

葡萄科 Vitaceae　葡萄属 *Vitis*

欧美杂交种，原产于日本，1959年引入我国。

形态特征：木质藤本。四倍体品种。果穗大，圆锥形，果粒着生中等紧密，平均单穗重550 g。果粒大，椭圆形，单粒重10~13 g，果粒大小均匀。果实黑紫色，果皮厚，果肉多汁，味酸甜，有草莓香味，含糖量15%~17%，品质中上等。两性花。中熟品种，果实8月下旬成熟。

生活习性：植株生长旺盛，产量高，适应性强，抗寒，抗病，耐贮运。扦插、嫁接繁殖。

分布：宁夏利通区、彭阳县、平罗县、沙坡头区等葡萄种植区均有栽培。

保护利用现状：宁夏各地普遍栽培。

开发利用前景：果实鲜食。

乍　娜 *Vitis vinifera* 'Cardinal'　葡萄科 Vitaceae　葡萄属 *Vitis*

欧亚种，别名绯红，原产于美国，1975年引入我国。

形态特征：木质藤本。果穗大，长圆锥形，平均单穗重760 g。果粒着生中等紧密，近圆形，平均单粒重8.2 g。果实紫红色或紫色，果皮较厚，果肉肥厚较脆，清香味甜，汁多，有淡玫瑰香味。早熟品种，果实8月上旬成熟。

生活习性：生长势较强，较丰产，抗病力强，抗寒性中等。扦插、嫁接繁殖。

分布：宁夏灵武市、贺兰县、灵武市、惠农区、利通区等葡萄种植区均有栽培。

保护利用现状：宁夏广泛栽培。

开发利用前景：果实鲜食。

玫瑰香 *Vitis vinifera* 'Muscat Hamburg'　葡萄科 Vitaceae　葡萄属 *Vitis*

欧亚种，又名麝香，原产于英国，1871年引入我国。

形态特征：木质藤本，植株长势中庸。果穗圆锥形，单穗重350~403 g，果粒着生疏松至中等紧密。果粒椭圆形或卵圆形，较小，单粒重4~5 g。果皮中等厚，紫红色或黑紫色，果肉较软，多汁，微酸带甜，有浓郁的玫瑰香味，品质中上等。两性花。中晚熟品种，果实8月下旬或9月上旬成熟。

生活习性：适应性强，耐盐碱，易感霜霉病和白粉病。扦插、嫁接繁殖。

分布：宁夏西夏区、红寺堡区、永宁县、贺兰县、灵武市、惠农区、利通区、青铜峡市葡萄种植区均有栽培。

保护利用现状：宁夏普遍栽培。

开发利用前景：果实鲜食、酿酒和制汁。

美人指 *Vitis vinifera* 'Manicure Finger' 葡萄科 Vitaceae 葡萄属 *Vitis*

原产于日本，二倍体欧亚种，1998年引入我国。

形态特征：木质藤本，树势强，枝条直立。果穗长圆锥形，松散，中大，无副穗，单穗重450~600 g。果粒大，细长（像手指），单粒重10~12 g。果实先端鲜红色，基部颜色稍淡。果皮、果肉难分离，皮薄而韧，不易裂果，不脱粒，果肉紧脆，呈半透明状，可切片，味甜爽口，含酸量低，无香味。晚熟品种，果实9月上旬成熟。

生活习性：产量不稳定，果实耐贮存，抗逆性较强，抗病性较差。扦插、嫁接繁殖。

分布：宁夏中宁县、青铜峡市、利通区等葡萄种植区均有栽培。

保护利用现状：宁夏普遍栽培。

开发利用前景：果实鲜食。

阳光玫瑰 *Vitis vinifera* 'Shine Muscat' 葡萄科 Vitaceae 葡萄属 *Vitis*

欧美杂交种，原产于日本，2006年引入我国。

形态特征：木质藤本，树势强。果穗圆锥形，平均单穗重600 g，果粒着生紧密。单粒重8~12 g。果粒椭圆形，大粒黄绿色，果面有光泽，果粉少。果肉鲜脆多汁，有玫瑰香味，可溶性固形物含量20%左右，鲜食品质极优。中熟品种，果实9月初开始成熟。

生活习性：丰产稳产，抗病，耐贮藏，不裂果，不脱粒，早果性好。扦插、嫁接繁殖。

分布：宁夏永宁县、贺兰县、灵武市、惠农区、利通区、青铜峡市、红寺堡区、沙坡头区等葡萄种植区均有栽培。

保护利用现状：宁夏引种设施栽培。

开发利用前景：果实鲜食。

维多利亚 *Vitis vinifera* 'Victoria'

葡萄科 Vitaceae　葡萄属 *Vitis*

欧亚种，1996年由河北省农林科学院石家庄果树研究所从罗马尼亚引入我国。

形态特征：木质藤本，树势中庸。果穗大，稍长，圆锥形或圆柱形，平均单穗重630 g。果粒着生中等紧密，果粒大，长椭圆形，粒形美观，无裂果，平均单粒重9.5 g。果皮黄绿色，中等厚。果肉硬而脆，味甘甜爽口，品质佳，可溶性固形物含量16.0%。果肉与种子易分离，每果粒含种子以2粒居多。中早熟品种，果实8月上旬成熟。

生活习性：抗灰霉病能力强，抗霜霉病和白腐病能力中等。果实成熟后不易脱粒，耐运输。扦插、嫁接繁殖。

分布：宁夏灵武市、永宁县、贺兰县、惠农区、利通区、青铜峡市等葡萄种植区均有栽培。

保护利用现状：宁夏普遍栽培。

开发利用前景：果实鲜食。

摩尔多瓦 *Vitis vinifera* 'Moldova'

葡萄科 Vitaceae　葡萄属 *Vitis*

欧美杂交种，原产于摩尔多瓦共和国，1997年我国从罗马尼亚引入。

形态特征：木质藤本，树势强。果穗圆锥形，中等大，平均单穗重650 g。果粒着生中等紧密，果粒大，短椭圆形，平均单粒重9 g。果皮蓝黑色，着色非常整齐一致，果粉厚。果肉柔软多汁，口感一般，果实先转色后增甜。两性花。中晚熟品种，果实9月中下旬成熟。

生活习性：结果早，丰产性好，耐贮运。扦插、嫁接繁殖。

分布：宁夏红寺堡区和灵武市等葡萄种植区栽培。

保护利用现状：宁夏有少量栽培。

开发利用前景：果实鲜食，为葡萄长廊首选品种。

夏　黑 *Vitis vinifera* 'Summer Black' 葡萄科 Vitaceae　葡萄属 *Vitis*

夏黑又称黑夏、夏黑无核，欧美杂交种，三倍体品种。原产于日本，1998年引入我国。

形态特征：木质藤本，树势强。果穗大，圆锥形，部分为双歧肩圆锥形，平均单穗重415 g，穗形整齐。果粒着生紧密，果粒圆形，平均单粒重5.5 g。果粉厚，果皮厚，果实黑蓝色，上色快，着色一致。果肉脆，汁淡红色，味甜，有草莓香味，品质极佳。早熟无核品种，果实8月下旬成熟。

生活习性：结实力强，抗病力强，不裂果，不脱粒。扦插、嫁接繁殖。

分布：宁夏灵武市和沙坡头区等部分葡萄种植区栽培。

保护利用现状：宁夏有少量栽培。

开发利用前景：果实鲜食。

赤霞珠 *Vitis vinifera* 'Cabernet Sauvignon' 葡萄科 Vitaceae　葡萄属 *Vitis*

用于酿造葡萄酒的红葡萄品种，原产于法国波尔多。

形态特征：木质藤本。果穗小，平均单穗重165 g，圆锥形。果粒着生中等紧密，平均单粒重1.9 g，果粒圆形，皮厚，紫黑色，有青草味，可溶性固形物含量16.3%~17.4%，含酸量0.56%。晚熟品种，果实9月下旬成熟。

生活习性：产量中等，适应性强，抗病性强。扦插、嫁接繁殖。

分布：宁夏红寺堡区、金凤区、永宁县、贺兰县、惠农区、平罗县、利通区、青铜峡市、沙坡头区等酿酒葡萄种植区均有栽培。

保护利用现状：宁夏酿酒葡萄种植区均有栽培。

开发利用前景：红葡萄酒酿酒品种。

宁夏还栽培有鲜食和酿酒葡萄品种蛇龙珠（*Vitis vinifera* 'Cabernet Gernischet'）、梅鹿辄（*Vitis vinifera* 'Merlot'）、霞多丽（*Vitis vinifera* 'Chardonnay'）、黑比诺（*Vitis vinifera* 'Pinot Noir'）、雷司令（*Vitis vinifera* 'Riesling'）、马瑟兰、品丽珠（*Vitis vinifera* 'Cabernet Franc'）、西拉（*Vitis vinifera* 'Petite Sirah'）、小芒森、贵人香（*Vitis vinifera* 'Italian Riesling'）、小味儿多（马尔贝克、琼瑶浆）、红芭拉多、黑芭拉多、克伦生、新星无核、金星无核、夏至红、牛奶等。

乌头叶蛇葡萄 *Ampelopsis aconitifolia*

葡萄科 Vitaceae　蛇葡萄属 *Ampelopsis*

乌头叶蛇葡萄又称草白蔹。

形态特征：木质藤本。小枝圆柱形，有纵棱纹，疏被柔毛。卷须2~3叉分枝，相隔2节间断与叶对生。掌状5小叶，小叶3~5羽裂，披针形或菱状披针形，长4~9 cm，宽1.5~6 cm，顶端渐尖，基部楔形，中央小叶深裂，或有时外侧小叶浅裂或不裂，上面绿色，无毛或疏生短柔毛，下面浅绿色。花序为疏散的伞房状复二歧聚伞花序，花瓣卵圆形。果实近球形，橙黄色。种子倒卵圆形。花期5—6月，果期8—9月。

生活习性：抗寒，抗旱，耐瘠薄，耐阴，喜肥沃而疏松的土壤。播种、扦插繁殖。

分布：野生资源分布于宁夏贺兰山、平罗县、石嘴山市、西吉县、沙坡头区等地，多生于海拔600~1 800 m 的干旱山沟边、石质滩地、山坡灌丛或草地中。分布于我国内蒙古、河北、甘肃、宁夏、陕西、山西、河南等省（区）。

保护利用现状：部分野生资源得到保护，少量用于庭院棚架绿化。

开发利用前景：可用于篱垣、林缘地带，还可以用于棚架绿化，根、皮可药用。

掌裂蛇葡萄 *Ampelopsis delavayana* var. *glabra*

葡萄科 Vitaceae　蛇葡萄属 *Ampelopsis*

掌裂蛇葡萄为乌头叶蛇葡萄的变种。

形态特征：木质藤本。小枝圆柱形，有纵棱纹，疏被柔毛。掌状5小叶，小叶大多不分裂，边缘锯齿通常较深而粗，或混生有浅裂叶，光滑无毛或叶下面微被柔毛。花序为疏散的伞房状复二歧聚伞花序，通常与叶对生或假顶生。果实近球形，橙黄色。种子倒卵圆形。花期5—6月，果期7—9月。

生活习性：抗寒，抗旱，耐瘠薄，耐阴，喜肥沃而疏松的土壤。播种、扦插繁殖。

分布：野生资源分布于宁夏贺兰山、六盘山、彭阳县，多生于海拔250~2 500 m 的沟边、山坡或路边疏林下。分布于我国东北、华北、山东、江苏、甘肃、宁夏、陕西、四川等地。

保护利用现状：部分野生资源得到保护，未开发利用。

开发利用前景：可用于篱垣、林缘地带，还可以用于棚架绿化，根、皮可药用。

五叶地锦 *Parthenocissus quinquefolia* 葡萄科 Vitaceae 地锦属 *Parthenocissus*

五叶地锦又称美国地锦。

形态特征：木质藤本。小枝圆柱形，无毛。卷须顶端嫩时尖细卷曲，叶片掌状，互生，顶端短尾尖，基部楔形或阔楔形，边缘有锯齿，上面绿色，下面浅绿色，两面无毛，秋季变为紫红色。雌雄同株，多歧聚伞花序，花蕾椭圆形，萼片碟形，无毛；花瓣、花药长椭圆形，花盘不明显，子房卵锥形。浆果球形，成熟时蓝黑色，被白粉。种子倒卵形。花期6—7月，果期8—10月。

生活习性：抗寒，抗旱，耐瘠薄，耐阴，耐热，耐修剪，怕积水。播种、扦插、压条繁殖。

分布：宁夏各地均有栽培。原产于北美洲，分布于我国东北、华北各地。

保护利用现状：宁夏广泛用于庭院、园林绿化。

开发利用前景：庭院、园林绿化树种，装饰植物。

地　锦 *Parthenocissus tricuspidata* 葡萄科 Vitaceae 地锦属 *Parthenocissus*

地锦又称爬山虎。

形态特征：木质藤本。小枝圆柱形，几无毛或疏被微柔毛。卷须5~9分枝，相隔2节间断与叶对生。卷须顶端嫩时膨大呈圆珠形。单叶，通常着生在短枝上者3浅裂，有时着生在长枝上者小型不裂，叶片通常倒卵圆形，顶端裂片急尖，基部心形，边缘有粗锯齿，上面绿色，无毛，下面浅绿色。花序着生在短枝上，基部分枝，形成多歧聚伞花序；花瓣5，长椭圆形。果实球形，蓝黑色。种子倒卵圆形，顶端圆形。花期5—8月，果期9—10月。

生活习性：耐寒，耐旱，耐瘠薄，耐修剪，适应性强，喜阴湿环境。播种、扦插、压条繁殖。

分布：宁夏大武口区、沙坡头区、原州区、彭阳县均有栽培。分布于我国吉林、辽宁、河北、河南、山东、安徽、江苏、浙江、福建、台湾等省。

保护利用现状：宁夏主要用于庭院绿化、园林绿化。

开发利用前景：庭院、园林绿化树种，装饰植物。

少脉椴 *Tilia paucicostata* 椴树科 Tiliaceae 椴树属 *Tilia*

形态特征：乔木，高13 m。小枝黄绿色，嫩枝纤细，无毛，芽体细小，无毛或顶端有茸毛。叶薄革质，卵圆形，先端急渐尖，基部斜心形或斜截形，上面无毛，下面秃净或有稀疏微毛；叶柄长2~5 cm，纤细，无毛。聚伞花序，有花6~8朵，花柄长1~1.5 cm，花瓣倒卵状披针形。核果倒卵圆形或近球形，密被白色茸毛，有疣状突起。花期6—7月，果期7—8月。

生活习性：喜光，抗寒，耐阴，不耐盐碱，喜冷凉、湿润气候及深厚、肥沃、湿润土壤。播种繁殖。

分布：野生资源分布于宁夏六盘山、西吉县、海原县等地，多生长于山地杂木丛中，西夏区、金凤区、泾源县有少量驯化栽培。分布于我国甘肃、宁夏、陕西、河南、四川、云南、湖北等省（区）。

保护利用现状：部分野生资源得到保护，少量驯化栽培。

开发利用前景：绿化、防护、用材树种，蜜源植物，花可榨油、做饲料、入药等。

蒙　椴 *Tilia mongolica* 椴树科 Tiliaceae 椴树属 *Tilia*

形态特征：乔木，高10 m。树皮淡灰色，呈不规则薄片状脱落。嫩枝无毛，顶芽卵形，无毛。叶阔卵形或圆形，先端渐尖，常3裂，基部微心形或斜截形，上面无毛，下面仅脉腋内有毛丛。聚伞花序，花序柄无毛，花瓣披针形，黄色。果实倒卵形，被毛，有不明显的棱。花期7—9月，果期8—9月。

生活习性：喜光，抗寒，耐阴，不耐盐碱，喜冷凉、湿润气候及肥厚而湿润土壤。播种、分株、压条繁殖。

分布：野生资源分布于宁夏六盘山、西吉县等地，多生长于海拔1 700 m左右的山地杂木丛中，西吉县有少量驯化栽培。分布于我国内蒙古、宁夏、河北、河南、山西、辽宁等省（区）。

保护利用现状：部分野生资源得到保护，少量驯化栽培。

开发利用前景：绿化和防护树种，建筑、家具等用材，果实可提取芳香油，花可药用。

华　椴 *Tilia chinensis* 椴树科 Tiliaceae　椴树属 *Tilia*

形态特征：乔木，高10~15 m。小枝暗灰褐色，嫩枝无毛，顶芽倒卵形，无毛。叶阔卵形，长5~10 cm，宽4.5~9 cm，先端短急尖，基部斜心形或近截形，上面无毛，下面被灰色星状茸毛，边缘密具细锯齿；叶柄长3~5 cm，稍粗壮，被灰色毛。聚伞花序，花序柄有毛，下半部与苞片合生；花柄长1~1.5 cm；苞片窄长圆形；萼片长卵形，花瓣卵形。核果椭圆形或长圆形。花期6—7月，果期8—9月。

生活习性：喜光，抗寒，稍耐阴，不耐盐碱，喜深厚、肥沃、湿润土壤。播种、分株、压条繁殖。

分布：野生资源分布于宁夏六盘山、西吉县等地，多生长于海拔2 000~2 600 m的山地杂木丛中，泾源县有少量驯化栽培。分布于我国甘肃、宁夏、陕西、河南、湖北、四川、云南等省（区）。

保护利用现状：部分野生资源得到保护，少量驯化栽培。

开发利用前景：绿化、防护、用材树种，蜜源植物。

辽　椴 *Tilia mandshurica* 椴树科 Tiliaceae　椴树属 *Tilia*

形态特征：乔木，高达20 m，树冠广卵形至扁球形。树皮暗灰色，有浅纵裂。当年生枝黄绿色，密牛灰白色星状毛。叶互生，近圆形或阔卵形，长8~12 cm，宽7~11 cm，先端钝尖，基部稍偏斜，宽心形或截形，边缘具粗锯齿，表面疏生毛，背面密生淡灰色星状毛。聚伞花序，花瓣黄色。核果球形，外被黄褐色茸毛。花期6—7月。

生活习性：喜光，耐阴，耐寒，耐修剪，不耐盐碱，抗逆性较差，在干旱、瘠薄土壤上生长不良。播种、扦插、压条繁殖。

分布：宁夏西夏区有少量引种栽培。分布于我国黑龙江、吉林、辽宁、内蒙古、北京、河北、山西、山东、江苏、河南等地。

保护利用现状：宁夏有少量引种栽培。

开发利用前景：绿化、防护、用材树种。

木　槿 *Hibiscus syriacus*

锦葵科 Malvaceae　木槿属 *Hibiscus*

形态特征： 灌木，高2~4 m。小枝密被黄色星状茸毛。叶菱形至三角状卵形，长3~10 cm，宽2~4 cm，具深浅不同的3裂或不裂，先端钝，基部楔形，边缘具不整齐齿缺，下面沿叶脉微被毛或近无毛；叶柄长，上面被星状柔毛。花单生于枝端叶腋间，花梗被星状短茸毛；花瓣倒卵形。蒴果卵圆形，密被黄色星状茸毛。种子肾形，成熟种子黑褐色。花期7—10月，果期9—10月。

生活习性： 喜光，耐寒，耐旱，耐修剪，耐瘠薄，稍耐阴，适应性强。播种、压条、扦插、分株繁殖。

分布： 宁夏兴庆区、金凤区、大武口区、平罗县、利通区、青铜峡市、沙坡头区、中宁县、原州区、西吉县、泾源县、彭阳县等地有栽培。分布于我国各地。

保护利用现状： 宁夏广泛用于庭院美化。

开发利用前景： 园林绿化树种，花可食用，果、根、叶和皮均可入药。

紫花重瓣木槿 *Hibiscus syriacus* f. *violaceus*

锦葵科 Malvaceae　木槿属 *Hibiscus*

紫花重瓣木槿是木槿的变种。

形态特征： 灌木，高2~4 m。小枝密被黄色星状茸毛。叶菱形至三角状卵形，长3~10 cm，宽2~4 cm，具深浅不同的3裂或不裂，先端钝，基部楔形，边缘具不整齐齿缺，下面沿叶脉微被毛或近无毛；托叶线形，疏被柔毛。花单生于枝端叶腋间，花梗被星状短茸毛；花萼钟形，密被星状短茸毛；花钟形，青紫色，重瓣，花瓣倒卵形。蒴果卵圆形。种子肾形，成熟种子黑褐色。花期6—10月，果期9—10月。

生活习性： 喜光，耐旱，耐修剪，耐瘠薄，稍耐阴，喜温暖、湿润气候，适应性强。播种、压条、扦插、分株繁殖。

分布： 宁夏利通区有栽培。分布于我国四川、贵州、云南、西藏、安徽、江西、河南、陕西等省（区）。

保护利用现状： 宁夏少量应用于庭院美化。

开发利用前景： 观花灌木，可用作花篱、绿篱，庭院绿化树种。

芙蓉葵 *Hibiscus moscheutos*

锦葵科 Malvaceae　木槿属 *Hibiscus*

形态特征： 灌木，高1~2.5 m。茎被星状短柔毛或近无毛。叶卵形至卵状披针形，长10~18 cm，宽4~8 cm，基部楔形至近圆形，先端尾状渐尖，边缘具钝圆锯齿，下面被灰白色毡毛，叶柄被短柔毛，托叶丝状，早落。花单生于枝端叶腋间，花大，白色、淡红色和红色等，花瓣倒卵形。蒴果圆锥状卵形，种子近圆肾形。花期6—8月，果期9—10月。

生活习性： 喜光，耐寒，耐热，耐盐碱，忌干旱，耐水湿，稍耐阴。播种繁殖。

分布： 宁夏彭阳县有栽培。分布于我国北京、青岛、上海、南京、杭州、昆明等地。

保护利用现状： 宁夏少量用于庭院、公园和室内美化。

开发利用前景： 庭院、公园、室内等绿化树种，蜜源植物，果荚可食用和药用。

四萼猕猴桃 *Actinidia tetramera*

猕猴桃科 Actinidiaceae　猕猴桃属 *Actinidia*

宁夏野生资源分布较少，属于宁夏重点保护植物，国家二级保护植物。

形态特征： 藤本，长约10 m。老枝淡灰色，嫩枝红褐色，无毛，皮孔显著，髓褐色，片层状。叶薄纸质，长方卵形、长方椭圆形或椭圆状披针形，长4~8 cm，宽2~4 cm，顶端长渐尖，边缘有细锯齿，两面近同色，叶柄水红色。花白色或渲染淡红色，单生，花瓣4，瓢状倒卵形。浆果长卵状球形，金黄色，成熟后褐色，无毛。花期5—6月，果熟期8—9月。

生活习性： 耐旱，喜凉爽、湿润的气候。播种、压条繁殖。

分布： 野生资源分布于宁夏六盘山，多生长于海拔1 850 m 的山梁杂木中。分布于我国甘肃、宁夏、陕西、河南、湖北、四川等省（区）。

保护利用现状： 野生资源得到保护，未开发利用。

开发利用前景： 观赏藤本，果实可鲜食或制果脯、果汁、果酱等。

猕猴桃藤山柳 *Clematoclethra actinidioides*

猕猴桃科 Actinidiaceae　藤山柳属 *Clematoclethra*

形态特征：攀缘灌木，长6~7 m。枝灰褐色或黄褐色，具白色皮孔，无毛或幼时具柔毛。叶卵形或卵状长椭圆形，长3~9 cm，宽1.5~5 cm，先端渐尖，基部近圆形至微心形，边缘具刺毛状细齿，上面暗绿色，下面淡灰绿色。花单生；萼片5，卵形或卵圆形，边缘具缘毛，背面被短茸毛；花瓣白色或稍带粉红色，椭圆形。果实近球形，成熟时紫红色或黑色。花期5—6月，果期7—8月。

生活习性：喜凉爽、湿润的环境。播种、分株繁殖。

分布：野生资源分布于宁夏六盘山、泾源县，多生长于海拔2 300~3 000 m 的山地沟谷林缘或灌丛中。分布于我国四川、甘肃、宁夏、陕西、贵州及云南等省（区）。

保护利用现状：野生资源已保护，未开发利用。

开发利用前景：观赏藤本及园林绿化树种，根可药用。

宁夏分布有藤黄科金丝桃属的金丝桃（*Hypericum monogynum*）野生种。

红　砂 *Reaumuria songarica*

柽柳科 Tamaricaceae　红砂属 *Reaumuria*

红砂又称琵琶柴。

形态特征：小灌木，高10~25 cm。茎多分枝，老枝灰黄色，幼枝色稍淡。叶常3~5片簇生，肉质，短圆柱形或倒披针状线形，长0.8~4 mm，宽约0.7 mm，先端钝，浅灰绿色，具腺。花单生于叶腋或在小枝上集成疏松的穗状；苞片3，披针形；花瓣5，粉红色或白色。蒴果长圆状卵形，长约4.5 mm，光滑无毛。种子长矩圆形，全体被灰白色长柔毛。花期7—8月，果期8—9月。

生活习性：喜光，耐旱，耐寒，耐盐碱，耐瘠薄，适应性强。播种繁殖。

分布：野生资源分布于宁夏贺兰山、哈巴湖、白芨滩、兴庆区、西夏区、永宁县、灵武市、惠农区、平罗县、大武口区、红寺堡区、盐池县、利通区、同心县、青铜峡市、沙坡头区、海原县、中宁县等地，多生长于海拔1 000~3 200 m 的山间盆地、湖岸盐碱地、戈壁、砂砾山坡中。分布于我国陕西、甘肃、青海、新疆、内蒙古、宁夏、黑龙江等省（区）。

保护利用现状：部分野生资源得到保护，未开发利用。

开发利用前景：水土保持、固沙、观赏和荒漠治理树种。

黄花红砂 *Reaumuria trigyna*　柽柳科 Tamaricaceae　红砂属 *Reaumuria*

形态特征：小灌木，高10~30 cm。树皮片状剥裂；多分枝，小枝略开展，老枝灰黄色或褐灰白色，当年生枝由老枝发出，纤细，光滑，淡绿色。叶肉质，常2~5片簇生，半圆柱状线形。花单生于叶腋；苞片约10，宽卵形，短突尖，覆瓦状排列；花瓣在花芽内旋转，黄色，长圆状倒卵形，略偏斜。蒴果矩圆形，无毛。花期7—8月，果期8—9月。

生活习性：喜光，耐旱，耐寒，耐瘠薄，适应性强。播种繁殖。

分布：野生资源分布于宁夏贺兰山、兴庆区、永宁县、惠农区、利通区、青铜峡市、沙坡头区、海原县等地，多生长于草原化荒漠的砂砾地、石质及土石质干旱山坡上。分布于我国内蒙古、甘肃、宁夏等省（区）。

保护利用现状：部分野生资源得到保护，未开发利用。

开发利用前景：水土保持、固沙、观赏和荒漠治理树种。

长穗柽柳 *Tamarix elongata*　柽柳科 Tamaricaceae　柽柳属 *Tamarix*

形态特征：灌木或小乔木，高1~3 m。枝短而粗壮，老枝灰色，上年生枝淡灰黄色或淡灰棕色，营养小枝淡黄绿色。生长枝上的叶披针形。总状花序侧生在上年生枝上，苞片淡绿色，花梗比花萼略短或等长；花较大，花萼深钟形，具牙齿；花瓣两侧不等，粉红色，花后即落；花药粉红色。蒴果形似子房，果皮枯草质，淡红色或橙黄色。花期4—5月，果期5—6月。

生活习性：喜光，耐旱，耐寒，耐盐碱，耐瘠薄，耐风蚀，抗病虫害，耐水湿，不耐阴，适应性强。播种、扦插、压条繁殖。

分布：野生资源分布于宁夏中卫市等地，多生长于沙质地或盐碱地上，中宁县、红寺堡区有栽培。分布于我国内蒙古、甘肃、宁夏、青海、新疆等省（区）。

保护利用现状：野生资源未保护，宁夏用于生态造林、盐碱地造林及荒漠治理。

开发利用前景：观赏、水土保持、固沙、盐碱地和荒漠治理树种，嫩枝可做饲料或入药。

短穗柽柳 *Tamarix laxa* 柽柳科 Tamaricaceae 柽柳属 *Tamarix*

形态特征：灌木，高1~2 m。老枝灰色、灰棕色或黄灰色，幼枝短，灰色至淡红灰色。叶黄绿色。总状花序侧生在上年生的老枝上，着花稀疏；苞片卵形、长椭圆形，淡棕色或淡绿色；花梗长约2 mm；花瓣粉红色，稀淡白粉红色；花盘暗红色；雄蕊与花瓣等长，花药红紫色。蒴果狭圆锥形，革质。花期4—5月，果期5—6月。

生活习性：喜光，耐旱，耐寒，耐盐碱，耐瘠薄，耐风蚀，抗病虫害，耐水湿，不耐阴，适应性强。播种、扦插、压条繁殖。

分布：野生资源分布于宁夏白芨滩、兴庆区、灵武市、大武口区、惠农区、平罗县、红寺堡区、利通区、青铜峡市、沙坡头区、中宁县、白芨滩等地，多生长于沙漠边缘、盐渍化沙地及盐渍化湖滩地，兴庆区、平罗县、惠农区、利通区、同心县、红寺堡区、中宁县、沙坡头区有栽培。分布于我国内蒙古、甘肃、宁夏、青海、新疆等省（区）。

保护利用现状：部分野生资源得到保护，宁夏广泛用于生态造林、盐碱地造林。

开发利用前景：观赏、水土保持、固沙、盐碱地和荒漠治理树种，嫩枝可用作饲料，嫩枝、花可入药。

细穗柽柳 *Tamarix leptostachys* 柽柳科 Tamaricaceae 柽柳属 *Tamarix*

形态特征：灌木，高达3 m。老枝紫褐色，嫩枝灰绿色。叶卵状披针形或卵形，长1~2 mm，宽约0.6 mm，先端渐尖。总状花序细长，着生于当年生枝上，圆锥花序，花较稀疏；苞片卵状披针形，萼片5，卵形，先端渐尖；花瓣5，卵状矩圆形或卵形，蓝紫色或粉红色。蒴果小，种子细小，顶端具有柄的簇毛。花期5—6月，果期7月。

生活习性：喜光，耐旱，耐寒，耐盐碱，耐瘠薄，耐风蚀，抗病虫害，耐水湿，不耐阴，适应性强。播种、扦插、压条繁殖。

分布：野生资源分布于宁夏白芨滩、红寺堡区、利通区、盐池县、沙坡头区、海原县等地，多生长于渠沟、路旁或盐碱荒地，哈巴湖有栽培。分布于我国内蒙古、甘肃、宁夏、青海、新疆等省（区）。

保护利用现状：部分野生资源得到保护，少量应用于生态造林、盐碱地造林。

开发利用前景：观赏、水土保持、固沙、盐碱地和荒漠治理树种，嫩枝可用作饲料。

多枝柽柳 *Tamarix ramosissima*

柽柳科 Tamaricaceae　柽柳属 *Tamarix*

形态特征：灌木或小乔木，高1~3 m。老干和老枝的皮暗灰色，当年生木质化生长枝淡红色或橙黄色，长而直伸，有分枝，2年生枝则颜色渐变淡。木质化生长枝上的叶披针形，基部短，半抱茎，微下延。总状花序生在当年生枝顶端，集成顶生圆锥花序；花5数，花瓣粉红色或紫色，形成闭合的酒杯状花冠，果时宿存。蒴果三棱圆锥形瓶状，种子多数，顶端具簇生毛。花期5—8月，果期6—9月。

生活习性：喜光，耐旱，耐寒，耐盐碱，耐瘠薄，耐风蚀，抗病虫害，耐水湿，不耐阴，适应性强。播种、扦插、压条繁殖。

分布：野生资源分布于贺兰山、白芨滩、灵武市、永宁县、平罗县、惠农区、红寺堡区、利通区、青铜峡市、沙坡头区、中宁县、海原县等地，多生长于低洼湿地、沙丘、河湖滩地及沼泽边缘，贺兰山、白芨滩、兴庆区、西夏区、金凤区、永宁县、贺兰县、灵武市、平罗县、大武口区、惠农区、利通区、红寺堡区、盐池县、沙坡头区、中宁县、海原县、隆德县等地有栽培。分布于我国内蒙古、甘肃、宁夏、青海、新疆、西藏等省（区）。

保护利用现状：部分野生资源得到保护，宁夏广泛用于生态造林、盐碱地造林、河湖滩地治理。

开发利用前景：观赏、水土保持、固沙、盐碱地和荒漠治理树种，嫩枝用作饲料。

红花多枝柽柳 *Tamarix gallica* 'Honghuaduozhi'

柽柳科 Tamaricaceae　柽柳属 *Tamarix*

2000年北京格瑞阳光生态科技发展有限公司从比利时引入我国，2003年银川市林业（园林）技术推广站从北京格瑞阳光生态科技发展有限公司引入银川，2010年经宁夏林木品种审定委员会审定为宁夏林木良种。

形态特征：灌木或小乔木，枝条细柔。新枝紫红色，老枝深紫色或紫红色，多分枝。叶小，鳞片状，新叶嫩绿色，老叶浓绿色。花小，具短梗，深红粉色或红粉色，春季的总状花序侧生于翌年生枝上，组成顶生圆锥花序，总状花序长6~8 cm，径3~5 mm，具短的花序柄或近无柄；夏、秋季的总状花序生于当年生枝上，常组成顶生圆锥花序，花序长2~6 cm，径3~5 mm，具短的花序柄或近无柄；萼片4~5，花瓣4~5，覆瓦状排列。花期5—8月，果期6—9月。

生活习性：喜光，耐寒，耐旱，耐阴，耐瘠薄，抗风沙，耐盐碱，耐水湿，耐修剪，适应性强。扦插繁殖。

分布：宁夏大武口区、同心县、哈巴湖等地有栽培。分布于我国北京、山东、内蒙古、甘肃等地。

保护利用现状：宁夏广泛应用于生态造林、盐碱地造林、河湖滩地及荒漠治理。

开发利用前景：观赏、水土保持、固沙、盐碱地和荒漠治理树种，嫩枝用作饲料。

多花柽柳 *Tamarix hohenackeri* 柽柳科 Tamaricaceae 柽柳属 *Tamarix*

形态特征：灌木或小乔木，高1~6 m。老枝灰褐色，2年生枝暗红紫色。绿色营养枝上的叶小，线状披针形或卵状披针形，长2~5 mm，长渐尖或急尖，具短尖头，向内弯，边缘干膜质，略具齿，半抱茎；木质化生长枝上的叶几抱茎，卵状披针形。总状花序，苞片条状长圆形，比花梗略长，或与花萼等长；花萼片卵圆形，齿牙状；花瓣玫瑰红色或粉红色，花盘暗紫红色；花药心形，花柱棍棒状匙形。蒴果长4~5 mm，超出花萼4倍。花期5—9月，果期6—9月。

生活习性：喜光，耐旱，耐寒，耐盐碱，耐瘠薄，耐风蚀，抗病虫害，耐水湿，不耐阴，适应性强。播种、扦插、压条繁殖。

分布：野生资源分布于宁夏中卫市和同心县，多生长于沙地、沼泽、河湖沿岸冲积平原上，兴庆区、西夏区、盐池县和永宁县有栽培。分布于我国内蒙古、甘肃、青海、宁夏、新疆等省（区）。

保护利用现状：野生资源未保护，宁夏用于生态造林、盐碱地造林、河湖滩地及荒漠治理。

开发利用前景：观赏、水土保持、固沙、盐碱地和荒漠治理树种，嫩枝、叶可入药。

甘蒙柽柳 *Tamarix austromongolica* 柽柳科 Tamaricaceae 柽柳属 *Tamarix*

形态特征：灌木或小乔木，高2~4 m。老枝褐红色，直伸。叶灰绿色，木质化枝基部的叶宽卵形，上部的叶披针形，先端尖刺状。春季总状花序侧生于上年生枝上，长4~5 cm，直径约5 mm，1~2个簇生；夏秋季总状花序集成圆锥花序，生于当年生枝顶端，长1.5~3 cm；花5数，萼片卵圆形，边缘膜质；花瓣倒卵形，紫红色。蒴果3裂。花期5—9月，果期8—9月。

生活习性：喜光，耐旱，耐寒，耐盐碱，耐瘠薄，耐风蚀，抗病虫害，耐水湿，适应性强。播种、扦插、压条繁殖。

分布：野生资源分布于宁夏白芨滩、银川市、灵武市、惠农区、盐池县、青铜峡市、利通区、中卫市等地，多生长于沙地、湖滩地及河边滩地，红寺堡区、青铜峡市、沙坡头区、利通区等地有栽培。分布于我国内蒙古、甘肃、青海、宁夏、陕西等省（区）。

保护利用现状：野生资源未保护，宁夏用于生态造林、盐碱地造林、河湖滩地治理。

开发利用前景：观赏、水土保持、固沙、盐碱地和荒漠治理树种，枝条用作编筐原料。

柽　柳 *Tamarix chinensis*

柽柳科 Tamaricaceae　柽柳属 *Tamarix*

柽柳又称红柳。

形态特征：灌木或小乔木，高1~5 m。老枝直立，暗褐红色，光亮；幼枝稠密细弱，常开展而下垂，红紫色或暗紫红色，有光泽；嫩枝繁密纤细，悬垂。叶鲜绿色，从上年生木质化生长枝上生出的绿色营养枝上的叶长圆状披针形或长卵形，长1.5~1.8 mm，稍开展，先端尖。总状花序，花大而少，较稀疏，通常下垂，小枝亦下倾；花瓣5，粉红色，通常卵状椭圆形或椭圆状倒卵形，稀倒卵形，紫红色，肉质。蒴果圆锥形。花果期5—10月。

生活习性：喜光，耐旱，耐寒，耐盐碱，耐瘠薄，耐风蚀，抗病虫害，耐水湿，适应性强。播种、扦插、压条繁殖。

分布：野生资源分布于宁夏六盘山、贺兰山、罗山、哈巴湖、银川市、灵武市、平罗县、青铜峡市、盐池县、同心县、中卫市、中宁县、原州区等地，多生长于沟渠旁及低洼盐碱湿地，哈巴湖、罗山、金凤区、永宁县、平罗县、大武口区、盐池县、同心县、中宁县、海原县、原州区、泾源县、彭阳县、西吉县等地有栽培。我国除新疆、青海外，全国各地均有分布。

保护利用现状：部分野生资源得到保护，宁夏广泛用于生态造林、盐碱地造林、河湖滩地治理。

开发利用前景：观赏、水土保持、固沙、盐碱地和荒漠治理树种。

鲁柽1号 *Tamarix chinensis* 'Lucheng-1'

柽柳科 Tamaricaceae　柽柳属 *Tamarix*

柽柳的变异品种，山东东营林丰生物科技有限公司和山东省林业科学研究院共同选育出来的优良品种，2014年引种到宁夏，2019年为宁夏备案的林木良种。

形态特征：小乔木，主干明显，顶端优势强。老枝直立，暗褐色，当年生枝绿色，有光泽；嫩枝繁密纤细，下垂，生长量大。春夏季叶翠绿色（淡蓝绿色），秋季叶黄绿色，落叶较晚。每年夏秋季开花，总状花序侧生于上年生木质化小枝上，花量少；花5数，萼片5，花瓣5，白色至淡粉色。种子败育。花果期5—10月。

生活习性：喜光，耐旱，耐寒，耐盐碱，耐瘠薄，耐风蚀，抗病虫害，耐水湿，适应性强。扦插繁殖。

分布：宁夏各地均有栽培。分布于我国山东、内蒙古、陕西等省（区）。

保护利用现状：宁夏主要用于生态造林、盐碱地造林、城市绿化。

开发利用前景：城市绿化、观赏、水土保持、固沙、盐碱地和荒漠治理树种。

鲁柽2号 *Tamarix chinensis* 'Lucheng-2'

柽柳科 Tamaricaceae　柽柳属 *Tamarix*

柽柳的变异品种，山东东营林丰生物科技有限公司和山东省林业科学研究院共同选育出来的优良品种，2015年被认定为宁夏林木良种，认定期限为5年。

形态特征：小乔木，高3~6 m。老枝深紫色或紫红色，幼枝浅绿色，纤细而下垂。叶小，卵状披针形、矩圆状披针形或钻形，先端锐尖，基部鞘状抱茎。总状花序，生于浅绿色幼枝上，组成顶生圆锥花序；苞片狭披针形或钻形；雄蕊5；花盘5裂，紫红色。蒴果圆锥形，种子细小，先端具簇毛。花果期5—10月。

生活习性：喜光，耐旱，耐寒，耐盐碱，耐瘠薄，耐风蚀，抗病虫害，耐水湿，适应性强。扦插繁殖。

分布：宁夏永宁县、大武口区、红寺堡区、盐池县、西吉县等地有栽培，分布于我国山东、内蒙古、陕西等省（区）。

保护利用现状：宁夏主要用于生态造林、盐碱地造林、城市绿化。

开发利用前景：城市绿化、观赏、水土保持、固沙、盐碱地和荒漠治理树种。

宽苞水柏枝 *Myricaria bracteata*

柽柳科 Tamaricaceae　水柏枝属 *Myricaria*

形态特征：灌木，高0.5~3 m。多分枝，老枝灰褐色或紫褐色，多年生枝红棕色或黄绿色，有光泽和条纹。叶密生于当年生绿色小枝上，卵形、卵状披针形、线状披针形或狭长圆形，长2~7 mm，宽0.5~2 mm。总状花序顶生于当年生枝条上，密集呈穗状；苞片通常宽卵形或椭圆形，有时菱形；花梗长约1 mm；花瓣倒卵形或倒卵状长圆形，粉红色、淡红色或淡紫色，果时宿存。蒴果狭圆锥形，种子狭长圆形或狭倒卵形。花期6—7月，果期8—9月。

生活习性：喜光，耐旱，耐寒，耐瘠薄，耐风蚀，抗病虫害，耐水湿，适应性强。播种、扦插繁殖。

分布：野生资源分布于宁夏六盘山、贺兰山、灵武市、青铜峡市、中宁县、中卫市等地，多生长于海拔1 100~3 300 m的河谷砂砾质河滩、湖边砂地以及山前冲积扇砂砾质戈壁上。分布于我国新疆、西藏、青海、甘肃、宁夏、陕西、内蒙古、山西、河北等省（区）。

保护利用现状：部分野生资源得到保护，未开发利用。

开发利用前景：观赏、水土保持、固沙、河滩湖泊治理树种。

三春水柏枝 *Myricaria paniculata* 柽柳科 Tamaricaceae 水柏枝属 *Myricaria*

形态特征：灌木，高1~3 m。老枝深棕色、红褐色或灰褐色，具条纹，当年生枝灰绿色或红褐色。叶披针形、卵状披针形或长圆形，长2~6 mm，宽0.5~1.5 mm，先端钝或锐尖，基部略扩展或不扩展，无柄，具狭膜质边；叶腋常生绿色小枝，枝上着生稠密的小叶。春季总状花序侧生于上年生枝上，花瓣倒卵形、卵状披针形或狭椭圆形，长4~4.5 mm，先端圆钝，常内曲，淡紫红色；夏秋季圆锥花序生于当年生枝顶端，长14~34 cm；花序未开放时较密集，开花后疏散；花瓣倒卵形或倒卵状披针形，粉红色或淡紫红色，花后宿存。蒴果狭圆锥形，种子狭长圆形。花期5—8月，果期7—9月。

生活习性：耐寒，耐瘠薄，耐水湿，适应性强。播种、扦插繁殖。

分布：野生资源分布于宁夏六盘山、南华山、西吉县、隆德县、原州区、泾源县等地，多生长于海拔1 000~2 800 m 的山地河谷砾石质河滩、河床砂地、河漫滩及河谷山坡。分布于我国河南、山西、陕西、甘肃、宁夏、四川、云南、西藏等省（区）。

保护利用现状：部分野生资源得到保护，未开发利用。

开发利用前景：观赏、水土保持、河滩湖泊治理树种。

宁夏贺兰山分布有宽叶水柏枝（*Myricaria platyphylla*）野生种。

唐古特瑞香 *Daphne tangutica* 瑞香科 Thymelaeaceae 瑞香属 *Daphne*

唐古特瑞香又称陕甘瑞香，宁夏野生资源分布较少，属于宁夏重点保护植物。

形态特征：灌木，高0.5~2.5 m。不规则多分枝，枝肉质，较粗壮，幼枝灰黄色，分枝短，较密，几无毛或散生黄褐色粗柔毛，老枝淡灰色或灰黄色。叶互生，革质或亚革质，披针形至长圆状披针形或倒披针形，长2~8 cm，宽0.5~1.7 cm，先端钝，尖头通常钝形，上面深绿色，下面淡绿色，干燥后茶褐色，叶柄短。花外面紫色或紫红色，内面白色，头状花序生于小枝顶端。果实卵形或近球形，无毛，幼时绿色，成熟时红色，干燥后紫黑色。种子卵形。花期5—7月，果期8月。

生活习性：喜阴，不耐寒，怕水湿，在肥沃、排水良好的土壤中生长良好。播种、扦插、压条、嫁接繁殖。

分布：野生资源分布于宁夏六盘山和原州区，多生长于海拔1 000~3 800 m 的高山灌丛中或杂木林下。分布于我国山西、陕西、甘肃、宁夏、青海、四川、贵州、云南、西藏等省（区）。

保护利用现状：部分野生资源得到保护，未开发利用。

开发利用前景：观赏、水土保持树种，茎皮可造纸。

宁夏原州区和中宁县少量引种栽培有秋海棠科秋海棠属的四季海棠（*Begonia semperflorens*）。

黄瑞香 *Daphne giraldii*

瑞香科 Thymelaeaceae　瑞香属 *Daphne*

形态特征：灌木，高45~70 cm。枝圆柱形，无毛，幼时橙黄色，有时上段紫褐色，老时灰褐色。叶互生，常密生于小枝上部，膜质，倒披针形，长3~6 cm，稀更长，宽0.7~1.2 cm，先端钝或微突尖，基部狭楔形，边缘全缘，上面绿色，干燥后灰绿色，两面无毛。花黄色，微芳香，头状花序；花萼筒圆筒形，无毛，裂片4，卵状三角形；子房椭圆形，无毛，无花柱，柱头头状。果实卵形或近圆形，红色。花期7月，果期8月。

生活习性：耐半阴，耐日晒，不耐寒，根肉质，怕水湿。分株、扦插、压条、嫁接繁殖。

分布：野生资源分布于宁夏六盘山、南华山、海原县、西吉县、原州区、隆德县等地，多生长于海拔1 600~2 800 m 的山地林缘或疏林中，泾源县有驯化栽培。分布于我国黑龙江、辽宁、陕西、甘肃、宁夏、青海、新疆、四川等省（区）。

保护利用现状：部分野生资源得到保护，少量驯化栽培。

开发利用前景：观赏、水土保持树种，茎皮纤维可用作造纸原料，全株可入药。

中国沙棘 *Hippophae rhamnoides* subsp. *sinensis*

胡颓子科 Elaeagnaceae　沙棘属 *Hippophae*

中国沙棘又称黑刺，2007年经宁夏林木品种审定委员会审定为宁夏林木良种——沙棘六盘山种源。

形态特征：灌木或乔木，高1~5 m。棘刺较多，粗壮，顶生或侧生。嫩枝褐绿色，密被银白色而带褐色鳞片，或有时具白色星状柔毛，老枝灰黑色，粗糙。单叶通常近对生，纸质，狭披针形或矩圆状披针形，长30~80 mm，宽4~13 mm，两端钝形或基部近圆形，基部最宽，上面绿色，初被白色盾形毛或星状柔毛，下面银白色或淡白色。果实圆球形，橙黄色或橘红色。种子小，阔椭圆形至卵形。花期4—5月，果期9—10月。

生活习性：喜光，耐寒，耐旱，耐酷热，抗风沙，适应性强。播种、扦插繁殖。

分布：野生资源分布于宁夏六盘山、南华山、贺兰山、罗山、同心县、海原县、原州区、西吉县、隆德县、泾源县、彭阳县等地，原州区、贺兰山、六盘山、罗山、南华山、海原县、西吉县、隆德县、泾源县、彭阳县、大武口区等地广泛栽培。分布于我国河北、内蒙古、山西、陕西、甘肃、宁夏、青海、四川等省（区）。

保护利用现状：部分野生资源得到保护，宁夏广泛用于南部山区生态造林。

开发利用前景：生态防护、观赏、水土保持树种，果实可食用和加工，又可药用。

沙 枣 *Elaeagnus angustifolia*

胡颓子科 Elaeagnaceae 胡颓子属 *Elaeagnus*

2007年经宁夏林木品种审定委员会审定为宁夏林木良种——沙枣宁夏种源。

形态特征：乔木，高达15 m。无刺或具刺，刺长30~40 mm，棕红色，发亮。幼枝密被银白色鳞片，老枝鳞片脱落，红棕色，光亮。叶薄纸质，矩圆状披针形至线状披针形，长3~7 cm，宽1~1.3 cm，顶端钝尖或钝，基部楔形，全缘，带绿色，下面灰白色。花银白色，直立或近直立，密被银白色鳞片，芳香，常1~3朵花簇生于新枝基部。果实椭圆形或近球形，橙黄色，密被银白色鳞片。果肉乳白色，粉质。花期5—6月，果期9—10月。

生活习性：喜光，耐旱，耐寒，耐盐碱，耐瘠薄，耐风蚀，适应性强。播种、扦插繁殖。

分布：宁夏各地均有栽培。分布于我国辽宁、河北、山西、河南、陕西、甘肃、内蒙古、新疆、青海等省（区）。

保护利用现状：宁夏主要造林树种。

开发利用前景：城市绿化、观赏、水土保持、固沙、盐碱地和荒漠治理、用材树种，蜜源植物；枝叶可做燃料，花可提取精油，果实可做饲料、加工产品、入药。

牛奶子 *Elaeagnus umbellata*

胡颓子科 Elaeagnaceae 胡颓子属 *Elaeagnus*

牛奶子又称伞花胡颓子、甜枣。

形态特征：灌木，高1~4 m。棱具长刺。小枝开展，多分枝，幼枝密被银白色和少数黄褐色鳞片，有时全被深褐色或锈色鳞片，老枝鳞片脱落，灰黑色。叶纸质或膜质，椭圆形至卵状椭圆形或倒卵状披针形，长3~8 cm，宽1~3.2 cm，顶端钝或渐尖，基部圆形至楔形，边缘全缘或皱卷至波状，叶柄白色。花先叶开放，黄白色，芳香，密被银白色盾形鳞片，1~7朵花簇生于新枝基部，单生或成对生于幼叶叶腋。果实几球形或卵圆形，成熟时红色。花期5—6月，果期9—10月。

生活习性：喜光，耐旱，耐寒，适应性强。播种繁殖。

分布：野生资源分布于宁夏六盘山、永宁县、同心县、隆德县、泾源县等地，多生长于海拔2 000~2 300 m的向阳林缘、灌丛中、荒坡和沟边，原州区、泾源县、西吉县有驯化栽培。我国南北各省（区）均有分布。

保护利用现状：部分野生资源得到保护，少量开发利用。

开发利用前景：观赏、水土保持树种，果实可生食、制果酒及果酱等，叶可做土农药，果实、根和叶可入药。

水牛果 *Shepherdia argentea*

胡颓子科 Elaeagnaceae　野牛果属 *Shepherdia*

形态特征：灌木，高2~6 m。幼枝被银色茸毛，老枝褐色，剥落。单叶对生，稀互生，长2~6 cm，全缘，圆形或卵圆形，上下两面被银色柔毛，下表皮较上表皮被毛厚。雌雄异株，花淡黄色，花萼4，无花瓣，雄蕊8。核果，鲜红色。花期4—5月，果期7月。

生活习性：喜光，耐旱，耐寒，耐轻度盐碱，不耐水湿。播种、扦插繁殖。

分布：宁夏彭阳县有少量引种栽培。原产于北美洲西部和中部，分布于我国青海等省。

保护利用现状：宁夏有零星引种栽培，主要应用于园林观赏。

开发利用前景：观赏和绿篱树种，果实可生食。

楤木 *Aralia chinensis*

五加科 Araliaceae　楤木属 *Aralia*

宁夏野生资源分布较少，属于宁夏重点保护植物。

形态特征：小乔木，高达5 m。树皮灰白色，被粗壮直刺。小枝棕绿色，密生棕色短柔毛。2~3回羽状复叶，长可达1 m，小叶卵形、卵状椭圆形或椭圆形，长5~10 cm，宽2.5~6 cm，先端渐尖，基部宽楔形至圆形。伞形花序多数，集成大型的圆锥花序，花瓣5，三角状卵形，先端尖，淡黄色。果实球形，直径约3 mm，黑色，无毛。花期7—8月，果期8—10月。

生活习性：喜光，耐旱，耐瘠薄，适应性强，喜排水良好的土壤。播种繁殖。

分布：野生资源分布于宁夏六盘山、隆德县、泾源县等地，多生长于海拔1 800~2 200 m 的山坡杂木林中或林缘，泾源县有少量驯化栽培。分布于我国西北、华北、中南、西南等地区。

保护利用现状：部分野生资源已保护，少量驯化栽培。

开发利用前景：山区生态修复、观赏、水土保持树种，根、茎、皮可入药。

红毛五加 *Eleutherococcus giraldii*

五加科 Araliaceae　五加属 *Eleutherococcus*

形态特征：灌木，高2~3 m。枝灰白色，疏或密生细刺，刺向下斜伸或平展。小叶倒卵状椭圆形、椭圆形或倒披针形，长3~10 cm，宽1~4 cm，先端渐尖或长渐尖，基部渐狭，边缘具不整齐的重锯齿，两面无毛；无小叶柄或几无小叶柄。伞形花序单个顶生，无毛；花瓣5，三角状宽卵形。果实近球形，无毛。花期6月，果期7—8月。

生活习性：喜光，耐旱，耐瘠薄，适应性强。播种繁殖。

分布：野生资源分布于宁夏六盘山、隆德县、泾源县、西吉县等地，多生长于海拔2 100~2 300 m 的山坡灌丛中。分布于我国陕西、甘肃、宁夏、青海、四川、湖北等省（区）。

保护利用现状：部分野生资源得到保护，未开发利用。

开发利用前景：山区生态修复、观赏、水土保持树种，全株均可入药。

毛叶红毛五加 *Eleutherococcus giraldii* var. *pilosulus*

五加科 Araliaceae　五加属 *Eleutherococcus*

红毛五加变种。

形态特征：灌木，高1~3 m。枝灰色；小枝灰棕色，无毛或稍有毛，密生直刺，稀无刺；刺向下斜伸，细长针状。小叶5，稀3；小叶片薄纸质，倒卵状长圆形，稀卵形，长2.5~6 cm，宽1.5~2.5 cm，先端尖或短渐尖，基部狭楔形，上面有糙毛，下面疏生或密生长柔毛。伞形花序单个顶生，直径1.5~2 cm，有花多数；总花梗粗短，长5~7 mm，稀2 cm，有时几无总花梗，无毛；花梗长5~7 mm，无毛；花白色；花瓣5，卵形，长约2 mm；雄蕊5，基部合生。果实球形，有5棱，黑色，直径8 mm。花期6—7月，果期8—10月。

生活习性：耐阴，耐瘠薄。播种繁殖。

分布：野生资源分布于宁夏六盘山和西吉县，生长于灌木丛或杂木林下。分布于我国甘肃、宁夏、青海、四川等省（区）。

保护利用现状：部分野生资源得到保护，未开发利用。

开发利用前景：山区生态修复、观赏、水土保持树种。

短柄五加 *Eleutherococcus brachypus*

五加科 Araliaceae　五加属 *Eleutherococcus*

形态特征：灌木，高1~2 m。枝棕色，叶柄基部具1~2刺，刺短，向下斜伸。掌状复叶，有小叶5，稀3，倒卵形、菱状倒卵形或狭倒卵形，长2~5 cm，宽7~25 mm，先端圆，基部渐狭，全缘，两面无毛，伞形花序数个簇生于枝端；花萼钟形，花瓣5，三角状宽卵形。果实近球形，具5深棱。花期8月，果期9—10月。

生活习性：喜光，耐旱，耐瘠薄，适应性强。播种繁殖。

分布：野生资源分布于宁夏六盘山、泾源县、原州区等地，多生长于山坡灌丛或林缘。分布于我国陕西、甘肃、宁夏等省（区）。

保护利用现状：野生资源得到保护，未开发利用。

开发利用前景：山区生态修复、观赏、水土保持树种，全株均可入药。

无梗五加 *Eleutherococcus sessiliflorus*

五加科 Araliaceae　五加属 *Eleutherococcus*

无梗五加又称短梗五加。

形态特征：灌木或小乔木，高2~5 m。树皮暗灰色或灰黑色，有纵裂纹和粒状裂纹。枝灰色，无刺或疏生刺；刺粗壮，直或弯曲。小叶3~5；叶柄长3~12 cm，无刺或有小刺；小叶片纸质，倒卵形或长圆状倒卵形至长圆状披针形，稀椭圆形，长8~18 cm，宽3~7 cm，先端渐尖，基部楔形，两面均无毛，边缘有不整齐锯齿，稀重锯齿状。圆锥花序或复伞形花序，花瓣5，卵形，浓紫色。果实倒卵状球形，黑色，稍有棱。花期8—9月，果期9—10月。

生活习性：喜光，耐寒，喜湿润气候。播种、扦插、分株繁殖。

分布：宁夏泾源县有少量引种栽培。分布于我国黑龙江、吉林、辽宁、河北和山西等省。

保护利用现状：宁夏有少量引种栽培。

开发利用前景：观赏、水土保持树种，嫩茎可食用，全株均可入药。

藤五加 *Eleutherococcus leucorrhizus*

五加科 Araliaceae　五加属 *Eleutherococcus*

形态特征：灌木，高2~4 m。枝条黄白色或浅棕色，无毛。小叶5，稀3~4；小叶片纸质，长圆形至披针形，或倒披针形，稀倒卵形，先端渐尖，稀尾尖，基部楔形，长6~14 cm，宽2.5~5 cm，两面均无毛，边缘有锐利重锯齿。伞形花序单个顶生，或数个组成短圆锥花序；花黄绿色；花瓣5，长卵形，开花时反曲。果实卵球形，有5棱。花期6—8月，果期8—10月。

生活习性：喜光，喜排水良好的肥沃土壤，不耐积水。分株繁殖。

分布：野生资源分布于宁夏六盘山、泾源县、西吉县等地，多生长于海拔2 000~2 400 m的山坡灌丛中或林缘。分布于我国甘肃、宁夏、陕西、四川、云南、贵州、湖北、湖南、广东、江西、安徽、浙江等省（区）。

保护利用现状：野生资源得到保护，未开发利用。

开发利用前景：观赏、水土保持及经济林树种，茎、皮、根均可入药。

糙叶藤五加 *Eleutherococcus leucorrhizus* var. *fulvescens*

五加科 Araliaceae　五加属 *Eleutherococcus*

糙叶藤五加是藤五加的变种。

形态特征：灌木，高2~4 m。枝条黄白色或浅棕色，无毛。小叶5，稀3~4；叶柄长5~10 cm或更长，先端有时有小刺，有毛；小叶片纸质，长圆形至披针形，或倒披针形，稀倒卵形，先端渐尖，稀尾尖，基部楔形，长6~14 cm，宽2.5~5 cm，表面被短硬毛，背面被棕色柔毛，边缘有锐利重锯齿。伞形花序单个顶生，或数个组成短圆锥花序；花黄绿色，花瓣5，长卵形，开花时反曲。果实卵球形，有5棱。花期6—8月，果期8—10月。

生活习性：喜光，喜排水良好的肥沃土壤，不耐积水。播种、分株繁殖。

分布：野生资源分布于宁夏六盘山，多生长于海拔2 200 m的山坡灌丛中。分布于我国甘肃、宁夏、陕西、四川、云南、贵州、湖北、湖南、广东、江西等省（区）。

保护利用现状：野生资源得到保护，未开发利用。

开发利用前景：观赏、水土保持及经济林树种，茎、皮均可入药。

刺五加 *Eleutherococcus senticosus*

五加科 Araliaceae　五加属 *Eleutherococcus*

形态特征：灌木，高1~6 m；分枝多，1~2年生枝通常密生刺，稀仅节上生刺或无刺；小叶5，稀3；叶柄常疏生细刺，长3~10 cm；小叶片纸质，椭圆状倒卵形或长圆形，长5~13 cm，宽3~7 cm，先端渐尖，基部阔楔形，上面粗糙，深绿色，脉上有粗毛，下面淡绿色，脉上有短柔毛，边缘有锐利重锯齿；小叶柄有棕色短柔毛，有时有细刺。伞形花序单个顶生，或2~6个组成圆锥花序；花紫黄色；花瓣5，卵形。果实球形或卵球形，黑色。花期6—7月，果期8—10月。

生活习性：喜温暖、湿润气候，耐寒，耐微荫蔽。播种、扦插繁殖。

分布：宁夏泾源县有栽培。分布于我国黑龙江、吉林、辽宁、河北、山西等省。

保护利用现状：宁夏有引种栽培。

开发利用前景：观赏、水土保持及经济林树种，茎、皮均可入药。

宁夏西吉县有阔叶太白山五加野生种。

红瑞木 *Swida alba*

山茱萸科 Cornaceae　梾木属 *Swida*

形态特征：灌木，高达3 m。树皮紫红色。幼枝有淡白色短柔毛，后即秃净而被蜡质白粉，老枝红白色，散生灰白色圆形皮孔及略突起的环形叶痕。冬芽卵状披针形，被灰白色或淡褐色短柔毛。叶对生，纸质，椭圆形，稀卵圆形，长5~8.5 cm，宽1.8~5.5 cm，先端突尖，基部楔形或阔楔形，边缘全缘或波状反卷，上面暗绿色，有极少的白色平贴短柔毛，下面粉绿色，被白色贴生短柔毛。伞房状聚伞花序顶生；花小，白色或淡黄白色；花瓣4，卵状椭圆形。核果长圆形，微扁。花期6—7月，果期8—10月。

生活习性：耐寒，耐旱，耐修剪，喜光，喜潮湿的生长环境。播种、扦插、压条繁殖。

分布：宁夏各地均有栽培。分布于我国黑龙江、吉林、辽宁、内蒙古、河北、陕西、甘肃、青海、山东、江苏、江西等省（区）。

保护利用现状：宁夏广泛用于生态造林、园林绿化。

开发利用前景：观赏、水土保持、园林绿化树种，种子可榨油，枝条可入药。

金叶红瑞木 *Swida alba* 'Aurea' 山茱萸科 Cornaceae 梾木属 *Swida*

形态特征：灌木。叶对生，卵形或椭圆形，从春至夏呈金黄色，入秋后转为鲜红色，落叶后至春季新叶萌发时，枝干呈鲜艳的红色。顶生伞房状聚伞花序，花白色或黄色。核果斜卵圆形。花期5—6月，果期8—9月。

生活习性：耐寒，耐修剪，喜光，稍耐阴，稍耐盐碱，喜潮湿的生长环境。扦插、分株繁殖。

分布：宁夏泾源县和原州区有少量引种栽培，分布于我国华北、东北、西北等地区。

保护利用现状：宁夏少量用于园林绿化和城市绿化。

开发利用前景：观赏、水土保持、园林绿化树种。

毛　梾 *Swida walteri* 山茱萸科 Cornaceae 梾木属 *Swida*

形态特征：乔木，高6~15 m。树皮厚，黑褐色，纵裂而又横裂呈块状。幼枝对生，绿色，略有棱角，密被贴生灰白色短柔毛，老后黄绿色，无毛。叶对生，纸质，椭圆形、长圆状椭圆形或阔卵形，长4~12 cm，宽1.7~5.3 cm，先端渐尖，基部楔形，有时稍不对称，上面深绿色，稀被贴生短柔毛，下面淡绿色，密被灰白色贴生短柔毛；伞房状聚伞花序顶生，花密生，被灰白色短柔毛；花瓣4，长圆状披针形。核果球形，成熟时黑色，近无毛。花期6—7月，果期7—8月。

生活习性：耐寒，耐旱，喜光，喜肥。播种、嫁接繁殖。

分布：野生资源分布于宁夏六盘山，多生长于山坡灌丛中，兴庆区、西夏区、金凤区、海原县有栽培。分布于我国辽宁、河北、山西、陕西、甘肃、宁夏、山东、江苏、安徽、浙江、河南、湖北、湖南、四川、云南等省（区）。

保护利用现状：野生资源得到保护，少量用于园林绿化。

开发利用前景：观赏、水土保持、园林绿化树种，木材可制家具，叶和树皮可提制栲胶，种子可榨油。

沙　梾 *Swida bretschneideri*　山茱萸科 Cornaceae　梾木属 *Swida*

宁夏野生资源分布较少，属于宁夏重点保护植物。

形态特征：灌木或小乔木，高1~6 m。树皮紫红色。幼枝圆柱形，带红色，有稀疏的贴生灰白色短柔毛，老枝淡黄色，无毛，有淡白色椭圆形皮孔。叶对生，纸质，卵形、椭圆状卵形或长圆形，长5~8.5 cm，宽2.5~6 cm，先端突尖或短渐尖，基部阔楔形或圆形，上面绿色，有短柔毛，下面灰白色。伞房状聚伞花序顶生，被贴生灰白色短柔毛；花小，白色，花瓣4。核果蓝黑色至黑色，近球形，密被贴生短柔毛。花期6—7月，果期8—9月。

生活习性：耐寒，耐旱，喜光，耐瘠薄。播种、扦插、压条繁殖。

分布：野生资源分布于宁夏六盘山、贺兰山、罗山、南华山、海原县、西吉县、原州区等地，多生于海拔1 100~2 300 m 的山坡灌丛中。分布于我国辽宁、内蒙古、河北、山西、陕西、甘肃、青海、宁夏、河南、湖北、四川等省（区）。

保护利用现状：部分野生资源得到保护，未开发利用。

开发利用前景：观赏、水土保持、园林绿化、城市绿化树种。

梾　木 *Swida macrophylla*　山茱萸科 Cornaceae　梾木属 *Swida*

宁夏野生资源分布较少，属于宁夏重点保护植物。

形态特征：灌木或乔木，高3~15 m。树皮灰褐色或灰黑色。幼枝粗壮，灰绿色，有棱角，微被灰色贴生短柔毛，不久脱落无毛，老枝圆柱形，疏生灰白色椭圆形皮孔及半环形叶痕。叶对生，纸质，阔卵形或卵状长圆形，稀近椭圆形，长9~16 cm，宽3.5~8.8 cm，先端锐尖或短渐尖，基部圆形，稀宽楔形，有时稍不对称。伞房状聚伞花序顶生，疏被短柔毛；花白色，有香味，花瓣4。核果近球形，成熟时黑色，近无毛。花期6—7月，果期8—9月。

生活习性：耐寒，耐旱，耐瘠薄，喜光，适应性极强。播种繁殖。

分布：野生资源分布于宁夏六盘山、隆德县、泾源县、海原县等地，多生于海拔72~3 000 m 的杂木林内或山坡灌丛中，泾源县有少量驯化栽培。分布于我国山西、陕西、甘肃、宁夏、山东、江苏、浙江、河南、湖北、湖南、四川、贵州、云南、台湾、西藏等省（区）。

保护利用现状：部分野生资源得到保护，少量驯化栽培。

开发利用前景：观赏、水土保持、园林绿化、用材树种，蜜源植物，枝叶可做青饲料或绿肥，种子可榨油、药用。

山茱萸 *Cornus officinalis*

山茱萸科 Cornaceae　山茱萸属 *Cornus*

形态特征：乔木或灌木，高4~10 m。树皮灰褐色。小枝细圆柱形，无毛或稀被贴生短柔毛；冬芽顶生及腋生，卵形至披针形，被黄褐色短柔毛。叶对生，纸质，卵状披针形或卵状椭圆形，长5.5~10 cm，宽2.5~4.5 cm，先端渐尖，基部宽楔形或近圆形，全缘，上面绿色，无毛，下面浅绿色，稀被白色贴生短柔毛。伞形花序生于枝侧；花小，两性，先叶开放；花瓣4，舌状披针形，黄色。核果长椭圆形，红色至紫红色。花期3—4月，果期9—10月。

生活习性：耐寒，耐阴，喜光，适应性极强。播种、压条、扦插、嫁接繁殖。

分布：宁夏兴庆区、西夏区、泾源县、原州区等地有栽培。分布于我国山西、陕西、甘肃、山东、江苏、浙江、安徽、江西、河南、湖南等省。

保护利用现状：宁夏少量引种栽培。

开发利用前景：水土保持、园林绿化树种，果实可食用和药用。

灯台树 *Bothrocaryum controversum*

山茱萸科 Cornaceae　灯台树属 *Bothrocaryum*

形态特征：乔木，高6~15 m，稀达20 m。树皮光滑，暗灰色或带黄灰色。枝开展，圆柱形，无毛或疏生短柔毛，1年生枝紫红绿色，2年生枝淡绿色。叶互生，纸质，阔卵形、阔椭圆状卵形或披针状椭圆形，长6~13 cm，宽3.5~9 cm，先端突尖，基部圆形或急尖，全缘，上面黄绿色，无毛，下面灰绿色，密被淡白色平贴短柔毛。伞房状聚伞花序顶生，稀被浅褐色平贴短柔毛；花瓣4，长圆状披针形。核果球形，成熟时紫红色至蓝黑色。花期5—6月，果期7—8月。

生活习性：耐寒，耐热，喜温暖气候及半阴环境，适应性强。播种繁殖。

分布：宁夏泾源县有少量引种栽培。分布于我国辽宁、河北、陕西、甘肃、山东、安徽、台湾、河南、广东、广西以及长江以南各地。

保护利用现状：宁夏少量用于园林绿化。

开发利用前景：水土保持、园林绿化、用材树种，蜜源植物，根、叶和树皮可提制栲胶，也可入药。

八角枫 *Alangium chinense* 八角枫科 Alangiaceae 八角枫属 *Alangium*

形态特征：乔木或灌木，高3~5 m。小枝略呈“之”字形，幼枝紫绿色，无毛或有稀疏柔毛。叶纸质，近圆形或椭圆形、卵形，顶端短锐尖或钝尖，基部两侧常不对称，一侧微向下扩张，另一侧向上倾斜，长13~19 cm，宽9~15 cm，叶上面深绿色，无毛，下面淡绿色，除脉腋有丛状毛外，其余部分近无毛。聚伞花序腋生，被稀疏微柔毛，花瓣6~8，线形，初为白色，后变黄色。核果卵圆形。花期5—7月和9—10月，果期7—11月。

生活习性：喜光，耐寒，耐修剪，稍耐阴，对土壤要求不严，适应性强。播种、分株繁殖。

分布：宁夏中宁县有引种栽培。分布于我国河南、陕西、甘肃、江苏、浙江、安徽、福建、台湾、江西、湖北、湖南、四川、贵州、云南、广东、广西、西藏等省（区）。

保护利用现状：宁夏少量引种栽培。

开发利用前景：水土保持、园林绿化、用材树种，根、茎可入药。

雪　柳 *Fontanesia fortunei* 木犀科 Oleaceae 雪柳属 *Fontanesia*

形态特征：灌木或小乔木，高达8 m。树皮灰褐色。枝灰白色，圆柱形，小枝淡黄色或淡绿色，四棱形或具棱角，无毛。叶纸质，披针形、卵状披针形或狭卵形，长3~12 cm，宽0.8~2.6 cm，先端锐尖至渐尖，基部楔形，全缘，两面无毛。圆锥花序顶生或腋生，花两性或杂性同株。果黄棕色，倒卵形至倒卵状椭圆形，扁平，边缘具窄翅。种子三棱形。花期4—6月，果期6—10月。

生活习性：喜光，耐寒，稍耐阴，喜肥沃、排水良好的土壤。播种繁殖。

分布：宁夏兴庆区和沙坡头区有栽培。分布于我国河北、陕西、山东、江苏、安徽、浙江、河南、湖北等省。

保护利用现状：宁夏有少量用于公园绿化。

开发利用前景：水土保持、园林绿化树种，蜜源植物，枝条可编筐，根可入药。

白蜡树 *Fraxinus chinensis* 木犀科 Oleaceae 梣属 *Fraxinus*

宁夏野生资源分布较少，属于宁夏重点保护植物。

形态特征：乔木，高10~12 m。树皮灰褐色，纵裂。小枝黄褐色，粗糙，无毛或疏被长柔毛，皮孔小，不明显。羽状复叶长15~25 cm，小叶5~7，硬纸质，卵形、倒卵状长圆形至披针形，长3~10 cm，宽2~4 cm，顶生小叶与侧生小叶近等大或稍大，先端锐尖至渐尖，基部钝圆或楔形，叶缘具整齐锯齿，上面无毛。圆锥花序顶生或腋生于枝梢。翅果匙形，坚果圆柱形。花期4—5月，果期7—9月。

生活习性：喜光，耐寒，耐旱，稍耐阴，抗烟尘，耐修剪，喜湿耐涝，稍耐碱。播种、扦插繁殖。

分布：野生资源分布于宁夏六盘山、贺兰山、原州区等地，多生于海拔1 740~1 900 m的山谷路边或山坡，宁夏有少量栽培。分布于我国东北及河北、山西、陕西、甘肃、宁夏、山东、江苏、安徽、浙江、福建、河南、湖北、广东、四川、云南等省（区）。

保护利用现状：野生资源得到保护，宁夏用于生态造林、园林绿化。

开发利用前景：水土保持、园林绿化、防风、用材树种。

金叶洋白蜡 *Fraxinus excelsior* 'Aureafolia' 木犀科 Oleaceae 梣属 *Fraxinus*

形态特征：乔木，高 8~12 m，树形呈圆形或倒卵圆形。树皮灰褐色，纵裂，枝叶稠密。奇数羽状复叶，叶片卵圆形或卵状披针形，春季、夏季、秋季叶片均为金黄色。花期4—5月，果期7—9月。

生活习性：喜光，耐寒，耐旱，耐瘠薄，耐盐碱，耐水湿，抗二氧化硫、氯气、烟尘，适应性强。嫁接、扦插繁殖。

分布：宁夏金凤区、平罗县、大武口区、海原县、泾源县、彭阳县、原州区等地均有栽培。分布于我国山东、陕西、甘肃、山西、河北、北京等地。

保护利用现状：宁夏主要用于园林绿化和城市绿化。

开发利用前景：园林绿化树种。

金枝白蜡 *Fraxinus excelsior* 'JinZhi'

木犀科 Oleaceae　梣属 *Fraxinus*

金枝白蜡是欧洲白蜡的变种。

形态特征：乔木，树冠圆形或倒卵形。枝条横展，枝叶繁茂，小枝光滑。冬芽黑褐色，被茸毛。羽状复叶，树枝在冬天呈黄色，新叶与秋叶金黄色，枝条和叶片黄绿色。花期3—5月，果期7—9月。

生活习性：喜光，耐寒，耐旱，稍耐阴，怕日灼，喜温暖、湿润气候，对土壤要求不严。嫁接繁殖。

分布：宁夏平罗县和隆德县有少量引种栽培。分布于我国山东、北京、河南、河北、江苏、内蒙古等地。

保护利用现状：宁夏少量用于园林绿化。

开发利用前景：园林绿化树种。

绒毛梣 *Fraxinus velutina*

木犀科 Oleaceae　梣属 *Fraxinus*

形态特征：乔木，高可达10 m。小枝密被短柔毛，树皮暗灰色，光滑，雌雄异株。花杂性，圆锥花序侧生于上年生枝上，先开花后展叶。翅果倒披针形。花期4—5月，果期9—10月。

生活习性：喜光，耐寒，耐旱，耐水湿，耐盐碱，喜温暖、湿润气候，对土壤要求不严。播种繁殖。

分布：宁夏平罗县、大武口区、中宁县、彭阳县等地有栽培。分布于我国华北南部、长江下游、内蒙古、辽宁、山东、天津等地。

保护利用现状：宁夏少量用于园林绿化。

开发利用前景：园林绿化树种，也可做白蜡属植物的砧木。

圆蜡1号 木犀科 Oleaceae 梣属 *Fraxinus*

形态特征：乔木，树干通直，树冠圆满。小枝细长，当年生枝浅绿色，皮孔长而多，白色，稍突起。复叶有小叶5，无叶柄，叶狭椭圆形，长5~7 cm，宽3~4 cm，基部全缘，叶尖有浅锯齿，表面光滑，背面脉处有白毛，绿期长。花期4月，果期8—10月。

生活习性：喜光，耐寒，耐旱，耐水湿，耐盐碱，喜温暖、湿润气候。嫁接繁殖。

分布：宁夏银川市、灵武市、平罗县有栽培。分布于我国山东、陕西、山西、甘肃、内蒙古等省（区）。

保护利用现状：宁夏有少量引种栽培。

开发利用前景：观赏、园林绿化树种，用材树种。

宁夏还引种栽培有圆蜡2号。

美国红梣 *Fraxinus pennsylvanica* 木犀科 Oleaceae 梣属 *Fraxinus*

美国红梣又称洋白蜡、毛白蜡。2003年平罗县林场建立第一代无性系种子园，2017年经宁夏林木品种审定委员会审定为宁夏林木良种——平罗白蜡一代种子园种子。

形态特征：乔木，高10~20 m。树皮灰色，粗糙，皱裂。顶芽圆锥形，尖头，被褐色糠秕状毛。小枝红棕色，圆柱形，被黄色柔毛或秃净，老枝红褐色，光滑无毛。羽状复叶长18~44 cm，具小叶7~9，薄革质，长圆状披针形、狭卵形或椭圆形，长4~13 cm，宽2~8 cm，顶生小叶与侧生小叶几等大，先端渐尖或急尖，基部阔楔形，叶缘具不明显钝锯齿或近全缘，上面黄绿色，无毛。圆锥花序生于上年生枝上，雌雄异株。翅果狭倒披针形。花期4月，果期8—10月。

生活习性：喜光，喜温暖，耐寒，耐旱，耐水涝，耐盐碱，耐瘠薄，适应性强。播种繁殖。

分布：宁夏各地均有栽培。我国引种栽培已久，遍及全国各地。

保护利用现状：宁夏广泛用于园林绿化、生态防护。

开发利用前景：水土保持、园林绿化、防风林及行道树种，用材树种，可做白蜡属植物的砧木。

鲁蜡5号 木犀科 Oleaceae 梣属 *Fraxinus*

山东省林业科学研究院选育，2010年山东省林木品种审定委员会审定为山东林木良种。

形态特征：乔木，雄株。树干通直，挺拔，分枝角度小，当年生枝腋芽基本不萌发，翌年上部五分之一萌发。树皮灰绿色，光滑，成年大树主干有时轻微龟裂。小叶5~9，具短柄或近无柄，叶椭圆形，长3~12 cm，背面主脉两侧具柔毛。圆锥花序侧生于上年生枝上，与叶同时开放。花期4月，果期8—10月。

生活习性：喜光，喜温暖，耐寒，耐旱，耐水涝，耐盐碱，耐瘠薄，生长量大，适应性强。嫁接繁殖。

分布：宁夏平罗县、银川市有引种栽培。

保护利用现状：宁夏少量应用于园林绿化。

开发利用前景：水土保持、园林绿化、防风林及行道树种，用材树种。

欧 梣 *Fraxinus excelsior* 木犀科 Oleaceae 梣属 *Fraxinus*

欧梣又称欧洲白蜡。

形态特征：乔木，高30 m，冠幅达20 m。冬季有黑色芽孢，观赏性强。羽状小叶9~13，卵形，长20~30 cm，深绿色，秋季变成黄色。花期4—5月，果期7—9月。

生活习性：喜光，稍耐阴，耐旱，喜温暖、湿润气候，对土壤要求不严，在碱性、中性、酸性土壤上均能生长。播种、嫁接繁殖。

分布：宁夏银川市有少量栽培。分布于我国陕西、甘肃、北京、河南、四川、内蒙古等地。

保护利用现状：宁夏少量引种用于园林绿化。

开发利用前景：水土保持、园林绿化、防风林及行道树种，用材树种。

天山梣 *Fraxinus sogdiana* 木犀科 Oleaceae 梣属 *Fraxinus*

天山梣又称新疆小叶白蜡。

形态特征：乔木，高10~24 m。芽圆锥形，尖头，黑褐色，芽鳞6~9。小枝灰褐色，粗糙，无毛，皱纹纵直，具点状淡黄色皮孔；羽状复叶在枝端呈螺旋状，3叶轮生；小叶7~13，纸质，卵状披针形或狭披针形，长2.5~8 cm，宽1.5~4 cm，先端渐尖或长渐尖。聚伞圆锥花序生于上年生枝上；花杂性，2~3朵轮生，无花冠，也无花萼。翅果倒披针形，上中部最宽，先端锐尖，翅下延至坚果基部，明显扭曲，坚果扁，脉棱明显。花期6月，果期8月。

生活习性：喜光，耐寒，耐旱，耐盐碱，耐瘠薄，适应性强。播种、嫁接繁殖。

分布：宁夏西夏区、原州区、大武口区、平罗县等地有少量栽培。分布于我国新疆、山东、安徽、江苏、河北、北京、天津等地。

保护利用现状：宁夏少量应用于园林绿化。

开发利用前景：水土保持、园林绿化、防风林及行道树种，用材树种。

美国白梣 *Fraxinus americana* 木犀科 Oleaceae 梣属 *Fraxinus*

形态特征：乔木，高达20 m。小枝暗灰色，幼时暗绿色或淡棕色，光滑，有皮孔。叶长20~30 cm，奇数羽状复叶，具小叶7，叶片卵形或卵状披针形，表面暗绿色，有光泽，秋季叶片紫红色。圆锥花序生于上年生无叶的侧枝上，无毛；花萼宿存；花药矩圆形，顶端有凸尖。翅果长3~4 cm，果实长圆筒形，翅矩圆形。花期4—5月，果期9—10月。

生活习性：喜光，耐旱，耐寒，耐盐碱，耐水湿，适应性强，生长量大。播种、嫁接繁殖。

分布：宁夏盐池县、同心县、彭阳县有少量栽培。我国黄河流域各省和东北三省都有引种栽培。

保护利用现状：宁夏少量引种应用于园林绿化。

开发利用前景：水土保持、园林绿化、防风林及行道树种，用材树种。

秋紫白蜡 ***Fraxinus americana* 'Autumn Purple'**

木犀科 Oleaceae　梣属 *Fraxinus*

美国白蜡的变种。

形态特征：乔木，高10~25 m，树干通直，树冠丰满。树皮淡黄褐色。小枝光滑，略有毛，灰绿色。奇数羽状复叶，具小叶5~7，卵状椭圆形，秋季由紫红色变深红色，色泽艳丽，花萼钟状，无花瓣。花期3—6月。

生活习性：喜光，耐寒，耐旱，适应性强。嫁接繁殖。

分布：宁夏彭阳县和平罗县有少量栽培。分布于我国北京、河北、山东等地。

保护利用现状：宁夏少量引种应用于园林绿化。

开发利用前景：园林绿化树种。

水曲柳 ***Fraxinus mandschurica***

木犀科 Oleaceae　梣属 *Fraxinus*

宁夏野生资源分布较少，国家二级保护植物，属于宁夏重点保护植物。

形态特征：乔木，高30 m以上。树皮厚，灰褐色，纵裂。冬芽大，圆锥形，黑褐色，芽鳞外侧平滑，无毛。小枝粗壮，黄褐色至灰褐色，四棱形，节膨大，光滑无毛，散生圆形明显凸起的小皮孔。羽状复叶，具小叶7~11，纸质，长圆形至卵状长圆形，长5~20 cm，宽2~5 cm，先端渐尖或尾尖，叶缘具细锯齿，上面暗绿色，下面黄绿色。圆锥花序生于上年生枝上，先叶开放。翅果大而扁，长圆形至倒卵状披针形，翅下延至坚果基部，明显扭曲。花期4月，果期8—9月。

生活习性：喜光，耐寒，耐旱，适应性强。播种、嫁接繁殖。

分布：野生资源分布于宁夏六盘山，多生于海拔1 750~1 900 m的山谷路边或山坡，灵武市、兴庆区、西夏区、金凤区、永宁县、平罗县、同心县、沙坡头区、中宁县、海原县、泾源县、西吉县、彭阳县、六盘山等地有栽培。分布于我国东北、华北、陕西、甘肃、宁夏等地。

保护利用现状：野生资源得到保护，宁夏广泛用于生态造林、园林绿化。

开发利用前景：园林绿化、防风林树种，用材树种，树皮可入药。

水曲柳驯化树种 NG *Fraxinus mandschurica* ‘NG’

木犀科 Oleaceae　梣属 *Fraxinus*

2007年经宁夏林木品种审定委员会审定为宁夏林木良种。

形态特征：乔木，高30 m，树干通直，树冠较窄，寿命长达250年。奇数羽状复叶，对生，具小叶7~13，卵状椭圆形或披针形，无柄，叶背沿叶脉有黄褐色茸毛。雌雄异株，翅果扭曲。花期5—6月，果期8—9月。

生活习性：喜光，耐寒，耐旱，耐盐碱，适应性强。嫁接繁殖。

分布：宁夏彭阳县、中宁县、灵武市等地有栽培。

保护利用现状：宁夏用于生态造林、园林绿化。

开发利用前景：园林绿化、防风林树种，用材树种，树皮可入药。

连　翘 *Forsythia suspensa*

木犀科 Oleaceae　连翘属 *Forsythia*

形态特征：灌木。枝开展或下垂，棕色、棕褐色或淡黄褐色，小枝土黄色或灰褐色，略呈四棱形，疏生皮孔，节间中空，节部具实心髓。叶通常为单叶，或3裂至3出复叶，叶片卵形、宽卵形、椭圆状卵形至椭圆形，长2~10 cm，宽1.5~5 cm，先端锐尖，基部圆形、宽楔形至楔形。花通常单生或2至数朵着生于叶腋，先叶开放；花冠黄色，裂片倒卵状长圆形或长圆形。果实卵球形、卵状椭圆形或长椭圆形。花期3—4月，果期7—9月。

生活习性：喜光，耐寒，耐旱，怕涝，喜温暖、湿润气候，适应性强。播种、扦插、压条繁殖。

分布：宁夏各地均有引种栽培。分布于我国河北、山西、陕西、山东、安徽、河南、湖北、四川等省。

保护利用现状：宁夏广泛用于园林绿化。

开发利用前景：园林绿化树种，种子含油，可提取天然防腐剂，还可入药。

金钟花 *Forsythia viridissima*

木犀科 Oleaceae　连翘属 *Forsythia*

金钟花又称黄金条、单叶连翘、狭叶连翘、迎春条。

形态特征：灌木，高可达3 m，全株除花萼裂片边缘具睫毛外，其余均无毛。枝棕褐色或红棕色，直立，小枝绿色或黄绿色，四棱形，皮孔明显，具片状髓。叶片长椭圆形至披针形，或倒卵状长椭圆形，长3.5~15 cm，宽1~4 cm，先端锐尖，基部楔形，通常上半部具不规则锐锯齿或粗锯齿，稀近全缘，上面深绿色，下面淡绿色，两面无毛。花1~4朵着生于叶腋，先叶开放。果实卵形或宽卵形。花期3—4月，果期8—11月。

生活习性：喜光，耐寒，耐旱，耐湿，耐热，耐半阴。播种、扦插、压条繁殖。

分布：宁夏同心县、原州区、泾源县、中宁县等地有引种栽培。分布于我国江苏、安徽、浙江、江西、福建、湖北、湖南、云南等省。

保护利用现状：宁夏少量引种用于园林绿化。

开发利用前景：园林绿化树种，根、叶、果壳可入药。

东北连翘 *Forsythia mandschurica*

木犀科 Oleaceae　连翘属 *Forsythia*

形态特征：灌木，高约1.5 m。树皮灰褐色。小枝开展，1年生枝绿色，无毛，略呈四棱形，疏生白色皮孔，2年生枝直立，无毛，灰黄色或淡黄褐色，疏生褐色皮孔，外有薄膜状剥裂，具片状髓。叶片纸质，宽卵形、椭圆形或近圆形，长5~12 cm，宽3~7 cm，先端尾状渐尖、短尾状渐尖或钝，叶缘具锯齿、牙齿状锯齿或牙齿，上面绿色，无毛。花冠黄色，果实长卵形。花期5月，果期9月。

生活习性：喜光，耐寒，耐旱，耐半阴，怕水涝，喜温暖、湿润气候。播种、扦插繁殖。

分布：宁夏原州区有引种栽培。分布于我国辽宁等省。

保护利用现状：宁夏零星引种用于园林绿化。

开发利用前景：观赏、水土保持、园林绿化、城市绿化树种，全株可入药。

金叶连翘 *Forsythia suspensa* 'Aurea'

木犀科 Oleaceae　连翘属 *Forsythia*

形态特征：灌木，高约3 m。枝干丛生，枝开展，小枝黄色，弯曲下垂。叶对生，椭圆形或卵形，长3~10 cm，叶黄绿色至黄色，枝叶较密。花黄色，1~3朵生于叶腋，先花后叶。蒴果卵形。花期4—5月，果期7—9月。

生活习性：喜光，耐寒，耐旱，耐半阴，喜温暖、湿润气候。播种、扦插繁殖。

分布：宁夏原州区和彭阳县有引种栽培。

保护利用现状：宁夏少量引种用于园林绿化。

开发利用前景：园林绿化树种。

羽叶丁香 *Syringa pinnatifolia*

木犀科 Oleaceae　丁香属 *Syringa*

国家三级保护植物，濒危种，属于宁夏重点保护植物。

形态特征：灌木，高1~4 m。树皮呈片状剥裂。枝灰棕褐色，与小枝常呈四棱形，无毛，疏生皮孔。羽复叶，长2~8 cm，宽1.5~5 cm，具小叶7~11；小叶对生或近对生，卵状披针形、卵状长椭圆形至卵形，长0.5~3 cm，宽0.3~1.5 cm，先端锐尖至渐尖或钝，常具小尖头，基部楔形至近圆形，常歪斜。圆锥花序由侧芽抽生；花冠白色、淡红色，略带淡紫色。果实长圆形，先端凸尖或渐尖，光滑。花期5—6月，果期8—9月。

生活习性：喜光，耐寒，耐旱，适应性强。播种繁殖。

分布：野生资源分布于宁夏贺兰山、香山、沙坡头区，多生于海拔2 200 m左右的山坡疏林中或沟谷两侧灌丛中，原州区和中宁县有少量驯化栽培。分布于我国内蒙古、陕西、甘肃、青海、宁夏、四川等省（区）。

保护利用现状：野生资源已保护，少量驯化栽培。

开发利用前景：园林绿化树种，根和茎可入药。

北京丁香 *Syringa reticulata* subsp. *pekinensis*

木犀科 Oleaceae　丁香属 *Syringa*

形态特征：灌木或小乔木，高2~5 m，最高可达10 m。树皮褐色或灰棕色，纵裂。小枝带红褐色，细长，向外开展，具显著皮孔，萌枝被柔毛。叶片纸质，卵形、宽卵形至近圆形，或椭圆状卵形至卵状披针形，长2.5~10 cm，宽2~6 cm，先端长渐尖、骤尖、短渐尖至锐尖，基部圆形、截形至近心形，或楔形，上面深绿色，干时略呈褐色，无毛。花序由1对或2至多对侧芽抽生，花冠白色。果实长椭圆形至披针形。花期5—8月，果期8—10月。

生活习性：喜光，耐寒，耐旱，稍耐阴，适应性强。播种、扦插繁殖。

分布：野生资源分布于宁夏六盘山，多生于海拔2 000~2 300 m的山坡灌丛或沟边，金凤区和中宁县有栽培。分布于我国内蒙古、河北、山西、河南、陕西、甘肃、宁夏、四川等省（区）。

保护利用现状：野生资源得到保护，少量用于园林绿化。

开发利用前景：园林绿化树种，也可做丁香属植物的砧木。

暴马丁香 *Syringa reticulata* subsp. *amurensis*

木犀科 Oleaceae　丁香属 *Syringa*

2011年经宁夏林木品种审定委员会审定为宁夏林木良种。

形态特征：小乔木或大乔木，高4~10 m。树皮紫灰褐色，具细裂纹。枝灰褐色，无毛，1年生枝绿色或略带紫晕，无毛，疏生皮孔，2年生枝棕褐色，光亮，无毛，具较密皮孔。叶片厚纸质，宽卵形、卵形至椭圆状卵形，长2.5~13 cm，宽1~6 cm，先端短尾尖至尾状渐尖或锐尖。圆锥花序由1对到多对着生于同一枝条上的侧芽抽生；花冠白色，呈辐状。蒴果矩圆形，种子椭圆形。花期6—7月，果期8—10月。

生活习性：喜光，耐寒，耐旱，稍耐阴，耐瘠薄，喜温暖、湿润气候，适应性强。播种繁殖。

分布：野生资源分布于宁夏六盘山、西吉县、隆德县、泾源县等地，多生于海拔2 100~2 300 m的山坡林缘或沟边林下，宁夏各地均有栽培。分布于我国黑龙江、吉林、辽宁、河南、陕西、甘肃、宁夏、青海等省（区）。

保护利用现状：部分野生资源得到保护，宁夏广泛用于园林绿化。

开发利用前景：水土保持、园林绿化树种，花可提取芳香油，全株可入药。

小叶巧玲花 *Syringa pubescens* subsp. *microphylla*

木犀科 Oleaceae　丁香属 *Syringa*

小叶巧玲花又称小叶丁香。

形态特征：灌木，高1.5~2 m。幼枝灰褐色，疏被短柔毛，后渐无毛。叶对生，椭圆形、卵状椭圆形或狭卵形，长1.5~4.5 cm，宽1~2.5 cm，先端钝或渐尖，基部楔形至宽楔形，全缘，具缘毛，表面暗绿色，无毛或疏被短柔毛，背面灰绿色，沿脉被白色长柔毛。圆锥花序顶生，花冠淡紫色或紫红色。蒴果圆柱形，先端尖，绿褐色，具白色疣状突起。花期5—6月，果期7月。

生活习性：喜光，耐寒，耐旱，稍耐阴，耐瘠薄，适应性强。播种、扦插繁殖。

分布：野生资源分布于宁夏六盘山、南华山、香山、西吉县、隆德县、海原县等地，多生于海拔2 200 m左右的山谷灌丛中，兴庆区、平罗县有引种栽培。分布于我国辽宁、河北、河南、湖北、陕西、甘肃、宁夏等省（区）。

保护利用现状：部分野生资源得到保护，宁夏少量用于园林绿化。

开发利用前景：水土保持、园林绿化树种，全株可入药。

紫丁香 *Syringa oblata*

木犀科 Oleaceae　丁香属 *Syringa*

紫丁香又称华北紫丁香。

形态特征：灌木或小乔木，高可达5 m。树皮灰褐色或灰色。小枝较粗，疏生皮孔。叶片革质或厚纸质，卵圆形至肾形，宽常大于长，长2~14 cm，宽2~15 cm，先端短凸尖至长渐尖或锐尖，基部心形、截形至近圆形，上面深绿色，下面淡绿色。圆锥花序直立，由侧芽抽生，近球形或长圆形；花冠紫色。果倒卵状椭圆形、卵形至长椭圆形。花期4—5月，果期6—10月。

生活习性：喜光，耐寒，耐旱，稍耐阴，耐瘠薄，适应性强。播种、扦插、嫁接、分株繁殖。

分布：野生资源分布于宁夏六盘山、罗山、贺兰山、南华山、香山、沙坡头区、海原县、西吉县、原州区、隆德县、泾源县、彭阳县等地，多生于海拔1 800~2 200 m的山坡及山谷灌丛中，宁夏各地均有栽培。分布于我国华北及辽宁、吉林、山东、陕西、甘肃、宁夏、四川等地。

保护利用现状：部分野生资源得到保护，宁夏广泛用于园林绿化。

开发利用前景：园林绿化树种，花可提取芳香油，嫩叶可代茶，叶还可以入药。

罗兰紫丁香 *Syringa oblata* 'Luo Lan Zi'

木犀科 Oleaceae　丁香属 *Syringa*

中国科学院植物研究所北京植物园用华北紫丁香和佛手丁香杂交选育出的优良品种。

形态特征：灌木，高2~3 m。圆锥花序由侧芽抽生，紧密，长12~20 cm、宽6~15 cm，花蕾蓝紫色。花冠椭圆形，重瓣，花瓣2~3层，盛开时紫罗兰色。花期4—5月。

生活习性：喜光，耐寒，耐旱，稍耐阴，适应性强。扦插、嫁接繁殖。

分布：宁夏大武口区有栽培。分布于我国北京、山东、河北、陕西、内蒙古、甘肃等地。

保护利用现状：宁夏零星用于园林绿化。

开发利用前景：园林绿化树种，花可提取芳香油，也可做鲜切花。

白丁香 *Syringa oblata* var. *alba*

木犀科 Oleaceae　丁香属 *Syringa*

白丁香是紫丁香的变种。

形态特征：多年生灌木、小乔木，高4~5 m。叶较小，纸质，单叶互生，叶卵圆形或肾脏形，有微柔毛，先端锐尖。花白色，有单瓣、重瓣之别，花端4裂，筒状，圆锥花序。花期4—5月，果期6—10月。

生活习性：喜光，耐寒，耐旱，稍耐阴，喜排水良好、肥沃的土壤。扦插、嫁接繁殖。

分布：宁夏白芨滩、兴庆区、西夏区、金凤区、灵武市、大武口区、平罗县、利通区、同心县、青铜峡市、沙坡头区、原州区、泾源县等地有栽培。分布于我国华北及辽宁、吉林、山东、河南、陕西、甘肃等地。

保护利用现状：宁夏广泛用于园林绿化。

开发利用前景：园林绿化树种，花可提取芳香油，也可做鲜切花。

毛紫丁香 *Syringa oblata* var. *giraldii*

木犀科 Oleaceae　丁香属 *Syringa*

毛紫丁香是紫丁香的变种。

形态特征：灌木或小乔木。与原变种的区别在于本变种的小枝、花序和花梗除具腺毛外，被微柔毛或短柔毛，或无毛。叶片基部通常宽楔形、近圆形至截形，或近心形，上面除有腺毛外，被短柔毛或无毛，下面被短柔毛或柔毛，老时脱落；叶柄被短柔毛、柔毛或无毛。花期5月，果期7—9月。

生活习性：喜光，耐寒，耐旱，稍耐阴，耐瘠薄，适应性强。播种、扦插、嫁接繁殖。

分布：宁夏原州区、彭阳县有引种栽培。分布于我国东北、甘肃、陕西、湖北等省。

保护利用现状：宁夏少量用于园林绿化。

开发利用前景：园林绿化树种。

欧丁香 *Syringa vulgaris*

木犀科 Oleaceae　丁香属 *Syringa*

欧丁香又称洋丁香。

形态特征：灌木或小乔木，高3~7 m。树皮灰褐色。小枝、叶柄、叶片两面、花序轴、花梗和花萼均无毛，或具腺毛，老时脱落。小枝棕褐色，略带四棱形，疏生皮孔。叶片卵形、宽卵形或长卵形，长3~13 cm，宽2~9 cm，先端渐尖，基部截形、宽楔形或心形，上面深绿色，下面淡绿色。花序轴疏生皮孔，花冠紫色或淡紫色。果倒卵状椭圆形、卵形至长椭圆形。花期4—5月，果期6—7月。

生活习性：喜光，耐寒，不耐热，适应性强。播种、扦插、嫁接、分株繁殖。

分布：宁夏西吉县、同心县、彭阳县有栽培。

保护利用现状：宁夏少量用于园林绿化。

开发利用前景：园林绿化树种。

裂叶丁香 *Syringa persica* var. *laciniata*

木犀科 Oleaceae 丁香属 *Syringa*

华丁香和欧丁香的杂交种。

形态特征：灌木，高2~2.5 m。枝细长，无毛。叶大部或全部羽状深裂，长3~6 cm。花淡紫色，有香气，圆锥花序侧生。蒴果长卵形。花期4—5月。

生活习性：喜光，耐寒，耐旱，稍耐阴，喜温暖、湿润气候。扦插、嫁接繁殖。

分布：宁夏兴庆区、金凤区、沙坡头区有栽培。

保护利用现状：宁夏少量用于园林绿化。

开发利用前景：园林绿化树种，花可提取芳香油。

红丁香 *Syringa villosa*

木犀科 Oleaceae 丁香属 *Syringa*

形态特征：灌木，高达4 m。枝直立，粗壮，灰褐色，具皮孔，小枝淡灰棕色，无毛或被微柔毛，具皮孔。叶片卵形、椭圆状卵形、宽椭圆形至倒卵状长椭圆形，长4~11 cm，宽1.5~6 cm，先端锐尖或短渐尖，基部楔形或宽楔形至近圆形，上面深绿色，无毛，下面粉绿色。圆锥花序直立，花芳香，花冠淡紫红色、粉红色至白色。果长圆形。花期5—6月，果期9月。

生活习性：喜光，耐寒，耐旱，稍耐阴，喜温暖、湿润气候。播种、扦插、分株繁殖。

分布：宁夏原州区、利通区、白芨滩有栽培。分布于我国辽宁、河北、山西等省。

保护利用现状：宁夏少量用于园林绿化。

开发利用前景：园林绿化树种，花可提取芳香油和丁香酚。

花叶丁香 *Syringa × persica* 木犀科 Oleaceae 丁香属 *Syringa*

形态特征：小灌木，高1~2 m，有时达3 m。枝细弱，开展，直立或稍弓曲，灰棕色，无毛，具皮孔，小枝无毛。叶片披针形或卵状披针形，长1.5~6 cm，宽0.8~2 cm，先端渐尖或锐尖，基部楔形，全缘，稀具1~2小裂片，无毛。花序由侧芽抽生，通常多对排列在枝条上部呈顶生圆锥花序状，花冠淡紫色。花期5月。

生活习性：喜光，耐寒，耐旱，喜温暖、湿润气候。播种、扦插繁殖。

分布：宁夏西吉县有栽培。分布于我国北部地区。

保护利用现状：宁夏少量引种栽培。

开发利用前景：园林绿化树种，花可提取芳香油。

宁夏利通区引种栽培有华丁香（*Syringa protolaciniata*）。

辽东水蜡树 *Ligustrum obtusifolium* 木犀科 Oleaceae 女贞属 *Ligustrum*

形态特征：灌木，高2~3 m。树皮暗灰色。小枝淡棕色或棕色，圆柱形，被较密微柔毛或短柔毛。叶片纸质，披针状长椭圆形、长椭圆形、长圆形或倒卵状长椭圆形，长1.5~6 cm，宽0.5~2.2 cm，先端钝或锐尖，有时微凹而具微尖头，萌发枝上叶较大，长圆状披针形，先端渐尖。圆锥花序着生于小枝顶端，花白色。果实近球形或宽椭圆形，黑色。花期5—6月，果期8—10月。

生活习性：喜光，耐寒，稍耐阴，耐修剪。播种繁殖。

分布：宁夏各地均有栽培。分布于我国黑龙江、辽宁、山东、江苏、浙江等省。

保护利用现状：宁夏广泛用于园林绿化。

开发利用前景：园林绿化树种。

小叶女贞 *Ligustrum quihoui* 木犀科 Oleaceae 女贞属 *Ligustrum*

形态特征：灌木，高1~3 m。小枝淡棕色，圆柱形，密被微柔毛，后脱落。叶片薄革质，形状和大小变异较大，披针形、长圆状椭圆形、椭圆形、倒卵状长圆形至倒披针形或倒卵形，长1~5 cm，宽1~3 cm，先端锐尖、钝或微凹，基部狭楔形至楔形。圆锥花序顶生，果倒卵形、宽椭圆形或近球形，紫黑色。花期5—7月，果期8—11月。

生活习性：喜光，耐寒，耐修剪。播种、扦插、分株繁殖。

分布：宁夏中宁县、泾源县、彭阳县、沙坡头区等地有栽培。分布于我国陕西、山东、江苏、安徽、浙江、江西、河南、湖北、四川、贵州、云南、西藏等省（区）。

保护利用现状：宁夏用于园林绿化。

开发利用前景：园林绿化树种，也可做桂花、丁香等树的砧木，叶可入药。

宁夏引种栽培有长叶女贞（*Ligustrum compactum*）。

金叶女贞 *Ligustrum* × *vicaryi* 木犀科 Oleaceae 女贞属 *Ligustrum*

金叶女贞是金边卵叶女贞和欧洲女贞的杂交品种。

形态特征：灌木，高2~3 m。叶片较长叶女贞稍小，单叶对生，椭圆形或卵状椭圆形，长2~5 cm。总状花序，小花白色。核果阔椭圆形，紫黑色。叶金黄色，尤其是春秋两季色泽更加亮丽。花期5—6月，果期10月。

生活习性：喜光，耐寒，耐修剪，适应性强。扦插、嫁接繁殖。

分布：宁夏西夏区、金凤区、大武口区、沙坡头区、中宁县、原州区、彭阳县等地有栽培。

保护利用现状：宁夏用于园林绿化。

开发利用前景：园林绿化树种，叶可入药。

迎春花 *Jasminum nudiflorum* 木犀科 Oleaceae 素馨属 *Jasminum*

形态特征：灌木，直立或匍匐，高0.3~5 m，枝条下垂。枝稍扭曲，光滑无毛，小枝四棱形，棱上多少具狭翼。叶对生，3出复叶，小枝基部常具单叶；小叶片卵形、长卵形或椭圆形，狭椭圆形，稀倒卵形，先端锐尖或钝，具短尖头，基部楔形，叶缘反卷，中脉在上面微凹入，下面凸起，侧脉不明显。花冠黄色，裂片5~6，长圆形或椭圆形，先端锐尖或圆钝。花期2—4月，只开花不结果。

生活习性：喜光，耐旱，稍耐阴，不耐涝。扦插、嫁接繁殖。

分布：宁夏利通区、海原县、原州区、彭阳县等地有栽培。分布于我国甘肃、陕西、四川、云南、西藏等省（区）。

保护利用现状：宁夏用于园林绿化。

开发利用前景：园林绿化树种，茎、叶可入药。

流苏树 *Chionanthus retusus* 木犀科 Oleaceae 流苏树属 *Jasminum*

国家二级保护植物。

形态特征：灌木或乔木，高可达20 m。小枝灰褐色或黑灰色，圆柱形，开展，无毛，幼枝淡黄色或褐色，疏被或密被短柔毛。叶片革质或薄革质，长圆形、椭圆形或圆形，长3~12 cm，宽2~6.5 cm，先端圆钝，有时凹入或锐尖。聚伞状圆锥花序，单性而雌雄异株或为两性花，花冠白色。果实椭圆形，被白粉，呈蓝黑色或黑色。花期4—6月，果期9—10月。

生活习性：喜光，耐寒，耐旱，耐阴，耐瘠薄，不耐涝，喜温暖、湿润气候。播种、扦插、嫁接繁殖。

分布：宁夏西夏区、金凤区、泾源县有栽培。分布于我国甘肃、陕西、山西、河北、河南、云南、四川、广东、福建、台湾等省。

保护利用现状：宁夏少量用于园林绿化。

开发利用前景：园林绿化树种，木材可制器具，花、嫩叶晒干可代茶，果实可提取芳香油。

互叶醉鱼草 *Buddleja alternifolia* 马钱科 Loganiaceae 醉鱼草属 *Buddleja*

1984年宁夏林业研究所股份有限公司从自然分布的天然种群中选出的优良株系，2005年经宁夏林木品种审定委员会审定为宁夏林木良种。

形态特征：灌木，高1~4 m。长枝对生或互生，细弱，上部常弧状弯垂，短枝簇生，小枝四棱形或近圆柱形。叶在长枝上互生，在短枝上簇生，长枝上的叶片披针形或线状披针形，长3~10 cm，宽2~10 mm，顶端急尖或钝，基部楔形，通常全缘或有波状齿。花多朵组成簇生状或圆锥状聚伞花序，花冠紫蓝色，外面被星状毛。果实椭圆形，无毛。种子多粒，狭长圆形，灰褐色，边缘有短翅。花期5—7月，果期7—10月。

生活习性：喜光，耐寒，耐旱，耐瘠薄。扦插、组培繁殖。

分布：野生资源分布于宁夏贺兰山、六盘山、罗山、贺兰县、大武口区、沙坡头区、惠农区、彭阳县、西吉县、泾源县等地，多生于干旱山坡，宁夏各地均有栽培。分布于我国内蒙古、河北、山西、陕西、甘肃、宁夏、青海、河南、四川、西藏等省（区）。

保护利用现状：部分野生资源得到保护，宁夏广泛用于园林绿化。

开发利用前景：园林绿化树种，花可提取芳香油，块茎可入药。

罗布麻 *Apocynum venetum* 夹竹桃科 Apocynaceae 罗布麻属 *Apocynum*

宁夏重点保护植物。

形态特征：小灌木，高1.5~3 m，一般高约2 m，最高可达4 m，具乳汁。枝条对生或互生，圆筒形，光滑无毛，紫红色或淡红色。叶对生，叶片椭圆状披针形至卵圆状长圆形，长1~5 cm，宽0.5~1.5 cm。圆锥状聚伞花序，通常顶生，有时腋生；花冠圆筒状钟形，紫红色或粉红色。蓇葖果2，平行或叉生，下垂，箸状圆筒形，外果皮棕色，无毛。种子多数，卵圆状长圆形，黄褐色。花期6—7月，果期8—9月。

生活习性：喜光，耐寒，耐旱，耐瘠薄。播种繁殖。

分布：野生资源分布于宁夏引黄灌区、贺兰山、中卫市、中宁县、灵武市、青铜峡、利通区、平罗县等地，多生于盐碱荒地和沟渠旁，大武口区、中宁县有栽培。分布于我国新疆、青海、甘肃、陕西、山西、河南、河北、江苏、山东、辽宁、内蒙古、宁夏等省（区）。

保护利用现状：野生资源未保护，少量栽培利用。

开发利用前景：园林绿化和经济林树种，嫩叶可代茶，也可入药，蜜源植物。

杠　柳 *Periploca sepium*

萝藦科 Asclepiadaceae　杠柳属 *Periploca*

宁夏重点保护植物，2011年经宁夏林木品种审定委员会审定为宁夏林木良种。

形态特征：灌木，长可达3 m。主根圆柱形，外皮灰棕色，内皮浅黄色。具乳汁，除花外，全株无毛；茎皮灰褐色。小枝通常对生，有细条纹，具皮孔。叶卵状长圆形，长5~9 cm，宽1.5~2.5 cm，顶端渐尖，基部楔形，表面深绿色，背面淡绿色。聚伞花序腋生，着花数朵；花冠紫红色，辐状。蓇葖果2，圆柱形，无毛，具纵条纹。种子长圆形，黑褐色，顶端具白色绢质种毛。花期5—6月，果期7—9月。

生活习性：喜光，耐寒，耐旱，耐盐碱，耐瘠薄，适应性强。播种、分株、扦插繁殖。

分布：野生资源分布于宁夏哈巴湖、白芨滩、灵武市、平罗县、红寺堡区、盐池县、沙坡头区、中宁县、彭阳县等地，多生于河边和沙质地，中宁县、西吉县、红寺堡区、彭阳县等地有栽培。分布于我国吉林、辽宁、内蒙古、河北、山东、山西、江苏、河南、江西、贵州、四川、陕西、甘肃、宁夏等省（区）。

保护利用现状：部分野生资源已保护，宁夏用于生态造林。

开发利用前景：生态绿化树种，茎皮纤维可做绳索及造纸原料，嫩叶可代茶，根皮、茎皮可入药。

刺旋花 *Convolvulus tragacanthoides*

旋花科 Convolvulaceae　旋花属 *Convolvulus*

形态特征：灌木，全体被银灰色绢毛，高4~12 cm，茎密集分枝，披散垫状。小枝坚硬，具刺。叶狭线形，稀倒披针形，长0.5~2 cm，宽0.5~4 mm，先端圆形，基部渐狭，无柄，均密被银灰色绢毛。花2~5朵密集于枝端，稀单花，花枝有时伸长，无刺；花冠漏斗形，粉红色，具5条密生毛的瓣中带。蒴果球形，有毛。种子卵圆形，无毛。花期5—9月，果期8—10月。

生活习性：喜光，耐寒，耐旱，耐瘠薄，适应性强。播种、扦插繁殖。

分布：野生资源分布于宁夏贺兰山、西华山、罗山、白芨滩、西夏区、永宁县、贺兰县、平罗县、惠农区、红寺堡区、利通区、同心县、青铜峡市、沙坡头区、海原县等地，多生于砾石滩地及干旱山坡上。分布于我国河北、陕西、甘肃、内蒙古、宁夏、新疆、四川等省（区）。

保护利用现状：部分野生资源得到保护，未开发利用。

开发利用前景：水土保持树种。

宁夏贺兰山分布有鹰爪柴（*Convolvulus gortschakovii*）野生种。

蒙古莸 *Caryopteris mongholica* 马鞭草科 Verbenaceae 莸属 *Caryopteris*

2011年经宁夏林木品种审定委员会审定为宁夏林木良种。

形态特征：小灌木，常自基部分枝，高20~50 cm。嫩枝紫褐色，圆柱形，有毛，老枝毛渐脱落。叶片厚纸质，线状披针形或线状长圆形，全缘，很少有稀齿，长0.8~4 cm，宽2~7 mm，表面深绿色，稍被细毛，背面密生灰白色茸毛。花冠蓝紫色。蒴果椭圆状球形，无毛，果瓣具翅。花期7月，果期8—10月。

生活习性：喜光，耐寒，耐旱，耐瘠薄，适应性强。播种、扦插繁殖。

分布：野生资源分布于宁夏贺兰山、罗山、南华山、白芨滩、香山、兴庆区、西夏区、永宁县、灵武市、同心县、沙坡头区、海原县、原州区、彭阳县、西吉县等地，多生于海拔1 100~1 250 m的干旱坡地，宁夏各地均有栽培。分布于我国河北、山西、陕西、内蒙古、甘肃、宁夏等省（区）。

保护利用现状：部分野生资源得到保护，宁夏广泛用于生态造林和园林绿化。

开发利用前景：观赏、水土保持、园林绿化、生态绿化树种，花和叶可提取芳香油，全株可入药。

金叶莸 *Caryopteris × clandonensis* 'Worcester Gold'

马鞭草科 Verbenaceae 莸属 *Caryopteris*

从兰香草和蒙古莸的杂交后代中选育出的金叶品种，2001年宁夏林业研究所股份有限公司通过北京林业大学从美国引进，2005年经宁夏林木品种审定委员会审定为宁夏林木良种。

形态特征：灌木，高60~100 cm，枝条圆柱形。单叶对生，叶长卵形，长3~6 cm，叶端尖，基部圆形，边缘有粗齿；表面光滑，鹅黄色，背面具银色毛。聚伞花序紧密，腋生于枝条上部，蓝紫色，自下而上开放；花冠、雄蕊、雌蕊均为淡蓝色，花紫色。花期7—9月，果期10月。

生活习性：喜光，耐寒，耐旱，耐瘠薄，适应性强。扦插繁殖。

分布：宁夏白芨滩、金凤区、贺兰县、灵武市、大武口区、红寺堡区、盐池县、沙坡头区、海原县、西吉县、彭阳县等地均有栽培。分布于我国华北、华中、华东、东北及西北地区。

保护利用现状：宁夏广泛用于园林绿化。

开发利用前景：园林绿化树种。

荆　条 *Vitex negundo* var. *heterophylla*

马鞭草科 Verbenaceae　牡荆属 *Vitex*

荆条是黄荆的一个变种。

形态特征：灌木，高1~5 m，小枝四棱形。叶对生，具长柄，5~7出掌状复叶，小叶通常5，椭圆状卵形，长2~10 cm，先端锐尖，叶缘具切裂状锯齿或羽状裂，背面灰白色，被柔毛。花组成舒展的圆锥花序，长12~20 cm，花萼钟状，具5齿裂，宿存，花冠蓝紫色，二唇形。核果球形或倒卵形。花期6—8月，果期7—10月。

生活习性：喜光，耐寒，耐旱，耐瘠薄，适应性强。播种、分株繁殖。

分布：野生资源分布于宁夏贺兰山，多生于山坡或路边，青铜峡市、沙坡头区有栽培。分布于我国辽宁、河北、山西、山东、河南、陕西、甘肃、宁夏、江苏、安徽、江西、湖南、贵州、四川等省（区）。

保护利用现状：野生资源得到保护，宁夏少量用于园林绿化。

开发利用前景：园林绿化树种。

线叶青兰 *Dracocephalum fruticulosum*

唇形科 Labiatae　青兰属 *Dracocephalum*

线叶青兰又称灌木青兰。

形态特征：小灌木，高可达20 cm。根粗壮，直径达1.5 cm，黑褐色，上部分枝，自分枝顶端生出茎。树皮灰褐色，不规则片状剥落。多分枝，分枝微四棱形，带紫色，密被短柔毛。叶小，椭圆形或卵状椭圆形，长5~7 mm，宽1~3 mm，先端急尖或圆钝，基部宽楔形至近圆形，两面密被短毛及腺点。轮伞花序生于枝顶，密集成穗状花序；花萼下部绿色，上部紫红色；花冠紫红色，外面被短柔毛。花期7—8月，果期8—9月。

生活习性：喜光，耐寒，耐旱，耐瘠薄，适应性强。播种繁殖。

分布：野生资源分布于宁夏贺兰山、罗山、同心县等地，多生于石质山坡或山崖。分布于我国内蒙古、宁夏等省（区）。

保护利用现状：部分野生资源得到保护。

开发利用前景：水土保持、生态绿化树种。

沙地青兰 *Dracocephalum psammophilum*

唇形科 Labiatae　青兰属 *Dracocephalum*

形态特征：小灌木。根状茎粗，木质，径约10 mm，上部分枝，自分枝顶端生出茎。茎直立或近直立，高6~7 cm，径约1 mm，近圆柱形或极不明显的四棱形，带紫色，约具10节，节间长5~6 mm。叶具极短柄，柄长约0.3 mm，叶片多少肉质，干时带灰绿色，椭圆形或卵状椭圆形，两端圆或钝，长5~6 mm，宽2.5~3.2 mm，中部的叶边缘具1~3小牙齿或牙齿状小锯齿，下部的叶常全缘，两面密被小毛。轮伞花序生于茎上部3~4节上，多少密集成长1~1.5 cm 的穗状花序，花冠蓝紫色。花期6月，果期8—9月。

生活习性：喜光，耐寒，耐旱，耐瘠薄，适应性强。播种繁殖。

分布：野生资源分布于宁夏贺兰山、白芨滩、同心县等地，多生于石质山坡或石质河滩地。分布于我国内蒙古、宁夏等省（区）。

保护利用现状：部分野生资源得到保护。

开发利用前景：观赏、水土保持、生态绿化树种。

百里香 *Thymus mongolicus*

唇形科 Labiatae　百里香属 *Thymus*

形态特征：小灌木，茎多数，匍匐或上升。不育枝从茎的末端或基部生出；花枝高1.5~10 cm，花序下密被向下曲或稍平展的疏柔毛，下部毛变短而疏，具2~4对叶，基部有脱落的先出叶。叶卵圆形，长4~10 mm，宽2~4.5 mm，先端钝或稍锐尖，基部楔形或渐狭。花冠紫红色、紫色或淡紫色、粉红色。小坚果近圆形或卵圆形，压扁状，光滑。花期6—8月，果期10—11月。

生活习性：喜光，耐寒，耐旱，耐瘠薄，适应性强。扦插、分株繁殖。

分布：野生资源分布于宁夏贺兰山、六盘山、南华山、罗山、红寺堡区、盐池县、同心县、西吉县、原州区、隆德县、泾源县、海原县等地，多生于山坡、石质河滩地、路旁等。分布于我国甘肃、陕西、青海、山西、河北、内蒙古、宁夏等省（区）。

保护利用现状：部分野生资源得到保护，未开发利用。

开发利用前景：观赏、水土保持、园林绿化树种，蜜源植物，全株可入药。

白花百里香 *Thymus mongolicus* var. *leucanthus*

唇形科 Labiatae　百里香属 *Thymus*

白花百里香是百里香的变种。

形态特征：小灌木，植株矮小，茎多数，不育枝从茎的末端或基部生出，匍匐或上升，被短柔毛。花序下密被向下曲或稍平展的疏柔毛，下部毛变短而疏，具2~4对叶，基部有脱落的先出叶。叶卵状长圆形或长圆形，先端钝或稍锐尖，基部楔形或渐狭。花白色，花冠筒内密生粗毛。小坚果近圆形或卵圆形，压扁状，光滑。花期6—8月，果期10—11月。

生活习性：喜光，耐寒，耐旱，耐瘠薄，适应性强。扦插、分株繁殖。

分布：野生资源分布于宁夏罗山和六盘山，多生于向阳干旱山坡。分布于我国内蒙古、宁夏等省（区）。

保护利用现状：部分野生资源得到保护，未开发利用。

开发利用前景：观赏、水土保持、园林绿化树种，蜜源植物。

黑果枸杞 *Lycium ruthenicum*

茄科 Solanaceae　枸杞属 *Lycium*

形态特征：灌木，高0.2~1.5 m。多分枝，分枝斜升或横卧于地面，白色或灰白色，坚硬，常呈“之”字形弯曲，有不规则纵条纹，小枝顶端渐尖呈棘刺状。叶2~6片簇生于短枝上，在幼枝上则单叶互生，肉质肥厚，近无柄，条形、条状披针形或条状倒披针形，长0.5~3 cm，宽2~7 mm。花1~2朵生于短枝上；花冠漏斗状，浅紫色。浆果紫黑色，球形，有时顶端稍凹陷。种子肾形，褐色。花果期5—10月。

生活习性：喜光，耐寒，耐旱，耐盐碱，耐瘠薄，适应性强。播种、扦插繁殖。

分布：野生资源分布于宁夏贺兰山、西夏区、兴庆区、贺兰县、灵武市、平罗县、大武口区、惠农区、利通区、青铜峡市、盐池县、红寺堡区、隆德县、泾源县、西吉县、彭阳县、原州区、海原县、中宁县、沙坡头区等地，多生于盐碱荒地、沙地或路旁，贺兰县、惠农区、大武口区、利通区、原州区、中宁县、海原县等地有栽培。分布于我国陕西、宁夏、甘肃、青海、新疆、西藏等省（区）。

保护利用现状：野生资源未保护，宁夏部分地区有少量栽培。

开发利用前景：观赏、水土保持、经济林树种，果实可入药。

宁夏枸杞 *Lycium barbarum* 茄科 Solanaceae 枸杞属 *Lycium*

宁夏枸杞属于宁夏重点保护植物。

形态特征：灌木，分枝细密，灰白色或灰黄色，无毛而微有光泽，有不生叶的短棘刺和生叶、花的长棘刺。叶互生或簇生，披针形或长椭圆状披针形，长2~3 cm，宽4~6 mm。花在长枝上1~2朵生于叶腋，在短枝上2~6朵同叶簇生；花冠漏斗状，紫堇色。浆果红色或橙色，果皮肉质，多汁液。种子略呈肾脏形，压扁，棕黄色。花果期5—10月。

生活习性：喜光，耐寒，耐旱，耐瘠薄，耐盐碱，适应性强。播种、扦插繁殖。

分布：野生资源分布于宁夏哈巴湖、大武口区、平罗县、惠农区、盐池县、同心县、青铜峡市、利通区、原州区、彭阳县、西吉县、泾源县、隆德县等地，多生于土层深厚的沟岸、山坡、田埂和宅旁，兴庆区、西夏区、金凤区、中宁县、贺兰县、大武口区、平罗县、同心县、西吉县、海原县、原州区等枸杞种植区有栽培。我国河北、内蒙古、山西、陕西、甘肃、宁夏、青海、新疆等省（区）均有引种栽培。

保护利用现状：部分野生资源得到保护，宁夏大部分地区有栽培。

开发利用前景：经济林树种，叶可制茶，嫩茎可作为芽菜，果实可食用，花、根、茎、叶、果实均可入药。

宁杞1号 *Lycium barbarum* 'Ningqi-1' 茄科 Solanaceae 枸杞属 *Lycium*

宁夏农林科学院从当地传统品种麻叶系列中通过自然单株选优培育而成的一个优良品种。

形态特征：灌木，高1.4~1.6 m。当年生枝灰白色，嫩枝梢端淡紫红色，多年生枝灰褐色。叶深绿色，质地较厚，横切面平或略微向上突起，顶端钝尖；当年生枝单叶互生或后期2~3片并生，披针形，长2.65~7.6 cm，宽0.68~2.18 cm，嫩叶中脉基部及叶中下部边缘紫红色。花淡紫色，花冠喉部至花冠裂片基部淡黄色。幼果粗壮，成熟果鲜红色，椭圆柱形，具4~5纵棱。种子棕黄色，肾形。花果期5—10月。

生活习性：喜光，耐寒，耐旱，抗逆性强。扦插繁殖。

分布：宁夏贺兰县、大武口区、惠农区、利通区、沙坡头区、中宁县、海原县均有栽培。我国内蒙古、青海、新疆等省（区）均有引种栽培。

保护利用现状：宁夏枸杞种植区均有栽培。

开发利用前景：经济林树种，叶可制茶，嫩茎可作为芽菜，果实可食用，花、根、茎、叶、果实均可入药。

宁杞 2 号 ***Lycium barbarum* 'Ningqi-2'** 茄科 Solanaceae 枸杞属 *Lycium*

宁夏农林科学院从当地传统品种麻叶系列中通过自然单株选优培育而成的一个优良品种。

形态特征：灌木，高1.5~1.68 m，树皮灰褐色。当年生枝灰白色，嫩枝梢端淡红白色，结果枝细长而软，棘刺极少。叶深绿色，在2年生枝上簇生，条状披针形；当年生枝上单叶互生或后期2~3片并生；叶片长2.61~7.45 cm，宽0.65~1.43 cm，厚0.385~0.481 cm；老枝上的叶卵状披针形或披针形。花较大，长1.58~1.75 cm，花瓣绽开直径1.57 cm左右。果特大，梭形，先端渐尖，鲜果平均纵径2.43 cm，横径0.98 cm。花果期5—10月。

生活习性：喜光，耐寒，耐旱，耐盐碱。扦插繁殖。

分布：宁夏各地均有栽培。我国内蒙古、青海、新疆、湖北等省（区）均有引种栽培。

保护利用现状：宁夏各地广泛栽培。

开发利用前景：经济林树种，叶可制茶，嫩茎可作为芽菜，果实可食用、加工或入药。

宁杞 3 号 ***Lycium barbarum* 'Ningqi-3'** 茄科 Solanaceae 枸杞属 *Lycium*

宁夏农林科学院从当地优良品种大麻叶枸杞中采用单株选优方法选出的优产高产枸杞新品种，2005年获得国家植物新品种保护权，经多年的栽培利用，2010年经宁夏林木品种审定委员会审定为宁夏林木良种。

形态特征：灌木，高1.5~1.61 m，树势强，生长快，发枝多，每枝平均可发3.2枝，嫩枝梢部淡黄绿色。树皮灰褐色。当年生枝灰白色，结果枝细长而软，棘刺少，平均枝长39.7 cm。叶片绿色，叶横切面向下凹，顶端渐尖，2年生枝上的叶条状披针形，簇生；当年生枝上的叶披针形。花绽开后紫红色，花冠喉部及花冠裂片基部紫红色；长枝上有花1~3朵，腋生。浆果成熟后红色，粗大，果腰部略向外凸。花果期5—10月。

生活习性：喜光，耐寒，耐旱，不耐阴湿。扦插繁殖。

分布：宁夏中宁县、红寺堡区等地有栽培。

保护利用现状：宁夏部分地区有栽培。

开发利用前景：经济林树种，叶可制茶，嫩茎可作为芽菜，果实可食用、加工或入药。

宁杞 4 号 *Lycium barbarum* 'Ningqi-4'

茄科 Solanaceae　枸杞属 *Lycium*

中宁县枸杞产业管理局从大麻叶枸杞实生苗枸杞园选出的品种纯、产量高、品质好的枸杞新品种，经多年的栽培利用，2005年经宁夏林木品种审定委员会审定为宁夏林木良种。

形态特征：灌木，高1.82 m，冠幅1.3 m。叶浓绿色，质地厚，2年生枝上的叶披针形，1年生枝上的叶部分反卷，嫩叶叶脉基部至中部正面紫色。花长1.59 cm，花瓣绽开直径1.53 cm，花丝中部有一圈稠密茸毛，花萼2~3裂。果枝芽眼花蕾数量多，落花、落果少。2年生枝每芽眼有花4~7朵，2年生枝和1年生七寸枝平均落花、落果2.3%。果实长，果径粗，具8棱，先端多钝尖。鲜果平均纵径1.83 cm、横径0.94 cm，千粒重589.2 g。花果期5—10月。

生活习性：喜光，耐旱，耐盐碱。扦插繁殖。

分布：宁夏中宁县、利通区、沙坡头区、海原县等地有栽培。

保护利用现状：宁夏枸杞种植区均有栽培。

开发利用前景：经济林树种，叶可制茶，嫩茎可作为芽菜，果实可食用、加工或入药。

宁杞 5 号 *Lycium barbarum* 'Ningqi-5'

茄科 Solanaceae　枸杞属 *Lycium*

宁杞1号的变种，2009年经宁夏林木品种审定委员会审定为宁夏林木良种。

形态特征：灌木，高1.6 m。1年生枝条黄灰白色。嫩枝的枝梢略有紫色条纹，老熟枝条后1/3段偶具细弱小针刺。叶深灰绿色，质地较厚，老熟叶片青灰绿色；2年生枝上的叶条状披针形，簇生；1年生枝上的叶互生，披针形，长3~5 cm。花长1.8 cm，花瓣绽开直径1.6 cm，花绽开后花冠裂片紫红色。鲜果橙红色，果皮光亮，果腰部平直，果身多不具棱，纵剖面近矩圆形，先端钝圆，平均纵径2.54 cm、横径1.74 cm。花果期5—10月。

生活习性：喜光，耐寒，耐旱，不耐阴湿。扦插繁殖。

分布：宁夏贺兰县、惠农区、红寺堡区、利通区、中宁县、海原县等地均有栽培。

保护利用现状：宁夏部分枸杞种植区有栽培。

开发利用前景：经济林树种，叶可制茶，嫩茎可作为芽菜，果实可食用、加工或入药。

宁杞 6 号 *Lycium barbarum* 'Ningqi-6'

茄科 Solanaceae 枸杞属 *Lycium*

二倍体枸杞，天然杂交实生苗，2010年经宁夏林木品种审定委员会审定为宁夏林木良种。

形态特征：灌木。枝条较直立，发枝条数多。老眼枝灰白色，具长针刺，平均节间长1.45 cm，当年生七寸枝青绿色，梢端泛红色。叶展开呈宽长条形，叶片碧绿色，叶脉清晰，幼叶两边对称卷曲呈水槽状；老叶不规则翻卷，叶片大。合瓣花，花长1.4 cm，花瓣绽开直径1.3 cm，花冠5，紫红色，且紫红色一直延伸至花筒基部，花瓣开始褪为浅紫色。幼果细长，稍弯曲，果长大后渐直，成熟后长矩形。5年平均鲜果千粒重973.6 g，单果平均横径9.29 mm、纵径22.73 mm。花果期5—10月。

生活习性：喜光，耐寒，喜肥水，耐盐碱，不耐阴湿，不能自花授粉。扦插繁殖。

分布：宁夏中宁县有栽培。

保护利用现状：宁夏部分枸杞种植区有栽培。

开发利用前景：经济林树种，叶可制茶，嫩茎可作为芽菜，果实可食用、加工或入药。

宁杞 7 号 *Lycium barbarum* 'Ningqi-7'

茄科 Solanaceae 枸杞属 *Lycium*

宁杞1号生产园中发现母株，2010年经宁夏林木品种审定委员会审定为宁夏林木良种。

形态特征：灌木，高1.4~1.6 m。枝条弧垂或斜生，灰白色，结果枝210~250条，棘刺少。幼叶黄绿色，成熟叶片深绿色，质地较厚，横切面平展，叶脉清晰，顶端钝尖。当年生枝单叶互生或2~3片并生，宽披针形，叶平均长4.15 cm、宽1.24 cm。花淡紫色。幼果粗壮，成熟果深红色，果身椭圆柱形，多不具纵棱，先端钝尖，鲜果纵径1.8~2 cm、横径0.98~1.2 cm。种子黄色，肾形，每鲜果内有种子24~40粒，种子千粒重0.725 g左右。花果期5—10月。

生活习性：喜光，耐寒，耐旱，自交亲和指数高。扦插繁殖。

分布：宁夏贺兰县、惠农区、利通区、红寺堡区、沙坡头区、中宁县、海原县等地均有栽培。

保护利用现状：宁夏枸杞种植区均有栽培。

开发利用前景：经济林树种，叶可制茶，嫩茎可作为芽菜，果实可食用、加工或入药。

宁杞 8 号 *Lycium barbarum* 'Ningqi-8'

茄科 Solanaceae　枸杞属 *Lycium*

内蒙古先锋镇枸杞园从自然选优收集的优良单株培育出的新品种，2015年经宁夏林木品种审定委员会审定为宁夏林木良种。

形态特征：灌木。结果枝长而下垂，坐果距较长。叶片长条形，灰绿色，叶脉清晰。花紫红色，喉部具规则紫红色条纹，花瓣5，雄蕊5，雌蕊1，雌蕊低于雄蕊，柱头位于花药基部。幼果细长弯曲，萼片2裂，个别在尖端有浅裂痕，果长大后渐直，成熟后红色，长椭圆形。果粒大，鲜果平均千粒重1211.5 g，最大单粒重3.2 g，单果最大纵径4.3 cm。花果期5—10月。

生活习性：喜光，耐寒，耐旱。扦插繁殖。

分布：宁夏中宁县有收集保存。

保护利用现状：宁夏有少量栽培利用。

开发利用前景：经济林树种，叶可制茶，嫩茎可作为芽菜，果实可食用、加工或入药。

宁农杞 9 号 *Lycium barbarum* 'Ningnongqi-9'

茄科 Solanaceae　枸杞属 *Lycium*

从内蒙古巴彦淖尔市乌拉特前旗先锋镇的枸杞母株选优培育出的新品种，2014年经宁夏林木品种审定委员会审定为宁夏林木良种。

形态特征：灌木。老眼枝灰白色，1年生七寸枝青绿色，梢端具大量紫色条纹。枝条粗长、硬度中等，平均节间长1.57 cm。1年生枝条每叶腋有花1~2朵，2年生枝花量少。幼叶披针形，青灰色。1年生枝上的叶片常扭曲反折，正反面叶脉清晰。成熟叶片厚0.71 cm，长宽比4.2∶1，深绿色。花蕾上部紫色较深，花萼单裂，花瓣5，花冠裂片圆形，花瓣绽开直径1.61 cm。鲜果粒大，绛红色，纵切面近圆形，青果具明显果尖，最大鲜果重2.8 g，平均单果重1.06 g，鲜果果肉厚1.8 mm，平均含籽数32个。花果期5—10月。

生活习性：喜光，耐寒，耐旱。扦插繁殖。

分布：宁夏银川市、中宁县、同心县、红寺堡区等地有栽培。

保护利用现状：宁夏枸杞种植区均有栽培。

开发利用前景：经济林树种，叶可制茶，嫩茎可作为芽菜，果实可食用、加工或入药。

宁杞 10 号 *Lycium barbarum* 'Ningqi-10'

茄科 Solanaceae　枸杞属 *Lycium*

中宁县种质资源保护与研发中心等单位以宁杞5号为母本、以宁杞4号为父本，杂交授粉，选育出的优良品种，2017年经宁夏林木品种审定委员会审定为宁夏林木良种。

形态特征：灌木，树势强。萌芽力中等，成枝力强，枝条柔顺，易发七寸枝。叶绿色，质地较厚，叶中脉平展，2年生老枝上的叶宽披针形，簇生，当年生枝上的叶互生，宽披针形，当年生叶片长4~6 cm，宽0.9~1.6 cm。花瓣绽开直径2.17 cm，开裂后有花粉。结果枝每叶腋有果2~3个。老熟枝条平均在9.7 cm以后开始有细弱小针刺，当年生枝条平均在5 cm以后开始有细弱小针刺。鲜果橙红色，果皮光亮，纵径23.9 mm，横径12.06 mm，最大单果重2.1 g。花果期5—10月。

生活习性：喜光，耐寒，耐旱，耐盐碱，耐瘠薄，抗逆性强。扦插繁殖。

分布：宁夏银川市、中宁县等地有栽培。

保护利用现状：宁夏部分枸杞种植区有栽培。

开发利用前景：经济林树种，叶可制茶，嫩茎可作为芽菜，果实可食用、加工或入药。

枸杞'叶用 1 号' *Lycium barbarum* × *L. chinense* 'Yeyong-1'

茄科 Solanaceae　枸杞属 *Lycium*

2015年经宁夏林木品种审定委员会审定为宁夏林木良种。

形态特征：灌木，生长势强，丛状生长；茎直立，灰褐色，分枝角度小，上部多分枝，形成伞状树冠。当年生枝条灰白色，枝梢深绿色，枝条长。叶片肥厚、宽长，深绿色，长椭圆形，长平均52.48 mm，宽平均8.83 mm，厚0.95~1.65 mm，单叶重0.17 g，在当年生枝上单叶互生；当年生嫩枝、嫩梢浅绿色；叶芽鲜嫩，风味良好。五叶一芽平均鲜重0.89 g，七叶一芽平均鲜重1.19 g，三叶一芽平均鲜重0.53 g。芽菜采摘期5—8月。

生活习性：喜光，耐寒，耐旱。扦插繁殖。

分布：宁夏银川市、中宁县等地有栽培。

保护利用现状：宁夏有栽培利用。

开发利用前景：经济林树种，叶可制茶，嫩茎可作为芽菜。

黄果枸杞 *Lycium barbarum* var. *auranticarpum*

茄科 Solanaceae　枸杞属 *Lycium*

黄果枸杞是宁夏枸杞的变种，属于宁夏重点保护植物。

形态特征：灌木，枝条短而多棘刺。叶狭窄，条状披针形。花紫色，花冠筒比檐部裂片长2倍。浆果橙黄色，近球形，鲜果千粒重130 g，含可溶性固形物24.5%。叶果比4.8∶1，成枝率17.82%。花果期5—10月。

生活习性：喜光，耐寒，耐旱，耐盐碱，耐瘠薄，抗逆性强。扦插繁殖。

分布：野生资源分布于宁夏银川市、中宁县、中卫市，多生于田边、田间或村庄。中宁县、贺兰县有少量栽培。

保护利用现状：野生资源未得到保护，宁夏有少量栽培利用。

开发利用前景：经济林树种，叶可制茶，嫩茎可作为芽菜，果实可食用、加工或入药。

枸　杞 *Lycium chinense*

茄科 Solanaceae　枸杞属 *Lycium*

形态特征：灌木。枝条淡灰色，长棘刺并生有叶和花。叶互生或2~4片簇生，卵状披针形。花萼3中裂或4~5齿裂，裂片有缘毛；花冠漏斗状。浆果红色，卵形，直径7~15 mm。种子扁肾形，每鲜果内有种子25~40粒，鲜果千粒重756 g，含可溶性固形物20.5%。叶果比1.2∶1，成枝率5.5%。花果期6—10月。

生活习性：喜光，耐寒，耐旱，耐盐碱，耐瘠薄，抗逆性强。扦插繁殖。

分布：野生资源分布于宁夏贺兰山、南华山、哈巴湖、白芨滩、灵武市、西夏区、兴庆区、惠农区、平罗县、利通区、青铜峡市、红寺堡区、沙坡头区、海原县、原州区、彭阳县、隆德县等地，多生于荒山、山坡、田边、田间或村庄，中宁县、利通区、同心县、原州区、彭阳县、哈巴湖等地有栽培。分布于我国河北、山西、陕西、甘肃、宁夏及东北、西南、华中、华南、华东等地。

保护利用现状：部分野生资源得到保护，宁夏枸杞种植区有栽培利用。

开发利用前景：经济林树种，叶可制茶，嫩茎可作为芽菜，果实可食用、加工或入药。

北方枸杞 *Lycium chinense* var. *potaninii*　茄科 Solanaceae　枸杞属 *Lycium*

北方枸杞为枸杞的变种。

形态特征：灌木，枝条匍匐性强。叶宽披针形。雄蕊稍长于花冠。浆果紫红色，长柱状，纵径2~2.5 cm，横径5~8 mm。种子扁肾形，黄色，每鲜果内有种子18~22粒，鲜果千粒重756 g，含可溶性固形物19.8%。叶果比1.88∶1，成枝率35%。花果期5—10月。

生活习性：喜光，耐寒，耐旱，耐盐碱，耐瘠薄，抗逆性强。扦插繁殖。

分布：野生资源分布于宁夏永宁县、灵武市、盐池县、同心县、海原县、彭阳县等地，多生于田边、田间或村庄。分布于我国河北、陕西、内蒙古、甘肃、宁夏、青海、新疆等省（区）。

保护利用现状：野生资源未保护，宁夏有少量栽培利用。

开发利用前景：经济林树种，叶可制茶，嫩茎可作为芽菜，果实可食用、加工或入药。

大麻叶枸杞 *Lycium barbarum* 'Damayegouqi'　茄科 Solanaceae　枸杞属 *Lycium*

大麻叶枸杞是从宁夏中宁县枸杞原产地种植的枸杞中通过群体选优筛选出的优质、高产、适应性强的传统当家品种。

形态特征：小灌木，高1.49~1.65 m。当年生枝条灰白色，嫩枝梢端紫红色，多年生枝条灰褐色。叶深绿色，质地较厚；老枝上的叶披针形或条状披针形，长4.5~8.2 cm，宽0.8~1.6 cm；新枝上的叶卵状披针形，长2.4~4.9 cm，宽1.2~1.8 cm；结果枝粗壮、针刺少，有部分叶片反卷，枝长40~65 cm。花紫红色。幼果粗壮，先端渐尖；成熟果鲜红色，先端钝尖或近截平，果身长椭圆棒状，具4~6纵棱，鲜果纵径1.55~1.95 cm、横径0.7~0.94 cm。种子棕黄色，肾形。花果期5—10月。

生活习性：喜光，耐寒，耐旱，耐盐碱，耐瘠薄，抗逆性强。扦插繁殖。

分布：宁夏各地均有栽培。

保护利用现状：宁夏枸杞种植区有栽培利用。

开发利用前景：经济林树种，叶可制茶，嫩茎可作为芽菜，果实可食用、加工或入药。

截萼枸杞 *Lycium truncatum*

茄科 Solanaceae　枸杞属 *Lycium*

宁夏重点保护植物。

形态特征：灌木，高1~1.5 m。枝条灰白色或灰黄色，少棘刺。叶在长枝上单生，在短枝上簇生，条状披针形或披针形，具有明显的中脉。花1~3朵在短枝上同叶簇生；花萼钟状，2~3裂，裂片膜质，花后有时断裂而使宿萼呈截头状；花冠漏斗状，具缘毛。浆果红色，矩圆形或卵状矩圆形，纵径5~8 mm，顶端有尖头。种子橙黄色，长约2 mm，每鲜果内有种子约30粒。叶果比1.3：1，成枝率10%。花果期5—10月。

生活习性：喜光，耐寒，耐旱，耐盐碱，耐瘠薄，抗逆性强。扦插繁殖。

分布：野生资源分布于宁夏中卫市，多生于沙质地、田边、路旁。分布于我国山西、陕西、甘肃、宁夏、内蒙古等省（区）。

保护利用现状：野生资源未得到保护，宁夏有少量收集保存。

开发利用前景：观赏、水土保持、经济林树种，叶可制茶，嫩茎可作为芽菜，果实可食用、入药。

枸杞全世界分布约80种，我国自然分布的枸杞属植物共有7种3变种。枸杞的果实除食用和入药外，还可加工成枸杞酒、枸杞原浆、枸杞糖、枸杞醋等产品，涉及医药、食品、生化等领域。早在唐代人类就将野生枸杞进行驯化栽培，明清时期宁夏就已经开始大规模进行栽培利用。除以上枸杞资源种和品种外，宁夏还分布着密枝枸杞、小叶黄果枸杞、清水河枸杞等野生资源，经国家枸杞工程技术研究中心、宁夏枸杞工程技术研究中心、中宁县枸杞产业发展服务局、宁夏林业产业服务中心、中宁县林场等相关单位多年选育、收集保存有7种3变种2 000多份枸杞种质资源，包括红枝枸杞、新疆枸杞、柱筒枸杞、白条枸杞、圆果枸杞、白花枸杞、白果枸杞、紫果枸杞、紫柄枸杞、中科1号、蒙杞1号、内蒙古圆果、太空杂交种、宁杞菜1号、宁农杞1号、宁农杞2号、宁农杞3号、宁农杞4号、宁农杞5号、宁农杞6号、宁农杞7号、宁农杞8号、科杞608、科杞1号、科杞2号、09系列、04-03-32、06系列、YX-04-001、08系列、W-13-0-01等优良品种（系）。

毛泡桐 *Paulownia tomentosa*

玄参科 Scrophulariaceae　泡桐属 *Paulownia*

毛泡桐又称紫花桐。

形态特征：乔木，高达20 m，树冠宽大伞形，树皮褐灰色。小枝有明显皮孔，幼时常具黏质短腺。叶宽卵形或卵形，长达40 cm，先端锐尖，全缘或3~5浅裂，叶背面密被褐色具柄的树枝状毛和腺毛；叶柄常有腺毛。花序大，金字塔形或狭圆锥形；花冠紫色，漏斗状钟形，长5~7.5 cm，外面有腺毛。蒴果卵圆形，幼时密生黏质腺毛，长3~4.5 cm。种子连翅长2.5~4 mm。花期4—5月，果期8—9月。

生活习性：耐寒，耐旱，耐盐碱，抗风沙，抗性很强。分株繁殖。

分布：宁夏西夏区、金凤区、贺兰县、沙坡头区、中宁县、利通区等地有栽培。

保护利用现状：宁夏有少量引种栽培。

开发利用前景：园林绿化、用材树种，树皮、根、花、叶可入药。

白花泡桐 *Paulownia fortunei*

玄参科 Scrophulariaceae　泡桐属 *Paulownia*

白花泡桐又称泡桐。

形态特征：叶长卵圆形，长大于宽很多。花序圆柱形；花冠白色或淡紫色。果实长圆形或长圆状椭圆形，长6~10 cm，宿萼开展或漏斗状；果皮木质化，厚3~6 mm。种子连翅长6~10 mm。花期3—4月，果期7—8月。

生活习性：喜光，较耐阴，喜温暖气候，耐寒性不强，对黏重、瘠薄土壤有较强的适应性。扦插繁殖。

分布：宁夏金凤区、大武口区、中宁县、彭阳县等地有引种栽培。分布于我国安徽、浙江、福建、台湾、江西、湖北、湖南、四川、云南、贵州、广东、广西等省（区）。

保护利用现状：宁夏有少量引种栽培。

开发利用前景：园林绿化、用材树种，叶、花、果和树皮可入药。

梓 *Catalpa ovata* 紫葳科 Bignoniaceae 梓属 *Catalpa*

形态特征：乔木，高10~20 m，胸径达100 cm，树冠宽卵圆形。树皮灰褐色，浅纵裂。小枝和叶柄被黏质毛。叶宽卵圆形至卵圆形，长宽近相等，长10~25 cm，先端急尖，基部心形，全缘或中部以上3~5浅裂，掌状5出脉，背面沿脉有柔毛，基部脉腋有紫斑。圆锥花序顶生，花冠淡黄色，内有紫斑点。蒴果细长，下垂，长20~30 cm，径3~4 mm。花期4—6月，果熟期9—11月。

生活习性：喜光，喜温暖气候，抗污染，喜深厚、湿润土壤，深根性。嫁接繁殖。

分布：宁夏各地均有栽培。

保护利用现状：主要引种用作行道树。

开发利用前景：行道、绿化、用材树种。

楸 *Catalpa bungei* 紫葳科 Bignoniaceae 梓属 *Catalpa*

形态特征：小乔木，高达30 m，胸径100 cm以上，树冠窄长，倒卵形。树皮灰褐色，浅纵裂。小枝无毛，有光泽。叶长三角状卵形，长6~15 cm，顶端尾尖，基部截形或浅心形。总状花序伞房状，顶生；萼2裂，花冠粉红色至白色，内有紫斑点。蒴果长25~50 cm，径4~5 mm。花期4—5月，果熟期9—10月。

生活习性：较喜光，喜温暖气候，要求土壤肥沃，耐轻度盐碱，不耐瘠薄、水湿。嫁接繁殖。

分布：宁夏兴庆区、西夏区、金凤区、永宁县、灵武市、平罗县、惠农区、利通区、青铜峡市、沙坡头区、原州区、隆德县、泾源县、彭阳县等地有栽培。

保护利用现状：宁夏有少量引种栽培，用作园林绿化树种。

开发利用前景：园林绿化、用材树种。

凌　霄 *Campsis grandiflora*

紫葳科 Bignoniaceae　凌霄属 *Campsis*

我国特有树种。

形态特征：藤本。茎木质，长约10 m。树皮灰褐色，细条状纵裂。小枝紫褐色。小叶7~9，卵形至卵状披针形，长3~7 cm，宽2~4 cm，先端渐尖，基部宽楔形或圆形，两侧不对称，叶缘有7~8锯齿，两面无毛。花萼5裂，裂片披针形；花冠漏斗状钟形，鲜红色或橘红色，长6~7 cm，径约7 cm。蒴果顶端钝。花期5—8月，果熟期10月。

生活习性：较喜光，幼苗早期稍耐庇荫，喜温暖、湿润气候，萌蘖性强，适合在排水良好的土壤上栽培。播种、扦插、压条繁殖。

分布：宁夏灵武市有少量引种栽培。

保护利用现状：宁夏零星引种栽培。

开发利用前景：优良的垂直绿化树种，根及花可入药。

宁夏中宁县、西吉县引种栽培有灰楸（*Catalpa fargesii*）。

内蒙野丁香 *Leptodermis ordosica*

茜草科 Rubiaceae　野丁香属 *Leptodermis*

我国特有树种。

形态特征：小灌木，高20~40 cm。多分枝，老枝暗灰色，小枝较细，灰色或灰黄色。叶厚纸质，对生，椭圆形、卵圆状椭圆形、长椭圆形，长3~10 mm，宽2~5 mm，顶端短尖或稍钝，基部楔形或渐狭，全缘，边缘常反卷，上面绿色，下面灰绿色，两面近无毛。花近无梗，1~3朵簇生于枝顶和近枝顶的叶腋；小苞片2；花冠紫红色，漏斗形，长11~14 mm，外面被微柔毛，里面被长柔毛，裂片4~5。果长3~3.5 mm。种子覆有与种皮分离的网状假种皮。花期6—7月，果期7—8月。

生活习性：常生于海拔1 600 m 的岩石裂缝中。

分布：野生资源分布于宁夏贺兰山、香山、西夏区、惠农区、原州区、沙坡头区等地。分布于我国内蒙古、宁夏。

保护利用现状：部分野生资源得到保护，未开发利用。

鸡树条 *Viburnum opulus* var. *calvescens*

忍冬科 Caprifoliaceae　荚蒾属 *Viburnum*

鸡树条又称天目琼花。

形态特征：灌木，高3 m。树皮木栓质，具纵裂纹。鳞芽，小枝具棱。叶卵圆形至宽卵形，常3裂，小枝上部的叶不裂或微3裂，裂片常具不整齐锯齿，长6~12 cm，掌状3出脉，上面无毛，下面被黄白色长柔毛及暗褐色腺体，叶柄长2~4 cm。顶生花序边缘具10~12朵白色不孕花，径达10 cm；中央的两性花小，花冠辐状。果实球形，红色，径约8 mm。花期5—6月，果熟期9—10月。

生活习性：喜光，亦耐阴，耐寒，多生于凉爽、湿润、多雾的灌丛中。播种繁殖。

分布：野生资源分布于宁夏六盘山、泾源县，生于海拔1 000~1 600 m 的山地疏林中，西夏区、金凤区、永宁县、贺兰县、平罗县、利通区、海原县、沙坡头区、原州区、西吉县、隆德县、泾源县、彭阳县等地有栽培。分布于我国东北、华北及陕西、甘肃、宁夏、四川等地。

保护利用现状：部分野生资源得到保护，宁夏广泛用于园林绿化。

开发利用前景：园林绿化树种，叶、枝、果可入药，种子含油，可制肥皂及润滑油。

香荚蒾 *Viburnum farreri*

忍冬科 Caprifoliaceae　荚蒾属 *Viburnum*

形态特征：灌木，高达3 m。树皮灰褐色，小枝棕色或棕褐色，无毛。单叶对生，倒卵状椭圆形、椭圆形或倒卵状披针形，长4~8 cm，宽1~4 cm，顶端锐尖，基部楔形，边缘具三角形锯齿；表面绿色，背面浅绿色；叶柄长1.5~3 cm，腹面具沟，无毛或沿沟疏被柔毛。圆锥状聚伞花序顶生，长3~5 cm，花多数，先叶开放，芳香；花冠蕾时粉红色。果实紫红色，矩圆形，长8~10 mm，径约6 mm。花期4—5月，果熟期9—11月。

生活习性：喜肥沃、松软、排水良好的微酸性土壤，不耐瘠薄，不耐旱。播种繁殖。

分布：野生资源分布于宁夏六盘山，生于海拔2 100 m 的山谷河滩地、路边或林缘，兴庆区、西夏区、金凤区、大武口区、平罗县、同心县、利通区、沙坡头区、海原县、原州区、西吉县、泾源县、彭阳县、隆德县等地普遍栽培。分布于我国甘肃、青海、宁夏及新疆。

保护利用现状：野生资源得到保护，宁夏各地广泛栽培。

开发利用前景：园林绿化树种。

陕西荚蒾 *Viburnum schensianum*

忍冬科 Caprifoliaceae　荚蒾属 *Viburnum*

形态特征：灌木，高达3 m。老枝灰黑色，幼枝灰棕色，疏被星状毛。叶纸质，卵状椭圆形、宽卵形或近圆形，长3~6 cm，顶端钝或圆形，基部圆形，稀宽楔形，边缘有浅锯齿，表面绿色，疏生平伏柔毛，背面浅绿色，疏被星状毛；侧脉5~7对；叶柄长5~10 mm，被星状伏毛。聚伞花序直径6~7 cm；花冠白色，辐状，直径约6 mm，无毛。果实红色而后变黑色，椭圆形，长约8 mm。花期5—7月，果熟期8—9月。

分布：野生资源分布于宁夏六盘山、南华山、罗山、原州区、海原县等地，生于海拔700~2 200 m的山坡灌丛中。分布于我国河北、山西、陕西、甘肃、山东、河南、湖北、宁夏和四川等省（区）。

保护利用现状：部分野生资源得到保护，未开发利用。

开发利用前景：观赏树种，可做盆景。

蒙古荚蒾 *Viburnum mongolicum*

忍冬科 Caprifoliaceae　荚蒾属 *Viburnum*

形态特征：灌木，高达2 m。树皮褐色，纵裂，老枝灰白色，幼枝棕褐色，被星状毛。叶纸质，卵状椭圆形至椭圆形，长2~5 cm，宽1.2~3.5 cm，顶端尖或钝，基部圆形或楔圆形，边缘有波状浅齿；表面绿色，疏被平伏柔毛，背面浅绿色，疏被星状毛或近无毛；侧脉4~5对；叶柄长4~10 mm，被星状毛。聚伞花序直径1.5~3.5 cm，具少数花，总花梗长5~15 mm，被星状毛；花冠淡黄白色，筒状钟形，无毛。果实红色而后变黑色，椭圆形，长约10 mm。花期5月，果熟期9月。

生活习性：播种繁殖。

分布：野生资源分布于宁夏六盘山、贺兰山、罗山、南华山、西吉县、隆德县、海原县等地，生于山坡灌丛或山谷，原州区和泾源县有少量驯化栽培。分布于我国华北、东北及陕西、甘肃、宁夏、青海等地。

保护利用现状：部分野生资源得到保护，少量驯化利用。

开发利用前景：园林绿化树种。

桦叶荚蒾 *Viburnum betulifolium* 忍冬科 Caprifoliaceae 荚蒾属 *Viburnum*

桦叶荚蒾又称湖北荚蒾。

形态特征：灌木或小乔木。鳞芽，小枝稍有棱，无毛或幼时有柔毛。叶宽卵形至宽倒卵形，基部宽楔形或圆形。叶缘具波状齿，侧脉5~7对。顶生复伞形聚伞花序，常被黄褐色星状毛；花冠白色。果实红色，近球形，径6 mm。花期6—7月，果熟期9—10月。

生活习性：喜光，耐阴，耐寒。播种繁殖。

分布：野生资源分布于宁夏六盘山、泾源县、原州区等地，生于海拔1 300~3 100 m的山地灌丛混交林中，原州区、西吉县、泾源县有驯化栽培。

保护利用现状：部分野生资源得到保护，少量驯化栽培。

开发利用前景：优良的园林绿化树种。

南方六道木 *Abelia dielsii* 忍冬科 Caprifoliaceae 六道木属 *Abelia*

形态特征：灌木，高1.5~2.5 m。小枝灰白色，无毛，老枝具6棱。叶对生，全缘或有小锯齿，披针形或长圆状披针形，长25~70 mm，宽10~18 mm，先端长渐尖，基部楔形，全缘或具不规则缺刻状疏锯齿，花对生于短侧枝顶端，具总花梗，长0.6~1.2 cm，无毛；花冠钟状高脚碟形。瘦果，果皮革质，顶端冠以宿萼。种子近圆柱形，种皮膜质。花期6月，果期7—8月。

生活习性：播种繁殖。

分布：野生资源分布于宁夏六盘山，生于海拔1 800~2 000 m的山坡灌木林中或河滩地灌丛中，金凤区和泾源县有栽培。分布于我国华北、华中、西南、福建、宁夏等地。

保护利用现状：部分野生资源得到保护，少量驯化栽培。

开发利用前景：优良的园林绿化树种。

盘叶忍冬 *Lonicera tragophylla* 忍冬科 Caprifoliaceae 忍冬属 *Lonicera*

形态特征：藤本。小枝黄绿色，光滑无毛。叶椭圆形或卵状椭圆形，长5~12 cm，宽2~5 cm，顶端钝或稍尖，基部楔形，全缘，上面绿色，下面灰蓝绿色，两面无毛或背面中脉下部两侧被短毛；下部具短柄，长1~1.5 cm。花序下的1对叶合生呈盘状，扁椭圆形或近圆形；头状花序顶生，有花6~9朵；花冠黄色至橙黄色，长4.5~5 cm，外面下部被柄头状腺毛。花期6—7月，果熟期9—10月。

生活习性：耐瘠薄，对土壤要求不严。播种繁殖。

分布：野生资源分布于宁夏六盘山，生于海拔1 600~1 900 m的杂木林中。分布于我国河北、河南、山西、陕西、甘肃、宁夏、四川等省（区）。

保护利用现状：野生资源得到保护，未开发利用。

开发利用前景：园林绿化树种，花蕾与带叶嫩枝药用。

岩生忍冬 *Lonicera rupicola* 忍冬科 Caprifoliaceae 忍冬属 *Lonicera*

岩生忍冬又称西藏忍冬。

形态特征：灌木，高达1.5 m。老枝灰黑色，小枝棕褐色，被短茸毛。叶纸质，对生或3叶轮生，条状披针形、矩圆状披针形至矩圆形，长0.5~3.7 cm，顶端尖或稍具小凸尖或钝，基部楔形至圆形或近截形，表面绿色，无毛或疏被短柔毛；叶柄长3 mm，腹面具槽，被茸毛。花对生，总花梗长3~4 mm，被短茸毛，花冠淡紫色或粉红色。果实红色，椭圆形，长约8 mm。种子淡褐色，矩圆形，扁，长4 mm。花期5—8月，果熟期8—10月。

生活习性：对土壤要求不严，在酸性、盐碱地上均能生长。

分布：野生资源分布于宁夏六盘山、泾源县、罗山、隆德县等地，生于海拔2 600 m左右的山坡灌丛中。分布于我国甘肃、宁夏、云南、四川、西藏等省（区）。

保护利用现状：部分野生资源得到保护，未开发利用。

开发利用前景：园林观赏树种，花可入药。

红花岩生忍冬 *Lonicera rupicola* var. *syringantha*

忍冬科 Caprifoliaceae　忍冬属 *Lonicera*

红花岩生忍冬又称红花忍冬。

形态特征：灌木，高达1.5 m。幼枝和叶柄均被屈曲、白色短柔毛和微腺毛，有时近无毛；小枝纤细，叶脱落后小枝顶常呈针刺状，有时伸长而平卧。叶纸质，3叶轮生，少对生，条状披针形、矩圆状披针形至矩圆形，长0.5~3.7 cm，顶端尖或稍具小凸尖或钝，基部楔形至圆形或近截形，表面无毛或疏生短柔毛；叶柄长3 mm。花生于幼枝基部叶腋，芳香，总花梗极短，花冠淡紫色或紫红色。果实红色，椭圆形。种子淡褐色，矩圆形。花期5—8月，果熟期8—10月。

生活习性：播种繁殖。

分布：野生资源分布于宁夏六盘山、隆德县、泾源县，生于海拔2 000~4 600 m的山坡灌丛中、林缘或河漫滩，西吉县、泾源县、彭阳县等地有少量驯化栽培。分布于我国甘肃、宁夏、青海、四川、云南及西藏等省（区）。

保护利用现状：部分野生资源得到保护，少量驯化栽培。

开发利用前景：园林绿化树种。

蓝靛果 *Lonicera caerulea* var. *edulis*

忍冬科 Caprifoliaceae　忍冬属 *Lonicera*

形态特征：灌木，高2~2.5 m。幼枝褐色，被黄棕色毛，老枝黑褐色，条状剥落。叶对生，椭圆形、卵状椭圆形或椭圆状披针形，长1.5~5.5 cm，宽0.5~2.5 cm，先端渐尖，基部圆形，上面绿色，下面淡绿色，两面被平伏柔毛，背面沿中脉较密；花对生，花冠黄白色，长1~1.3 cm，外面被柔毛，基部一侧膨大呈浅囊状，顶端近5等裂。浆果蓝色，成熟后黑色，卵状长椭圆形。花期5月，果期6—7月。

生活习性：喜光，抗寒，对土壤要求不严。

分布：野生资源分布于宁夏六盘山、贺兰山，生于海拔2 000~2 300 m的山坡灌丛或林缘。分布于我国东北及河北、山西、陕西、甘肃、宁夏、青海、四川、云南、新疆等省（区）。

保护利用现状：野生资源得到保护。

开发利用前景：浆果可食用，嫩枝可入药。

唐古特忍冬 *Lonicera tangutica* 忍冬科 Caprifoliaceae 忍冬属 *Lonicera*

唐古特忍冬又称陇塞忍冬。

形态特征：灌木，高1~3 m。幼枝棕褐色，无毛，老枝灰白色，被棕褐色短毛或无毛。叶倒披针形或长椭圆形，长1~5 cm，宽0.6~2 cm，先端钝或急尖，基部楔形，上面绿色，被柔毛，下面浅绿色，无毛或沿中脉被柔毛，边缘具缘毛；叶柄长2~3 mm，腹面具槽，边缘被柔毛。花对生，总花梗细长，下垂，长2~3 cm，无毛；花冠黄白色带红晕，长10~12 mm，外面无毛。浆果红色，径6~7 mm。花期5—6月，果期6—7月。

生活习性：适应性强，对土壤和气候要求不严。播种繁殖。

分布：野生资源分布于宁夏六盘山、西吉县、泾源县、海原县等地，生于山坡灌丛中，西吉县、泾源县、金凤区有栽培。分布于我国陕西、甘肃、宁夏、青海、四川、湖北、云南及西藏等省（区）。

保护利用现状：部分野生资源得到保护，少量驯化栽培。

开发利用前景：可绿化矮墙，花有药用价值。

冠果忍冬 *Lonicera stephanocarpa* 忍冬科 Caprifoliaceae 忍冬属 *Lonicera*

形态特征：灌木，高达2 m。幼枝、叶柄和总花梗常具倒生刚毛，小枝残留有小瘤状突起的毛基，老枝灰黑色，条状剥落。叶对生，卵状长椭圆形、长椭圆形或椭圆形，长5~9 cm，先端渐尖，上面绿色；叶柄长3~8 mm，被毛。花对生于当年枝条基部的叶腋，总花梗长10~18 mm，无毛或疏被柔毛；花冠黄白色，长2.5~3 cm。果实黑褐色，椭圆形，长15~18 mm，略叉开。花期7—8月，果熟期9—10月。

生活习性：适应性强，对土壤和气候要求不严，以土层较厚的砂质壤土为佳。播种繁殖。

分布：野生资源分布于宁夏六盘山，生于海拔2 000~3 200 m的山坡、沟谷林中或灌丛中，原州区有少量驯化栽培。分布于我国陕西、甘肃、宁夏及四川等省（区）。

保护利用现状：野生资源得到保护，少量驯化栽培。

开发利用前景：具观赏性，可绿化矮墙，花有药用价值。

毛药忍冬 *Lonicera serreana* 忍冬科 Caprifoliaceae 忍冬属 *Lonicera*

形态特征：灌木，高1.5~2 m。小枝褐色，疏被短柔毛，老枝灰白色。叶对生，倒卵形、狭倒卵形至倒卵状披针形，长1~3.5 cm，宽7~15 mm，先端急尖或圆钝，基部楔形，上面深绿色，下面灰绿色，两面被柔毛，下面毛较密；具极短的叶柄或近无柄。花对生，总花梗长，下垂，长2.5~3 cm，被柔毛；花冠淡黄色或粉红色，长约1 cm，外面无毛，里面被长柔毛。果实红色，径5~6 mm。花期6—7月，果期7—8月。

生活习性：适应性强，对土壤和气候要求不严。播种繁殖。

分布：野生资源分布于宁夏六盘山，生于海拔2 000~2 200 m的山坡林缘或山谷河滩地。分布于我国河北、河南、陕西、山西、甘肃、宁夏、四川等省（区）。

保护利用现状：野生资源得到保护，未开发利用。

开发利用前景：具观赏性，可绿化矮墙，花有药用价值。

北京忍冬 *Lonicera elisae* 忍冬科 Caprifoliaceae 忍冬属 *Lonicera*

形态特征：灌木，高达2 m。幼枝无毛或连同叶柄和总花梗被短糙毛、刚毛和腺毛，2年生小枝淡黄褐色，无毛。冬芽近卵圆形，有外鳞片。叶纸质，卵状椭圆形至卵状披针形或椭圆状矩圆形，长5~9 cm，顶端尖或渐尖；两面被短硬伏毛；叶柄长3~7 mm。花与叶同时开放，花冠白色或带粉红色，长漏斗状，外面疏被长硬毛，基部具浅囊。果实红色，椭圆形，长10 mm。种子淡黄褐色。花期4—5月，果熟期5—6月。

生活习性：适应性强，对土壤和气候要求不严。播种繁殖。

分布：野生资源分布于宁夏六盘山，生于海拔500~1 600 m的沟谷、山坡丛林或灌丛中，原州区有少量驯化栽培。分布于我国河北、山西、陕西、甘肃、宁夏、安徽、河南、湖北及四川等省（区）。

保护利用现状：野生资源得到保护，少量驯化栽培。

开发利用前景：具观赏性，可绿化矮墙，花有药用价值。

葱皮忍冬 *Lonicera ferdinandii* 忍冬科 Caprifoliaceae 忍冬属 *Lonicera*

葱皮忍冬又称千层皮。

形态特征：灌木，高1~1.5 m。幼枝灰绿色，密生粗毛；老枝黑褐色，条状剥落；壮枝的叶柄间有盘状托叶。叶对生，纸质或厚纸质，卵形至卵状披针形或矩圆状披针形，长3~10 cm，顶端尖或短渐尖，基部圆形、截形至浅心形，边缘有时波状，少有不规则钝缺刻，有睫毛，上面绿色。花冠黄色，长2 cm，外密被毛，内有长柔毛，二唇形。浆果红色，卵圆形，外包开裂的小苞片。花期6月，果期7—8月。

生活习性：适应性强，对土壤和气候要求不严。播种繁殖。

分布：野生资源分布于宁夏六盘山、罗山、南华山、西吉县、泾源县、海原县等地，生于海拔1 000~2 000 m的向阳山坡林中或林缘灌丛中，彭阳县、金凤区、泾源县有少量驯化栽培。分布于我国华北及陕西、甘肃、宁夏、青海、河南、四川等地。

保护利用现状：部分野生资源得到保护，少量驯化栽培。

开发利用前景：具观赏性，可绿化矮墙，花有药用价值。

小叶忍冬 *Lonicera microphylla* 忍冬科 Caprifoliaceae 忍冬属 *Lonicera*

形态特征：灌木，高达2 m。幼枝浅棕色，无毛，老枝灰白色，条状剥落。叶对生，倒卵形或倒卵状椭圆形，长5~22 mm，先端圆或急尖，基部楔形，具缘毛，上面绿色，无毛或几无毛，下面灰绿色，被短柔毛，后渐脱落；叶柄短。总花梗对生于幼枝下部叶腋，长5~12 mm；花冠黄色或白色，长12~13 mm，外面无毛，雄蕊5，与花柱均稍伸出，花丝有疏短糙毛，花柱有糙毛。浆果近球形，红色，直径5~6 mm。花期6月，果熟期7—8月。

生活习性：适应性强，对土壤和气候要求不严。播种繁殖。

分布：野生资源分布于宁夏贺兰山、南华山、罗山、西吉县、同心县、原州区、沙坡头区、海原县等地，生于干旱多石山坡、草地、灌丛中及河谷疏林下或林缘，原州区有驯化栽培。分布于我国新疆、青海、甘肃、宁夏及内蒙古。

保护利用现状：部分野生资源得到保护，少量驯化栽培。

开发利用前景：具观赏性，可绿化矮墙，花有药用价值。

华西忍冬 *Lonicera webbiana* 忍冬科 Caprifoliaceae 忍冬属 *Lonicera*

形态特征：灌木，高1~1.5 m。幼枝绿色，无毛，老枝灰褐色。叶对生，纸质，卵状椭圆形至卵状披针形，长2~7 cm，宽1~4 cm，顶端渐尖或长渐尖，基部圆形、微心形或宽楔形，边缘全缘或植株下部叶边缘波状或羽状浅裂。花对生，总花梗长约4 cm，无毛；花冠紫红色或绛红色；雄蕊长约等于花冠，花丝和花柱下半部有柔毛。浆果球形，先红色后转黑色，直径约1 cm。种子椭圆形，长5~6 mm。花期5—6月，果熟期8月中旬至9月。

生活习性：适应性强，对土壤和气候要求不严。播种繁殖。

分布：野生资源分布于宁夏六盘山，生于针阔叶混交林、山坡灌丛中或草坡上，西吉县和泾源县有少量驯化栽培。分布于我国西北及山西、湖北、四川、云南、西藏等省（区）。

保护利用现状：野生资源得到保护，少量驯化栽培。

开发利用前景：具观赏性，可绿化矮墙，花有药用价值。

短梗忍冬 *Lonicera graebneri* 忍冬科 Caprifoliaceae 忍冬属 *Lonicera*

形态特征：灌木，高1~2 m。小枝棕褐色，无毛或疏被腺毛，老枝灰褐色。叶对生，矩圆形或卵状矩圆形，长3~7 cm，宽1.2~3.5 cm，先端渐狭，基部楔形，表面绿色，疏被柔毛，背面淡绿色，被柔毛；叶柄长5~10 mm。花对生于叶腋，总花梗长约1 cm，有疏柔毛或几无毛；花冠淡黄色，长约12 mm，外面无毛，雄蕊和花柱短于花冠，花丝无毛；花柱有伏毛。果实红色，近圆形或卵圆形，长约8 mm。花期6月，果熟期8—9月。

生活习性：生长于海拔1 400~2 400 m 的山坡林中或灌丛中。

分布：野生资源分布于宁夏六盘山、西吉县和原州区，生于山谷林缘。分布于我国陕西、甘肃、宁夏及河南等省（区）。

保护利用现状：部分野生资源得到保护，未开发利用。

开发利用前景：优良的园林绿化树种。

红脉忍冬 *Lonicera nervosa*

忍冬科 Caprifoliaceae　忍冬属 *Lonicera*

形态特征：灌木，高达3 m。幼枝和总花梗均被微直毛和微腺毛。叶纸质，椭圆形至卵状矩圆形，长2.5~6 cm，宽1~2.5 cm，两端尖，先端渐尖，基部圆形，稀微心形，上面绿色，下面蓝绿色，无毛，脉常呈红色。花对生，总花梗长约1 cm；花冠淡紫色，长约1 cm，外面无毛，内面基部密被短柔毛；雄蕊约与花冠上唇等长；花柱端部具短柔毛。果实黑色，圆形，直径5~6 mm。花期6—7月，果熟期8—9月。

生活习性：播种繁殖。

分布：野生资源分布于宁夏六盘山，生于海拔2 200 m 的山坡林中或灌丛中，西吉县有少量驯化栽培。分布于我国青海、甘肃、宁夏、陕西、四川、山西、河南、云南等省（区）。

保护利用现状：野生资源得到保护，少量驯化栽培。

开发利用前景：优良的园林绿化树种。

金银忍冬 *Lonicera maackii*

忍冬科 Caprifoliaceae　忍冬属 *Lonicera*

金银忍冬又称金银木。

形态特征：灌木或小乔木，高达5 m。小枝中空，幼时被柔毛。叶卵状椭圆形至卵状披针形，长3~8 cm，叶缘有睫毛，两面被柔毛；叶柄长3~5 cm。小苞片基部多少连合；花冠唇形，长约2 cm，裂片长为花冠筒的2倍，白色，后变黄色。果实红色，球形，径5~6 mm。花期5—6月，果熟期8—10月。

生活习性：喜光，耐寒，耐旱，喜湿润、肥沃及土层深厚的土壤。播种、扦插繁殖。

分布：野生资源分布于宁夏六盘山、贺兰山、泾源县、西吉县等地，生于海拔1 600~1 800 m 的阴坡杂木林下或林缘，宁夏各地均有栽培。分布于我国东北、华北、华东、华中及陕西、甘肃、宁夏、四川、云南等地。

保护利用现状：部分野生资源得到保护，宁夏各地广泛栽培。

开发利用前景：园林绿化树种，花可提取芳香油，叶浸液可杀棉蚜虫，花、叶还可入药。

金花忍冬 *Lonicera chrysantha* 忍冬科 Caprifoliaceae 忍冬属 *Lonicera*

2011年经宁夏林木品种审定委员会审定为宁夏林木良种。

形态特征：灌木或小乔木，高达5 m。小枝中空，幼时被柔毛。叶菱状卵形至卵状披针形，长4~8 cm，顶端锐尖，背面沿脉有毛；叶柄长3~5 cm。小苞片基部多少连合；总花梗长1.5~3 m，比叶柄长；萼5裂；花冠唇形，长约2 cm，裂片长为花冠筒的2倍，白色，后变黄色。果实红色，球形，径5~6 mm。花期5—6月，果熟期8—10月。

生活习性：喜光，耐寒，耐旱，喜湿润、肥沃及土层深厚的土壤。播种、扦插繁殖。

分布：野生资源分布于宁夏六盘山、罗山、南华山、西吉县、隆德县、泾源县、海原县等地，生于海拔1 750~2 200 m的山谷林缘或灌丛中，原州区、泾源县、彭阳县有少量驯化栽培。分布于我国东北、华北及山东、宁夏等地。

保护利用现状：部分野生资源得到保护，宁夏少量用于园林绿化。

开发利用前景：优良的园林绿化树种。

新疆忍冬 *Lonicera tatarica* 忍冬科 Caprifoliaceae 忍冬属 *Lonicera*

新疆忍冬又称鞑靼忍冬。2014年经宁夏林木品种审定委员会审定为宁夏林木良种。

形态特征：灌木，高达3 m，全株近无毛。叶纸质，卵形或卵状矩圆形，有时矩圆形，长2~5 cm，顶端尖，稀渐尖或钝，基部圆形或近心形，稀阔楔形，两侧常稍不对称，边缘有短糙毛；叶柄长2~5 mm。花冠粉红色或白色，长约1.5 cm，唇形，基部常有浅囊；雄蕊和花柱稍短于花冠，花柱被短柔毛。果实红色，圆形，直径5~6 mm。花期5—6月，果熟期7—8月。

生活习性：喜光，耐旱，耐寒。播种繁殖。

分布：宁夏金凤区、盐池县、同心县、沙坡头区、彭阳县、中宁县、海原县等地有引种栽培。

保护利用现状：宁夏主要用于园林绿化。

开发利用前景：优良的园林绿化树种。

忍　冬 *Lonicera japonica* 忍冬科 Caprifoliaceae　忍冬属 *Lonicera*

忍冬又称金银花。

形态特征：藤本。小枝细长，中空，密被柔毛及腺毛。叶卵形至长圆状卵形，长3~8 cm，先端渐尖或钝尖，基部圆形至心形，全缘，幼时两面被柔毛，后上面无毛。花苞片叶状，卵形，长2~3 cm；花冠筒细长，白色，后变黄色。果黑色。花期4—6月，果熟期10—11月。

生活习性：喜温暖、向阳和湿润土壤，也耐干旱、瘠薄。播种繁殖。

分布：宁夏金凤区、盐池县、灵武市、利通区、西吉县、原州区、彭阳县、沙坡头区、中宁县、海原县等地有引种栽培。

保护利用现状：宁夏广泛栽培。

开发利用前景：优良的垂直绿化树种，老桩可制盆景，花可入药。

刚毛忍冬 *Lonicera hispida* 忍冬科 Caprifoliaceae　忍冬属 *Lonicera*

形态特征：灌木，高达2 m。幼枝常带紫红色，连同叶柄和总花梗具刚毛或兼具微糙毛和腺毛，少无毛，老枝灰色或灰褐色。叶厚纸质，椭圆形、卵状椭圆形、卵状矩圆形至矩圆形，长3~7 cm，顶端尖或稍钝，基部有时微心形。总花梗长1~1.5 cm；花冠白色或淡黄色，漏斗状，近整齐，长2.5~3 cm；花柱伸出，下半部有糙毛。果实先黄色后红色，卵圆形至长圆筒形，长1~1.5 cm。花期5—6月，果熟期7—9月。

生活习性：喜湿润的环境，不择土质，抗旱，抗寒，喜光，亦耐半阴。播种繁殖。

分布：野生资源分布于宁夏六盘山、隆德县、彭阳县等地，生于海拔1 700~4 200 m的山坡林中、林缘灌丛中或高山草地上，分布于我国河北、山西、陕西、宁夏、甘肃、青海、新疆、四川、云南及西藏。

保护利用现状：部分野生资源得到保护，未开发利用。

开发利用前景：花蕾供药用。

蓝叶忍冬 *Lonicera korolkowii*

忍冬科 Caprifoliaceae　忍冬属 *Lonicera*

形态特征：灌木，高2~3 m，冠幅2.5 m。茎直立，丛生。枝条紧密，幼枝中空，皮光滑无毛，常紫红色，老枝灰褐色。单叶对生，偶3叶轮生，卵形或椭圆形，全缘，近革质，蓝绿色。花粉红色，对生于叶腋，形似蝴蝶，芳香，花朵盛开时向上翻卷，状似飞燕。浆果红色。花期4—5月，新生枝花期7—8月，果期9—10月。

生活习性：喜光，耐寒，稍耐阴，耐修剪。

分布：野生资源分布于宁夏原州区，同心县、西吉县有少量栽培。

保护利用现状：野生资源未得到保护，少量开发利用。

开发利用前景：可做绿篱。

锦带花 *Weigela florida*

忍冬科 Caprifoliaceae　锦带花属 *Weigela*

锦带花又称四季锦带。

形态特征：灌木，高达3 m。树皮灰色，小枝细弱，幼时具2列柔毛。叶椭圆形至卵状椭圆形，长5~10 cm，顶端锐尖，基部圆形或楔形，表面脉上有毛，背面尤密。花1~4朵组成聚伞花序，花萼5裂，仅裂至中部，裂片披针形；花冠粉红色，5裂，柱头2裂。蒴果柱形，长1.5~2 cm，2裂。种子无翅。花期4—5月，果熟期8—9月。

生活习性：喜光，耐寒，对土壤要求不严，耐瘠薄，怕水涝，萌芽力强，萌蘖力强。播种、扦插繁殖。

分布：宁夏金凤区、贺兰县、大武口区、平罗县、利通区、青铜峡市、原州区、彭阳县、中宁县、海原县、白芨滩等地广泛栽培。

保护利用现状：宁夏各地广泛栽培。

开发利用前景：优良的观赏树种。

红王子锦带 *Weigela florida* 'Red Prince'

忍冬科 Caprifoliaceae　锦带花属 *Weigela*

红王子锦带又称红花锦带。

形态特征：灌木，高1.5~2 m。树皮灰色，小枝细弱，幼时具2列柔毛。叶椭圆形至卵状椭圆形，长5~10 cm，顶端锐尖，基部圆形或楔形，表面脉上有毛，背面尤密。花1~4朵组成聚伞花序，花冠紫色或玫瑰紫色，5裂，柱头2裂。蒴果柱形，长1.5~2 cm，2裂。种子无翅。花期4—5月，果熟期8—9月。

生活习性：喜光，耐寒，对土壤要求不严，耐瘠薄，怕水涝，萌芽力强。播种、扦插繁殖。

分布：宁夏兴庆区、金凤区、大武口区、平罗县、青铜峡市、沙坡头区、中宁县、西吉县、泾源县、彭阳县等地有栽培。

保护利用现状：宁夏各地广泛栽培。

开发利用前景：优良的绿化树种。

花叶锦带 *Weigela florida* 'Variegata'

忍冬科 Caprifoliaceae　锦带花属 *Weigela*

形态特征：灌木，高1~3 m。树皮灰色。幼枝稍四方形，有2列短柔毛。芽顶端尖，具3~4对鳞片，常光滑。叶矩圆形、椭圆形至倒卵状椭圆形，长5~10 cm，顶端渐尖，基部阔楔形至圆形，边缘有锯齿，上面疏生短柔毛，脉上毛较密，下面密生短柔毛或茸毛，具短柄至无柄。花单生或组成聚伞花序生于侧生短枝的叶腋或枝顶；花冠紫红色或玫瑰红色，长3~4 cm，直径2 cm，外面疏生短柔毛；花丝短于花冠，花药黄色。果实长1.5~2.5 cm，顶有短柄状喙，疏生柔毛。花期4—5月，果熟期10月。

生活习性：喜光，较耐阴，耐寒，耐旱，怕积水，耐修剪。播种、扦插繁殖。

分布：宁夏彭阳县有少量引种栽培。

保护利用现状：宁夏有少量引种驯化栽培。

开发利用前景：优良的绿化树种。

宁夏引种栽培有变色锦带花。

接骨木 *Sambucus williamsii*

忍冬科 Caprifoliaceae　接骨木属 *Sambucus*

形态特征：小乔木，高6 m。小枝无毛，2年生枝浅黄色，皮孔密生，隆起。小叶2~3对，稀1对和5对；侧生小叶卵圆形至狭椭圆形，长5~15 cm，宽1~7 cm。叶缘有不整齐锯齿，叶揉后有臭气。花序无毛，花冠初为粉红色，后为白色或淡黄色。果实红色，近球形，径3~5 mm，核2~3，长2.2~3.5 mm。花期4—5月，果熟期9—10月。

生活习性：喜光，稍耐阴，在阳坡、阴坡、林缘、林内均能生长。喜肥沃、疏松的砂壤土或冲积土。

分布：野生资源分布于宁夏六盘山、贺兰山，兴庆区、西夏区、大武口区、西吉县等地有栽培。

保护利用现状：野生资源得到保护，少量驯化栽培。

开发利用前景：园林观赏树种，茎、叶、根可入药，种子可生产工业用油。

金叶接骨木 *Sambucus canadensis* 'Aurea'

忍冬科 Caprifoliaceae　接骨木属 *Sambucus*

形态特征：灌木，高1.5~2.5 m。新叶金黄色，老叶绿色。花组成顶生的聚伞花序，白色和乳白色。浆果状核果，红色。花期4—5月，果期6—8月。

生活习性：抗寒性强，喜肥沃、排水良好的土壤。播种、扦插、分株繁殖。

分布：宁夏彭阳县和盐池县有引种栽培。

保护利用现状：宁夏有少量引种栽培。

开发利用前景：优良的园林绿化树种。

宁夏引种栽培有忍冬科毛核木属的白雪果（*Symphoricarpos albus*）。

柳叶亚菊 *Ajania salicifolia*

菊科 Compositae　亚菊属 *Ajania*

形态特征：小灌木，高30~60 cm。老枝黑褐色，从枝端莲座状叶丛中发出不育短枝或长花枝，花枝紫红色，被白色茸毛，上部及花序枝上的毛较密。叶线形或狭披针形，全缘，长3~10 cm，宽2~7 mm，先端渐尖，基部渐狭，表面绿色，无毛或被稀疏丁字毛，背面白色，密被厚毡毛。头状花序多数，在茎顶端排成密集伞房花序。总苞钟状，总苞片4层。瘦果长1.8 mm。花果期6—9月。

分布：野生资源分布于宁夏六盘山，生于海拔2 250 m 左右的干旱山坡或石质河滩地。分布于我国陕西、甘肃、宁夏、青海、四川等省（区）。

保护利用现状：野生资源得到保护，未开发利用。

开发利用前景：园林绿化树种，花可入药。

蓍状亚菊 *Ajania achilloides*

菊科 Compositae　亚菊属 *Ajania*

形态特征：小灌木，高15~25 cm。茎由基部多分枝，基部木质，具纵棱，密被灰色短柔毛或叉状毛。茎下部和中部的叶卵形或宽卵形，长10~15 mm，宽5~10 mm，2回羽状分裂；小裂片线形，长2~5 mm，宽0.5~1 mm，先端钝，两面密被短柔毛；上部叶羽状全裂或不裂。头状花序在茎顶端排列成伞房状；雌花花冠顶端4齿裂。总苞钟形或卵圆形，总苞片3~4层，黄色，有光泽；花冠外面有腺点。花期8月，果期9月。

生活习性：耐干旱，耐瘠薄，不耐盐渍化和强碱性土壤。

分布：野生资源分布于宁夏贺兰山、罗山、沙坡头区、海原县等地，生于干旱的砾石山坡。分布于我国内蒙古、甘肃、宁夏等省（区）。

保护利用现状：野生资源得到保护，未开发利用。

开发利用前景：园林绿化树种，花可入药。

灌木亚菊 *Ajania fruticulosa* 菊科 Compositae 亚菊属 *Ajania*

形态特征：小灌木，高8~25 cm。根木质，细长。茎灰绿色或灰白色，基部麦秆黄色或淡红色，被稠密或稀疏的白色短柔毛。中部叶轮廓为圆形、扁圆形、三角状卵形或宽卵形，长0.8~3.2 cm，宽0.9~2 cm，两面被顺向贴伏的短柔毛。头状花序多数，在茎顶端排成伞房花序，雌花花冠顶端3齿裂。总苞钟状，总苞片4层。瘦果长约1 mm。花果期6—10月。

分布：野生资源分布于宁夏贺兰山、南华山、白芨滩、哈巴湖、西夏区、贺兰县、灵武市、平罗县、大武口区、惠农区、利通区、盐池县、同心县、青铜峡市、沙坡头区、海原县、西吉县等地，生于石质山坡及荒漠草原。分布于我国内蒙古、陕西、甘肃、青海、宁夏、新疆、西藏等省（区）。

保护利用现状：野生资源得到保护，未开发利用。

开发利用前景：园林绿化树种。

内蒙古旱蒿 *Artemisia xerophytica* 菊科 Compositae 蒿属 *Artemisia*

形态特征：小灌木。主根粗大，木质，侧根多。根状茎粗短，径2~4 cm；茎多数，稀少数，丛生，高30~40 cm，木质，棕黄色或褐黄色，纵棱明显。上部分枝多，枝细长，初时密被茸毛，后稍稀疏。叶小，半肉质，干时质硬，两面被短茸毛，2回羽状全裂，具裂片。头状花序近球形，直径3.5~4.5 mm，具短梗，梗长1~4 mm；花序托具白色托毛；雌花4~10朵，花冠近狭圆锥形，花柱线形，略伸出花冠外，先端2叉，叉端尖；两性花10~20朵，花冠管状。瘦果倒卵状长圆形。花果期8—10月。

生活习性：强旱生植物。

分布：野生资源分布于宁夏贺兰山、平罗县、原州区等地。产于我国内蒙古、陕西、宁夏、甘肃、青海及新疆，生于海拔1 700~3 500 m的戈壁、半荒漠草原及半固定沙丘上，局部地区为植物群落的优势种或主要伴生种。

保护利用现状：野生资源得到保护，未开发利用。

开发利用前景：防风固沙的辅助性植物，嫩枝叶可做饲料。

西北蒿 *Artemisia pontica* 菊科 Compositae 蒿属 *Artemisia*

西北蒿又称宁新蒿。

形态特征：小灌木，高30~60 cm。根木质，垂直。茎直立，单一或丛生，具分枝，茎上部及分枝密被灰白色柔毛，下部疏被毛或近无毛，灰褐色。基生叶与茎下部的叶2~3回羽状全裂，表面疏被灰白色微柔毛，背面密被柔毛；茎中部的叶卵形或宽卵形，长2~5 cm，宽1.5~3 cm，2回羽状全裂；茎上部的叶与苞叶羽状全裂或不分裂，狭线形或线状披针形。头状花序近球形，在枝上排列成穗状花序，在茎顶端再组成狭窄或中等开展的圆锥花序。瘦果倒卵状长椭圆形。花期8—10月。

分布：野生资源分布于宁夏原州区、海原县、盐池县、永宁县等地，生于干旱山坡及砾石滩地。分布于我国甘肃、宁夏及新疆等省（区）。

保护利用现状：野生资源未得到保护，未开发利用。

山　蒿 *Artemisia brachyloba* 菊科 Compositae 蒿属 *Artemisia*

形态特征：小灌木，高30~40 cm。根粗壮，木质。茎丛生，自基部分枝，具纵棱，被灰白色短柔毛，后渐脱落。基生叶卵形或宽卵形，2~3回羽状全裂，表面无毛，背面被白色短柔毛，具长柄；茎下部的叶及中部的叶宽卵形或卵形，2回羽状全裂，具裂片，裂片再羽状全裂，小裂片狭线形或线状披针形，先端钝，具小尖头，边缘反卷。头状花序卵球形或球形，直径2.5~3.5 mm，在枝上排列成密集或稀疏的总状花序或穗状花序；总苞片3层；雌花10~15朵，花冠狭管状，背面有疏腺点。瘦果卵圆形。花果期7—10月。

分布：野生资源分布于宁夏盐池县、石嘴山、海原县、中卫市、同心县等地，生于干旱山坡及砾石滩地。分布于我国华北及陕西、甘肃、宁夏等地。

保护利用现状：野生资源未得到保护，未开发利用。

开发利用前景：整株入药。

圆头蒿 *Artemisia sphaerocephala* 菊科 Compositae 蒿属 *Artemisia*

圆头蒿又称白沙蒿。

形态特征：小灌木，高60~100 cm。主根粗长，垂直，侧根多。茎直立，单一或丛生。老枝灰白色，幼枝淡黄色或黄褐色，具纵棱，无毛。叶在短枝上密集呈簇生状；茎中部的叶宽卵形或卵圆形，长2~5 cm，宽1.5~3 cm，2回羽状全裂，每侧裂片2~3，中部裂片最长，再3全裂，小裂片线形，稍弧曲呈镰形，稍肥厚，先端具小硬尖头，叶基部下延、半抱茎，常有线形假托叶。头状花序球形或近球形，直径3~4 mm，花紫红色。瘦果小，黑色，果壁上具胶质物。花果期7—10月。

分布：野生资源分布于宁夏白芨滩、兴庆区、金凤区、灵武市、惠农区、平罗县、同心县、盐池县、红寺堡区、青铜峡市、利通区、沙坡头区、中宁县、中卫市、西吉县等地，生于海拔1 000~2 850 m 的流动、半流动或固定沙丘上。分布于我国内蒙古、山西、陕西、甘肃、宁夏、青海等省（区）。

保护利用现状：野生资源未得到保护，未开发利用。

开发利用前景：良好的固沙植物，枝、叶可做饲料，瘦果可入药，果壁胶质物可做食品的黏着剂。

黑沙蒿 *Artemisia ordosica* 菊科 Compositae 蒿属 *Artemisia*

形态特征：小灌木，高50~100 cm。主根长圆锥形，垂直，木质，侧根多。茎直立，多数丛生，多分枝。老枝灰白色，幼枝淡紫红色或黄褐色，具纵棱，无毛。叶黄绿色，半肉质，无毛，茎下部叶2回羽状全裂，每侧裂片3~4，基部裂片最长，再2~3全裂，小裂片狭线形。头状花序卵形，在枝上排列成总状花序或复总状花序，在茎顶端组成圆锥花序。瘦果倒卵形，果壁上具细纵纹并有胶质物。花果期7—10月。

生活习性：耐旱、瘠薄。

分布：野生资源分布于宁夏贺兰山、白芨滩、兴庆区、灵武市、平罗县、惠农区、盐池县、青铜峡市、利通区、红寺堡区、同心县、沙坡头区等地，生于沙质地或固定、半固定沙丘上。分布于我国华北及陕西、甘肃、宁夏、新疆等地。

保护利用现状：野生资源未保护和利用。

开发利用前景：良好的固沙先锋植物，枝、叶可做饲料，还可入药。

盐　蒿 *Artemisia halodendron*

菊科 Compositae　蒿属 *Artemisia*

形态特征：小灌木，高50~80 cm。主根木质，垂直，具少数侧根。茎直立，单一或丛生。叶稍厚，在短枝上密集呈丛生状；茎下部的叶与营养枝上的叶长、宽3~6 cm，2回羽状全裂，每侧裂片3~4，基部裂片最长，再羽状全裂，每侧具1~2小裂片，小裂片狭线形。头状花序卵球形，直径3~4 mm，在枝上排列成复总状花序；总苞片3~4层，覆瓦状排列。瘦果长卵形或倒卵状椭圆形，果壁上有细纵纹并含胶质物。花果期7—10月。

生活习性：播种繁殖。

分布：野生资源分布于宁夏沙坡头区、盐池县等地，生于流动、半流动或固定的沙丘上，大武口区有零星栽培。分布于我国东北、华北及陕西、甘肃、宁夏等地。

保护利用现状：野生资源未保护，少量开发利用。

开发利用前景：良好的固沙植物，嫩枝、叶可入药。

牛尾蒿 *Artemisia dubia*

菊科 Compositae　蒿属 *Artemisia*

形态特征：小灌木。主根木质，稍粗长，垂直，侧根多。茎多数或少数，丛生，高80~120 cm，基部木质，纵棱明显，紫褐色或绿褐色。叶厚纸质或纸质，表面微有短柔毛，背面毛密，宿存；基生叶与茎下部的叶大，卵形或长圆形，羽状5深裂，有时裂片上还有1~2小裂片；中部的叶卵形，长5~12 cm，宽3~7 cm，羽状5深裂，裂片椭圆状披针形、长圆状披针形或披针形。头状花序多数，宽卵球形或球形，直径1.5~2 mm，总苞片3~4层。瘦果小，长圆形或倒卵形。

生活习性：有一定的耐旱性，在半湿润的环境中常作为优势植物。

分布：野生资源分布于宁夏罗山。产于我国内蒙古、甘肃、宁夏、四川、云南、西藏等省（区），生于低海拔至 3 500 m 地区的干山坡、草原、疏林及林缘。

保护利用现状：野生资源得到保护，未开发利用。

开发利用前景：水土保持树种，嫩枝、叶可做饲料，还可入药。

宁夏贺兰山还分布有细裂叶莲蒿（*Artemisia gmelinii*）、贺兰山女蒿（*Hippolytia alashanensis*）野生种。

西北风毛菊 *Saussurea petrovii*

菊科 Compositae　风毛菊属 *Saussurea*

形态特征：小灌木，高10~25 cm。根粗壮，木质，深褐色，外皮纤维状撕裂，根状茎有分枝。茎丛生，直立，不分枝或上部分枝，具纵棱。叶倒披针状线形或线形，长1.5~4.5 cm，宽2~4 mm，先端渐尖，基部渐狭，无柄或具短柄，边缘有稀疏小锯齿或全缘，上面绿色，中脉凹陷，被短棉毛，下面灰白色，密被灰白色棉毛。头状花序少数，在茎顶端排列成伞房花序；总苞筒状钟形，总苞片5层，疏被短棉毛，边缘暗紫红色，中肋绿色。瘦果圆柱形，褐色，长3~4 mm。花果期6—9月。

分布：野生资源分布于宁夏贺兰山、南华山及罗山，生于向阳干旱山坡。分布于我国内蒙古、甘肃、宁夏等省（区）。

保护利用现状：野生资源得到保护，未开发利用。

中亚紫菀木 *Asterothamnus centraliasiaticus*

菊科 Compositae　紫菀木属 *Asterothamnus*

形态特征：小灌木，高30~40 cm。基部多分枝，老枝木质化，灰黄色，幼枝细长，灰绿色，具沟棱，被灰白色短茸毛。叶互生，近直立或斜伸，矩圆形或线形，长12~15 mm，宽1.5~2 mm，先端尖，基部渐狭，边缘反卷，上面绿色，无柄，上部叶渐小。头状花序单生于枝端或2~3个排列成疏散的伞房花序；总苞片3~4层，舌状花淡紫红色。瘦果倒披针形。花果期7—9月。

分布：野生资源分布于宁夏贺兰山、南华山、罗山、白芨滩、西华山、西夏区、永宁县、贺兰县、大武口区、惠农区、红寺堡区、同心县、青铜峡市、沙坡头区、海原县、西吉县等地，生于砾石荒滩或砂质地。分布于我国青海、甘肃、宁夏、内蒙古等省（区）。

保护利用现状：部分野生资源得到保护，未开发利用。

宁夏贺兰山还分布有短舌菊属星毛短舌菊（*Brachanthemum pulvinatum*）野生种。

戈壁天门冬 *Asparagus gobicus* 百合科 Liliaceae 天门冬属 *Asparagus*

形态特征：小灌木，高20~40 cm。根状茎粗壮，横走，具多数圆柱形根，根细长，直径1.5~2 mm。茎直立，灰白色，中部具条状剥落的白色薄膜，中上部“之”字形弯曲，具纵条棱，棱上微被软骨质齿；分枝斜升、平展或下倾。叶状枝3~8成簇，近圆柱形，具纵棱，长0.5~2.5 cm，粗0.8~1 mm。叶卵状披针形，基部具短距。花每1~2朵腋生。浆果红色，径5~7 mm。花期5月，果期6—9月。

分布：野生资源分布于宁夏贺兰山、白芨滩、兴庆区、贺兰县、灵武市、大武口区、惠农区、平罗县、利通区、红寺堡区、青铜峡市、沙坡头区、中宁县、海原县等地，生于砂石滩地或砂质地。分布于我国内蒙古、陕西、甘肃、青海、宁夏等省（区）。

保护利用现状：部分野生资源得到保护，未开发利用。

鞘柄菝葜 *Smilax stans* 百合科 Liliaceae 菝葜属 *Smilax*

形态特征：灌木，高达2 m。茎圆柱形，坚硬，无毛；小枝具棱角，无刺。叶纸质，互生，卵形、卵状披针形或近圆形，长1.5~7 cm，宽0.8~4 cm，先端渐尖，基部浅心形、近圆形至宽楔形，全缘，上面绿色，下面灰绿色，常具3条主脉；叶柄长8~12 mm。伞形花序腋生，花序梗纤细，比叶柄长3~5倍。浆果径6~10 mm，成熟时黑色，具粉霜。花期5—6月，果期10月。

分布：野生资源分布于宁夏六盘山和西吉县，生于林下、灌丛中。分布于我国河北、山西、陕西、甘肃、宁夏、四川、河南、安徽等省（区）。

保护利用现状：部分野生资源得到保护，未开发利用。

宁夏还分布有短梗菝葜（*Smilax scobinicaulis*）野生种。

黄　杨 *Buxus sinica*

黄杨科 Buxaceae　黄杨属 *Buxus*

黄杨又称小叶黄杨。

形态特征：灌木或小乔木，高7 m。小枝有短柔毛。叶倒卵形、倒卵状长椭圆形至宽椭圆形，长0.8~3 cm，中部或中部以上最宽，先端圆或微缺，基部楔形，叶柄短或无。蒴果球形，长6~8 mm，成熟时沿室背3瓣裂。花期4月，果熟期7月。

生活习性：耐阴，喜光，喜湿润，耐旱，耐热，耐寒，对土壤要求不严，耐碱性较强，分蘖性极强，耐修剪，易成型。播种繁殖。

分布：宁夏白芨滩、兴庆区、西夏区、金凤区、永宁县、灵武市、大武口区、平罗县、惠农区、利通区、青铜峡市、沙坡头区、中宁县、原州区、泾源县、彭阳县、隆德县等地有栽培。

保护利用现状：宁夏广泛用于园林绿化，或用作绿篱。

开发利用前景：绿篱和各种绿化造型树种。

宁夏还引种栽培有朝鲜黄杨（*Buxus sinica* var. *koreana*）。

大叶黄杨 *Buxus megistophylla*

黄杨科 Buxaceae　黄杨属 *Euxus*

形态特征：灌木或小乔木，高0.6~2 m。小枝四棱形，光滑无毛。叶革质或薄革质，卵形、椭圆形或长圆状披针形至披针形，长4~8 cm，宽1.5~3 cm，先端渐尖，顶钝或锐，基部楔形或急尖。花序腋生，苞片阔卵形，先端急尖，背面基部被毛，边缘狭，干膜质，苞片阔卵形，雄花8~10朵。蒴果近球形。花期4—5月，果期6—7月。

生活习性：喜光，抗寒，稍耐阴，适应性强。扦插、嫁接、压条繁殖。

分布：宁夏兴庆区、金凤区、大武口区、平罗县、惠农区、利通区、沙坡头区、中宁县、海原县、原州区、隆德县、西吉县、泾源县、彭阳县等地有栽培。分布于我国贵州、广西、广东、湖南、江西等省（区）。

保护利用现状：宁夏广泛用于园林绿化。

开发利用前景：观赏、绿化和水土保持树种。

楝 *Melia azedarach* 楝科 Meliaceae 楝属 *Melia*

形态特征：乔木，高30 m。幼树皮平滑，皮孔多而明显，老时浅纵裂。嫩枝绿色，被星状柔毛。2~3回奇数羽状复叶，长20~40 cm，小叶卵状椭圆形至卵状披针形，长2~8 cm，先端渐尖，基部略偏斜，边缘有粗锯齿，稀全缘。花序长10~20 cm，花芳香；花瓣淡紫色；花丝筒深紫色。核果卵形或近球形，长1~1.5 cm。花期4—5月，果熟期10—11月。

生活习性：极喜光，喜温暖、湿润气候，不耐寒，对土壤要求不严，在各种土壤上均能生长，稍耐干旱、瘠薄，亦耐水湿。播种、扦插繁殖。

分布：宁夏泾源县有少量引种栽培。

保护利用现状：宁夏有零星引种栽培。

开发利用前景：盐碱地造林树种，用材树种。

香　椿 *Toona sinensis* 楝科 Meliaceae 香椿属 *Toona*

形态特征：落叶乔木，高25 m。树皮暗褐色，长条片状纵裂。小枝粗壮，叶痕大，扁圆形。偶数（稀奇数）羽状复叶，小叶10~20，长圆形至长圆状披针形，长8~15 cm，顶端长渐尖，基部不对称，全缘或具不明显钝锯齿。花白色，子房或花盘均无毛。蒴果椭圆状倒卵形或椭圆形，长1.5~2.5 cm。种子上端具长圆形翅，连翅长0.8~1.5 cm，红褐色。花期6月，果熟期10—11月。

生活习性：喜光，喜温暖、湿润气候，不耐严寒，耐旱性较差，较耐水湿，深根性，根蘖力强。播种繁殖。

分布：宁夏大武口区有少量引种栽培。

保护利用现状：宁夏有零星引种栽培。

开发利用前景：园林绿化、用材树种，树皮可造纸，树皮及根皮的内层皮可入药。

石　榴 *Punica granatum* 石榴科 Punicaceae　石榴属 *Punica*

形态特征：灌木或小乔木，高2~7 m。枝顶具尖锐长刺；幼枝四棱形，平滑，老枝圆柱形。叶对生，倒卵形至矩圆状披针形，长2~9 cm，宽1~3 cm；先端短尖、钝尖或微凹，基部尖或稍钝，表面光亮，有短柄。花大，花瓣与萼片同数，有时重瓣，红色、黄色或白色。浆果近球形，径5~12 cm。种子多数，种皮厚，外种皮肉质，内种皮木质。花期5—7月，果熟期9—10月。

生活习性：喜光，喜温暖，稍耐寒，耐旱，以排水良好而较湿润的砂壤土或壤土为宜。扦插繁殖。

分布：宁夏金凤区、大武口区、原州区、中宁县和彭阳县等地少量栽培。

保护利用现状：宁夏少量引种设施栽培。

开发利用前景：果实鲜食、做饮料、入药，观赏树种。

宁夏贺兰山分布有越橘属越橘（*Vaccinium vitis-idaea*）和北极果属红北极果（*Arctous ruber*）野生种。

杜　仲 *Eucommia ulmoides* 杜仲科 Eucommiaceae　杜仲属 *Eucommia*

形态特征：乔木，高达20 m，径约50 cm。树皮灰褐色，粗糙，内含橡胶。嫩枝有黄褐色毛，老枝有皮孔。芽卵圆形，红褐色，有鳞片，边缘有微毛。叶椭圆形、卵形或矩圆形，薄革质，长6~15 cm，宽3.5~6.5 cm，上面暗绿色。花生于当年生枝基部，雄花无花被，雌花单生。翅果扁平，长椭圆形，基部楔形，周围具薄翅；坚果位于中央，子房柄长2~3 mm。花期4—5月，果期9月。

生活习性：对土壤要求不严。

分布：宁夏兴庆区、金凤区、青铜峡市、中宁县、海原县、西吉县、彭阳县、原州区、哈巴湖等地有引种栽培。分布于陕西、甘肃、河南、湖北、四川、云南、贵州、湖南及浙江等省。

保护利用现状：宁夏部分地区有少量引种栽培。

开发利用前景：园林绿化、用材树种，树皮可入药。

泡花树 *Meliosma cuneifolia* 清风藤科 Sabiaceae　泡花树属 *Meliosma*

形态特征： 灌木或乔木，高达9 m。树皮黑褐色。小枝暗黑色，无毛。单叶，纸质，倒卵状楔形或狭倒卵状楔形，长8~12 cm，宽2.5~4 cm，先端短渐尖，中部以下渐狭，边缘除基部外几乎全部有粗尖锯齿，上面粗糙，下面密生短茸毛；叶柄长1~2 cm。圆锥花序顶生或腋生，被锈色短柔毛。核果扁球形，直径6~7 mm，核三角状卵形。花期6—7月，果期9—11月。

生活习性： 喜温暖、湿润气候，适生于肥沃、湿润而排水良好的砂质壤土。

分布： 野生资源分布于宁夏六盘山，生于海拔2 100 m左右的山坡林中。分布于我国长江流域及山东、陕西、甘肃、宁夏、云南等地。

保护利用现状： 野生资源得到保护，未开发利用。

开发利用前景： 用材树种，叶可提取单宁，树皮可剥取纤维，根皮药用。

七叶树 *Aesculus chinensis* 七叶树科 Hippocastanaceae　七叶树属 *Aesculus*

形态特征： 乔木，高25 m，树冠圆锥形。树皮灰褐色，老树皮鳞片状剥落，小枝光滑粗壮。小叶通常7，倒卵状椭圆形或长圆状椭圆形，长8~20 cm，顶端渐尖；基部楔形，叶缘有不整齐重锯齿，侧脉13~17对。花序长15~20 cm，花白色，微带红晕。蒴果扁球形，径3~3.5 cm，顶端扁平，褐黄色，密被疣点。种子扁球形，种脐大。花期5月，果熟期9—10月。

生活习性： 喜光，稍耐阴，耐寒，畏干热，深根性，生长较慢。播种繁殖。

分布： 宁夏西夏区、大武口区、原州区、泾源县、彭阳县、中宁县等地有引种栽培。我国秦岭有野生资源。

保护利用现状： 宁夏有少量引种栽培。

开发利用前景： 可用作行道树、庭院树，用材树种，种子提取物可供工业用。

宁夏还引种栽培有红花七叶树（*Aesculus × carnea*）。

柿 *Diospyros kaki* 柿科 Ebenaceae 柿属 *Diospyros*

我国特有树种。

形态特征：乔木，高20 m。树皮暗灰色，小方块状开裂。冬芽三角状卵形，先端钝。枝较粗，被黄褐色茸毛。叶椭圆状卵形至宽椭圆形，长6~18 cm，宽4~10 cm，新叶疏被茸毛，老叶表面深绿色，有光泽，无毛，背面绿色，有茸毛或无毛，枝基部常具红色小叶片。花萼钟状，两面有毛，花冠钟形，黄白色，被毛，4裂。果球形、扁圆形、方球形或卵圆形，径3.5~10 cm，基部常有棱，成熟后黄色或橙黄色、橙红色或大红色，有数粒发育或败育种子。种子褐色。花期5—6月，果熟期9—10月。

生活习性：喜光，喜温暖、湿润气候，深根性，寿命长。嫁接繁殖。

分布：宁夏西夏区、大武口区、平罗县、沙坡头区、泾源县、利通区、彭阳县等地有少量引种栽培。

保护利用现状：宁夏有零星引种设施栽培。

开发利用前景：园林绿化树种，果实可食用，有药用价值，柿漆可用作防腐剂。

君迁子 *Diospyros lotus* 柿科 Ebenaceae 柿属 *Diospyros*

我国特有树种。

形态特征：乔木，高30 m。树皮灰黑色，小枝无毛或嫩枝微有毛，芽卵形。叶长椭圆形，长6~12 cm，宽3~6 cm；表面无光泽。花淡黄色或带红色。果近球形或椭圆形，径1~2 cm，成熟时黄褐色，后变蓝黑色，有白粉。花期4—5月，果熟期9—10月。

生活习性：深根性，喜光，耐瘠薄，抗干旱，耐盐碱，怕水湿，对土壤适应性强。

分布：宁夏泾源县有少量引种栽培。

保护利用现状：宁夏有零星引种栽培。

开发利用前景：果实可制成小柿饼入药，也可制糖、酿酒、制醋；木材可做家具、文具；实生苗被用作柿树砧木。

宁夏贺兰山、青铜峡市等地分布有半日花科半日花属半日花（*Helianthemum songaricum*）野生种。

梧　桐 *Firmiana platanifolia* 梧桐科 Sterculiaceae　梧桐属 *Firmiana*

形态特征：乔木，高15~20 m。树干通直，光滑或稀纵裂，幼时树皮绿色，老时灰绿色或灰色。小枝粗壮，绿色，芽被锈色毛。叶宽卵形，长15~20 cm，掌状3~5裂，裂片全缘，基部心形，掌状脉；叶柄与叶片近等长。圆锥花序长20~50 cm，花黄绿色或白色。蓇葖果5裂，成熟前开裂呈叶片状。种子球形，棕黄色，表面有皱纹。花期6—7月，果熟期9—10月。

生活习性：喜光，不耐寒，深根性，生长快，寿命长，萌芽力强，对有毒气体有较强抗性。扦插、播种繁殖。

分布：宁夏兴庆区、利通区有少量引种栽培。

保护利用现状：宁夏有零星引种栽培，用作绿化树种。

开发利用前景：园林绿化、用材树种，种子炒熟后可食用或榨油，叶、花、根可入药。

紫　薇 *Lagerstroemia indica* 千屈菜科 Lythraceae　紫薇属 *Lagerstroemia*

形态特征：灌木或小乔木，高7 m。树皮光滑，枝干多扭曲，小枝纤细，四棱形。叶互生或有时对生，椭圆形、倒卵形至长圆形，长2.5~7 cm，宽1.5~4 cm，先端短尖或钝，基部圆形或阔楔形，无毛或背面沿中脉有毛。圆锥花序顶生，长6~20 cm。萼外6裂，花瓣6，鲜红色或粉红色，圆形，基部具长爪。蒴果近球形，径约1 cm，幼时绿色至黄色，成熟时或干后紫黑色。花期7—9月，果熟期9—12月。

生活习性：喜光，喜温暖气候，喜生于肥沃、湿润土壤，耐旱。

分布：宁夏兴庆区、金凤区、沙坡头区、泾源县有引种栽培。产于我国四川、湖南、湖北、江西、江苏、安徽、福建、辽宁等省。

保护利用现状：宁夏有少量引种栽培，用作绿化树种。

开发利用前景：园林绿化树种。

箭　竹 *Fargesia spathacea*

禾本科 Gramineae　箭竹属 *Fargesia*

形态特征：竹类，竿丛生或近散生。竿高1~6 m，径1 cm，节间长6~8 cm，中空较小，新竿绿色，被白粉，具紫色小斑点，后带紫色。笋紫色或紫红色，密被棕色刺毛；箨环显著突起，竿环不明显；背面被棕色刺毛，尤以中部以上更多；箨舌截平，黄绿色，有黄色纤毛。分枝3~7或更多，丛生于节上。小枝有叶2~4，线状披针形，长5~13 cm，侧脉3~4对；叶鞘带紫色，具黄色缝毛，无叶耳。花期4月，笋期5—9月。

生活习性：耐寒，耐干旱、瘠薄，繁殖力强。

分布：野生资源分布于宁夏六盘山，垂直分布于海拔1 000~3 000 m的湿润山谷、林下和旷地，隆德县、泾源县、彭阳县有驯化栽培。分布于我国湖北、四川、甘肃、陕西、青海、宁夏等省（区）。

保护利用现状：野生资源得到保护，少量驯化栽培。

开发利用前景：大熊猫的主要食料，水土保持和水源涵养竹种。

宁夏还分布有华西箭竹（*Fargesia nitida*）野生种。

毛　竹 *Phyllostachys heterocycla* ‘Pubescens’

禾本科 Gramineae　刚竹属 *Phyllostachys*

形态特征：竹类，高达25 m，径10~30 cm；竿中部以上节间长达40 cm。分枝以下竿环平，仅箨环隆起。新竿被细茸毛及白粉，后渐变黑色。竿箨长于节间，箨鞘厚革质，长20~26 cm，背部密被棕褐色粗毛及黑褐色斑，斑点常块状分布；箨叶长1.5~4 cm，长三角形至披针形；箨耳小，不明显，缝毛发达。每小枝具2~3叶，叶长4~10 cm；花枝单生，不具叶。小穗具2花，仅1朵发育。花期8—9月，笋期3—4月。

生活习性：适生于温暖、湿润、年降水量1 000 mm以上地区，喜土层深厚、肥沃壤土或沙土，在肥沃、湿润的酸性土壤上生长良好。根蘖繁殖。

分布：宁夏兴庆区、西吉县、彭阳县有栽培。

保护利用现状：宁夏有零星栽培。

开发利用前景：造林竹种，重要的经济竹种，笋可食用、制成笋干或罐头，竹子可制作胶合竹板、竹地板等。

中文名索引

一画

二画

三画

四画

五画

六画

七画

八画

九画

十画

十一画

十二画

十三画

十四画

十五画

十六画

十七画

十八画

二十画

二十一画

拉丁学名索引

B

C

M

N

O

P

Q

R

S

T

U

V